国外社区规划译丛

设计先行
——基于设计的社区规划

[美] 大卫·沃尔特斯　琳达·路易丝·布朗　著
张　倩　邢晓春　潘春燕　译

中国建筑工业出版社

著作权合同登记图字：01-2005-1803号

图书在版编目(CIP)数据

设计先行——基于设计的社区规划/(美)沃尔特斯，布朗著；张倩，邢晓春，潘春燕译．—北京：中国建筑工业出版社，2006
(国外社区规划译丛)
ISBN 7-112-08281-1

Ⅰ.设… Ⅱ.①沃…②布…③张…④邢…⑤潘…
Ⅲ.社区－城市规划 Ⅳ.TU984.1

中国版本图书馆CIP数据核字(2006)第036383号

Copyright © 2004, David Walters and Linda Luise Brown
All rights reserved
The right of David Walters and Linda Luise Brown to be identified as the authors of this work has been asserted in accordance with the Copyright, Design and Patents Act 1998
This edition of Design First-Design-based Planning for Communities by David Walters is published by arrangement with Elsevier Ltd, The Boulevard, Langford Lane, Kidlington, OX5 1GB, England

本书由英国Elsevier出版社授权翻译出版

责任编辑：程素荣
责任设计：郑秋菊
责任校对：关　健

国外社区规划译丛
设计先行
——基于设计的社区规划
[美]大卫·沃尔特斯　琳达·路易丝·布朗　著
　　　张　倩　邢晓春　潘春燕　　译

*

中国建筑工业出版社出版、发行(北京西郊百万庄)
新　华　书　店　经　销
北京嘉泰利德制版公司制作
北京中科印刷有限公司印刷

*

开本：787×1092毫米 1/16　印张：18¼　字数：450千字
2006年8月第一版　2006年8月第一次印刷
定价：59.00元
ISBN 7-112-08281-1
　　　(14235)

版权所有　翻印必究
如有印装质量问题，可寄本社退换
(邮政编码 100037)
本社网址：http://www.cabp.com.cn
网上书店：http://www.china-building.com.cn

目 录

致谢	VI
致谢名单	VII

导言　历史、理论和当代实践　1

第一部分　历史　5

第一章　范例的遗失与找寻英美城市进退两难　7
　　提要　7
　　历史的作用　7
　　现代主义在行动　10
　　反现代主义运动　15
　　现实场所和虚拟社区　22

第二章　城市，郊区和蔓延　29
　　提要　29
　　英美郊区的演进　29
　　从郊区到蔓延：美国环境的衰退　43

第二部分　理论　51

第三章　传统的城市主义：新城市主义和精明增长　53
　　提要　53
　　新城市主义的缘起、概念和演化　53
　　新城市主义和精明增长　66
　　关于精明增长和新城市主义的神话与批判　67

第四章　设计与方案：良好城市生活的源头　75
　　提要　75
　　对场所的肯定　75
　　城市设计方法论　79
　　街道和"名流社会"　89

第三部分　实践

第五章　增长管理、发展控制和城市设计的作用 … 97
提要 … 97
不同文化中的设计共同点 … 97
规划意向和开发控制 … 109
设计和开发控制 … 112

第六章　现实世界中的城市设计 … 121
提要 … 121
城市的未来 … 121
城市设计技术 … 130
总体规划和总平面图：专家研讨会的进程 … 143

第四部分　案例研究导言 … 153

第七章　区域　案例研究1：科尔地区，北卡罗来纳州 … 157
项目和背景概述 … 157
关键问题和目标 … 159
专家研讨会 … 159
总体规划 … 160
实施 … 168
结论 … 170
案例研究的评价 … 171

第八章　城市　案例研究2：罗利市，北卡罗来纳州，竞技场小区域规划 … 175
项目和背景概述 … 175
关键问题和目标 … 176
专家研讨会 … 178
总体规划 … 180
实施 … 187
结论 … 187
案例研究的评价 … 187

第九章　城镇　案例研究3：穆斯维尔市，北卡罗来纳州 … 191
项目和背景概述 … 191

  关键问题和目标 192
  专家研讨会 193
  总体规划 193
  实施 198
  结论 198
  案例研究的评价 199

第十章　邻里　案例研究4：Haynie-Sirrine邻里，格林维尔，南卡罗来纳州 201
  项目和背景概述 201
  关键问题和目标 205
  专家研讨会 205
  总体规划 207
  实施 212
  结论 216
  案例研究的评价 216

第十一章　街区　案例研究5：城镇中心，科尼利厄斯，北卡罗来纳州 219
  项目和背景概述 219
  关键问题和目标 222
  总体规划 222
  实施 224
  案例研究的评价 226

编后记 227
附录一　新城市主义大会宪章 231
  区域：大都市区、城市和城镇 231
  邻里、分区和走廊 232
  街区、街道和建筑 232
附录二　精明增长原则 235
附录三　典型的基于设计的区划条例摘录 237
附录四　一般开发导则摘录 245
附录五　城市设计导则摘录 251

参考文献 257

致 谢

就像任何一部书的写作，作者想对几个人致以感谢，特别是在北卡罗来纳、戴维森的劳伦斯工作组的同事们——克雷格·刘易斯，Brunsom Russum, Dave Malushizky 和凯瑟琳·汤普森。他们是杰出的专业人士、出色的工作伙伴和我们的好友。

我们要把真诚的感谢献给夏洛特北卡罗来纳大学建筑学院的全体同事们。Bob Sandkam 以难以置信的耐心，帮助两位作者提高计算机绘图技巧，处理这本书中的插图。我们要深深感谢老朋友李·格雷博士——现任建筑学院的副院长，他不断鼓励我们出版此书，为年轻的教师们做个榜样。即使如此，如果没有其他学校同事的友好帮助，这本书现在也不可能完成。Chris Grech 教授，英国建筑出版社（Architectural Press）的常任作者，他热心地将我们介绍给出版商。对建筑出版社，我们特别要谢谢 Alison Yates 和她的同事们，写作期间一直得到他们支持和帮助。

同时，我们想对 Robert Craycroft 教授表示诚挚的谢意，他是作者的好友、密西西比州立大学的前任同事，在长期而卓越的职业生涯后，他现在已经退休了。Bob Craycroft 在 1980 年代中期把尼肖巴县露天市场介绍给了作者，在第四章有特别的叙述，他现在仍是美国关于这个鲜为人知的城市现象的一个权威。为了这部书，Craycroft 教授非常友好地让我们分享了他的专业研究和照片。

家乡的支持，约翰·罗杰斯，夏洛特历史街区委员会（Charlotte Historgic District Commission）的负责人，给我们提供了很多关于故乡的本土信息，并给我们提供了实实在在的帮助——阅读了手稿的几个章节。我们从他颇有见地的评论和建议中受益匪浅。约翰的夫人艾米也给了我们极大的精神支持，每当傍晚，我们两个累得不想吃饭的时候，她总是做出一桌美味的晚餐。

还有精神上的支持，作者对房东 Johnice Stanislawski 有言之不尽的感谢，还有 Courtney Devores，本地咖啡店"Queens Beans"的经理，和我们夏洛特的工作室相邻。我们在他店里阅稿，就着一杯又一杯他们店里美妙的、深棕色的、原汁原味的咖啡，度过了多少时光！

最后，我们特别要感谢，本书中的研究部分得到了夏洛特的北卡罗来纳大学的基金支持。

夏洛特，北卡罗来纳
大卫·沃尔特斯
琳达·路易丝·布朗

致谢名单

区域企业中心
（案例研究 1）
项目小组

The Lawrence Group
Craig Lewis
David Walters
Brunsom Russum
Dave Malushizky
Catherine Thompson
Ecem Ecevit
Paul Hubbman
Paul Kron
AnnHammond

Karnes Research Company
Michael Williams

Kubilins Transportation Group
Margaret Kubilins
Stephen Stansbury
Jonathon Guy

Rose and Associates
Kathleen Rose

三角 J 地区政务委员会
项目工作人员

John Hodges-Copple
Lanier Blum
September Barnes

社区和地方的合作者

Town of Cary
City of Durham
Durham County
Town of Morrisville
City of Raleigh
Wake County
Research Triangle Foundation
Raleigh-Durham Airport Authority
Triangle J Council of Governments
Triangle Transit Authority

Capital Area Metropolitan Planning Organization
Durham-Chapel Hill-Carrboro Metropolitan Planning Organization

项目赞助人

Cisco
Duke Realty and Construction
Duke Power
Highwoods Properties
Roy E. Mashburn Jr.
John D. McConnell Jr.
Preston Realty
Progress Energy
Pulte Home Corporation
Research Triangle Regional Partnership
Southport Business Park
Teer Associates
Tillett Development Company
Toll Brothers
Tri Properties Inc.
Urban Retail Properties
White Ventures
York Properties

Additional support was provided by the U.S. Department of Transportation under a Transportation and Community Systems Preservation Program grant.

罗利市竞技场小区域规划
（案例研究 2）
项目小组

The Lawrence Group
Craig Lewis
David Walters
Brunsom Russum
Dave Malushizky
Nicole Taylor
Andrew Barclay

ColeJenest & Stone
Brian Jenest
Guy Pearlman

VII

Overstreet Studio
Pat Newell

Kubilins Transportation Group
Stephen Stansbury
Jonathon Guy

Karnes Research Company
Michael Williams

地方政府合作者

City of Raleigh
George Chapman
William Breazeale
James Brantley
Douglass Hill
Ed H. Johnson Jr.

Triangle Transit Authority
Juanita Shearer-Swink

莫恩山总体规划
（案例研究 3）

The Lawrence Group
Craig Lewis
David Walters
Brunsom Russum
Dawn Blobaum

Murray Whisnant Architects
Murray Whisnant

Town of Mooresville
Erskine Smith

格林维尔：Haynie—Sirrine 邻里总体规划
（案例研究 4）

The Lawrence Group
Craig Lewis
David Walters
Brunson Russum
Dave Malushizky
Earl Swisher
Catherine Thompson
Ecem Ecevit
Nicole Taylor
Elizabeth Nash

Overstreet Studio
Pat Newell

Kubilins Transportation Group
Stephen Stansbery

ColeJenest & Stone
Brian Jenest
Fred Matrulli

Upstate Forever
Diane Eldridge

Project Manager
Julie Orr Franklin, Economic Development Planner, City of Greenville

Haynie-Sirrine Advisory Committee
Felsie Harris
Andrea Young
Councilwoman Lillian Brock Fleming
John Fort
David Stone
Nancy Whitworth
Ginny Stroud

Sirrine-Haynie Neighborhood Charrette Group
Developer
  Rob Dickson
Property Owners
  John Fort and The Caine Company,
  David Stone
  C. Dan Joyner
The City of Greenville Department of Community and Economic Development
  Nancy Whitworth
  Julie Franklin
  Ginny Stroud
  Regina Wynder
IMIC Hotels
  David Walker,
  Sam Kelly, General Manager, Ramada Inn

科尼利厄斯城镇中心
（案例研究 5）

Master plan by Shook Kelly, Michael Dunning, project architect.
Transit-oriented Development by Duany Plater-Zyberk and Co.; amended by Cole Jenest and Stone.

图版1 奠基人广场（Founders' Square），尼肖巴露天市场，费城，密西西比州。这个公共空间由本地建筑围合和界定而成，是按照社区自定的建筑条例建造的。阴影中的开放前廊创造了一个全新的半公共社会空间的"中间"领域，营造了从完全公共的广场空间进入私密的室内空间的过渡地带。(*Photo courtesy of Robert Craycroft*)

图版2 尼肖巴露天市场的典型"街道"。这个街道公共空间是由门廊和阳台这些结构性的社会空间组成的。（参见图4.1）(*Photo courtesy of Robert Craycroft*)

图版3 可能是由Luciano Laurana（1420～1472年）提出的"理想城市"。推动奠基人广场和美国县政府广场设计的同一种类型——重大公共建筑定义出城市空间的布局——可以在这幅文艺复兴早期的绘画中看到。(*illustration courtesy of Scala Art Resource*)

图版4 伯克代尔村（Birkdale Village），亨特斯维尔，北卡罗来纳州，舒克·凯利建筑师事务所，2003年。地面停车场面对着由八车道郊区高速公路形成的糟糕环境，不过混合利用的城市核心创造出了一个新的、步行友好的城市中心，通过适合步行的街道网络连接了附近的邻里（见图版7）。(*Illustration courtesy of Crosland Inc., and Shook Kelley*)

图版5 主要商业街道，伯克代尔村，亨特斯维尔，北卡罗来纳州。这个"市镇中心"开发最致命的是缺少了市民设施，比如邮政局或市镇厅，但在其他方面，优雅的感觉令人印象深刻。开发中的街道由亨特斯维尔镇政府接管，拥有公共路权。(*Illustration courtesy of Crosland Inc., and Shook Kelley*)

图版6 伯克代尔村的圣诞购物人群，亨特斯维尔，北卡罗来纳州。这个中心城市区域中的城市活动已经变得很频繁，很多零售商和商店上面的公寓住客已经开始抱怨晚上的噪音了。很多郊区美国人渴望城市体验，但大多数已忘记了自然规律和真实街道生活的行为特征。(*Illustration courtesy of Crosland Inc., and Shook Kelley*)

图版7 伯克代尔村的规划，亨特斯维尔，北卡罗来纳州，2003年。城市空间和城市核心的密集由4个隐藏的、街区中间的停车楼所支撑，它们为居民、办公楼职员和店员提供停车位。街道网络有很好的连通性，但是毗邻住宅设计上的失误导致住宅退到了线性停车场后面，力量削弱了，没有和中心核心区的城市住宅一样直接面向公共绿地。(*Illustration courtesy of Crosland Inc., and Shook Kelley*)

图版8 规划的Scaleybark 轻轨车站的交通村庄，夏洛特，北卡罗来纳州，夏洛特地区交通系统，2003年。除了增加乘坐公共交通人数的可能，夏洛特及别的汽车统治的城市的规划师们常有这个感觉，他们不该冒险，应该在轻轨车站的新城市中心中提供足够的停车位。(*Illustration courtesy of the Charlotte Area Transit System*)

图版9 拉塔建筑（Latta Pavilion），迪尔沃斯（Dilworth），夏洛特，FMK建筑师事务所，2002年。这个密集、多功能的开发项目在一个繁荣的夏洛特邻里中——这类沿着主要道路的填充性项目对所有精明增长策略来说都是决定性的——结果激怒了当地居民，他们组织起来阻止所有未来的这类开发。个人的自私自利战胜了明智的公共政策，一个有创造力的开发商因为自己的努力受到了众人的嘲骂。

图版10 科尼利厄斯东部总体规划，办公园区鸟瞰图，劳伦斯集团，2003年。三维图纸有效地向外行和专业人士表达了一个城市设计总体规划现在的和将来的发展趋势。(*Illustration courtesy of The Lawrence Group*)

图版11 城镇中心总体规划，明特希尔（Mint Hill），北卡罗来纳州，劳伦斯集团，2002年。像这样的总体规划图纸表现的详细的图景可以转化成基于设计的区划条例，通过公共政策和私人开发商之间的对话保证实施。(*Illustration courtesy of The Lawrence Group*)

图版12 设计小组进行总体规划最后的准备工作。左起第二个是一位作者，在专家研讨会期间，和其他劳伦斯集团小组成员一起完成总体规划图纸的工作。通常，所有的图纸都是当场手绘的，再进行数字化处理，马上用到演示文件和网站上，最后的规划如图版53所示。

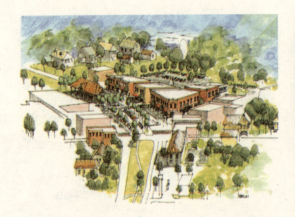

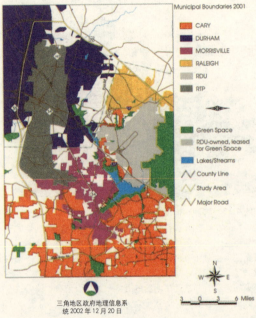

图版13 中心乡村村庄，特劳特曼（Troutman），北卡罗来纳州，劳伦斯集团，2001年。小的居民点需要格外敏感的处理，增强它们的尺度和空间的独特品质。城市肌理特别需要修补和填充，正像这个例子所示的那样。(*Illustration courtesy of The Lawrence Group*)

图版14 科尔地区多市县边界图。这张图纸清楚地展现了行政辖区细碎而又碰撞冲突的情况。(*Map courtesy of the Triangle J Council of Governments*)

图版15 绿色基础设施规划。设计过程开始于环境和生态因素的详细目录，以创造一个互相连接的绿色空间的框架，作为所有后续开发的基本框架。

图版16 交通基础设施规划。公共交通在所有可持续发展战略中都占有十分重要的地位。在这个案例中，公共交通是布局新城市和郊区活动中心的关键，如图所示的半径1/4和1/2英里的同心圆。

总体规划图例	
边缘邻里 (>4 户/英亩)	办公/企业
一般邻里 (4~12 户/英亩)	市政/机构
混合用途邻里中心	开敞空间
混合用途村中心	

注：空白区域和浅阴影区域标明的是目前已开发的地区

- 布里尔溪村中心
- 斯特拉普艾思溪中心
- RTP 北 TTA 站地区
- Lowe 林地邻里中心
- RTP 服务中心
- 三角地区地税中心
- 北英里斯维尔厦洛邻里中心
- 西北卡雷中心
- 卡彭特村尼遗地邻里中心
- 卡彭特邻里中心

图版 17 科尔地区总体规划。总体规划把所有的基础设施体系和土地利用类型综合到一个整体的图面里。接下来精心制作为更详细和三维的图纸，见图 7.4 和图版 20。

图版 18 地铁中心规划。该规划为未来开发制定了基准和标准。它具体规定了可步行的和可持续的社区发展的主要设计策略，见图 7.4。

图版 19 莫里斯维尔邻里中心。现状道路和机场噪声区（由东北向西南穿越社区的浅虚线）的复杂几何图形扭曲了交通导向开发的经典模式，把住宅区挤到北部和西部，显得很不均衡。

图版 20 规划中的 RTP 服务中心。新建筑创造了街道的场所感和可识别性。和图 7.5 相比较。

图版 21 西罗利总体规划。在这个小比例图上，城市的一部分成为区域的对立物。有可能设计更精确的细部，与特定的场所相关。每一块土地都会考虑它的环境特征和发展或保护的潜力，以此为根据进行设计。

图版 22 露天市场地区规划细部。这是两个通勤火车站场之一，我们利用这个机会在临近州露天市场（中心左边）和北卡罗来纳州立大学兽医学院的未利用土地上创造混合利用都市村庄。

图版 23　希尔斯伯勒街道走廊地区规划细部。这个分区表现了一种机会，既能为公共用地和生态化的暴雨水域管理保护和增加开敞景观空间，又能在距每个新火车站都不远的地方沿着主要的交通走廊布置最多的中等密度住宅。新的独立住宅开发从现有地块延伸出去，形成了新公园的边界。

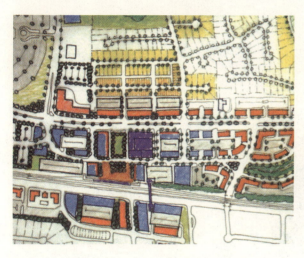

图版 24　西罗利车站地区规划细部。作为露天市场车站交通村庄的成套开发，我们用特殊的文化内涵把西罗利车站地区规划成"村庄广场"的一部分。这部分是为了给罗利市那个时候不适当的规划——将一个新演艺中心布置在所有支撑的活动几英里以外，只能靠汽车到达——创立一个争论点。地方政府和慈善家之间对于文化设施选址的考虑总有一条深深的鸿沟。太多时候这些设施被当作独立的纪念碑，而不是城市肌理的组成部分。

图版 25　村庄广场和表演艺术中心。表演艺术中心在图上左侧的中景处，形成了公共广场的一角。车站在远处右边，和其他公寓和底层商店的办公楼在一起。

图版 26 西罗利的主要商业街道。在图中左侧这幢建筑的后面,居住密度骤然降低,通向新的独立住宅区,紧贴着它的是相同类型的低密度开发。主要商业街道被设计成多车道的林荫路,沿路可以停车,使步行者和机动车完全隔离。

图版 27 企业区中心区车行线的规划细部。一条公共绿色通道,或者小型带型公园,成为这个典型的郊区办公园区的新焦点。这种景观特征营造了区域的新的可识别性,并且在环境管理中,协助临近的停车区排出暴雨水。

图版 28 "63.6hm²"备选方案 A。这一备选规划方案将开发局限于场地的一部分,将企业快车道带型公园的主题直接向南延伸。它保留了大部分的敏感景观区,将其作为社区资源。但是,只设一个出入口是否够用是一个重要问题。

图版 29 "63.6hm²"备选方案 B。这个规划基于常规的设想,即更重视开发的优先,但是出于美学与环境的考虑,这个方案仍然试图挽救尽可能多的开放空间。

图版 30 "63.6hm²"备选方案 C。这个方案按老套路容纳了大量开发,假设北卡罗来纳州强烈希望通过出售商业用途的土地来筹集资金。这个方案牺牲了牧场的美丽景观,只留一小块地作为由建筑界定的、具有吸引力的小型公园,使未开发土地仍然保留为河流走廊周边的、对环境敏感的地区。

图版 31 娱乐、运动和文化区规划细部。由于在这一地区自由布置了与延绵数英里的停车场隔开的大型娱乐场所,因而受到均一都市化的影响最少。只需要通过增加人行道和种植行道树对基础设施进行适度改造,同时在该分区东部边缘,新的旅馆和会议设施可以提供共享的兼容模式,不需要与总体规划中邻近部分的、更加城市化的其他开发区进行竞争。

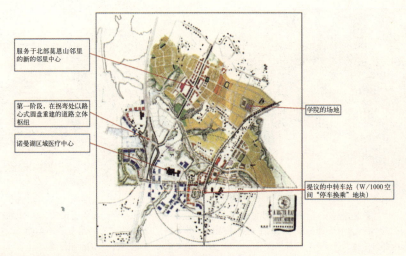

图版 32 莫恩山地区总体规划。这个总体规划将场地分为四块地理分区：
1.距离火车站 400m 半径以内的交通村庄和以 800m 半径以内指向正东北方向的地区；
2.距离火车站 800m 半径以内西边的医院区；
3.州际公路和"医院西"，包括州际公路以西的土地；
4.北部邻里——交通村庄和医院以北以居住为主的地区。

图版 33 交通村庄规划细部。可以看到莫恩山现有社区位于规划图中未开发的东南象限。火车站位于 400m 半径的圆心。

图版 34 医院区域详细规划。我们希望在医院周边地区或靠近交通村庄的地区以建设医疗办公建筑为主，提供支持医院的各项服务。这些功能可以延伸至规划图中未开发的西南象限，刚刚越出我们的研究范围。我们曾经希望在附近出现更大规模的办公建筑开发，靠近高速公路出入口处。见图版 36。

图版 35 带有Lowes总部的总体规划修订版。正如我们所预料的,在我们研究地区以南的土地开始以比想像中更快的速度发展起来,并且Lowes企业对那块场地进行了总体规划,以充分利用我们在专家研讨会议中提到的机遇优势。夏洛特市土地规划方面著名的景观建筑设计公司——劳伦斯集团和其他顾问公司共同帮助该企业修订了我们的总体规划,将Lowes园区直接与未来的交通村庄连接,并且增加了园区与医院之间的办公开发的密度,给许多希望搬迁到靠近其主要客户的卖主提供一些可出售的房产。

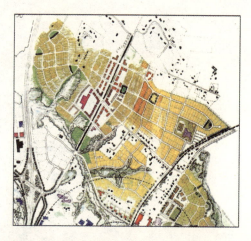

图版 36 州际公路和"医院西"详细规划。一座规划中的架于州际公路之上的新路桥提供了通往本案例研究地区以西的便捷通道。我们认为这一地区对于新的企业办事处(规模比Lowes公司小一些)来说是最好的场地。现在,这块场地很可能开发提供给为Lowes公司提供产品和材料的、规模较小的公司。

图版 37 北部邻里详细规划。这块位于穆尔斯维尔市商业区和芒特·莫恩(Mount Mourne)之间的土地的开发可以提供多种住宅类型,为穆尔斯维尔市的增长提供实质性的部分,而并没有以激进的方式扩大城镇边界延伸到新的绿地区域。该规划中展示出住宅、零售和商业次中心、公园、园林路以及一所当地学校,使该邻里达到一定程度的自给自足。

图版38 Haynie—Sirrine 地产价值评估图。经济环境的精确估价是专家研讨会议分析阶段的一个非常重要的因素。它直接说明了初步设计的结果。

图版39 改造潜力图。设计团队根据物质和经济分析将改造潜力分成三类：蓝色表示重要的改造机会，是由于诸如空地、归属公共产权的共享地产、或者住宅过度贬值地区等的因素。绿色确定了适度改造的区位，这部分土地的主要特征是归属公共产权的共享出租地产以及基础设施适度退化，有可能利用现有街道构架进行填空性开发。黄色地区是命名为最低限度改造的地区，以业主自住住宅或维护良好的出租住宅为主，只需要对住宅和（或）基础设施进行较少的辅助维修。

图版40 Haynie—Sirrine 邻里总体规划。这张完全手绘的图纸实际尺寸大约是1.83m见方。在进行公开陈述之前的最后几小时，我们才拍摄了数码照片，并且将数码图像插入最终的Powerpoint进行幻灯片演示。

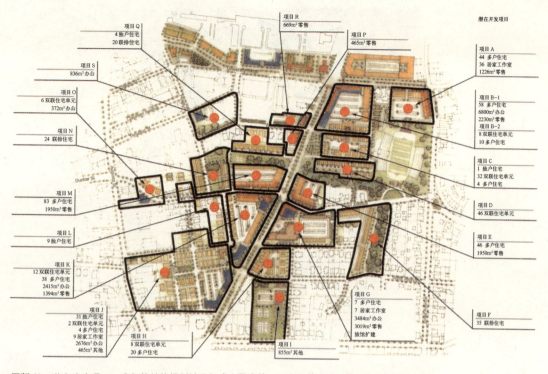

图版41 潜在改造项目。我们的总体规划被分解成为更小的、可定义的项目以作为实施战略的基础。

图版42 规划中的教会街邻里中心（与图10.11比较）。在创建我们规划的开发项目的图像表达中，水彩透视渲染是很出效果的工具。其浓烈的效果可以加强景深和光感，而以铅笔和彩色马克笔却很难表现出来。两个设计团队的成员从设计进度表的中间阶段开始进行一系列渲染图的工作。这意味着在设计过程中应尽早确定关键的场地与项目（参见图版43、44、47和图版49）。

图版43 我们规划的教会街北部。场地的这一部分位于山脊俯瞰着格林维尔商业区，对于高档多功能开发，具有最大的改造潜力。因此，这里的建筑比场地其他地方的规模更大、密度更高，与图10.15比较。

图版44 我们规划的Biltmore公园和联排住宅。在这幅图中,污浊的双联住宅已经被拆除,在这些住宅地下,流淌于涵洞中的小溪得以重见天日,成为一个邻里公园的主要特色。沿场地后部新建的联排住宅提供比原先更多的住所,而且面对着公园,提供空间围合以及非正式的邻里安全保障,与图10.17比较。

图版45 新联排住宅和Biltmore公园的剖面。现有住宅(左侧远端和右侧远端)限定新建开发项目。注意以铅笔笔触和线条的角度所表达的图形连贯性,这样精确的表现为最终的图示质量锦上添花。

图版46 Springer大街和新公园的剖面。居民买得起的联排住宅和公寓楼布置在紧凑的场地上,成为一个新邻里公园的框架。

图版 47 我们规划的 Sirrine 邻里中心。新的居家工作单元遮住了一个新建立体停车库,为街道和当地邻里中心提供了一种迫切需要的空间围合,与图 10.19 比较。

图版 48 Sirrine 体育馆和新建立体停车库的剖面。这是一个多功能共享停车设施的最佳范例。

图版 49 重新设计的 Springer 大街地下通道。格林维尔市选择了这个方案作为第一个待建的公众项目,与图 10.3 比较。

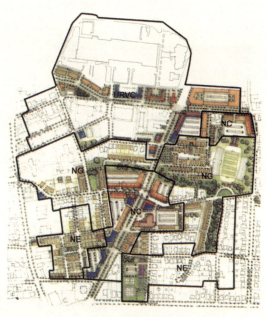

图版 50 区划或"调节"规划。在新区划行政区内,四个分区调节了开发的形式和强度。按照从下而上的顺序,分别被定义为邻里边缘(NE),邻里总体(NG),邻里中心(NC)和 Ridge 大学村庄中心(URVC)。这些地理区位是根据其城市特性来定义的,直接标示在城市设计的总体规划图上。

图版51 北梅克伦堡州地图。这张大型地图覆盖了大约207.2km² (20720hm²)的土地,两位作者与三个北部梅克伦堡州城镇的设计人员一起共同工作,耗费了超过两年的时间来制作。这三个城镇是:亨特斯维尔、科尼利厄斯和戴维森。这张地图阐明了整个土地区域的假设建好的模样,包括新都市村庄中心、交通基础设施和景观保护区,形成该区域的、基于新城市主义以设计为基础的区划法规的协同共建的基本原则。

图版53 科尼利厄斯东部总体规划。劳伦斯集团,2003年。这一总体规划位于图11.7所示的Cole Jenest和Stone TOD规划以南的地区。它将科尼利厄斯和东北部的戴维森以及南部的亨特斯维尔的邻近的社区连接起来,并且公平处理了广大的农村土地保留区、一些低密度开发区以及增加密度的焦点地区之间的关系。

图版52 科尼利厄斯城镇中心总体规划,舒克·凯利,建筑师,1997年。在这个规划中我们可以发现与坎贝尔(Campbell)论文中相同的许多元素(见图11.2)。主要不同之处在于远离街角的市政厅的位置,与之相对应的是呈艺术性对称的新警察局。(*Drawing courtesy of Shook Kelly architects*)

导言

历史、理论和当代实践

2002年末，我们的两名作者在阿肯色州的费耶特维尔(Fayettville)应邀参加了一个晚宴，那是一座拥有6万人口的美丽的大学城，坐落在奥扎克高地的群山之间。席间在座的，有市长、市政厅主管规划的官员、本地建筑师、开发商和他们的配偶。阿肯色州是美国南部、密西西比河正西面的一个乡村气息浓郁的州，费耶特维尔地区是阿肯色州少有的几个城市化了的地方之一。普通商业带连成了一体，住宅的布局乱七八糟，是典型的"郊区蔓延"，正危及着当地景观的特色和质量。环境在衰退，社区成为人们渴望拥有的生活和工作场所，这是从美国西海岸到东海岸一再重演的故事。

晚宴上的议题是如何改良城市的增长方式，如何从传统的无序蔓延变成一种更有吸引力、在环境和经济上更可持续的发展模式。这种发展模式，即"精明增长"(Smart Growth)，自1990年代中期开始在美国掀起了大量的讨论，但是不管专业人士、媒体和政客的兴趣有多浓厚，直到2003年成书的时候，它还远远没有被大众所普遍接受。进步增长的提倡者们面临着和权力、金钱、保守主义艰难的斗争，那些美国的地产、交通和建筑界的说客们向美国政客施压，在广阔的土地上左右着众多城镇的发展模式。

那个晚上，围坐在费耶特维尔的晚餐桌旁，我们证实了一些对自己意义重大的事情。聚集在这儿的，都是我们的书最重要的读者的代表。在这欢乐的宴席上，头脑聪明的男男女女，都热切关注着他们社会的未来，但都不确定怎样才能达到理想的改善。

他们擅长的是行动，不是学术分析。随着传统的蔓延，城镇中的生活质量一天一天被腐蚀了，时间显得紧迫。他们想知道该用什么办法和怎么用。他们需要有人保证：新办法是有据可循的，别的地方已经成功地使用了这些办法。这次访问费耶特维尔，我们的目的正是讨论那些问题，给城市官员和专家们提供一个这本书的简要行动大纲，指导他们走向更精明的规划和更好的城市设计。

我们给费耶特维尔的人们带来的信息就列在下面：像一名城市设计者那样，从三维的角度去思考问题，而不是像土地规划者，从二维出发。我们倡导，这种方法的规划是通过设计来进行的，在城市和社区规划的过程中以及遇到问题的时候，贯彻三维城市设计的原则。大多数的难题都是围绕着基本的问题发生的，比如，发展之于保护，或是社区的公共物品对应于私产所有者的个人权益。我们相信，设计一个物质形体、基础设施，或是城市和郊区的细部外观，对调停这些冲突比传统的二维土地利用规划更为有效。在这本书中，我们揭示了为何如此，以及整个过程是如何运作的。

因为作者之一是英国人，所以常常有美国人询问，那些英国城镇是怎么能够保存他们的历史肌理和周围的绿色景观的，那风景画一般的特色城镇是多么为这些大西洋彼岸的人们所仰慕。当我们解释政府调节私人土地的过程时，那些发问者，先前还在急切地想找到可以借鉴的经验，往往就变得困惑起来——甚至有点生气——一想到在美国实施把"公共利益"施加于私人财产之上的合作规划，很少有人能迅速接受这种支撑英国体系的价值观，或是政府在规划和发展过程中干预的范围，甚至是在保护和社区发展中的良好目的。

在英国，对生长和发展的讨论往往向国家和地方的历史遗产保护倾斜。1999年，政府委托都市特别专家组写报告：《迈向城市的文艺复兴》(*Towards an Urban Renaissance*)，由建筑师理查德·罗杰斯爵士领衔完成，后来发展为白皮书，《我们的城镇和城市：未来：到达城市的复兴》(Our Towns and Cities: the Future: Delivering an Urban Renaissance)，在2000年由工党政府提出。白皮书从国家的高度确定了城市政策的重点，聚焦于现有"棕地"①的再开发，改进公共交通，而不是"绿地"②的膨胀和私家车的增长。尽管英国的批评家们表示对政府不满——他们有意拖延、对政策文件上的城市准则执行不力，但到底有个政策在那里。在美国，关于可持续的城市或是环境政策，基本没有提到国家的议程上来。正好相反，1992~2000年间，克林顿总统制定的积极改进城市和环境的法令，被乔治·W·布什的共和党政府推翻了。

美国的国土面积是英国的40倍，人口只有英国的5倍。由于先天广袤的空间和低密度的人口，对城市疯狂蔓延的限制相对来说并不严格，尽管有环境问题和烦扰的社会因素，例如，富人和穷人之间两极分化越来越严重，一边是郊区拥有大量汽车的有钱人住宅（以白人为主），一边是孤立在市中心破烂的建筑物里的穷人（以黑人和西班牙人为主）。人们呼吁着改变，反对郊区的无序蔓延——环境污染、公共空间流失、拥挤的交通和远距离通勤——撞击着公众的意识，但是绝大部分的社区仍然持续着增长，多多少少未加抑制。在一些遭受种种变化、增长迅速的城镇，市民呼吁彻底停止发展的声音越来越高，但这种声音在美国政界几乎听不到，停止增长，并没有成为一个现实的选择。如果那些"不增长"的游说者要成功，许多强制性的力量就要加于私有财产之上，这一点，很多法律专家认为，它们不一定能抵挡得住来自法庭的挑战，也就是关于美国宪法修正案第五章的权利保障条例，强调"不给予公平赔偿，私有财产不得充作公用"。虽然，国家购买土地用来修建公共事业，例如公路，通常都被人们良好接受，但控制私人土地用于比较不紧迫的、具体社区利益的潜在发展，却让人们难以认同。

许多市民认为，政府限制他们处置自己土地的行为，在宪法的条款下无疑是一种"剥夺"。例如，降低居住区的密度，或者聚集住宅以保护乡间小溪的水质（通过尽量减少那些房子和车道的不渗水地面面积）是有益的公共政策，但是它可能减少了一些土地的销售价值，相较之下，房地产业主按照常规大片铺开的模式可能预期更多的收入。尽管美国最高法院可能不认为这种部分的贬值就等于"剥夺"（参见，最高法庭1978年，佩恩中央运输公司对纽约市一案的判决），财产权的鼓吹者和开发商们却威胁那些胆小怕事的市政当局，要采取挑衅的法律行动。

通过可以选择的土地发展情景模式帮助解决问题，是我们的办法的优点之一，这个方法是站在公众的全体视角进行设计，召开深入的设计"专家研讨会"，或者是可参与的工作室。在这些讨论中，像集中住宅这样，通过减少对溪流污染的排放量给社区带来潜在好处的理念，能够被透彻地加以说明。住宅群精心组织在一起，景观得到良好保护——这样一幅透视图所传达的规划理念胜过一打抽象的图表。人们很轻易就理解了问题所在，愿意支持提出的设计方案，连反对者们都可能被说服，相信这办法益处良多。

这个假设的例子阐明了本书的主题——社区如何通过三维的城市设计方法，从根本上改善他们的城镇规划过程和他们的城镇建设成果。无论我们进行工作的是大社区还是小社区，重心通常都集中在公共空间上——街道，广场，公园等等——而且进行尽可能多的细部设计，因为这些空间是所有社区的核心，是公众生活的真正枢纽。这个过程常常包括建筑元素的设计，那些定义和围合了公共空间的建筑——立面、入口和从视线高度看去，形成大致外观的体量。我们把一幢建筑如何使用的细节结合到这个设计过程中去，但使用不成为一个决定性因素，因为它常在

---

① 棕地：brownfield，指城市中已建设用地。如轻污染的工业用地、有污染或者潜在的污染而现在闲置和弃用的用地。——译者注

② 绿地：greenfield，指未开发用地。——译者注

变化，有时在建筑的使用年限内要变更数次。与之相比，更重要的是让建筑和建筑之间、建筑和公共空间之间发生恰当的联系。这是——或应该是——长期的问题。

在社区工作室里，我们也和交通设计师们一道设计了交通流线和停车组织，把交通运输整合到公共空间中来。正是这些由建筑和景观定义起来的公共空间构成了社区总体规划的结构，而团队里的发展经济学家确保了方案在经济上合理可行。接下来，我们把三维的设计方案转译成为大量的规则，它们简洁，而且图形化，便于在执行和发展中进行控制，这样，随着时间的推移，社区自身会随着总体规划的构架而和谐发展起来。后文的研究案例阐述了这个方法在不同用地上的运用，有的小到只有一个城市街区，有的大到60平方英里（约154km²），在最后一章，所有的这些线索被拉到一处，从最小规模的街区到最大规模的地域，连接到了一起。

我们的个案研究着眼于美国的社区，通过环境敏感的郊区扩张和填充，以及旧城区域的再开发，寻找着贯彻"精明增长"策略的办法。这个要点和"新城市主义"大旗下，城市设计传统理念的复苏是齐头并进的。我们赞同新城市主义的理想和雄心（作者之一就是其成立宪章的签署人），在第三章里，我们讨论到这个运动的一些细节。我们格外热衷于扫除围绕在"新城市主义"理念周围的神话和误解，并且论证它们和200年来、大西洋两岸许许多多近似概念的联系。

尽管我们的工作是从"新城市主义"的一项议程中发展而来的，本书却不是一本"新城市主义"伟大作品的回顾集，那已经由卡茨（Katz）（1994）和Dutton（2000）总结得很好了。我们的案例研究是从城市规划过程内部进行分析的。它们都是作者们实际主持过的项目，大部分都是和劳伦斯事务所北卡罗来纳办事处联合进行设计的，那是一个总部位于密苏里州圣路易斯市的建筑师、规划师事务所。我们精心组织了这些案例研究的成果，详尽地展示了各种规模的城市地段，从区域，到城市，到小镇，再到邻里①，最后小到单个街区的尺度，在这个过程中，我们例证了一个"新城市主义宪章"的关键思想："新城市主义"包含的城市规划和城市设计准则不仅关联于，而且适用于各种各样的尺度和情况。对人类聚居模式的研究应是广泛包容的。

我们的案例都是正在进行中的作品，因为城市建设是一个持续的行为，从没有结束的时候。某些项目达到了很完美的结果；某些在实施的过程遭遇到了障碍。然而，所有案例都有它们的故事和意义，给我们上了弥足珍贵的一课。

我们在前文强调了，本书的读者们需要的是行动计划，而不是学术分析。但是，脱离了历史和理论的文脉，对社区规划和设计提出的建议是毫无用处的。作为理论家，同时是执业人员，我们热爱规划设计中的历史和理论，不仅因为它们本身是迷人的知识，而且因为它们使我们的规划设计更加出色。如果不是根植于历史和理论的土壤，所有的设计都成了偶然发生的事情，随着财政、个人、政治或区位环境的飞速变化而变化。作为执业者，我们深知这些偶然的力量有多强大，有时它们是积极的，但大多数时候是消极的。因此，我们才让理论和历史成为设计的坚实结构和平台，并小心翼翼地追溯着城市思想和一些忧虑之间的联系。我们诠释了当代的规划师和建筑师，比如自己，是怎样形成今天的信念的，并且为什么那么坚信不疑。

不过，这不是一部详尽的英美城市史。我们不打算那么做。确切地说，我们讨论的是当代规划和城市设计中关于历史与理论的关键概念，往往因为作者亲身的介入和轶事趣闻而变得格外生动，以此来阐述一种实践的方法，即有意识地从历史出发进行设计。这种历史感，和它对知识与物质先例的知觉，构筑并丰富了我们应对当代城

---

① 邻里：neighbourhood。本书案例中涉及的邻里，规模大约为50公顷，1000户家庭，不同类型的住宅中共容纳居民2600人左右，参见本书第六章"总体规划和总平面图：专家研讨会的进程"一节的内容。其人口恰好是美国建筑师佩里"邻里单元"的二分之一。1929年，佩里提出的"邻里单元"，居民为5000～6000人。——译者注

市设计问题的思想。不过虽然文脉和先例是决定性的要点，设计师们也无须成为历史的奴隶。简单地给现代建筑包裹上历史的外衣，把建筑和城市设计降低到赝品的水准，这一向是后现代设计的一个危险倾向，所以，区分开在社区设计中创造性地运用先例（好的）和退回到怀旧的老套中（坏的）是十分重要的。因此，在通篇论述理念、方法的文字中，我们试图将这个差别整理明晰。

研究城市历史的严肃的学者们可能会在这本书里发现点新资料，还没有被其他的历史书籍和辩论所掩盖（Blake, 1974; Booker, 1980; Hughes, 1980; Ravetz, 1980; Coleman, 1985; Hall, 1988; Campbell, 1993; Kunsiler, 1993; Lubbock, 1995; Gold, 1997）。不过在回顾这些内容的时候，我们考虑到了那些对这个领域并不熟悉的读者们。而且，在讨论的过程中我们脑海中一直萦绕着一个问题：为什么我们教给学生的，恰好和35年前教授教我们的东西截然相反呢？我们被灌输了现代主义学说，却只是为了耗费我们的职业生涯去反对大大小小城市中现代主义的遗物。

现在，我们热切地接受了现代主义先驱们丢弃的城市设计原则。不是试着去消灭传统的公共空间（所谓的"街道的死亡"，是勒·柯布西耶等人热切追寻的目标），我们反反复复地构思一座城市，把它当成一个已经定义好的，如果不是连续的话，城市空间——由街道和广场组成公共领域的网络。在一个虚拟现实和电子空间不断膨胀的世界中，我们相信，为公共生活而塑造的真实的场所前所未有的重要。但我们对传统城市形态的拥护难道仅仅是历史轮回的一波吗？它是短暂的现象吗？几十年后，一大批理念又开始天花乱坠，然后一批像我们一样的作者又回到复兴的、新现代主义立场上来？或者，我们已经重新发现了城市的一个基础，发现了人类对公共空间中的公共生活的需要？有句老话，如果你不知从何而来，就不知你将去往何处，变得从来就没有贴切。

面对美国众多的城镇，对比英国城市的扩张和老城区的复兴实践，我们对问题和机遇的看法相当尖锐。如前所述，美国的一些困境恰似英国，而另一些则迥然不同——基于截然不同的地理和文化背景。我们希望，这些英美城市经验间的比较和对照能使本书对两个国家的读者都获益。英国的读者可以把美国的经验教训和他们自己的处境联系起来，而美国的专业人员通过对英国实践的解析，能够更了解自己日常作战的领域，设计出更优秀的城市和郊区。

我们很高兴能有机会参与到社区的工作中去，和市民们并肩设计，大家在公开的讨论中创造出美景、模式和政策，正是这些因素引导了这些参与者居住和工作的地点未来的生长。我们也很享受在一个复杂的知识体系下工作，这个体系可以溯源到数个世纪之前。当得知我们小小的成果成为大规模城市建设中的一部分的时候，我们更是难掩愉快的心情。

本书一开始的时候我们就申明了，这本书针对的读者是建筑师、规划师、开发商、规划官员、当选的官员和对公益事业热心的市民。建筑学和规划专业的学生是另一支重要的读者队伍。这些青年男女肩负重任，要为建设更优良的、更人性化的、更经济和美丽的城市而继续努力。不论您属于哪一个群体，不论您是在美国、英国还是其他的地方阅读这本书，我们都希望您能从字里行间找到些许灵感，应用于社区的建设，无论大还是小，促进它更时髦地增长。这时，我们所有的人都会受益。

第一部分

I

历 史

第一章
范例的遗失与找寻
英美城市进退两难

提要

在这一章里,我们研究了英国和美国城市设计的四个方面,这里,我们介绍几个概念,将会在后面的章节里进行详细的阐述。首先,我们试图回答那个经常被执业的建筑师和规划师提出的问题,历史的价值。"为什么要被历史所困扰?"他们问道,"一百多年前的事情和思想,同我今天的工作有什么关系?"

为了解答这些问题,我们在第二部分讨论了推动今日城市形成的一些思想和观念——20世纪中期,构筑现代主义建筑和规划的理论和实践的一些假说。借由这些观点创造出来的建筑衍生出了大量不可预见的城市问题,到了1960年代和1970年代末期,现代主义设计的不足导致了反现代主义运动。这和再度兴起的对传统城市生活方式的兴趣结合到了一起,例如街道和广场,以前是被现代主义理论和实践明确反对的东西。

第三部分研究了这股反对运动的方方面面。我们讨论了这种态度转变的原因,也是贯穿于本书的主题,然后考察了一些更加有意识地运用历史观点而产生的实例。在本章的最后一部分里,我们面临着今日社会大大出人意料的情形。就在我们要复兴和更新传统的城市主义的时候,信息技术和媒体的革命已经创造了一个体系完整的虚拟世界、社区和电子空间,它们对我们复苏旧城里的公共空间造成了威胁。今天,还有什么地方可以留给城市设计师们作为?建立在复兴传统公共空间的愿望之上的城市主义还有重大的意义么?

历史的作用

关于历史的作用,在社区设计这个职业里有好几种选择。从一个角度来说,建筑师或者规划师可以根本不理会什么历史,去追求一种无拘无束的未来美景。或许,考虑到要在今日这么纷繁复杂的城市设计问题中找到解决办法,根本没有时间和场所去思考什么很久以前的"深奥"问题,焦头烂额的专业人员可能选择将历史归入学术领域。

相反,如果专业人员把自己的所作所为视为历史长卷里的一分子,他承认过去的情形和今天的问题有剪不断的联系的话,就可能对历史的作用持更肯定的态度。我们保留后一种观点,历史对城市设计和规划地位重要。我们工作中用到的一些城市原理和价值观(绝对)可以追溯到18世纪晚期、工业革命开端的时候。我们将会在本书的几处文字中讨论到,某些城市原则是"永恒的",可以在西方文化的很多历史时期都追到踪影,不过这里想说的是,18世纪晚期有效界定了在城市设计中我们称之为"现代"的开端。那个时期,正是在伦敦南部第一个现代的郊区开始发展的时期。

作为两名经验丰富的教师和从业者,我们绝对相信,当理解了城市设计和规划理念的源头和历史之后,我们的工作会更富有成效。这不是把它们全都原封不动地在笔头或者键盘上照搬出来！一些理念沿用到现在，一些已经过时和丢弃了，还有一些在过去的岁月里证明是错误的，我们有意反其道而为之。我们的理念都有其来历，知道它们从何而来，怎样在过去的时间和场所中被专业人员应用（或误用），会更好地引导设计。

不过首先，我们必须谨慎地定义到底是什么构成了"历史"。历史学家和批评家们总是尝试着找寻一些凌驾一切的"大叙事"作为他们讨论的框架（我们和这些所谓的专家也没什么区别，除了我们对该过程及其结果更警惕！），而就20世纪的历史研究来说，现代建筑的理论和实践总被表述为一个统一、连贯的故事，如作家希契科克（Hitchcock）和约翰逊（1932），佩夫斯纳（Pevsner）(1936)，理查兹（Richards）(1940)和吉迪翁（Giedion）(1941)。在这个"国际式"的童话故事里，英雄人物是勒·柯布西耶、沃尔特·格罗皮乌斯、路德维希·密斯·凡·德·罗、路德维希·希尔斯海默（Ludwig Hilbersheimer），包豪斯里的艺术家和建筑师们，以及现代主义运动的其他先驱人物。在这批先锋派理性领袖的带领之下，现代主义建筑师的首要任务是摆脱环境中的社会因素和污染了的工业城市中的社会病，在那里，工人们过着悲惨的生活，在不卫生的贫民窟中拥挤地居住。取代陈旧、腐化的维多利亚城市，现代主义建筑师想像了一个明亮、崭新、健康的环境，阳光充足，空气新鲜，空间开敞，富有朝气且粗犷的新建筑没有任何装饰，不再沿袭陈旧的历史式样。多么壮丽的景象，多么完满的职业使命。

把过时和陈腐的城市更换掉，一种明亮、崭新而乐观的城市设计思潮诞生了。1950年代，在遭到战争破坏的英国，一座座崭新的公寓大楼奇迹般地从瓦砾堆里站立起来。伦敦以西的一些住宅，正如罗汉普顿那些一样，布置在公园般的环境中，响亮地回应着勒·柯布西耶充满号召力的画面（见图1.1）。

世事不尽是甜美光明的，这毋庸置疑。图景的实现各不相同，在对乌托邦的期待和"真实生活"中拔地而起的建筑之间，一道真实的裂痕开始慢慢出现。不过几十年，现代主义的规划和设

图1.1 奥尔顿西地产，罗汉普顿，伦敦，伦敦郡顾问建筑师部门，1959年。勒·柯布西耶的单元住宅，粗犷的形体坐落在伦敦南部一片宜人的景观之中，创造出了现代主义理想的图景。对比本图与图1.4。

计哲学就被大众质疑起来。规划师和建筑师一开始在防守。他们暗示，人们抱怨的冷冰冰的城市环境，只是大师们伟大的图景被缺少才华的徒弟们错误诠释的结果，但是不满在渐渐弥漫，尤其是针对英国的城市改造和美国的城市更新项目的抱怨，渐渐地让现代主义者们站不稳脚跟了。

在这种不受欢迎的城市布局里，建筑本身就令人厌恶，人们谴责这些新建筑是沉闷而扰人的方盒子。建筑师们偏爱使用混凝土，无论是现浇的还是预制板，说它"真实"而"完整"，而人们却感觉这种材料不友善，充满敌意。国际式的同一和抽象让公众感到迷惑不安，哪怕是在最现代的建筑中，他们习惯的也是丰富和传统的建筑语言，有着传统的细部和隐喻。随着时间的过去，重建的城市地区中，居住和工作在那里的人们心中油然升起一种厌恶和对抗的情绪。特别是，自1950年代到1970年代，大面积的半公共空间成了许多城市重建中的标准，它引起了社交行为中不可预料而又不甚舒服的模糊性。现代主义教条规定的、充满阳光和绿地的"自由"空间，是推倒了古老式样的街道和城市街区才建立起来的。

这种公共空间既不是公共的，也不是私密的，随之而来的缺乏界定的空间模糊了边界和领域，让人难以控制，难以管理，最终带来的是犯罪和人身安全问题。居住在巨大、现代的新开发的板楼或者塔楼中的人们，没有人感觉到安全、舒适或者对新建筑周围的公共空间有足够的归属感，而想去维护它们，没人从现代主义理论中受

益。城市更新和城市重建计划失败的名单越拉越长，越来越严重，最后，把这些问题看成是暂时的困难、或者拙劣的设计师对伟大景象错误的应用已经是不可能的了。作为城市历史学家，约翰·戈尔德（John Gold）指出，一场以功能主义为核心信念的运动，挡不住人们对它功能紊乱的结果的批评(Gold, 1997: p. 4-5)。

结论是不可避免的：概念本身就有严重的缺陷。评论家查尔斯·詹克斯（Charles Jencks）著名的论断："现代主义死亡"于一个精确的时间，1972年7月15日，下午3:30，即美国密苏里州圣路易斯市声名狼藉的Pruitt-Igoe住宅计划的高层板楼被市民定向炸毁的时间(Jencks, 1977: p. 9)。该住宅落成于不久前的1955年，楼内的住户无论如何无法忍受，故将其抛弃并毁掉了。再早些时，1968年，在伦敦东部罗南角的一场煤气爆炸引起了另一座高层局部倒塌，严重损害了英国公众对现代主义高层住宅安全的信心。

城市生活中紧张的气氛在1980年代英国城市骚乱中爆发了。就像1960年代美国的先例，主流的白人文化和被剥夺与损害的黑人亚文化之间的碰撞引起骚乱，英国城市的焦点是旧城区中聚集的贫民，如利物浦的托迪斯、曼彻斯特的莫斯塞德、伯明翰的汉兹沃斯和伦敦南部的布里克斯顿。1985年，在伦敦北部的托特纳姆的Broadwater Farm的火灾使动荡和暴乱到达了巅峰，这起事件，和城市其他地区中的种族紧张有显著的不同。Broadwater Farm曾经是"1970年获奖的城市更新项目，（它）证明了一个无防御空间的个案研究；它中等高度的体块，从地面停车层上方的步行平台升起，提供了一种为破坏和犯罪试点的文化"(Hall, 2002: p. 464)。

城市动乱和现代主义建筑与规划构成直接联系的、影响巨大的案例还不少 (e.g. Coleman, 1985)。尽管比起物质环境的因果之争，1980年代英国的社会、种族和经济形势对骚乱的成因有更为复杂的影响，环境和骚乱的简单联系在公众的头脑中却更牢不可破。骂一骂建筑师，比对付社会不公和种族压力中深藏的问题要容易得多了。一名Broadwater Farm的英国警察被砍死，数百名防暴警察被燃烧弹攻击，悲剧中的现代主义大楼岿然挺立，一如之前的Pruitt-Igoe，彰显着现代主义城市规划和建筑的罪恶。

就这样，一代人的真理迅速变成了疑问，最后成了下一代人面对意识形态空虚的诅咒，新一代建筑师和规划师努力构筑新的一套信仰，现代主义城市理论的几个前提被人们从根本上审视，而在许多案例中，被推翻了。对新理念的找寻集中在恢复人性化尺度的空间和大众品位对接的建筑语汇上。就像我们将在第三章详细论述的那样，美国1970年代和1980年代，早期的后现代建筑把装饰性的古典细部和流行文化的元素结合起来，努力在建筑师和公众之间架设沟通的桥梁。在英国，这种热衷于炫目装饰的趋势也出现了，不过是一场独立的运动，是对本土建筑式样和传统城市布局的回归。就像出现在后现代建筑中的装饰和庸俗文化曾是现代主义原则有意反对的那样——毅然拒绝几十年来左右专业品位的简约、抽象的美学——后现代主义复兴了传统的街道，这是现代主义者明确归为祸首的、造成城市肮脏破旧的根源。

对传统城市形态的重新赏识，由简·雅各布斯在她里程碑式的巨著《美国大城市的生与死》(*The Death and Life of American Cities*) 预言出来(Jacobs, 1962)。她的字里行间，纽约故里的生机勃勃，街道上的生活，与城市更新创造的、充满犯罪和冷酷的城市弃地形成了鲜明的对比，尽管在1960年间，她对现代主义规划和建筑的批评遭到了专业人员的极力否认，到了1980年代，她的书已经成为不断壮大的反对评论中权威的文字。不久后，勒·柯布西耶变成了新历史故事中的大恶人，他在《明日的城市》中革命性和严肃的建议也成了现代主义城市规划中万恶的根源（见图1.2）。30年来，和卷入这场建筑规划思想体系的伟大修正运动中其他不可尽数的城市设计专业人员一样，我们（作者）经常提出关于传统城市形态和空间的概念，把它们和"现代主义明显不利的画面"及其失败做对比(Gold, p. 8)。

在1970年代到1980年代之间，为了推进崭新的、先进的后现代城市设计的宏大进程，专业

图1.2 勒·柯布西耶的"300万人口的现代城市"图，1922年。高大的塔楼被空地隔离，中层的板楼和街道分离，在绿地之中各行其是，这成为二战之后城市建筑的标准预览（图片蒙勒·柯布西耶基金会提供）。

人士转向小规模的项目，而不是为新的社会和物质的乌托邦而奋斗。建筑师们开始把场所中原有的东西记录下来，努力去增强城市肌理而不是抹掉它。对历史和文脉的研究又变得重要起来，设计师们全神贯注投入"人性化"尺度的设计，特别是创造轮廓分明的公共空间，它们往往是由街道和广场构成的，作为城市公共生活复兴的环境。

我们对现代主义原则的大量遗弃，以及对取而代之的前现代主义理念的激进回归，带来了一个左右为难的局面。因为坚信现代主义建筑师和规划师在城市规划和设计中犯下了严重的错误，我们告诉自己，不要再重蹈覆辙了，从而认为自己的想法对城市设计的任务更为合适。在美国，我们工作理念的基础是传统的价值观，以步行的城市场所取代汽车控制的沥青沙漠，后者追寻的是一个汽车横行的天下。我们再一次提倡混合用地，而之前的50年里，城市功能被截然分开，我们追求的是在人们中间做方案，而不是在市政厅或者政府办公室里做出与世隔绝的蓝图。我们毫不怀疑，这些想法是正确的，可以承担起复兴城市的责任，推进可持续的城市未来。

但是我们何以能充满自信？毕竟，现在被猛烈抨击的现代主义建筑师和规划师们也曾经自我感觉良好，对他们的使命和思想充满信心。不管想法好坏，我们不会是用一个同样注定要失败的行为代替了另一个？面对这道谜题，建筑师和规划师必须坚持他们的原则和承担的义务；我们的城市和郊区存在种种问题，还急切地等待解决。但是，我们既不古板也不片面，保持心里的疑问的同时，我们必须接受新的问题。要承认，我们有可能是错的，就像那些前辈不久之前也犯了错！无论如何，和现代主义的前辈不同，我们热心研究了设计中的历史和先例，也铭记乔治·桑塔亚那（George Santayana）的名言："不记住过去的人注定要重蹈覆辙"（Santayana, 1905: p. 284）。

因此，我们特别注意现代主义建筑师和规划师的所作所为，那些给人们带来直接影响的场所。通过留心观察19世纪英国和美国的工业城市如何被现代主义先驱及信徒们所改变，我们更能洞悉构成今日的后工业城市的价值和思想体系。

现代主义在行动

城市设计的历程不是一条笔直大道。即使在短短的历史中，主题也来去交织，形成一张细密的大网。从后现代主义的视角来看，我们总是把现代主义误认为是一个单线结构，实际上远非如此。早期的现代主义建筑师如迈克尔·德·克拉克、汉斯·夏隆和雨果·哈林，还没有形成什么统一的观点，直到1927年斯图加特著名的魏森霍夫住宅展览会，才突然迸发出三维的实体。这个现代住宅区的总平面是路德维希·密斯·凡·德·罗设计的，并且深受勒·柯布西耶的影响，它包含了几乎所有重要的欧洲现代住宅的原型。这里和谐地浓缩了各式各样简洁的白粉墙盒子，塑造出了日后成为国际式的建筑语汇，尽管同质性是存在的，细微的差别仍保留了（见图1.3）。

二战之后的一段时间，建筑师鼓动的现代主义也影响到了规划的理论和实践。城市更新的传统仍然统治着战后的规划思考，其程度如此之深，让人很容易相信一切都来自勒·柯布西耶——抹杀传统城市、用园中的塔楼城市取而代之，还会有更多。

英国规划师彼得·霍尔爵士相当详尽地阐述

图1.3 Kiefhoek住宅区，鹿特丹，奥德，1925~1929年。在勒·柯布西耶的学说全部收录进1933年的雅典宪章之前，每一个像奥德这样的现代主义先锋都还不情愿抛弃街道。

图1.4 塔楼街区，位于Benwell，泰恩河畔的纽卡斯尔，英国，1970年。现代主义的"花园中的塔楼"图画，时常被删减成一片城市废地中、设计拙劣而廉价的塔楼。住宅仅仅被看作很多单元构成的政治问题，而不是城市建筑中的一个整体元素。

了20世纪城市规划的各种线索，但为了我们的目的，可将它总结为六个题目，第一条就是勒·柯布西耶和希尔斯海默倡导的城市更新方法。第二条线索是包括田园城市及其承传；第三条包含了地方性城市的探索；第四条是巴黎学院派特有的纪念性的总体规划；第五条线索围绕着交通以及它对城市形态的影响而展开；第六条是伴随着民主运动的市民设计，为市民提供了机会，参与到他们邻里的设计之中 (Hall, 2002)。

霍尔还提到20世纪规划史中一个苦涩的玩笑：城市梦想家们——比如埃比尼泽·霍华德、勒·柯布西耶和弗兰克·劳埃德·赖特等人，激进的想法蛰伏多年，却只会在下一个时代改头换面地出现，成为其前身拙劣的仿制品，真是反讽啊。举例来说，美国无边无际的蔓延可以在赖特的广亩城市 (Broadacre) 中找到一些原形；而英国那边，绿色的田野里众多毫无灵魂的郊区开发被吹捧成霍华德田园城市的直系后代。两国的城市里，勒·柯布西耶勾勒的那幅图景：闪闪发光的摩天大楼矗立在青葱翠绿的景观之中，被建设成了廉价而劣质的塔楼，从一片砾石堆中拔地而起（见图1.4）。

今天的城市设计师继承了全部的六条现代主义线索，在本书中，每一条我们都会涉及到。它们都很重要，但是城市更新或"综合开发"为社区的记忆添加了格外浓重的色彩。在战后的英国，田园城市的相对成功比起毁坏的邻里和倒塌的塔楼来说，就逊色多了。美国的家庭们都还对苦涩的过去记忆犹新，1960年代，他们被迫离开旧居，为宏伟的市民广场和纪念碑式的建筑腾出地方。

打着社区发展的名义，城市更新对物质和社会明显的破坏是不容否认的。很多急待推平的贫民窟确实被拆除了，但是取而代之的都是一些混凝土地狱，伴随的只有失落、绝望和新一代的社会病。而且和这些贫民窟一起，许多本来应该保留和翻新而不是毁坏的社区也都毁于一旦。简·雅各布斯在《美国大城市的生与死》中激烈地控诉了现代主义建筑和规划，她描述了专业人士是怎样对旧街区的特色和潜力视若无睹——那些老旧、破败但仍然在运转的邻里 (Jacobs, 1926)。这个批评穿越了40年的时光，引起人们的共鸣。在英国，查尔斯王子评论道，规划师在二战之后毁掉的城市，比希特勒的德国空军在整个狂轰乱炸的岁月里干的还要多，这个认识击中了要害，我们前辈的某些举动确可称得上是暴行。

然而，这些并不是城市毁坏者们有意的行为，他们并不是喜欢摧毁社区。这应该是无意识的结果，所有的方案和设计都出自善意的专业人员之手，他们抱定服务公共利益的决心。这些建筑师和规划师关心大工业城市的问题，那里数以百万计的人们艰辛地生活着，对生活不抱什么指望，却有着极高的婴儿死亡率。当我们看到照片上,无边无际的阴霾、漫天煤灰笼罩下的英国住宅层层叠叠,视野里没有一棵树,只有无处不在、遮天蔽地的污染,我们一定会想起当时的条件有多么糟糕。在崭新的城市中,明亮、现代的建筑群坐落在一望无际的公园般的景观之中,阳光充足,空气新鲜,这样的城市改进方案是多么的悦目。毫无疑问,建筑师和规划师希望消除这些悲惨的状况,消灭创造了它们的往昔!

1950年代和1960年代,在英国受教育的一批才华横溢、年轻有为的设计师们,满怀着全部的热情,想要服务社会,他们认为自己的任务是重建城市的物质环境,就像国民医疗服务制度一样,同属公共服务的范畴。到了1950年,已经有超过50%的建筑师被政府部门雇用(Gold:p. 191)。在1947年的城乡规划法支持下,英国战后重建的进程早期,仅有1700名规划师支撑着1400个规划的权力机构!年轻的、刚出校门的建筑师们急切地希望填补空白,给新规划体制带来强烈的三维设计透视图(Gold:p. 190)。不管我们如何评说他们,为了他们真诚的博爱精神和社会责任感,我们必须给予这些现代主义前辈们极高的褒扬。

在1950年代和1960年代,左右着英美城市的城市更新运动,一般而言,是勒·柯布西耶"彻底砸碎旧世界"(tabula rasa)方法和单一功能分区的结合。在二战结束后的几十年里,对城市更新的专业思考主要集中于空旷的用地上升起孤零零的塔楼模式,以及用色彩分区的整洁的规划图纸,用空间分区将城市生活分成不同的区域。现代主义理论不是围绕着人们日常生活和习以为常的空间而建构起来的,而是探索其他的在物质和技术环境下更有秩序、更理性的模式,用以取代这种日常的模式。正统的规划源于勒·柯布西耶和希尔斯海默的城市意象,它们因清晰的抽象技术而引人注目,并且非常有力度——抽象的空间句法和对技术体系的信念——包含着它灭亡的本质。

必须通过体验,才能完全理解现代主义理论的力量和含义。在1960年代以及更晚的时间里,英国的建筑学学生还在接受一成不变的教育,很少从旧的城市生活中寻找价值。勒·柯布西耶出了名地蔑视街道,称它为"沉闷的地沟"和"愚蠢的小路",这成为他的设计工作室里常用的格言(Le Corbusier,1925,1929)。对于20世纪头几十年的现代主义先驱们来说,工业城市象征的是陈旧、腐朽的欧洲,他们认为这是工人阶级生活贫苦的根源。消灭这样的城市被认为是第一要务。他们觉得老房子和现存的城市结构没有什么价值,只是问题的一部分,而不是解决方法。到了1960年代,英国城市最恶劣的物质条件已经被根除了,但是还有不计其数、层层叠叠的老房子沉默地屹立着,证明了正在迅速消失的工业城市的过去。对建筑师和规划师来说都一样,这些街区正站在进步的路途中央,它们陆续的消失是一个清洁社会、去除工业城市遗留的邪恶的过程。这些建筑和街道从技术上讲是不是贫民区,根本无关紧要。毫无疑问他们是陈旧和腐朽的。至于它们是不是可以翻新,邻里能不能重新焕发生命,都不是这些学生们被鼓励从事的问题。

"老房子无价值"这种压倒一切的感觉延伸到更广的范围,人们觉得往昔本身对设计专业人员都没有什么价值。历史的思考和对先例的运用被有意地从设计过程中剥离了,在他们的眼光里,形式的新鲜和独创是一切品质中最值得嘉许的。我们其中的一个作者还清楚地记得1960年代中期,自己还在建筑学院就读时获得高分的一份学生作业,就是将一个英国矿区的街道、住宅和店铺全部推倒,用一群六边形的高塔取而代之,让它们矗立在空旷的绿野中。

有两个例子可以很好地说明重建现代主义城市的过程,它们是英国的伯明翰和美国北卡罗来纳州的夏洛特。早在1950年代中期英国的城市更新中,或城市中心的"综合开发"计划中,伯明翰就推倒了很多历史中心,包括整个的内城区。尽管高大的新建筑达到了高密度的结果,该更新计划却戏剧化的将人口减少了一半,从每平方英亩120人减少到60人(即每公顷由300人减至150人)。伯明翰的城市设计师乔·霍利约克(Joe Holyoak)作为1960年代的一名年轻建筑师,亲自见证了这个过程:

"密密麻麻、功能多样的工人阶级住宅,工厂和作坊,转角处的小商店和酒馆,没有绿色空间的缓冲,建在街道自由的格网上,河沟和铁道从中穿过,这一切,完完全全一扫而空。取而代之的模式既包括了勒·柯布西耶的几何化、高密度的光辉城市中的元素,也包括了帕克和昂温自由曲线的、低层数的田园郊区元素(Holyoak,1993:p. 59)。"

尽管柯布西耶雄辩而热情奔放的思想被众多的建筑师们实践,这种发展模式也只替换了大约半数的住宅。在伯明翰,大约有多达5万名工人阶级的居民外迁至郊区,或者到附近的新城(粗俗地被称为"过剩人口")。对新市中心的住宅,霍利约克是这样总结的:

"……很多证据表明迁入新居的居民……起初对新的条件感到非常高兴。他们一下子拥有了现代化的家,有厨房,有浴室,有中央供暖,有供孩子们就读的现代化学校,有草坪和树木环绕。但是有的书籍中也记载了失落的情绪,如《东部伦敦的家庭和亲缘关系》(Family and Kinship in East London)(Young and Willmott, 1992)和《被莱迪伍德教区牧师遗忘的人们》(The Forgotten People by the Vicar of Ladywood)(Power, 1965),描述了他的(伯明翰)教堂周围的变化。显然,熟悉的景观突然消失无踪了。而且,复杂的人际关系网络断裂了;单一阶层的地区出现;土地使用分区带来了不便,如转角的小商铺就此消失;而最重要的,社区对自身可识别性的集体意识变得支离破碎(Holyoak:p. 60)。"

霍利约克提醒我们"距离带来魔力",当我们审视一张老照片,已经消失的邻里带来了怀旧的情绪,但随之而来的也应该有对贫乏的物质条件的记忆。而一张老照片上,孩子们在街道上嬉戏、主妇们在门阶上闲谈的画面,最直接告诉我们的是"物质环境对品质的显著影响"。霍利约克将之定义为:

"私密和公共领域紧紧相连,私密空间定义了公共空间的形状,人们居住的集中创造出了一种群体的亲密感,给五花八门的场所之间带来了密切的联系,它们来自于生活的不同方面——住宅,商店,酒馆,学校,教堂和工厂(Holyoak:p. 60)"。

人口激增的直接结果是过度拥挤,就像工业区的贫民窟一样,但是这种在公共空间彼此分享的归属感是邻里凝聚力的重要组成部分。在缺乏这种共享空间的新住区中,新的社区纽带也在培育中,人们搬进新居后不消几年,就滋长出了疏远的情绪。

当伯明翰和其他的英国城市在发展的名义下将旧有的邻里撕得粉碎的时候,美国城市通过"救险球"(wrecking ball)的方法追寻自己的城市进步品牌。两个国家中,错综复杂的种族与社会的隔离在本书中都难以详述,但是,1960年间,美国黑人为争取平等和民权的斗争,却在美国城市毁坏和贫民窟清除的运动中添上了不可避免的种族因素。美国南部北卡罗来纳州的夏洛特是这方面的一个典型。

在1949年至1974年的25年间,美联邦城市更新部门为打着重新发展大旗的城市们提供了大量的资金。联邦计划原本的意图是通过清除贫民窟、修筑新住宅来改进城市贫民的居住条件。各城市利用联邦政府的资金,把老旧的邻里一扫而空,然后将土地议价出售给开发商,由私人部门修建市民能负担的新住宅。至少,理论上如此。

美国的市长们和他们的议会爱煞了该计划,因为不需要花费地方的开支。开发商们也同样青睐有加,因为他们可以花很少的钱买到第一流的土地。没过多久,市政当局和开发商们就游说国会扩张(或放宽)该计划,从为穷人重建住宅扩张到其他的土地运用。在1950年间,清除掉穷人居所的土地越来越多地用于非住宅建设(即更有利可图)的目的。

北卡罗来纳州的历史学家汤姆·汉切特(Tom Hanchett)在他的著作《挑选新南方城市》(Sorting Out the New South City)中,记述了城市更新年代夏洛特城的运动,书中他解释了夏洛特是怎样、并且为什么"花掉了联邦政府的

4000万美元，荡平了市中心的街坊，并且用闪闪发光的新项目来替代它们"(Hanchett：p. 249)。最特别的一个地方是这场运动的焦点，布鲁克林，夏洛特的第二选区中建筑密度很高的黑人街坊，它紧邻着中心商务区的东面（见图1.5）。依靠着有利的条件——联邦仍然比较放任的指导方针，只要能对城市有"好处"，就允许为了几乎是任意的用途推倒住宅——夏洛特的商业和政界头目（他们本来就是一丘之貉）将浩浩荡荡的一队推土机开进了黑人区。从1960年到1967年，城市几乎夷为一片平地。

当地的媒体热烈支持这场拆除运动。夏洛特再开发机构的领导，一名曾在弗吉尼亚州的诺福克任职的城市行政官的形象出现在夏洛特的一份报纸上，大字标题热情洋溢地写道："诺福克的灵魂人物闪电推进本地城市更新"。文章充满赞许地写道："……250年历史的海港，从未遭到过洲际导弹的轰炸，而今，有些地方看去就像炸平了一样。"在夏洛特，一场类似的肆无忌惮的大举毁坏"……没有拿出任何的新建居住区的借口。1480座房子在推土机下夷为废墟，却没有一座新住宅楼建起。城市更新让1007个布鲁克林家庭背井离乡。"(Hanchett：p. 250)，不只是家庭被毁掉了，黑人的商业亦然。"旧街区的高密度和中心的区位给小店铺们提供了优良的环境……城市更新赶走了216个布鲁克林的商店。很多商店再也没能重新来过。"(Hanchett：p. 250)，和家庭与商业一道，社区的社会结构也全部被铲除了。教堂、社区俱乐部、一所夏洛特的黑人高中、城市中惟一的一座黑人图书馆都倒在大锤之下，成了一片瓦砾堆。一个完整的自我支持的社区被大笔勾销了(Rogers, 1996)。

平整了用地之后，这里建成了一个富丽堂皇的行政街区，有高层的市政厅、新的法院和监狱、一个值得展出的停车场。其他的再开发项目包括各种各样的办公楼和一个全部白人会众的大教堂。城市宽敞的大街穿过地区，将城市中心和东郊富有的白人社区便捷地联系到了一起。毁坏的幅度在黑人街区和其他白人居住的街区有天壤之别。就在布鲁克林街坊不远的白人区，城市的更新有

图1.5 布鲁克林的街坊，夏洛特，北卡罗纳，美国，1950年代早期。在1960年代联邦基金的城市更新计划支持下，这张航拍图中，除了前部和中部的一两幢房子没有破坏，该非洲裔美国人社区中的所有建筑都被推倒了。这个地区现在充斥着巨大的政府综合楼、停车场和白人会众的大教堂。新近完成的规划将会随着时间推移，复建起街区中部分建筑，推进混合收入住宅（照片蒙夏洛特历史街区委员会提供）。

节制得多，只零零星星摧毁掉了几处地块。

这种令人侧目的种族政策在那个时代的美国城市中并不罕见，它确实给建筑和规划的职业任务中增添了额外的复杂性，这在英国同行的工作中是少有的。但是即使没有种族的因素，这批专业人员也花了很长的时间才认识到起初的良好愿望和糟糕的结果之间的鸿沟。一批年轻设计师掀起了激进的社区主义浪潮，反对城市中的不公平。在美国，"倡导式规划"开创了一场新的革命性的范例，它引领建筑师和规划师开始民主主义运动，年轻的专业人员们直接为由沿街店铺构成的小社区组织服务。利用他们的专业知识和专业理想，他们协助社区反对政府官僚机构，通常是通过直接的政治对话，而不是设计工作的选择。在英国，出现了非常相似的现象，叫做"社区建筑学"。

1960年代末，在英国的一个研究所，我们的作者之一沉浸在社区建筑运动之中，他深入到贫困的城市街坊，努力运用社区实践来完成他的城市设计研究。他的教授告诉他，这种工作和城市设计无关，如果他还想毕业的话，就得做一个"真正的设计"。该作者只好把激进的实践改在傍晚和周末，乖乖地做了一个缺乏热情的庞大建筑体，

依照教授的喜好轻易地把社区给消灭掉了。没有人对设计的社会后果提出任何疑问。

这种教育导向在那个时代的英国建筑学院中并不罕见。在这种背景下,批评现代主义教条的书,例如从社会和规划的角度出发的简·雅各布斯的《美国大城市的生与死》(1962),从城市设计角度出发的戈登·库伦的(1961)《城市景观》,被人不假思索地指责为有漏洞。人们轻视雅各布斯的书,仅仅因为它不是设计师写的,故而显然不懂得什么叫建筑和规划。甚至性别也成了一个贬低她的论点的理由。刘易斯·芒福德,一位美国规划改革界的英雄人物,贬损她的观点是"雅各布斯大妈的家庭治疗法",在《纽约客》杂志中对该书提出了严厉的批评(Mumford, 1962)。

库伦的书是从主观的视觉体验出发的,被批评为太"罗曼蒂克",缺乏科学的严密性。比较相似的事件是1929年,勒·柯布西耶对卡米罗·西特那本1889年出版的重要著作《艺术原则下的城市规划建设》的指责。西特的书是一个严密调查的结果,为了给古老欧洲的城市美学建立一个经验主义的基础,西特着眼于身处一个场所中的感官体验,并且收集了几百个城市广场的平面,对实际中不规则的空间秩序提炼出了一些可确定的原则,更胜于19世纪成熟的城市发展中普遍存在的方正的几何学。

然而,对勒·柯布西耶来说,杂乱无序无非是浪漫而浅薄的风景,是城市规划中的一个错误的抱负。在《明日的城市》当中,这位年轻的瑞士建筑师讴歌了矩形平面的优点,武断地反对西特投入研究的多样性。在他的观点里,风光如画是"一种快乐,如果太经常地沉溺于此,就会迅速变得无聊",但相对应的"直角是自然规律,它是我们宿命的一份子,是必不可少的"(Le Corbusier, 1929; p. 210, p. 21)。勒·柯布西耶承认他最初感到被西特的思想"推翻"了,好像一个回归真理之路之前的年轻人。在《明日的城市》的前言中勒·柯布西耶写道:

我读了卡米罗·西特,那位维也纳人的书,并且被他的诱人的论述感染了,关于风光如画的城市规划。西特举的例子是非常聪明的,他的论点看起来很充分,它们立足于过去,实际上也确是过去,但却是一个多愁善感的过去,拥有较小的和宜人的尺度,就像路边小小的花朵一样。他的过去,不是那些宏伟的年代,本质上是折衷的时期。西特的雄辩把建筑学推到了一边,用一种最荒唐的时尚,以它特有的方式……到了1922年……我做了300万居民的城市的全景图,我所依赖的完全是抽象的原因……(Le Corbusier; 1929)

尽管几十年来知识分子对经验主义的城市研究感到反感,总是打击对手那些风光如画的规划和罗曼蒂克,仿佛那是莫名其妙、不可救药的消极的方法,直到1970年代早期,包含在那些方法中的,更人性化的理念和人体尺度的空间语汇才渐渐在设计和规划专业人员中赢得了皈依者。在英国,田园城市模式的规划一直延续到二战之后的新城规划中,而这些新"田园城市"的环境较之城市更新时期的史诗般的建筑群体,更为大众所欢迎。"风光如画"的复兴和田园城市伟大传统的再结合使得双方的阵营都有所收益。建筑师和规划师终于在专业理论和大众口味这个深深的鸿沟之上,架设了一道桥梁。这种联合在1960年代和1970年代构成了一个反对现代主义运动的焦点。

反现代主义运动

前文提到的那些英国的社区建筑师和美国的倡导式规划师们,他们投身于街道个案的激进手段,以及对政府方案的高声反对,都成为欧洲和美国1960年代末1970年代初,反成规的意识形态改革的一部分。年轻的专业人员们反对近期城市政策的错误和疏忽,反对以政治方式进行的设计,但与此同时也有另一批人在1950年代开始了他们的实践,他们对现代主义的产生提出了更明智的批评。这一批年轻建筑师在二战之后开始崭露头角,尤其是那些组成了闻名遐迩的第十小组

(Team10)的成员。

该小组受委托筹备1956年召开于杜勃罗文克的第十届CIAM（国际现代建筑协会the Congres Intemationaux d'Architecture Moderne）。小组的名字来自CIAM大会的届次，其核心是一个小圈子内的设计师，在1954年共同来到荷兰的杜恩，在《杜恩宣言》中，对CIAM早期会议的教条提出了批判（Gold：p. 230）。该小组包括了一批建筑师，奥尔多·凡·艾克，彼得·史密森，简·沃克尔（John Voelcker），雅各布·巴克马（Jacob Bakema）和丹尼尔·凡·欣克尔（Daniel van Ginkel），以及一名社会经济学家汉斯·霍文斯－格雷夫（Hans Hovens-Greve），集中讨论了CIAM对城市功能过度技术化的观念，而没能处理好"人际群落"和能够支撑城市和人民的社会组织。

CIAM关于城市的学说的明确提出是在1933年，正值第四届大会期间，即由勒·柯布西耶领衔主笔的著名的《雅典宪章》。1933年距CIAM成立只过了五个年头，它于1928年在瑞士的拉撒拉兹创立，是宣传现代主义建筑原则的一个渠道。特别是，它努力将各式各样的建筑试验结合起来，形成一个国际式的运动，追求共同的目标，使得在几年前魏森霍夫住宅展览会出现的种种风格能够融合。

彼时欧洲大陆上政治的紧张气氛正在松弛下来，CIAM著名的第四届大会因此在一艘名为S. S Patris II的汽轮上召开了，它的行程横贯地中海，从雅典到马赛。在这片甲板上，最值得一提的、也许有人会说是最"声名狼藉的"现代城市设计宣言发表了。这份改革运动的文件就是我们今天所知的雅典宣言，实际上是在CIAM第四届大会的海上会议记录基础上充实和改写而成的。原始文件上态度温和的技术语言，*Les Annales Techniques*，在勒·柯布西耶强烈的影响下被一系列工作小组改写着，最终，1942年，在勒·柯布西耶独一无二的权威下形成了强势的、教条的宣言（Gold, 1997）。

宪章狭窄地将现代城市定义为四个主要类别——居住，工作，游憩和交通，——每一种有自己独立的区位和城市形态。在第五部分，提纲挈领地讨论了历史建筑，并提出，如果建筑是真实的历史遗存，那么就应该进行保护。可是，字里行间透露着这样的语气：加入现代主义运动的建筑师或规划师们，没有哪个先锋人物可以、或者应该让这些不相干的、过去的文化对建造新城市的伟大工作造成干扰。宪章的文字里，对社会、经济或现有居住区、混合利用邻里的建筑特色没有做任何有意义的讨论。

无论如何，宪章的风格是雄辩有力的，通过对人类生活功能精炼的提取，它创立了引人注目的景象。这些城市观念被神化了，成为众多建筑师和规划师信奉的指导原则和教条，在二战之后大举重建的英国及欧洲其他城市发挥了重要作用。但是，当许多战后成长起来的设计师们被洗脑，深信一个清爽、洁净、由技术搭建的未来时，一些人却已经开始对这些原则充满了怀疑。那些和杜恩宣言关系密切的激进者们很快就洞悉了一场战后的智力虚空，没有谁再去思考城市建筑学和什么社会问题。比如说，在1951年的第八届CIAM会议上，能够讨论的问题就只是围绕着"城市内核"的主题，也就是中心城市本身，认为其应该被划定为一个功能区，其中包含了"公共空间"，这样市民们就会自然而然地被吸引，体验到神秘和莫名其妙的时尚。一切变得太清楚，CIAM关于功能城市的模型是那么简洁有力，以至于让人们忽略了城市真正是怎样运行的问题。

和这些大尺度、技术以及抽象原则相反的是，从杜恩的小圈子演变而来的第十小组，提倡的是这样一种城市主义："个人的、特别的和精确的"最为珍贵（Banham, 1963）。第十小组的一位创立者，奥尔多·凡·艾克这样说："无论时间和空间多么有意义，场所和事件总是意味着更多"（van Eyck, 1962：p. 27）。1956年在杜勃罗文克召开的第十届大会标志着CIAM作为一个组织和一个知识分子团体的终结。但是现代主义城市观的力量——那些被主干道划分的单一功能分区，那些巨大的新建筑，在旧的邻里夷为平地之后，孤独无依地矗立在开阔的空地上——又持续了20年。终究创立了我们现今对其宣战、力图改革的城市群。

和在勒·柯布西耶影响下抽象的城市平面形成对比的是，1950年代逐渐凸现出的年轻一代建筑师，通过和第十小组的协作，证明了在现代主义中添加入社会现实主义含义的攸关性，那是现代主义原本缺乏的。其中一名建筑师，拉尔夫·厄斯金 (Ralph Erskine) 所作的城市设计，显露出他对人的行为、社会的动态的特殊敏感。

厄斯金在英国北部城市——泰恩河畔的纽卡斯尔的工作和我们的故事颇有点渊源，因为他为这一套价值、假想和措施提供了生动的参照作品，适用于大多数的英国城市更新计划，甚至适合更大的范围，比如美国。英国1960年代大批量的城市再开发一直都遵循着一种没有感情的程序，清除掉旧邻里的贫民窟，置换成大尺度的住宅区。在这种官方的程序下，家庭成了"住宅单元"，居民被视为消极的消费者，仅仅作为一种重新安置的数字来计算。城市规划师和大众之间没有什么合作，也没人觉得合作有什么意义，而政府的进程通常带来痛苦的冲突。居民们痛恨被强制搬迁，而家长式作风的建筑师和规划师们不理解，为什么人们不对他们的努力感激涕零，因为他们提供了多么新、多么好的住宅。不仅是年轻的理想主义设计师展开了一场改变城市更新进程的战役，拉尔夫·厄斯金，作为一名已经卓有建树的建筑师，也因为这样一场战役而在英国变得闻名。

尽管出生于英国，厄斯金是在他的第二故乡瑞典成长为一名建筑界的著名人物的，他因精心设计的住宅方案很好地适应了场地、气候和社区而得到美誉。当1968年，厄斯金被指定为Byker大规模再开发项目的建筑师时，纽卡斯尔市的权威人士们有意进行一项更进步的城市再开发政策，但是值得怀疑的是，他们是不是清楚自己的这个任命会把城市引往什么方向。

纽卡斯尔的城市领导们怀着良好的抱负，意图在城市再开发中掀起一场小小的革命。厄斯金却把那些标准的程序整个颠覆了，他把居民们拉进合作队伍里，塑造了一条社区和设计师之间强力的纽带。厄斯金的搭档，弗农·格雷西，在重建的过程里，在场地上一住就是好些个年头，他

居住的公寓位于绘图办公室上面，那是一间旧的住区商店所在地，原来曾经是一个殡仪馆，现在则是一个专业的绘图办公室，更是一个社区资源空间。在这个持续了14年之久的城市再开发项目之中，厄斯金和他的团队显示，当城市设计师认真地接受了社区价值的时候，有什么样的事情会发生。忽然之间，在毁坏了无数社区的标准城市更新程序之外，又出现了一个真正的选择。

厄斯金的设计团队逐渐发展出一套新的程序，而且得到了一种建筑学，细部是当代的，但却生长于对城市空间的传统步行尺度的理解之上（见图1.6）。本书的作者特别有幸在1970年代初参与厄斯金工作室的工作，这段经历治愈了他对建筑学专业倍受打击的信心，而且鼓舞了他对民主的城市设计毕生的追求。

Byker的重要意义有很多方面，但是实际上它的伟大成就反而被它的神话湮没了。在那个时期，对比"一般的"城市再开发项目，这个项目是那样的进步和积极，以至于厄斯金项目组的成功被捧为几乎所有城市问题的万能药。除了成功的设计之外，很多评论者广为宣传的两个重大成就，一是搬迁重建中的市民参与，二是保留了社区的原有居民。事实的本身证明了一些不同的事情，其实稍稍偏离了建筑师本身的努力和功劳。

除了初期的一些训练之外，居民们在细部设计上没有参与决定。正相反，他们的参与是建立

图1.6 Byker的住宅，泰恩河畔的纽卡斯尔，拉尔夫·厄斯金，1968~1982年。除了鼎鼎大名的Byker之墙（见背景中），Byker的大部分住宅都是2~3层的建筑，组织在私密的城市空间周围。

在一个比较概念的层次上的,即建筑师与居民之间构筑了牢不可破的信任的纽带——这种关系达到了一个很不寻常的深度。厄斯金希望把居民的身份提升成为最基本的业主,但其实他的合约关系是和城市签订的,而城市错综复杂的官方作风让这件事基本不可行。这样,厄斯金对当地居民允诺的各种雄心大志并没有能够完全实现。

但是,建筑师的工作在社区中所起到的巨大作用是毋庸置疑的。旧的社区商店变成了一个非正式的社区资源中心。它在邻里生活中处在一个焦点的位置,人们可以从这里获得信息,也可以观看他们社区的设计师如何进行工作。相互之间高度的信任给予建筑师们相当大的自由,可以随心所欲地把社区居民的需要转换成三维的形式和空间。就像图1.6中展示的那样,他们为新的建筑发明了一种基本的建筑语言,这其实是厄斯金个人的美学,而不是沿用了当地的先例,他们创造出了一种私密的"混乱"的城市空间,而不是那又长又冷冰冰的街道。

Byker住宅街区的破坏起始于1966年,正是厄斯金接手项目两年之前,到了1969年该地的人口从18000人下降到了12000人。通常来说,像Byker这么大的区域,大约81hm^{2}只要一次大力的扫荡就完全毁掉了。居民将在城市的其他地方永久地搬进新居,原来社区的联系网络和人际关系荡然无存,就和那些无迹可循的老房子一样彻底消失不见了。厄斯金摈弃这种无情的做法,他极力劝说纽卡斯尔市的权威人士们,用较小的规模来拆除那一排排旧的"泰恩河畔公寓",一次只拆掉几条街道。这样的一个更有选择性的时间表能和重建的阶段相互配合,居民们因而能够很快地迁入新居。厄斯金计划在新建筑里容纳9000名居民,人口密度是247人/hm^2——以美国的惯例来说,大约94户/hm^2。这个密度比原来住区低不少,但却给了每户住宅平均1.25个车位。城市官员们希望其余的几千人口自己选择别的新居住地点。

尽管有着良好的意图,实际建设上的耽搁使计划中相互穿插配合的拆毁和重建计划打乱了,到了项目的尾声,原住居民在本社区重新安家的数目只接近5000人(Malpass,1979)。尽管建筑师们没能全部达成他们所向往的社会目标,他们却成功挽救和修复了几幢重要的社区建筑,包括学校、酒馆和夜总会。其中,希普利(Shipley)街道浴室,整合之后形成了今日闻名的Byker之墙,它戏剧性地随着地形蜿蜒,在大约2.4km处界定了社区北面的边界(见图1.7)。

无论是对以往一套标准的规划程序,还是对英国城市再开发的建筑语汇,厄斯金在Byker的开发项目都提供了真真切切可供选择的方案。但在1970年代的英国,还有别的变化在各种工作中发生着。一本标题就昭示了激烈冲突的书籍《建筑与住宅的对决》(Architecture versus Housing),概括性地罗列了现代主义住宅创新的失败,并且对官僚政策以及麻木不仁的所谓设计提出了尖锐的批评(Pawley,1971)。两年之后,1973年,英国皇家建筑师学会期刊刊登了一篇理查德·麦科马克(Richard MacCormac)的短文,《住宅形式与土地使用:新的探索》(Housing form and land use: new research),该文论述了如需在1hm^{2}安置250人口(以美国的形式来排列的话,大约是94户/hm^2),可以通过庭院互相咬合的露台住宅来实现。每一户都有私家花园,密度上的要求轻而易举就可以达到,而无需使用遭受众人摈弃的高密度公寓。用麦科马克的方法建设的项目,例如波勒德希尔(Pollards Hill),位于英国南部的城市默顿(1977),在默顿市建筑师部门的指导下,出现了和曾经颇具影响力的美国拉德本(Radburn)新城简直如出一辙的规划,那是50年前由克拉伦斯·斯坦和亨利·赖特在新泽西州做的。这些案例中,尽端式的机动车回车场把小汽车引导到了住宅的一面,朝向停车场地,另一边则是绿树成荫的步行道路,有组织地构成了主要干道之间的大块"车辆禁行区"。

拉德本的设计对日后开发的广泛影响我们将在第二章进一步讨论,但在这里我们看到,它对1970年代中期英国的公共住区规划产生了重要的影响。举例来说,这股设计风潮的典型实例,是朗科恩(Runcorn)新城的大面积住区开发,该区位于英格兰西北部,利物浦的郊外。这里我们

第一章 范例的遗失与找寻英美城市进退两难

图1.7 Byker之墙，泰恩河边的纽卡斯尔，拉尔夫·厄斯金设计的本意是为低密度住区遮挡来自城市高速公路的噪声，其实该高速公路并没有建起来，Byker之墙成为了Byker再开发项目的一个显眼的标志物和地标式建筑。里面居住的主要是老住户，可以尽情享受泰恩河谷地壮丽的景观。

可以看到典型的雷德伯恩式的布局原则，由尽端式的机动车道和绿地蜿蜒的步行小路，通往社区学校、公交车站、日托中心、老人之家、社区中心和购物区等等。和波勒德希尔简洁现代的白色露台住宅形成鲜明对比的是，朗科恩的 Palace Fields 和 The Brow 地块上是由深调子的砖材建造的坡顶房屋，stripped-down 的语汇来自于传统的住宅形式。

在英国的 1970 年代早期，本土的意象也是公共和私人地块进行设计的一个重要推动力。住区方案的设计再次用上了传统的街道和围合，建筑明确地追求一种民间的地区风格。这种风格的一个典型开发个案是道利什（Dawlish）的奥克兰公园，它位于英格兰西南部，是一座滨海的小镇，

由现在已歇业的 Mervyn Seal 合伙人公司设计，建筑师于 1970 年代在那里工作了好几个年头。奥克兰公园的设计从戈登·库伦的城镇风景案例中汲取了灵感，并将对当地民间建筑风格的鉴赏融入其中，那是一些来源于英格兰西南部渔村的意象。尽管很多建筑师认为对本土意象的利用是对现代主义思想的一个背叛，"新本土"住宅在市场上却有不俗的反响，而且不久后就赢得了圈内人士的赞赏——在奥克兰公园这个案例中，它赢得了英国环境部颁发的国家级设计奖（见图 4.13～图 4.15）。

这一批 1970 年代早期的先驱项目总是遭到城市规划者们正式的反对，但过了不多久，这些设计原则和意象就不知不觉地跻身于主流的当地设计导则之中。这里面最著名的要数先锋的《住区设计导引》（Design Guide for Residential Areas），由埃塞克斯（英国英格兰东南部的郡）郡议会于 1973 年颁布，本书第三章会述及。以这种城镇风光为途径的设计上面，有一个非常聪明的小插曲——很大程度上已被专业人员渐渐淡忘了——由 Ivor de Wofle 在 1971 年的《建筑评论》（Architectural Review）上作插图，并在当年稍晚些时候出版了《Civila: the End of Sub Urban Man》。

这个方案为英国内陆的工业废地上的新城建设描绘了前景，有几个方面的原因令其与众不同。首先，它是完全用三维的透视图纸来设计的，巧妙地把现状建筑拼贴到图纸当中去。其次，Civila 包括了许多"宏伟的"现代主义建筑，但它们不是孤立在旷野之中，而是和其他建筑亲密地靠在一起。就像图 1.8 描绘的那样，它创造了一种密集的城市肌理，仿佛中世纪建筑那么错综复杂，但并不刻意渲染浪漫的或是乡愁的城市意境。但是，这种强有力的思辨尝试和空间复杂性结合，即以城镇风光的手法进行城市规划，同时拥有当代的建筑审美——一首欢欣鼓舞的现代主义诗篇——却没能影响英国城市开发的计划。在它甫一出版的时候，城市已越来越少由公共计划支持，而改由私人投资设计了。私资开发者对思辨的立场不感兴趣，而是选择了去建设最保守、最

19

设计先行——基于设计的社区规划

图1.8 Civilia 的"城市墙",一座虚构于英国内陆再开发土地上的城市,1971年,现代主义的建筑构筑了传统的城镇风光(照片拼贴由美国建筑出版社提供)。

图1.9 城市中心的郊区住宅设计,伯明翰,英国,1980年代。

传统式样的住宅,在市场上销售有保障的住宅。

这股回归小尺度、传统开发的风潮给英国的城市中心带来了始料不及的后果——1980年代城市中心的郊区化。这已经不是密度的问题了,城市更新中塔楼和板楼已经充分地消减了该问题,这更是个形象的问题。这个变化的直接来源可以在1970年代找到——公共住宅建设计划实质性的缩减和1974年的能源危机,"这使得城市中心地区对中产阶级更具吸引力"(Holyoak:p. 60)。

私资的开发商很快就嗅到了商机,花很便宜的价钱从中心地区买到地皮,有的是废弃的工业用地,有的是1960年代不被看好的住宅用地,几乎都已经荒废了。开发商,以及为他们工作的建筑师们,对在市政厅公共部门工作的同行们那一套高品位的现代主义理想不感兴趣。相反,他们有一大批不愁销路的郊区住宅设计,物美价廉。因而,对私资开发者来说大规模地建设好卖、但平凡普通的低密度住宅(针对英国的标准而言)是再容易不过了,这使得城市中心地区完全郊区化了。结合英国1980年代正在增长的政治保守主义倾向,加之

"……撒切尔政府强调将个人与家庭利益置于集体之上,使城市中心地区看起来越来越像稍稍压缩了的郊区景象;一排排的新本土风格的两层住宅,每户一个小前院,有一个车位,社区资源则少之又少——与其说是城市建设,不如说是住宅生产(Holyoak:p. 62)" (见图1.9)。

1980年代建设的英国城市失去了连贯的复兴政策,无论是私人部门还是公共部门都不能有效地应对自己的问题。撒切尔时代,政府的一个反应是缩减,或者在大伦敦议会①的情况下,摧毁有势力的地方权威在当地过度开发的局面。新出现的快轨②"企业区"在衰落的城市中心地区建设起

---

① 伦敦也称"大伦敦"(Greater London),下设独立的32个城区(London boroughs)和1个"金融城"(City of London)。各区议会负责各区主要事务,但与大伦敦市长及议会协同处理涉及整个伦敦的事务。——译者注

② 快轨,国外有的开发商也会有自己的设计部,这样的设计部完全承担开发商的设计任务,开发商不和公司之外的设计公司发生合同关系,称为fast-track。——译者注

来,如伦敦的码头区,为了吸引私人投资,当地政府许诺最小程度的干涉。这些1980年代私人投资的成败得失将在第五章详细进行讨论,不过察觉到美国私人权力在公共利益之上这种不平衡的模式后,在1990年代英国城市的开发中,一个首要的反应就是抢先把当地规划和设计的主动权牢牢握在手上。在20世纪的最后十年,这种政策上的逆转和对传统城市形态和城市模式的幡然觉悟紧密联系在一起,包括了混合土地利用、步行尺度和空间围合等等(见图1.10)。

在1980年代的美国,对传统的城市价值、模式和意象之类的城市更新的兴趣也明显地出现了。从这十年开始,美国的建筑界和规划界兴起一股对欧洲传统城市形态复兴的热潮,特别是在美国的学术界,一些颇具影响力的文章起到了推波助澜的作用,如伯克利的克里斯多夫·亚历山大(Alexander, 1977, 1987),康奈尔的迈克尔·丹尼斯和柯林·罗(Rowe and Koetter, 1978; Dennis, 1981)。从那时起,阿尔多·罗西和意大利新理性主义者们开始被学生们熟知,而欧洲的理论家们例如里昂·克里尔开始对年轻一代的建筑师产生了影响。在这批人里,安德烈斯·杜安尼和伊丽莎白·普拉特-齐贝克(Andres Duany and Elizabeth Plater-Zyberk)(这对夫妇简称DPZ——以下同)在美国常被公认为是"新城市主义"运动的先驱。

滨海区用现有材料建成的体块,DPZ事务所在佛罗里达走廊划时代的项目,不需要用什么文学修辞,他们1982年的设计将一个原来人们可以负担、可以选择的社区,变成了一个供敏感的、体面的中高阶层做白日梦的场所(Krieger and Lennertz, 1991; Mohney and Easterling, 1991; Brooke, 1995; Sexton, 1995)。这是一个奇妙而美丽的地方,但是滨海区被炒作得过了火,反倒成了自己成功的牺牲品。滨海区创造出来的另一种城市成活方式衍生出了无数第二流、第三流的仿制品,开发商和建筑师们只模仿了表面的皮毛,却没有去深究其内涵。它独有的浪漫的外观被没完没了的项目拙劣地仿制着,以至于最后"新城市主义"本身都被公众曲解了,认为仅仅是一堆支柱、栅栏、前廊的组成物罢了(见图1.11)。

滨海区是那样一个特殊的场所,现在在更多典型的美国社区中,已经用不到日常的设计中去了,但毫无疑问的是,这个位于佛罗里达湾海岸的小小开发项目在美国对抗平庸郊区的战役中,打了第一场漂亮仗。然而,它对郊区重建更重要的一个贡献在于,DPZ运用了新颖的图解的规范作为开发控制的主要手段。对比繁冗笨重的美国区划卷册,晦涩、无聊的空话连篇,这里建筑规划、街道设计的规则用简洁漂亮的描述娓娓道出,无疑带给我们启示。这个非常重要的问题,我们将在第五章详细进行讨论。

滨海区让人们重新评估在美国郊区再建设的可能性,并且开创了一场运动,最初名为"新传统开发"或"传统邻里开发"(Traditional Neighbourhood Development-TND)。就像我们在第三章将要详细讨论的那样,1980年代末期,

图1.10 传统城市形式的现代外观:格罗斯特格林(Gloucester Green) 市场广场,牛津,英国,1987~1990年。

设计先行——基于设计的社区规划

图1.11 滨海区，佛罗里达，DPZ事务所，1982年。这个优雅的项目成为了传统城市生活招贴画的宠儿，但是很快它陷入了自己成功的灾难之中：不断攀升的房价；培养出了（不公平的）新城市生活理想——中产阶级惟我独尊的世外桃源。

位于东海岸的DPZ的"传统邻里开发"和位于西海岸的彼得·卡尔索尔普（Peter Calthorpe）"袋状步行"尝试，或称为"交通导向性开发"（Transit-Oriented Development TOD）结合到一起，导致了1993年著名的"新城市主义"运动的出现。在后来的十年里，曾经算是激进的城市和郊区设计思想被发展的社会欣然接受了。然而，很多场战役还并没停歇；在美国，创造标准的郊区蔓延地带仍然比建设可持续的、混合利用的城市社区容易得多。

在学术界，新城市主义的历史倾向在美国建筑学院造成了负面的影响。对传统城市生活方式的回归遭遇到学院派建筑师的挑战，他们认为回归传统主义就是一个倒退，放弃了现代性的高知识背景，再不然就是后现代令人费解的游戏，走进了怀旧浪漫的反动之路。此外，在享有盛誉的建筑学会里的教授们，一想到要和市场那"肮脏"的世界打交道，也感到不太舒服，甚至自跌身价。但是，比美国的这场论争更重要的东西是，传统城市生活的实用性遭遇到了另一个领域内革新发展的挑战——信息技术。因特网上创造的"虚拟"空间成了社区"现实"空间的竞争者，给我们的社会、也给建筑和城市规划专业带来了新挑战和新迷局。对这种典型的冲突我们必须投入关注。

现实场所和虚拟社区

技术对传统城市空间的挑战在现代城市的历史上已经不是第一次了。我们恐怕得暂时回到1960年代，看看早先的例子，那时的美国，新出现的汽车交通为主导的景象扩张了城市的规模，威胁到传统城市的兴旺。即使是在1960年代的英国，风光如画城市设计的支持者们，那一群完全被戈登·库伦的《城镇景观》迷住的人们，也还是占少数。对步行者友好的城市空间的设计方法还只存在于英国战后少数几个新城中，并且在布局上也大打折扣。在美国，类似的规划原则，于1890年代到1920年代被人誉为是乡村的"浪漫花园郊区"，二战之后的岁月中早已不见踪影。

像库伦这样的设计师还是执着于这种城市空间的研究，因为他们相信可以从中培养出社区和归属的感觉，这是确实在高高的住宅塔楼和板楼之间的空地上，在一批又一批重复开发的无趣郊区上，无法找到的东西。现代主义城市和郊区缺乏场所感，这是经一些评论家严厉批评的，如伊恩·奈恩（Ian Nairn），他从1950年代开始，在《建筑评论》中坚持开设一个名为"暴行"的专栏，抨击恶劣的城市设计案例，并且把这些讨论扩展到一本书籍《暴行和对城市化地区的反戈一击》(Outrage and Counter-attack against Subtopia) 中(Nairn, 1955, 1957)。经常地,这些糟糕的案例所处的城市环境让奈恩及他人感觉不到凝聚力或是一种传统的谦恭气氛。库伦插图精美的书籍面对的也是同一个问题,不过他的文理之间,更能不知不觉地把建筑师们引导向对传统空间和城市肌理的再欣赏上,这和简·雅各布斯对她所处的纽约城市传统街区那种美国式的激赏颇有异曲同工之妙。

不过,就在1960年代早期到中期,一些建筑师和城市规划专家回头研究传统城市的时候,一批先行的规划师开始挑战这个理念,在人们的机动性和汽车使用不断扩大的新文化背景中,它是否过时、是否不具现实意义。一点也不奇怪,这个挑战来自美国,1963年和1964年,在那里,来自加利福尼亚州伯克利的学院派规划师梅尔文·韦伯(Melvin Webber)撰写了两篇风行一时的文章:《差异中的秩序:不邻近的社区》和《城市场所与无场所的城市领域》(Order in Diversity: Community without Propinquity and The Urban Place and the Nonplace Urban Realm),在文章里,他坚决抵制由传统空间模式而来的城市模型。韦伯及一些人争论说,将扩张的城市批评为无形状的蔓延、转而崇尚传统的街道和广场是一个错误,因为它忽略了一个要点,那就是汽车已经改变了城市里空间和时间的关系。人们现在对距离的概念不再以里计算,而是以分钟计算,全赖于到达目的地的时间。接近,和一个人所需的一切比邻而居,这已经不再是汽车家庭的需要了。新城市不再用传统城镇景观对空间围合、步行距离的感觉来定义物质场所,而是以分散为模式,新城市中的人们和家庭是用身体不连续的位置来构筑他们对城市的感觉的,也就是说,只靠汽车联系。城市不再被体验为层次完整的场所和邻里。相反,城市成了一个没有等级的网络,由于汽车的可达性,位置也变得同质。

韦伯认为汽车把人们从束缚到特定场所的纽带中释放出来,给予人们新的动迁的可能性,和与各种各样的处所发生联系的可能性,这恰好与美国1950、1960年代郊区化爆炸性的发展相符。新的居住地块、购物中心和办公公园在空旷的土地上崛起,不受什么空间上的约束,由无处不在的交通系统连接起来——即高速的通勤公路网。韦伯的文章真正的要点在于,无论如何,不仅仅是人们可以轻而易举地到达各种各样的场所,也不是移动技术的进展可以带来新的建筑学,而是基于一个更深刻、更基本的层次——场所再也不重要了。原有的社会交往是在一个特定的场所发生的,而现在,一种新的社会关系模式可以由不同地点发生的日常生活线索编织而成。在这个背景下,韦伯和其他的理论规划师们论断,传统的城市形态完全落后于潮流了。

在英国,1960年代和1970年代的"阿基格拉姆"(Archigram,又称"建筑图派"、"建筑电信")运动将这个理论推演为激动人心的"移动城市",将维持生活和文化的一切装进他们著名的、巨大的、乌龟状的形体里。几年之后,该小组又提出了一个矛盾的"柔性"建筑学,更强调快速变化的技术体系,可以"插入"任何既存的建筑环境中,给所有的场所提供环境和文化服务。场所不成为问题,各种场所中建筑的特征也不再重要。将科学幻想和科学现实独辟蹊径地融合在一起,阿基格拉姆精心地描绘了一个主题:科技会模糊地理位置的重要性,通过提供各种必需的支撑系统,而不需首先依赖于自然或者城市环境。

这种接近性和可达性之间变动的平衡为建筑师、规划师、地理学家和文化批评家保留了一个中心的议题(Sennetr, 1971, 1974; Castells, 1989, 1997; Harvey, 1989; Soja, 1989; Jameson, 1991; Howell, 1993; Watson and Gibson, 1995; Mitchell, 1995, 1999)。很多人对这个议题进行了长篇大论的阐述,对城市的能源和场所政策提供了各种各样的解释。对40年前的韦伯和他的同事们来说,物理距离和个人旅行的便利之间的新平衡是最初的问题,但是到了1990年代,信息技术的革命从根本上改变了讨论的要素。

韦伯、阿基格拉姆,以及众多设计师、规划师和评论家们针对新技术重置了物质空间,但真实空间仍旧是人类谈论的媒介。而新的数字社会的支持者们已经在谈论电脑富含的文化，陶醉于电子空间，一波又一波推进着诸如此类的讨论(Mitchell, 1995; Kelly, 1998; Gilder 2000 and others)。因特网上虚拟的空间，只要拥有一台计算机就能触及，把马歇尔·麦克卢汉的"地球村"变为现实。一些人甚至声称传统的社会生活已经陈腐，而虚拟空间将会代替现实空间成为人际交往、商贸和文化对话的首要媒介。荒郊野外的"电子村庄"已经是现实，那些评论家认为，信息技术让传统的城市场所逐渐消亡，甚至比韦伯预测的还要来得更加彻底。传统街道再一次位于抨击之下。迈克尔·迪尔更是离谱，宣称"电话和调制解调器让街道形同虚设"(Dear, 1995: p. 31)。

作为一名物质的、居住的空间的设计师，许多建筑师自然不情愿接受这种猜想，宁愿去研究另一些作者提出的不同的结论：在一个我们能够选择喜爱的场所生活与工作的社会，我们选择去居住的场所，即是最最珍贵、最最重要的。

首先反证了分散和"场所的死亡"设定的论争是商业仍旧集群式发展。当服务部门日常的办公工作开始分布到遍布美国的小镇中，发展中国家的城市中，重要的创新商业部门的公司，如信息科技、设计、金融服务、法律和健康护理则有不同的表现。它们趋向于将运营更集中于某些重要的地区——曼哈顿、芝加哥、旧金山湾区、得克萨斯的奥斯汀、波士顿或西雅图，举简单的例子来说。这个现象引发了经济和城市增长上所谓的"人力资本理论"。

简略地说，人力资本理论论述了传统城市增长的原因——靠近自然资源或有便利的交通条件——已经不再起作用了。今天，对未来经济增长至关重要的因素是人力资源——受高等教育的、富有生产力的人，而不是传统智慧的那一套——在生产和运输过程中尽量压低成本。人力资本理论的一位领跑者，乔尔·科特金(Joel Kotkin)，认为透过这个新视角，财富会在"智力集群"发展的地方积聚起来，不论这是个大城市还是个小城镇(Kotkin, 2001, in Florida, 2002: p. 221)。另一些著名的经济学家如罗伯特·卢卡斯(Robert Lucas)和爱德华·格莱泽(Edward Glaeser)，他们的研究中表明，人力资本——充满创造力、生产力的人群、最初的改革者和问题的解决者们——是城市发展和财富创造的最主要的推动力(Florida: p. 222)。

理查德·弗罗里达在他的著作《创新阶级的出现》中对这个精心设立的假定作了更进一步的阐述，在书中他提到，很多城市和区域增长方面的专家都强调场所作为创造力和新工业的孵化器的重要作用(Florida: p. 219)。出乎人们意料的是，曾被认为会摧毁场所、废弃城市的"新经济"，却不断地创造出和密集的活动更相关的场所，它们围绕着真实的人群，存在于真实的世界中。弗罗里达提出的问题不是公司会不会聚集，而是它们为什么聚集于某些地区而不是其他地方？在这个过程中，物质空间到底起到了什么样的作用？

弗罗里达的研究强有力地说明了公司彼此聚集于邻近的地点，是为了便于从才智出众的人群中招募到人手，他们将激发革新，创造出经济的增长(Florida: p. 220)。和他们的父辈以及祖父辈不同的是，有创造力的人们如今不再简单地安于工作所在的地点。他们聚集在自己喜欢生活的场所，对他们来说是创造力的中心。有创造力的人找寻易交朋友的场所，追寻对不同生活方式的认同，享受丰富多彩的消遣和娱乐，过着多产而刺激的生活。

弗罗里达的"创新阶级"在2002年占到美国劳动力的30%。他们是科学家、计算机专业人才和程序员、建筑师、工程师、绘图师、产品设计师、企业家、教育家、艺术家、音乐家和艺人。这个核心的群体之外，还有其他广泛的创新专业人士，分布于商业和金融、法律和健康护理行业中。正是美国这30%的劳动力，弗罗里达总结道，提供了能力和才智，能够推动新一波的经济增长和财富创造。

本质上，拥有这种不固定的、灵活的、密集的工作习惯的人，比如作者——教授／建筑师／艺术家／作家——已经从以往市场边缘的位置变动到了经济的主流中。这种工作场所的松散和过去的那种紧紧组织在公司中的专业人士鲜明的对比,以及弗罗里达的论证,为最新的工作场所演化趋势的研究所支持。英籍的建筑师-作家弗兰克·达菲(Frank Duffy),一位世界办公建筑设计的权威,预测那种大规模的公司总部大楼已经时日无多。取代它们的是依赖于环境办公的新创新类型,它基于更灵活的工作模式,适应于创造型的专业人才(Duffy,1997)。

新的创新阶级们被吸引到这样一些地方来,它们能提供经济上的机会、刺激性的环境,为不同生活方式的人提供愉快的体验。在美国,这样的地方如剑桥、马萨诸塞的波士顿、西雅图、旧金山、奥斯汀、科罗拉多的玻尔得、佛罗里达的盖恩斯维尔和新墨西哥州的圣达菲,提供了刺激,各式各样、丰富多彩的体验,正符合了这些创造性人群的胃口(Florida:p.11)。普通的郊区,往好里说是平淡,往坏里说则是疏离,根本不能满足上述的需求。创造性的专业人士喜爱的社区是与众不同的、千变万化的,能接受人们的差异,并且提供生活方式的选择。这些特质,都是由物质场所的品质和吸引力来营造的———条生机勃勃的街道,一个艺术街区,一幕喧闹的音乐现场,老邻里,簇拥着有趣而独特的建筑。

这种"创造性阶层"理论和城市形态的联系由雷·奥登伯格(Ray Oldenburg)进行了进一步的探索,他的著作《伟大的好场所》(A Great Good Place)论证了在现代社会中"第三种场所"的作用。家庭和工作场所是前两种,而第三种场所包括了像书店、小餐馆、咖啡店这些支撑一个社区社交活力的地点,在这些地方,"陌生人也宾至如归"(Oldenburg:p.xxviii)。这些非正式的聚集场所增强和延伸了街道的公共空间,让那些深陷在工作或者单一生活方式中的人们能够释放自己,并提供了一套供团体聚会的场所。

这些场所是步行邻里空间最好的组成部分,本书正是在这样的一个场所写就的,一幢老旧的砖房的二层,两间的画室前室,一个避开了推销的地方。我们的下面是一个画框店和一所美容院。离我们几米远的街道上,是一个人经营的汽车修理店。街对面是一个艺术家合作社的工作室,一个夏洛特的非洲裔美国人周报的办公室,换修窗户的公司,二手办公家具的陈列室,一家时髦的餐馆。在我们窗外的新建的轻轨线那边,是一批建好不久的公寓和小型办公室,供建筑师、金融顾问、室内装修师使用,它们的对面是一些旧建筑,包括一家古董店。

旁边的街区,更多的新公寓正在建设中,它们毗邻街区的炸鸡外带餐馆,在街道的南端,一组更改了用途的仓库现在是几家设计公司,包括UNC-夏洛特的社区设计工作室。东北端的一个街区拥有更多的餐馆、酒吧和办公室,有两幢大型公寓综合楼,两家买卖兴隆的汽车修理部,及一个由带刺铁丝网围绕起来的二手车市场。我们的街道,渐渐地发展成了一个新都市村庄中的"主要商业街",汇集了各式各样的人口,我们常做的事情就是在工作中小憩,跑到咖啡馆去坐一会,纯聊天,看看邻居们,约见一下学生,同陌生人聊几句,或者回过头来读一读刚刚落笔的东西。当日薄西山的时候,我们可以沿着轻轨线,步行800m去体育馆,做做运动,或者游游荡荡踱过7个街区回家。这种对邻里和社区的偏爱并不意味着我们憎恨虚拟空间。正好相反,写作的时候,我们一直挂在网上,也会拿起手机,就日常琐事讲个没完。关键在于,我们可以在任何地方做这些事,但是,我们选择了在这个充满吸引力的城市场所来做(见图1.12)。

图1.12 卡姆登路,夏洛特,北卡罗来纳州,一个正在发展的城市街区中心,作者工作室外面的街道偶尔会变成一个工艺品市场。

这张小插图表现出了在发展中日渐典型的邻里，我们感到很幸运，能成为这样一个特别的场所中的一员。和梅尔文·韦伯在1960年代提出的理论——场所不再重要，以及科技未来主义者的预言——"地理学已死"正相反的是，研究日益揭示出相反的一面：场所本身已经跃身为经济活力的主要组织特征。甚至就在我们争论电子空间是不是比物质空间重要的时候，凯文·凯利，预言"地理学已死"的领袖人物，也证明了这个论断，他承认有特色的场所保持了它们的价值，尽管存在非空间维度的信息科技，这种价值仍然会持续攀升(Kelly：p. 94-95, in Florida：p. 219)。

因为他们既定的灵活而又不可预料的工作时间表，创造性专业人士需要在意识到的瞬间就获得休闲和娱乐的机会（见图1.13）。他们越来越扮演着"自己城市的旅行者"一样的角色(Lloyd and Clark, 2001, in Florida：p. 225)，需要赏心悦目的事情就在身边，而不是走一段路才能获得。只有一种城市生活能满足这种需要：街道和广场、公园和林荫道——传统的公共空间。

2001年，在澳大利亚墨尔本召开的城市设计大会上，作者若埃尔·加罗（Joel Garreau），因其创造性的著作《边缘城市》而闻名，提到今天的城市比150年来任何时候变化的都快，而计算机把我们的城市世界改造成了可爱的地方，促成且鼓励人们面对面的接触。加罗表达了自己的信念：城市未来的面貌会"像18世纪一样，只有更酷"。边缘城市和市区们"乏味无聊和没有吸引力则必死"。和理查德·弗罗里达的观察相同，加罗相信未来城市首要的目的就是为面对面的接触——这个古老但仍然基本的人类需求——提供适宜的条件(Garreau, 2001)。在这个背景下，好的城市设计和传统的公共空间一样，至关重要的是为人的行为提供适宜的环境。我们可以说，美国的"新城市主义"，在学术界被反对者们嘲讽为反动的、怀旧的运动，实际上为创造性阶级提供了最好的机会，来创造优雅的必需品——其实最终是让我们其余这些人——更卓有成效地尽到责任。另一些批评家嘲笑这个对更宜于步行的城市未来的研究是"名流社会"①，并且时常贬低这些社区建筑上的成就为"拿铁城镇"。这些评论家们，以局外人的身份说出武断的话语，认为这些城市村庄仅仅是商品化的城市体验，把丰富多彩

图1.13 在一个美丽的城市场所中工作。一位不知名的工作者通过移动电话和笔记本电脑正在远距离工作着，达特茅斯码头区，德文郡（英国）。当我们可以在任意的地点工作，我们会希望选择一个美丽的场所。

---

① 名流社会，café society，café 是指高档的餐馆或夜总会。属于"café society"的人一般是有钱、有名气的社交名流。这些社交名流被叫做"café society"，是因为他们经常出入以上一类的豪华、高档场所，或称"上层社会"。批评者们用以讽刺新城市主义者们只考虑怀旧风格的娱乐意义，不考虑国计民生。——译者注

的公共生活缩减成仅仅是观光和娱乐行为,如Starbucks, The Gap, Victoria's Secret, Williams-Sonoma①林林总总。我们已经很清醒地意识到了这些危险,在后面将要讨论更多新的这一类大规模开发的问题,但即便如此,我们恕不苟同。和评论家们相反,我们相信对传统城市场所的(再)创造会为美国的城市和郊区提供最美好的希望,一个可持续的城市未来。

作为这个信念的证据,2003年4月,一个主题为"为我们未来的经济创造性地思考"的讨论会在北卡罗来纳州的夏洛特召开了,理查德·弗罗里达在其中起到了重要的作用。会议把从夏洛特地区来的近200人聚在一起,讨论了在全球化市场中,如何对周围城市和邻国保持经济上的竞争力问题。听众席上,设计方面的专家寥寥无几,但在会上众多新颖的议题中间,被绝大多数人推为第一的,是建设新的城市空间和公共场所,让人们可以在这样的场所里互相交流,激发出创造性的灵感。该策略被称为"为碰撞而设计",我们可以用一个类比来想像,就像分子蹦跳着相互接触,然后起化学反应一样。在一个空间里,有越多的分子跳来跳去,就有越多的创造性碰撞发生,引起越多的创新发生。这种创造性的力量正好和某些批评家们描述的相反,他们认为在传统的城市生活中只有被动的消费者文化(Kaliski, 1999; McDougall, 1999)。占据的密度越大,在公共空间周围的邻里中,混合利用的选择性就越多,创新的力度也就越大,而经济发展的可能性就越高。

我们怀疑那层出不穷的断言,什么在这些场所里的城市生活是不真实的,惟一站得住脚的是,创造性的城市活动是在边缘的邻里当中发生的,在没有什么特征的环境中(Chase et al., 1999)。既然每个城市都需要不被喜爱和不怎么可爱的场所,便宜到非常合适,或者根本不需要花什么钱,被主流外的个人或团体用于规划外的用途,在学术界就有了一个大矛盾,是不是要推崇这些行为,认为其比中产阶级在公共场所里的活动更有意义、或更有好处。为各种肤色的个人和团体建设适用于文化上特殊行为的城市空间,无疑是正当的努力,应当在尽可能多的地方推广——即使以社会上的一些不适应为代价,就像抗议的嘲讽或示威等等。一个文化上有差异性的城市需要各种各样的场所,适应各种各样的行为,但对蔑视商业会见、居民交往、随意聊天、孩子家庭作业的批评家来说,在这些场所——比如本地咖啡馆里——发生的行为仅仅是"伪"城市生活,毫无意义。真正的文化创造可以在有吸引力的环境中发生,也可以在一个废弃的停车场里发生。

我们将在第三、四和第六章对这个问题进行详尽的讨论,以及英美两国"都市村庄"发展的适宜性。我们坚信,在日益不可确定的全球化环境中,这种混合利用、步行的邻里真能成为包含了创造性、可持续性和经济发展的大熔炉。在我们"全球化思考"的尝试中,我们用地方化的手法来进行城市和村镇的设计,一条街一条街地进行,一个街区一个街区地推进。

---

① Starbucks, The Gap, Victoria's Secret, Williams- Sonoma:均为知名品牌。Starbucks,星巴克,美国咖啡零售连锁店; The Gap,美国休闲服饰品牌; Victoria's Secret,维多利亚的秘密,世界著名内衣/女装品牌; Williams-Sonoma, 著名品牌, 出售厨房炊具和特殊食品。——译者注

第二章
城市,郊区和蔓延

提要

在美国,关于可持续的城市未来的主要战役,都打响在郊区,因为它们给设计和环境改进带来了最困难的政策形势。因此,本章的大部分篇幅用来解开交织在一起的郊区历史的线索,并讨论它们对今日实践的影响。19世纪证明了在英美两国的郊区发展中有许多交互的影响,我们要仔细地回顾这段历史,并反驳一直以来占主流的误解,认为郊区化是主要发生在美国(20世纪)的现象。

郊区的发展首先是在18世纪的英国,关于它们在美国出现及发展的故事——首先是伴随着城市、后来成为城市的对手——说来话就长了。它包括了形形色色的来源,有美学灵感上的,也受到社会经济学较深的影响,还受到自工业革命以来,英美两国历史中不同阶段文化价值的影响。在这个长篇大论的故事里,重要的当事人和重点的案例将帮助我们理解时下的处境。另外,通过重新襃扬当代城市和郊区中传统形式适当的运用,来说明这段历史中,包含了对我们今日最先进的城市思考产生影响的重大事例。

自二战以来,美国的郊区发展历经了和英国有微差的模式,这部分是因为文化态度上的差异,如私产的发展及对郊区增长的限制等。英国这方面采取的是(或多或少)围堵的政策,用绿带环绕并限制住了城镇,而美国没有做那样的约束,并从1950年代开始施行了一种乐观的尝试,寻求一个便利、可负担、能驱车直入的乌托邦,到了1990年代却遭遇了极度矛盾的颠覆,人们对生长——蔓延的负担、交通堵塞、环境污染和公共空间的缺失陷入两极分化的观点中。本章的第二部分将举例说明美国环境的衰退,是如何从"郊区"积极的内涵沦落到"蔓延"这个消极的图景。扩张和低密度发展带来的问题将美国渐渐地推向"精明增长"运动,一个重要的因素我们将在第三章详述。

英美郊区的演进

在上一章的结尾处,我们以宏观的笔触谈到了新城市主义,以及传统的城市生活通常是一个可持续的未来的最佳希望。我们深信,新城市主义将从环境和经济前景两方面,为实现精明增长提供一个机会,这个信念深受美国经验的影响,自1950年到1980年代,郊区不受控制地蔓延,传统的城市生活则被抛弃。在1950年代到1970年代早期的城市更新时期,英国城市的许多地区,在出于良好意图的建筑师和规划师手中遭受了相似的命运,不过英国城市的形态并没有像二战后的美国那样全面地瓦解。虽则传统的城市形式在英国也受到了威胁,但它们并没有遭到全面的抛弃。而在美国,它们差点全部夭折。

在美国城市毁坏和重建的过程中,现代主义教条的运用当然对城市形态的衰落起到了作用,但更具破坏性的是一个全面受汽车控制的文化的出现。汽车,一个非常便利的工具,人们对它的需求不断扩张,以至于开发商、规划师、建筑师让这种需求践踏于几乎所有对城市空间和建筑设计的考虑之上。为汽车而作的设计对城市形态的衰落负有责任，在城市中心，不计其数的建筑因为停车场而毁掉，这种行为是由美国财产税法推动的。

土地在美国，一般都以其"最高和最佳的用途"而收税。如果一幢建筑坐落于一小块土地上，产权所有者将依据建筑的生产性用途而交税，无论他有没有占用建筑空间。如果业主将建筑毁掉，他或者她的税单就会大幅下降：这时，这块土地最好的用途就只有停车场了，它的税率可是最低的。省钱之外，又可以在停车费上结结实实捞上一笔，业主对毁掉建筑怀有最实质的期待也就不足为奇了。以这种方式流失掉的旧建筑把美国许多城市中心区简化成了最普遍、但却无聊而程式化的样式：一簇办公的塔楼周围，围绕着沥青停车场的海洋（见图2.1）。

在美国郊区，这个进程曾经并且仍然是一片荒凉的局面。自1950年代，商业建筑的布置就遵循了一条简单的规则：建筑从街道后退，在前面留出巨大的沥青停车场，由于没有建筑临街打广告，因此路边放置了巨大的招牌来吸引人的眼球。在场地上后退的建筑变成一个空白的盒子，只为售货（它不需要开窗去吸引步行的消费者），

图2.1 办公塔楼和毗邻的地面停车场，夏洛特，北卡罗来纳，2003年。在城市这个片区的新规划中，整个区域将会再生，成为一个4层地下停车场上面的、横贯两个街区的公园。公园的外围是中层的住宅、办公和商铺。紧邻片区，一条新的轻轨线正在建设之中。

仅仅是把自己放在另一个巨大的招贴后面，或者粉饰一个虚假的立面，引导消费者走向入口。它是为便利开的一剂单一的处方，对交往之美或步行空间这些更重要的问题很少或根本没有虑及。

建筑师们极大地忽略了这条商业带作为人的环境的问题，在这上面无所作为，并且，更要命的是，大大损害了他们专业的尊严。直到1972年，罗伯特·文丘里，丹尼斯·斯科特·布朗和斯蒂芬·艾泽努尔震惊了专业界，他们通过《向拉斯韦加斯学习》（Learning from Las Vegas）一书重新思考了郊区的环境问题（我们将在第三章进一步讨论），即便如此，在另一个十年的时间里，建筑师们都没有什么积极的回应。

规划师也是一样的不成功。他们创建了普遍的区划和规章，将土地仅仅作为一般日用品来对待而不是一个环境系统，而且，仅从汽车交通便利与否的角度出发去控制用地的布局。就好像伊恩·麦克哈格的书《设计结合自然》从来没写过，美国城市空间的良好传统从来没存在过一样。在地形图上大笔一挥，制定了土地利用规划之后，规划师们就开始花大量时间控制无关紧要的细部，如入口车道和景观缓冲区。没有专业人员从城市设计或环境远景的角度注意郊区发展的模式和性格。

为建筑师和规划师说一句，二战以后的几十年来，美国郊区化增长步伐和广度是压倒性的。对任何人来说，要掌握新郊区产生的范围都不是容易的事。增长是如此戏剧化和剧烈，以致置身于一切行为中，对它的起因和实例实在难以做出深入的理解。大多数人认为这段历史不太重要，但他们错了。

对是否应在郊区居住这个问题的争论不是一天两天了。早在2000年前，当市郊（suburbana）别墅是罗马贵族的一种居住选择的时候，他们在城外坐拥乡村豪宅，郊区的生活已经携带了一种高贵的血统。拉丁文单词suburbana，意为"城市之边"，给了我们一个语源学的解释，不过，对有钱人搬离郊区的历史，我们却可以追溯到更远的公元前6世纪的巴比伦。然而，在欧洲的中世纪，大部分城市周围都自然形成了广阔的郊区定

居点，通常是在城墙外面，较差的地段，居民们得不到城市的服务和保护。在这个历史时段"郊区"的含义改变了；《简明牛津英语辞典》中的定义指出，直到1817年，"suburban"的含义是"郊区的居民所拥有的低劣的品质、狭窄的视野"。另一本辞典里，对郊区的解释是"一个差劲、恶劣尤其是有淫乱恶习的场所"。相反的，"urbane"一直保持着"精致的、有教养的、优雅的"含义。

现代郊区更直接地起源于18世纪晚期，工业革命的初始阶段，诞生于伦敦南部的乡野之中。这个新的发展标志着一个新颖的、积极的含义回到了郊区生活的身上。英国首都的一批商业精英，效仿罗马的传统，构想出一种田园化的氛围，以使他们的家庭能够逃离不断增长的交通拥塞和污染，这些都是在英国转型为工业化大都会那个时代产生的问题。从这时开始，郊区的物质和社会形式在交通技术的推动下不断发展，到了19世纪的后半期，有轨电车和城市铁路的发展，把郊区字面上和隐含的意义扩展成了给广大中产阶级居住的、位于城市和乡村之间的"中产景观"。

我们将就三个主题来阐述英美两国现代郊区的发展。其一，将郊区作为城市形态和模式演变的元素，来追踪郊区的发展，很大程度上归因于工业革命所引起的交通运输技术的快速发展和其他技术的成就。城市扩张的技术能力和开发商牟取暴利的机会结合在一起，他们将便宜的郊区土地变成城市用地，因而加速了这个趋势。其二，聚焦于新的"浪漫"美学，它们抓住了大众的想像力。而第三个主题讨论了18世纪晚期和19世纪，家庭生活的价值和结构的变迁。总而言之，这些倾向策动了一场革命，改变了整个大都会的结构，也改变了城市和乡野的关系。

早些年间那不讨人喜欢的观念开始转变了，到了18世纪晚期和19世纪，郊区这个条目已经意味着高质量、低密度的环境，其特征是公园化的环境里，占主导地位的独门独户的中产阶级住宅。它拒绝工业、大部分的商业、除佣人外的一切底层阶级。与这种排他性形成对比的是，18世纪城市的中心包含着高密度混合的用途和阶层。伦敦，和早期沿东海岸的一些由移民构成的美国定居点中，城市的基本原则是工作和居住在每幢住宅里天然地混于一处，而住宅的区位是宜于做生意的场所。对大部分城市来说，这就意味着喧嚣忙乱的城市中心。

对我们20世纪的城市来说最基础的单一功能的街区理念，在现代之前的城市中无从谈起。大多数中产的商业企业是家庭的延伸，所以，商人们就住在办公室或者店铺的上面，货物储藏在地下室，而学徒和信得过的伙计则住在阁楼上（Fishman，1987：p.7）。此外，富人的住宅往往和穷人的破屋比邻而居。富人住在宽敞的大宅，面向主街，穷人住在拥挤的破屋，朝着陋巷（Fishman：p.8）。这些劣质住宅中的居民通常是为上层阶级服务的佣人，或是众多小作坊里的工人，那些作坊，聚集在商人的住宅周围，等待其收购他们的产品。

有着广泛差异的人们，分享着公共的空间，要理解这一点，重要的是回顾彼时的英国社会，正处在18世纪中晚期工业革命的开端，还是一个有着严格等级体系的社会。上层和下层阶级之间的"社会距离"深深印在人们的心里，因此，高高在上的精英阶级没觉得有什么必要从物质空间上与穷人们截然分开。穷人和富人一样，占据着同一处公共空间，不过，对那些有钱的老爷们来说，他们反正也是"看不见的"，除非需要他们做佣人，或者有什么生意上的用处。

这个状况和我们当代的观念真是大相径庭，现代的城市空间，尤其是在美国，倾向于以用途、种族和经济阶层来划分。这就说明了现代郊区是怎样全面建立在城市价值的变迁之上。最基本的，过去固有的含义——城市中心是时髦的财富中心，而城市边缘是贫困的场所的观念已经逆转了。直到最近，1990年代一些城市中心才开始复兴，重享城市生活和活力。

"家庭价值"，现代社会里被人说滥了的一个字眼，也被重新定义了。在1700年代晚期，中产阶级家庭中的所有成员都在商业事件中扮演着重要的角色，一起生活，一起工作，一起分享着同样的空间。这种综合的模式渐渐地分崩离析了，因为城市中的商业环境渐渐成为男人的天下，而抚养孩子成了居住在郊区的妇女们的责任。范式的变更是由两种力量刺激的结果——一是经济，另一样，是宗教。

在工业革命之前的日子里，中产阶级的家庭结构通常是一个经济结构，父辈、他们的妻子们、儿女和大家庭的其他成员们，一起分担着生意上的责任。然而，持续发展的资本经济渐渐地改变了工作的定义，不再是一个合作的成果，而是一套专门的任务，这种责任上的分工和新兴的新教派宗教思想结合到了一起，后者主张个人的纯洁是一个精神高尚的家庭生活的功能之一。光阴荏苒，从18世纪到19世纪，几十年的时间过去了，这种改变渐渐地造成了变更，大家庭建立在经济合作上的纽带变成了核心家庭情感上的依恋：父亲、母亲和小孩（Fishman：p. 33-35）。就像上文提过的一样，丈夫和妻子各自扮演了新的角色。男人成了家里惟一养家糊口的人物，而女人承担了全部抚养孩子的责任，这样，她脱离了城市的劳动力人群。这种中产阶级的生活模式在19和20世纪普遍存在，它奠定了英美文化的基本原则和状态。直到1980年代和1990年代，这种空间上的性别鸿沟才渐渐开始弥合了，妇女们重新回到城市（及郊区）的工作岗位上，脱离老套的核心家庭模式，它成为整体人口统计学变迁的一个部分，而且，（在美国）也是由于维持郊区生活的开销不断增长，经济上有此必要。

当19世纪早期，这种新的核心家庭发展的时候，家庭成员较少关心扩大的经济家族联系，而较多注意小家庭里的情感联系。到了最后，家庭生活需要和工作场所分离——家不再受工作环境的干扰。人们开始设想住屋是一个纯家庭的环境，和各种纷繁的压力隔绝，为了满足这种新需求，传统的城市住宅——现在我们称之为"生活—工作单元"的——不再合适了。对中产阶级的家庭来说，住宅里很少或根本没有空间来培养渐渐增长的亲密的感情，空间都是向顾客开放的，向城市中的商业行为、储存货物甚至向家庭雇员开敞。这些商人和银行家一面想一手抓住财政资源，一面又升起了重组城市空间模式的野心，以适应他们的新需求。

于是他们这样做了，他们在伦敦周围，乡村附近，建起了新的住宅。富有的银行家和商人在村庄中建立了一种新的生活方式，反映出他们价值观的改变。对18世纪受过教育的人来说，对自然和人工环境的重新欣赏成为了高品位的象征，乡村不再是贫困的场所，而成为了一个迷人的、风景如画的地方，在私人马车的便捷交通之下，成为成熟的新家园。

不过，城市的资产阶级们无法仿效那些拥有自己土地的贵族们，住在远离城市中心的私家庄园中；中产阶级的商人和银行家和城市的商业网络紧紧捆在一起，他们要在这里赚取银子，维持生计。因此，第一批郊区住宅被看成是家人周末度假的场所，可以逃脱纷繁乏味的生活压力，更像是罗马的市郊别墅。这批经典的例子和其他重要的因素——新的审美品位共同起了作用，后者指景观的影响，特别是如画的田园美景。这种审美有其根源，在18世纪和19世纪早期，设计师和风尚的创造者"能人"布朗（Capability Brown），汉弗莱·雷普顿（Humphrey Repton），佩恩·奈特（Payne Knight），尤维达尔·普赖斯（Uvedale Price）对乡村土地进行了大规模的重新设计。

法国传统上的庭院法是在严格的几何形式上生成的（例如，凡尔赛宫），与此相反，18世纪、19世纪晚期的英国，倾向于在景观中追寻完美的视觉愉悦感，通过细微的人工改进使之看起来更"自然"。这个想法是经验主义的——通过吸引观者的注意，调动他们的情感——发展到后来，一种特别不规律的，或是"粗糙的风景"布局成为了"对称美感"之上的首选。因为这种时兴的景观设计没有什么先例可循，设计师们往往去回顾克劳德·洛兰（Claude Lorrain，1600~1682）和尼古拉斯·普桑（Nicolas Poussin，1594~1665）的风景画，以寻找灵感。那些引人遐思的风光——具体而微的悬崖峭壁、田园牧歌的风景似乎在等待羊群和牧羊人，古老寺庙、哥特教堂的断壁残垣成了罗曼蒂克的"布景"——凡此种种，成为了英国贵族心爱之选。

随着这种贵族美学的造就，1790~1800年间,一批别墅在英国南部的克拉彭建造起来了,它们簇拥在一片公共空间的周围,正是那种微缩的、田园牧歌式的公园,至此,第一个真正意义上的"原郊区"(proto-suburb)横空出世。公共空间和私家庭院水乳交融,为新的家庭生活模式创造出了"伊甸园"般的场景。

没过多久,这些周末别墅就成了成熟的居所,妻子和小孩逗留于此,做丈夫的乘坐私家马车每日往返于城乡之间。推动和支撑这种文化变迁的是强大的经济上的动机。郊区住宅的扩张突破了原来的城市版图,把便宜的农业用地变成了有利可图的建设地块。除了是家庭生活的良好环境之外,郊区也是一个最佳的投资场所(Fishman:p. 10)。

中产阶级郊区的景象就像一个浪漫的花园,它集城市和乡村的优点于一身,很快成为风行大西洋两岸、城市建成区外围占支配地位的发展模式。英国约翰·纳什在伦敦设计的摄政园(Regents Park),周围是层层台地,毗邻花园村(Park Village1811-1841),德斯姆斯·伯顿(Decimus Burton)设计的位于坦布里奇威尔士的卡尔弗利公园(Calverly Park,1827~1828),都是重要的先例。

在19世纪的上半叶,美国设计师们到英国来游览,参观了上述和其他一些领先于美国同类开发的实例(Archer,1983:p. 140-141)。不能不提的是这些品位和价值观上的改变和大西洋两岸的信息交流,都走在公共交通科学技术的前面。郊区文化的样板创立于1830年;铁路在其中起到了作用,将这种新的生活方式带到了全部意义上的中产阶级面前,而最终也将部分工人阶层纳入其中。典型的早期案例,对美国学者来说耳熟能详的,是曼彻斯特的维多利亚花园(Victoria Park)和柴郡的岩石园地产(Rock Park Estate),在利物浦横跨墨济河两岸(Archer:p. 143)。从1837年起,设计都包含有这样的特征:独立或半独立的(双拼的)住宅,风景花园,弯曲的铁路线。

19世纪上半叶的这种郊区生活方式迅速在建筑和土地利用之间建立起相关的物质表征。为了创建一个有吸引力而又有利可图的事业,新的开发商们总体上实践了四条规划原则,到今日还有影响,并且可以描述美国自1950年以来大部分郊区住宅的开发。它们是:均质的低密度住宅,局部以公共景观区放大;具有经济和社会稳定性的同一阶级的人群;便于使用,但经过精心筛选的隔离的商业区;最后是,由一个开发商以同种风格进行总平面设计(Archer:p. 141-142)。

由于交通运输的迅猛发展,这一类开发的规模和区域在飞速地扩大,在19世纪的英国和美国,交通是进步的工业化社会的一个组成部分。尤其是在美国,这种进步引起了占统治地位的郊区化模式,一直延续到1920年代——中产阶级通勤者的郊区都是围绕着火车站或电车站组织的。火车站一般坐落于总平面的中心位置,显而易见是为了便捷,通勤者们每天在家和车站之间来来往往,因而紧凑的城市总平面开始出现。

这是一个明确的理念,它推动了美国今日新兴的"交通导向式开发"(Transit-Oriented Developments——TODs)的设计。在历史上和当代的案例中,一个紧凑组织和联系的道路网通往火车站,开发集群的半径在五到十分钟步行的距离内。在美国,这种布置成为一种"紧束"的类型,以适应自身的要求(见图3.5)。该空间原则——距交通线有着便捷的步行距离,也在美国铁路沿线后来的同类郊区设计中表现得非常明显,即那些诞生于19世纪末20世纪初,拥有地面电车的郊区。这种规模较小的交通科技为人们提供了更多的停靠站,在集群中心和比较松散、密度较低的平面形式之间,允许了更灵活的布局变化,就像图2.2所表示的那样。

就像我们说过的那样,郊区结合了城市和乡村两者正面的价值这个概念,是从18世纪晚期之后郊区最基本的构想之一,而它在19世纪迅速地延伸开来。在1874年,纽约建筑师威廉·兰勒特(William Ranlett)在美国发表了第一个郊区村庄的设计,他紧追英国的时尚,把独立式的别墅组织在风景如画的环境之中(Archer:p. 150)。三年之后,即1850年,美国建筑师唐宁(A. J. Downing)在他颇具影响力的文章《乡村社区》中

图 2.2 柯立芝角（Coolidge Corner），波士顿，马萨诸塞州。这是一个位于波士顿的成熟郊区中心，它围绕着城市老"绿线"轻轨车站兴旺起来（照片由 Adrian Walters 拍摄）。

图 2.3 河滨，芝加哥，弗雷德里克·劳·奥姆斯特德，1869年。一条蜿蜒的道路，沿一个公园展开，它通往地区"城镇中心"，该中心是围绕着通往芝加哥城中心的通勤地铁车站设计的。

描述道，一个理想的郊区设计，应该有一个中心的景观公园和一条宽阔、蜿蜒、绿荫覆盖的街道。唐宁的想法，是从他旅行过的众多英国实例中总结出来的，预示了随后20多年中，几个颇为重要的美国郊区的景象，包括最著名的卢埃林公园（Llewellyn Park），位于新泽西[从1853年开始，由卢埃林·哈斯克尔（Llewellyn Haskell），一名纽约商人开发，设计师是亚历山大·杰克逊·戴维斯和霍华德·丹尼尔]；还有滨河区，芝加哥南部边缘（1869），由弗雷德里克·劳·奥姆斯特德设计（见图2.3）。

当奥姆斯特德接到设计滨河区的委托时，在大西洋两岸的郊区居住区开发中，田园美学和新兴的城乡综合的概念混合在一起，成为了首要的规划原则。滨河区，有铁路直达芝加哥，许诺能给中产阶级提供更好的生活，那是他们在城里无处寻觅的——家坐落在充满吸引力的风景之中。这证明是一个成功的结合，奥姆斯特德的创造成了一种开发的模式，成了后来诸多郊区效仿的对象，它影响了不只是美国的设计，而且反过来影响了英国，即很多设计特征的发源地。

这种郊区化在整个19世纪不断推进着，它也可以被看成是乡村"拉动因素"和拥挤不堪的工业城市"推动因素"的结合物。工业革命的自然动力使美国和英国主要工业城市的人口大幅增长，但是都市核心商业活动的集中，使得土地的价值居高不下，环境污染日益严重，不适合高级住宅的开发。贫困的阶层，没有财力搬迁，也支付不起郊区的通勤费用，被遗留在城市内环卫生状况差、过度拥挤的贫民窟中，和都市核心的工厂在步行距离之内。相反的，富裕的资产阶级则是能搬多远就搬多远，只要交通条件允许，就会在新的郊区社区定居。在这里，他们尽享乡村的愉悦，又能比较轻松地乘车去城市工作。最早的美国新通勤郊区实例之一是新布莱顿，它坐落于纽约港的史德顿岛，在1836年，和英国利物浦附近同名的郊区圣地有着惊人的相似之处，只不过后者的建设早了4年，是1832年(Archer：p. 153)。

当人们对田园郊区在英国的源头和原型投以应有的注意力的时候，很重要的一点，是不能低估美国本土的影响对新英格兰村庄的作用，以及杰斐逊关于个人乡绅和民主土地开发的理想。据很多文献记载，这位美国总统厌恶城市，认为它是美国社会最罪恶的地点，对乡村生活的价值，他有着强烈的哲学偏好。因而，田园郊区，它的田园美学和低密度，仿佛将美国式生活的关键品质具体化了。城市被隔离在远方，郊区包含了确实的房地产原则——通过把便宜的农业用地转换成赏心悦目的住宅区，赚取利润。对于千百万寻找美好生活的美国人来说，它直到最近，都是一个接近完美的解决方案。

田园郊区的演进还有一个相当重要的贡献：

它预示了19世纪末"田园城市"的理想的建立，而后者在整个20世纪，激发了许多城市和郊区设计理论和实践的诞生。然而，就像我们大略讲过的，浪漫的郊区是一个中产阶级现象，在19世纪的历史场景中还有一个对田园城市理想有重大意义的构成：属于工人阶级的典型工业村庄的开发。

早期的工业村庄，如苏格兰的新拉纳克（New Lanark，1793），马萨诸塞州的罗尼尔（1822），英格兰的索尔泰尔（Saltaire，1851），展现了工厂主和他们的建筑师的一种慈善的态度，以及一种社会对有责任的规划和城市改革的不断增长的需要。其他工业村庄诸如芝加哥郊外的普尔曼（1880），英国的 Port Sunlight（1888），Bournville（1895）和新拉纳克（New Earswick，1903），都对这个思想有所贡献。

19世纪的改革家约翰·罗斯金和威廉·莫里斯的社会理想风行一时。它启蒙了英国工业家泰特斯·索尔特（Titus Salt）爵士、W·H·利弗及巧克力大王——朗特里（Rowntree）和卡德伯里（Cadburys）——在他们的尝试中采纳了这种理想，力图改变产业工人那极度糟糕的生活条件。这些慈善家们建设了公司化的城镇，远离"腐烂"的城市，在英国乡村享有清洁的空气和自然的风光。索尔特在布拉德福德郊外建设了索尔泰尔；利弗在利物浦郊外建设了 Port Sunlight。乔治·卡德伯里在伯明翰开发了 Bournville；最重要的或许是朗特里开发的新拉纳克，它位于约克北面，是由巴里·帕克和雷蒙德·昂温设计的（见图2.4和图2.5）。

Port Sunlight 和新拉纳克的社区规划在建筑设计、街道和公共空间巧妙的布局上特别展示出风景建筑学的特征。这些特征，以及对旁边城市的依赖，奠定了他们在浪漫郊区住区体系中的位置。美国的例子如罗尼尔（Lowell）或普尔曼（Pullman），也抱有某些慈善的目的，或至少受英国实例的启发，考虑到了自身的利益，都是由规划良好但颇为朴素的住宅组成，对日益成为流行品味的浪漫主义景象说不上什么贡献。直到1890年，弗雷德里克·劳·奥姆斯特德在宾夕法尼亚的范德格里夫特（Vandergrift）规划设计了工业

图2.4 Port Sunlight，利物浦附近，英国，始建于1888年。肥皂巨头威廉·利弗在这个典型的工业村庄里，雇用了超过30个建筑师来进行设计。它吸取了传统建筑独特的风格，和长条的新传统住宅相呼应，形成了平面的轴线，朝向利弗夫人艺术馆，1922年完工。

图2.5 新拉纳克，约克附近，英国，由帕克和昂温设计，1903年。这个典型村庄中的住宅是由约瑟夫·朗特里，约克的一位著名巧克力生产商委托的，目的是为低收入的工人提供可负担的住宅。所有需要的人都可以申请住所，并不限于朗特里的雇员，而扩大到邻近巧克力厂的居民。住宅的布局显示了帕克和昂温早期设计中独特的构成和空间组织。

村庄，美国的工业小镇才步英国对手的后尘，将风景郊区的美学融进了设计中（Stern：p.9）。社会改革和浪漫主义美学这两种倾向，在巴里·帕克和雷蒙德·昂温的设计中以物质规划的形式发挥得淋漓尽致，那是距伦敦48km的新镇——莱切沃斯（Letchworth，1904）。这个自给自足的新居民点成为了20世纪最伟大的设计思想之一——埃比尼泽·霍华德的"田园城市"第一个建成的重要实例。

几年之后的1898年，霍华德发表了他"田园城市"的激进主张，标题为《明日：通往真实改革的和平之路》(Tomorrow：A Peaceful Path to Real Reform)。霍华德1850年在英国出生，后旅居美国，尤其是1870年代有好几年居住在芝加哥，霍华德非常清楚英美两国新兴的田园郊区意味着什么。他同意，铁路把乡村和现有市镇之间的距离拉近了，这种易达性从根本上改变了常规的关于城市位置和城市形态的基本原理：如果高效率大流量的交通能够保障的话，庞大的人群就会在城市到偏远的乡村之间移动。前文提到，从城市迁出最强有力的一个原因是乡村有廉价的土地，在霍华德的时代，土地更是不值钱。除了国家普遍的城市问题，比如英国城市中的工业过度拥挤、城市面貌肮脏之外，拥有乡村的产业也是人们的偏好。19世纪至20世纪之交的前几十年，英国的农业陷入衰退之中，霍华德的目的不仅在缓解城市的拥塞，而且想要通过把不景气的乡村土地转化成繁荣的新城镇，来减少乡村的贫困。

霍华德的实际方案是，利用廉价农地转变为城市用地的税收来提供新城发展的经费，将销售住宅和工业地块的收益，再投资在社会的公共基础设施上。尽管霍华德不愿意提出任何明确的规划方案，那份人所共知的规划示意图已清楚地表明了他对公共基础设施的重视。在图上，他将公共设施放在社区核心的空间上，外面环绕着一圈公园。然后，该公共空间的外围布置了一圈玻璃屋顶的带状建筑，承担了城市所有商业零售的功能，和今天的购物中心(shopping mall)非常具有相似之处。从这个中心放射出去的是居住用地，各种各样社会阶层的人们居住的大小不一的地块混合在其中，这个圈层之外，是工业制造业的分区。一条环状的铁路为之服务，外围环绕着农田，它是作为一条绿带出现的，定义了社区的边界，限制了用地的增长，以符合32000目标人口限定的要求（见图2.6）。

对"田园城市"的规划作出图式布局的是霍华德，但对建筑形式的构想却是由帕克和昂温在他们莱切沃斯的规划中形成的。这两位设计师都主动继承了维多利亚时代改革者的社会责任心，从工业资本家利弗，朗特里和卡德伯里那里得到了灵感，他们将这个使命和从英国18世纪、19世纪传统带来的风景美学原则结合在了一起。没有迹象能够表明，帕克和昂温在设计莱切沃斯的时候，清醒地意识到了美国花园郊区的意义：他们参照的先例是新近复兴的对英国民间建筑的兴趣，以及它和人们通称为"安妮女王式样"的结合。这种美学成功地贯彻到了近代的住宅建设之中，尤其像诺曼·肖在伦敦设计的贝德福德园(Bedford Park)这样高度风景化的方案，还有另一些自1870年代以来的实例。

帕克和昂温第一次发展自己的城镇规划手法和进行本土的村镇创造是在约克郊外的新拉纳克，如前所述，是由朗特里巧克力企业委托的，深受C·F·A·沃伊齐作品的影响（见图2.5）。这对建筑师伙伴在莱切沃斯的设计中保留了风景设计的手法，在此基础上又添加了规整的几何元素，在不规则的规划理念中创造出了局部综合的轴线。他们将住宅成组布置，小心翼翼地创造出了精心设计的建筑综合体，和地形、和其他自然与气候的决定因素结合得特别紧密。比如，工业布局在城镇的东侧，这是为了污染物不会吹到居住区(Barnett：p.72)。

莱切沃斯没有像霍华德的图式建议的那样，将铁路安置在外围，而是让铁路从中心穿过，将城镇一分为二。全玻璃的购物中心在莱切沃斯也找不着踪迹，取而代之的是以一条传统的主街作为商业区。霍华德、帕克和昂温都不属于教条的幻想家。他们对当地的条件情有独钟，于是将自己的理念作了调整，适应于特定的地点。莱切沃斯的成功在于它能将霍华德激进的理念以一种完全没有威胁性的方式表达出来，唤起了人们对传统英国村庄那美好环境的记忆(Barnett：p.73)（见图2.7）。

美国激进的城市规划理念，以保守的、传统的建筑美学形式实践出来，在这个意义上，莱切沃斯是很多美国1990年代以来的新城市主义规划的直接先驱。传统的新古典主义和本土美学为一些设计实体所应用，如DPZ事务所和城市设计协

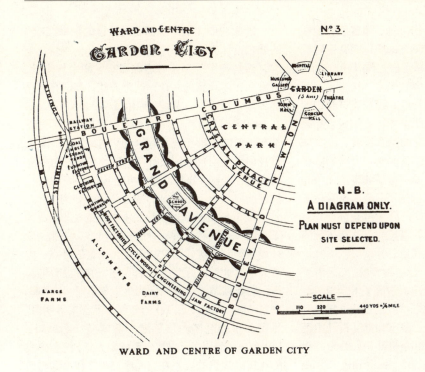

图2.6 埃比尼泽·霍华德的田园城市图式（详图）（图片蒙M.I.T出版社提供）。

会，缓解了公众的恐惧，推动了人们对新城市主义规划实践在商业上的认同（但与此同时，也激怒了现代主义者和学院派们）。看起来似乎是这样的，越是冒险的、现代的建筑语言应用在美国新城市主义开发中，这场运动的规划理念就越陷于被动，难以为公众所接受。

激进规划与保守建筑的混合，是另一个历史与现实环境紧密交织的例子，这种联姻既有优点又不乏弊端，在第三章，我们将详细进行探讨。今日，新城市主义理论已经跻身于主流，人们仍可以看到，它是不是给了从业者更多尝试现代美学的信心。这个论题也将在"个案研究"的章节中再度谈起：我们对创造出一种先进的、前瞻的建筑学的热望，通常会和大众品味的保守及社会政治的现实紧紧联系在一起。

莱切沃斯的重要之处在于它为城市形态赋予了新的社会和文化秩序，而1905年，帕克和昂温与埃德温·勒琴斯（Edwin Lutyens）爵士一起完成的项目汉普斯特得（Hampstead）花园郊区，

图2.7 莱切沃斯田园城市的住宅，帕克和昂温，1904年。帕克和昂温设计和布局住宅的手法日渐精湛。请注意当街道转向右边的时候，山墙的三角形以一种三维的构成，终结了视觉的轴线。

也同样具有重要的地位，在城市和郊区设计实践方面，它被证实是更有影响力的案例（Barnett：p.73）。在20世纪早期，伦敦北部的汉普斯特得以北地区还保留了一小块田园风光的土地，但正

37

在受到来自四面八方郊区的侵蚀。随着伦敦地铁延伸到近旁的Golders Green,这块地的开发时机业已成熟。委托人亨丽埃塔·巴尼特(Henrietta Barnett),一位著名的社会改革家,构想了一个由不同收入的人群组成的社区,而在建筑师们的眼里,这是一个进一步实现霍华德关于城乡综合开发理想的机会。两种思想的融合造就了一个城市和田园风光的混合体,与此同时,严格的阶级界限被打破了。又一次,预示着新城市主义雄心的社会理想给郊区带来了新秩序,创造了变化多样的社区,它向着社会不同的阵营敞开怀抱,立场鲜明地反对由收入造成的隔离——这在传统的美国郊区是再普遍不过的现象。

1905年,当他们在汉普斯特得花园郊区着手工作的时候,帕克和昂温开始领悟了卡米罗·西特(Camillo Sitte)的学说,昂温在1909年自己的著述《城市规划之实践:城市和郊区设计中艺术的引介》(Town Planning in Practice: an Introduction to the art of designing Cities and Suburbs)中,包含了非常重要的部分——关于公共空间和街道设计,和西特的许多思想同出一辙。昂温也许对西特1902年出版的、标题为《L'Art de Batir les Villes》的法文版的第一版非常熟悉,因为直到1965年英文的全译本才面世(尽管赫格曼和皮茨——黑格曼和佩茨在1922年于美国出版的、风行一时的书籍《美国的维特鲁威:建筑师的市民艺术手册》中,已经大加赞赏地引用了一些段落)。实际上,除了古典主义、文艺复兴和巴洛克的例子之外,昂温基本上涉及了所有西特提到的中世纪案例。这种纯粹的对中世纪的偏爱在西蒂的原始版本里并不曾存在,只是在1902年和1918年的法文版中占到优势地位,这是由于它的译者,卡米尔·马丁,在编译上以古怪的决定截取的结果。作为一名受过训练、特有偏好的中世纪研究家,马丁用法国和比利时的例子代替了西特引用的德国和奥地利的实例,而且不着痕迹地拿掉了所有巴洛克式的城市案例。这位法国人的动机是什么,已经由乔治和克里斯蒂安妮·柯林斯夫妇于1986年在西特原版书的评论版本中加以详细解释了。

就像我们在第一章简要讨论过的那样,西特的城市设计方法不是建立在抽象的几何逻辑之上的,而是基于一个步行者在城市空间中行走时,所看到和体验到的一切。这种方法,昂温在自己的工作中验证了,戈登·库伦(Gordon Cullen)在1960年代也验证了,他的"视觉序列"理念就是在类似的原则上建立起来的。这种对步行者的重视引起了当代城市设计师们的注意,他们强调,特别是在美国,公共空间的再生和"可步行社区"的创造成为由汽车控制的城市蔓延之外的选择。

城市是由一系列步行景观组成的观点,成为了英国风景园林景观设计的一剂良方,在那些设计里,华而不实的建筑一般成为街景的终点,或者为了其他什么视觉效果而存在,但在汉普斯特得,帕克和昂温运用他们的感觉创造了一个概念异常清晰的平面,比以往的任何作品都来得明白。尽管,中心区域由埃德温·勒琴斯(Edwin Lutyens)爵士设计的部分不尽如人意,纪念碑式的建筑以优越的姿态在空间中凸现,和昂温与西特关于城市围合的规则相去甚远,帕克和昂温仍然创造了一种住区的布局,比起莱切沃斯的建筑风格更明显,而规划布局更紧凑。在主要的街道芬奇利路(Finchley Road)上,一对非常精美的德国式建筑矗立在入口,生动活泼、相互影响的店铺和住宅以对称或不对称的方式组织在一起(见图2.8)。

莱切沃斯和汉普斯特得花园郊区几乎立即风靡了美国大陆,影响到了福里斯特·希尔斯·加登斯(Forest Hills Gardens)的设计,这是位于纽约市的一个典型的有轨电车郊区,建于1909年,由小弗雷德里克·劳·奥姆斯特德和格雷夫纳·阿特伯里设计(Barnett: p. 76)。围绕着火车站,阿特伯里创造了一个引人入胜的围合式城市空间,作为进入社区的入口和空间序列的开端,它的组织正如一位评论家所说的那样,"是一趟从城市到乡村的隐喻之旅"(Stern: p. 34)。

另一场田园城市理念下波澜壮阔的运动也发生在美国大地上,那是1917年美国加入第一次世界大战的直接结果。那时,在制造业用地周围,产业工人的数量急剧增加,这导致了对住房

第二章 城市，郊区和蔓延

图2.8 汉普斯特得花园郊区，帕克和昂温，1907年。芬奇利路上混合利用的建筑。在郊区小镇主要入口的这些建筑中，昂温对德国中世纪建筑的倾慕表露无遗。

迫切的需求。联邦政府支持了一个为25000个家庭提供设计和建设的项目，而查尔斯·惠特克，这位《美国建筑师学会杂志》的编辑，说服政府务必不要把这些住宅设计成简陋的居舍——而是成为永久的社区。惠特克竭尽所能地宣传雷蒙德·昂温的工作，彼时他正负责英国战时房屋的项目，强有力的论证了英国建设方面的努力应该是对住宅供应的一个长久的投资(Barnett: p. 78)。小弗雷德里克·劳·奥姆斯特德被授权管理美国规划事务，努力创造永久性的高质量社区，他指派了有才华的设计师去设计新的社区。这些设计师中包括约翰·诺伦，帕克和昂温的忠实崇拜者，在美国规划界他是一颗冉冉升起的新星，通过对田纳西州金斯波特新城杰出的设计，他的名望与日俱增。

在整个19世纪，铁路对城市和郊区的形式发挥了决定性的影响，但到了一战的时候，私人小汽车开始显示了它强大的冲击力。作为交通运输的又一大科技发展，即使是相当原始的汽车也带来了个人机动性的戏剧性拓展。郊区再也不必坐落于火车站或者有轨电车的沿线。那种对城市空间的设计要以往来于市中心或交通站点的步行距离为依据的观念渐渐被人们抛弃，取而代之的是新的以小汽车的速度来衡量的规划概念。

两个20世纪早期的郊区，洛杉矶的贝弗利山（启动于1906年）和密苏里州堪萨斯城的乡村俱乐部街区(Country Club District)（启动于1907年，它著名的商业核心，乡村俱乐部广场建成于1922年），预示了由汽车宣告的渐渐迫近的空间革命。布局中包括高档商业中心——不靠近铁路而是靠近公路，宽阔的林荫大道，长长的街区。较大的街区规模降低了交叉路和路口的建设造价，但它也消灭了私密的尺度、路径的选择这些属于步行道的独有特征。作为那个时代为数不多的几个认识到汽车对城市布局将要造成冲击的规划师之一，约翰·诺伦对这种城市化形态的进化作出了卓越的贡献。在1918年，俄亥俄州辛辛那提郊外的Mariemont的设计中，他取消了所有同大城市的铁路联系，转而尝试将汽车融入田园郊区的布局中。

这些先驱之外，汽车时代的新郊区开发形式，直到1928年在美国新泽西州的雷德伯恩(Radburn)新城规划中，明确地宣告出现了。雷德伯恩被看成是美国的莱切沃斯和韦林花园城市（英国的第二个花园城市，启动于1921年），但只是部分完成了(仅一个街区)，这要归罪于1929年美国经济大萧条的爆发。虽则如此，由克拉伦斯·斯坦和亨利·赖特设计的平面却风靡一时。突如其来的，雷德伯恩彻底地扭转了郊区设计的形式，在一条漫长、曲折的主干环路里面，布置了许多尽端式的道路，将道路网和小街区连接在一起。

当帕克和昂温发明了尽端路，并将它们在汉普斯特得花园郊区中良好运用时，这种路的数量还很少，还是特定情况下的产物而不是一条通用的规则。在雷德伯恩，反过来说就对了：尽端路

39

主导了街道的布局。没有用常规尺度的城市街区、彼此相连的道路网络，斯坦和赖特基本的规划单元是"超级街区"，一个用主干道系统定义的广大地区，主要是为汽车而不是步行者设计的。这些主干环路周围广大的地区包含了不计其数的尽端路，该机动车交通的系统和步行路线是完全分离的。汽车和步行从此不再共享同一个公共空间。住宅在一侧接受汽车的服务，但在另一侧却向绿色的步行小路开敞，通向宽广又迷人的景观公共空间。这些公共的绿色区域和机动车之间是隔离的，步行小路从中穿越，通往社区设施，或是经由地下通道通向别的邻里。在整个规划中，步行路很少需要穿越车水马龙的街道（见图2.9）。

在大西洋两岸持续不断的思想和案例的交流中，一个有趣的小插曲特别值得一提，那是在1920年代巴里·帕克的造访美国，他拜会了斯坦和赖特。他为雷德伯恩深深地折服，因此在规划英格兰曼彻斯特一个大型卫星城社区——Wythenshawe时，把它的很多特征组合进了自己的方案中，有很多理由可以将这个社区称为英国的第三个田园城市（Hall：p. 111）。

在私人小汽车初兴的年月，安全问题越来越被人们所关注，斯坦和赖特抱定决心要创造一个对步行者和骑自行车的人安全的环境。这种将机动车与步行者分离的逻辑，在1930年代是那么的激进，但到了1950年代和1960年代，便成为了许多开发类型中的基本规划原则，因为汽车高效的通行已经成为规划师和工程师心目中最关注的事情。自列奥纳多·达芬奇以来，多层的交通系统就一直是未来派城市幻想中的主要特征，包括在20世纪，安东尼·圣艾立的新城市（La Citta Nuova）（1912），勒·柯布西耶的巴黎中心改建规划（1925），休·费里斯的明日的大都会（1929），以及纽约大都会地区规划，也是在1929年。

在英国，柯林·布坎南爵士1963年为政府撰写了一篇题为《城市交通》（Traffic in Towns）的报告，被人们过于简单地误读了，这种人车垂直隔离的理念几乎成为了城市设计通用的原则，在大体块的项目如伦敦的Barbican中表现得特别明显（见图2.10）。尽管斯坦和赖特缺少垂直分离

图2.9 雷德伯恩，新泽西州，克拉伦斯·斯坦和亨利·赖特，1928年。这种将小汽车和步行道分离的创新建立在对安全的关心上，人们为它欢欣鼓舞，把它当作城市郊区设计的新典范。然而，它导致了郊区的布局日趋平庸乏味，美国高质量的步行环境日益走向消亡。

的例子，却有一个非常适当的前例，那是奥姆斯特德和沃克斯为纽约中央公园作的设计，道路从结实的桥梁上横跨公园，步行小路在其下穿过。

在郊区的尺度上，垂直的分隔还不成熟，无法形成可定义的原则，但从几条主干道路上分支出来大量的尽端路是可以的。道路工程师和开发商们集体假设，交通的需要不会超过预期的人口增长，因此这种分等级的新交通系统，这种比起格网式布局更能为开发商节约资金的布局，会满足未来的需求。这个信念在几十年的时间里摇摆不定，到了1950年代的美国，它终于成为占统治地位的郊区布局形态，但在英国却没有那么广的影响。工程师、规划师和开发商们没有预料到的是：随着人口的增加，家庭的人口统计出现了变化——它们变得更多、更小了（更多的因素我们将在后文详加讨论）。到了1980年代，其或1990年代，这些未曾预料的家庭对交通的需要大大超

图2.10 巴比肯（The Barbican），伦敦，张伯伦、鲍威尔和波恩，1954～1975年。这个位于伦敦市中心、用地16hm²的项目发展了将机动车和人行道垂直分离在两个平面上的主题。尽管这是一个诱人的城市理论，实践的结果却总是缺乏人情味。街道变成了黑呼呼的服务性隧道，又像一道峡谷，而位于上层的步行道并不比一个暴露在风雨之下的混凝土废墟强到哪去。在片区中心，Barbican音乐厅周围是有一片不错的城市空间，不过比起粗暴地将城市肌理摧毁来说，这补偿也显得太微不足道了。

过了分级道路系统的承载能力，道路不堪重负。

尽管在有限的几条连接性道路上交通拥塞，而支路上仅有一个通道可以进出的问题非常明显，回归传统的互连式交通网络的道路还是漫长而曲折。尽端路的布局在美国道路工程师的设计手册上被奉为金科玉律长达数十年之久，直到1994年，传统的格网和互连布局才获得临时的接纳，在《新传统邻里设计中的交通工程》的报告中被交通工程师协会正式列入其中。

分析郊区化的前例，就不可能不提到弗兰克·劳埃德·赖特的"广亩城市"（Broadacre City，1935）。这是一个（成功的）迎合美国社会的尝试，因为1920年代的他被人们视为是一个难以相处的天才，被边缘化了。赖特基于他理解的真正的美国原则精心地设计了一个城市。尽管和欧洲大陆上的勒·柯布西耶、沃尔特·格罗皮乌斯、路德维希·希尔斯海默等的理念鲜明对立、争论不休，赖特也明确反对美国传统上浪漫的花园郊区那一类型，弯弯曲曲的街道，公共交通的历史。取而代之的是，赖特用高速的道路在平坦的草原景观中创建了一个规则的方形格网。铁道和有轨电车废止了；在赖特眼里，每一个美国的成年人都有资格拥有一辆汽车。

在这个格网里，大部分的居民都居住在占地0.4hm²的独幢住宅里。如果说赖特低密度的规划预言了二战后美国的郊区，那他的美国风（Usonian）住宅也做到了，私密的家庭空间避开了街道的公共领域。这种拒绝参与到步行街道的生活在几十年后的美国郊区成为现实，在赖特的分析中，这是一种解放美国家庭的科技——私人小汽车现在控制了美国国内的环境。今天，住宅躲在车库大门的后面，形成了支配性的街道景观，步行者被排除在这个世界之外。

赖特方案中的一些片断现在成了美国景观中的普遍特征，包括服务建筑群、分等级的公路、开敞空间中矗立的塔楼和无处不在的低密度住宅。不过说广亩城市是现代郊区的先驱就言过其实了。作为一个整体来看，广亩城市和现代郊区在几个基本的方面有所区别（Alofsin，1989）。赖特的方案综合了多种用途：农场、制造业和工厂、各种各样的住宅类型和开敞空间，还有公共市场、学校和宗教场所，都一一嵌进了一个广阔的框架之中。从这个意义上来讲，它和今日美国郊区中普遍存在的用途和阶层隔离正好处在相反的位置上。

这里及前一章提到的现代主义城市和郊区设计有一点是共同的：宽阔公路的广泛运用组织了活动，塑造了城市形态。直到1990年代晚期，道路工程师对美国城市的形态都起到了决定性的影响（也包括大部分英国城市）。在美国，街道和人行道形成的公共领域消失了，因为基于汽车的空间规则在城市设计中促成了决策，从区域道路网的规模到单块用地的规划莫不如此。道路设计的标准只和机动车运行的效率有关，和步行者的需要则没什么关联。如果步行者竟然被考虑进去了，那么他们会被认为是对顺畅交通活动的阻碍，并以这样的数据被交通工程师们计算进去。

步行的人成了美国广大郊区稀有的景观。在英国人的眼中看起来觉得古怪，即使在最富裕的美国郊区，开发商们也不在居住区街道的两侧修建人行道，结果就变成了，如果有任何步行者斗胆走上街头的话，他们不是被迫走在大街上，受到往来车辆的威胁，就是必须穿越别人家前院的草坪。在这个越来越以汽车为重的世界里，步行简直无异于可疑的行径，只有穷人和变态者才这么做。直到1990年代晚期，步行能力才又一次成为了人们在日常郊区生活中追求的品质，而自1960年代到1990年代，郊区在美国遍地开花，对居住在里面数以百万计的美国人来说，步行的便利仍然是一个不可能的梦想。

美国一个流行的神话是把二战后郊区明显的增长归功于私营经济的发展。支撑郊区环境的设计理念往往被简单地误以为是消费者偏好的反映——自由的市场在运转。这不全是真的。私人的开发和建设公司确实为私人买主提供了绝大多数的住宅设计，但美国郊区的飞速扩张很大程度上有赖联邦政府提携的举措。早在1930年代联邦住宅部（FHA）就着手编制一部国家规划法规，后来成为FHA《最低限规划标准》(Minimum Planning Standards)。由于社会规划师克拉伦斯·佩里提供的资料（他在邻里设计方面的工作我们将在第三章讨论），这部法规很大程度上是基于建筑师－规划师克拉伦斯·斯坦和亨利·赖特的思想，他们二人因为雷德伯恩的设计而闻名。利用了雷德伯恩的规划理念，斯坦和赖特对人们信念的影响也就不足为奇了，再加上新的政府法规将它制度化，美国传统城市的格网形式已经不再适应汽车的世界(Solomon, 1989：p. 24)。取而代之的是，1930年代的法规强制推广了一种曲线包围的土地彼此分离的模式，和19世纪浪漫的花园郊区有几分相似，又像是简化了的雷德伯恩尽端路平面模式。

就像前文提到的那样，小汽车导向的规划成为了占统治地位的基本原理，自1930年代以来，它指引了私营经济的发展，造就了大片土地上分散的住宅仅靠主干道连接的特征，惟一迎合的是机动车的交通运行。雷德伯恩村中连接绿色空间的补偿性道路网很快就被删除了，它利用了太多有利可图的土地。1950年代这些大规模进入市场的郊区，例如莱维敦城（Levittown），仅仅将大块的街区沿弯曲的街道布置，减少了交叉的连接街道以节约造价。减少连通性的交通网为今日的某些布局树立了范式，1980年代占主导的模式是

无数的尽端街道从一系列单纯的、蜿蜒的"集中路"上分支出来，将住宅的地块和更宽的主干道联结在一起。不用说，为数不多的连接街道很快塞满了从尽端路上出来的车辆，并不堪重负，这导致了日益加剧的交通堵塞，驾驶者感到挫折，并浪费了更多的交通时间(Southworth and Ben-Joseph, 1997：p. 107)。

联邦政府《最低限规划标准》的影响在二战后席卷了美国大地，在联邦美国军事法的规定下和财政支持下，1950年代和1960年代，由于退伍军人等人群对住宅的需求不断高涨，刺激了大郊区的扩张。联邦抵押保险——一种由金融机构提供给家庭的借贷方式的变化，使得数以百万计不富裕的美国人可以拥有住宅——按照政府的最低限规划标准，仅在住宅和小块土地上能获得这种支持。很快，从西海岸到东海岸，这种关联导致了一种标准化的住宅布局方式的出现。

私人住宅的建设早已变得千篇一律了。自1930年代开始，经历了经济大萧条之后，为了能在缩水的住宅市场上更好地竞争，开发商努力降低造价，住宅产业通过产品的大规模设计和开发商的资金筹措来提高行业效率。在1940年代晚期和1950年代这个过程加速了，因为住宅产业受益于战时的大规模建设技术带来的经验，迅猛加速，以迎合新的对廉价住宅的需求。开发商和建筑商可以从存贷协会借到大笔的款子（类似英国的房屋建筑会）以支撑大规模的、几乎一模一样的住宅建设。通过这个过程，他们节约了可观的资金，赚到了大笔的利润，也就能够建设更多的从一个模子里刻出来的住宅。1950年代，本书的美籍作者在她的童年时代，也曾在一所大开发中的房子居住过，虽然从当代的观点很容易对这些住宅的设计提出批评，但毫无疑问，它们曾经表现出一个实质上的进步——对首次购买住宅的家庭而言，能获得的住宅环境提高了（见图2.11）。

郊区的繁荣，曾被早期的美国民众无条件地褒扬，现在，在21世纪的头几个年头里，人们却发现它充满了问题，尤其是它的土地消耗方式，低密度，且带来了环境和社会的双重后果。我们现在对它的称呼"蔓延"，表达了社会上对这种郊

第二章 城市，郊区和蔓延

图2.11 战后的美国郊区，1950年代早期。作者之一和母亲在位于伊利诺伊州的新郊区住宅前院嬉戏。尽管不大，而且坐落于开始有几分荒凉的环境中，这种新的郊区平房表现出了显著的进步，它提高了许多工薪和中产阶级美国家庭的居住品质（照片由Dee A. Brown提供）。

区现象的不断增长的反感，我们必须给予重视，来分析这种转变。

从郊区到蔓延：美国环境的衰退

1950年代至1960年代，由联邦政府支持的郊区住宅建设大潮是如此的迅猛，能负担起新住宅的人们大批移民到郊区，使得城市的中心地区进入衰退。那一时期以及随后的几十年里郊区开发的急速扩张，和相应的美国城市中心的衰退已经是经过人们大量研究和记载的现象（Jackson, 1985; Fishman, 1987; Rowe, 1991; Kunstler, 1993; Langdon, 1994; Kay, 1997; Duany et al., 2000）。这个现象下面潜在的倾向是人口统计上种族的迁移，通常被人们称为是"白人逃亡"（white flight），标志着日益严重的两极分化：主要为白人的富裕郊区和贫困的、主要为黑人的城市中心。

这种富裕的社会阶层迁移到城外，将贫穷的人口留在市中心的现象在英美城市历史中已经不算新鲜了。在本章的第一部分我们就讲过，从18世纪晚期开始，在英国和美国，首先是上层阶级，其次是中产阶级搬到了郊区，贫困的人们则滞留在了城市中心。第二次世界大战以后，城市人口的大批离去只是延续了这个模式，但有一点重要的不同：贫困的阶层赖以生存的城市中心的工作机会，还有市区的店铺和其他活动，也逐渐搬去了郊区，把低收入的工人阶层和较少的工作、购物和娱乐机会留在了市中心。

统计显示，1950年代和1960年代的新郊区居民几乎全是中产阶级家庭，其中大部分是白人，这些占主流的年轻家庭"快乐地搬进了新居"，他们追寻自己的梦想，而且，可理解的是，并没有对自己留在身后的问题有太多的担心（Jackson: p. 244）。在郊区，财政手段和简便的支付模式让新房子唾手可得，比起留在市中心、修缮旧房子来说，搬进新房子的吸引力大得多，因为前者的资金更难筹措。新郊区的可达性和距离不是问题，因为私人小汽车的保有量大幅攀升，而汽油价格低廉。日复一日，各种各样的商业企业在新郊区近旁的公路边建起了新大楼，非常便捷，办公和购物中心也在郊区安了家，以便更靠近他们的白领雇员和消费者。

市中心搬空了的住宅区因而遭遇了投资的冬天，很快地，地产的价格下跌。这些低价的房屋很快被穷人和贫困的家庭占领，租给他们房子的是在外的屋主，他们以低廉的价格抓时机买到了这些从前相当像样的住宅。这些旧住宅区和里面低收入或者失业的居民，开始了他们在物质上、社会上和经济上螺旋式的衰退，很多美国城市的中心商务区发现自己周围围绕着新近衰退的居民区，一片惨淡的境遇只能使得商业加快搬迁到郊区。这种衰退和萧条的恶性循环一直持续到1980年代才被打破，许多中产阶级先锋派对郊区的生活模式越来越不满，他们开始推动位于市中心的住宅区再生。

在这郊区建设繁荣的几十年中，大部分建筑师的注意力不是集中于衰退的城市中心，也不在单一家庭住宅或者郊区商业带上。美国郊区的大部分平凡的建筑都没有经过什么思考就建设起来了，要么就是一些非常肤浅的设计。专业人士通常关心的是高档次的郊区建筑类型，周围围绕着购物中心和办公公园。这里的建筑孑然独立，（有

43

时候）就像景观空间中的一个物体，每一幢都尝试在外观或者视觉技巧上超过自己的竞争对手。在住宅地块里，像共享的步行空间这种公共的领域因为疏忽和遗漏而消失了（见图2.12）。

步行环境的衰退中有一个例外，即被人们多次分析过的美国主要商业街向郊区购物中心这类步行空间的转变。引导这个转变的是奥地利裔的美国建筑师维克托·格伦（Victor Gruen），他的主要成就就是在1950年代末1960年代初发明了这种新的建筑模式。格伦最初的意向是对主要商业街的再创造，变成没有汽车，但却拥有市民设施例如邮局、社区活动室的街道。他迫不及待地想要在新的郊区环境中开发一种更广泛的社区活动，而不只是简单的购物活动，但是直到1970年代早期，格伦承认，是市场力量驱使着购物中心中赚钱空间的分配，这让非零售的、市民功能的进入变得几乎不可能（Gruen：p. 39, Kaliski：p. 92）。在当时，购物这种活动，正日益和日常生活功能分离。一直到了1990年代晚期，这个情况才有所改变，新一代的混合功能的"镇中心"开始设计和开发了（Bohl, 2002）。

美国社会慢慢地意识到，郊区的美好生活不知不觉转化成了蔓延的危险和问题。杰尔·阿德勒的文章《再见，郊区梦：15条改正郊区的途径》(Bye-Bye, Suburban Dream：15 ways to fix the suburbs)，刊登于新闻周刊（1995年5月号），接下来是詹姆斯·霍华德·库斯勒登在大西洋月刊的封面故事"无处是家"（Home from Nowhere），1996年9月号。民权主义者反对主流的郊区生活方式以及空间模式的辩论受到大众的关注，引发了一场全国的论争，但是没有几个社会科学家、地理学家、环境问题专家和建筑师把对美国城市和郊区状况的各种各样的批评综合到一处，无论是最初在1950年代的辩论，还是到1980年代再次掀起的论争（Riesman, 1950；Whyte, 1956；Gans, 1967；Clawson, 1971；Krier, 1984；Spirn, 1984；Baldassare, 1986；Cervero, 1986；1989；Whyte, 1988；Kelbaugh, 1989；Putnam, 2000）。

这些自1950年以来的分析，和其他一些阐述城市形态变化的分析都是基于意识形态、科学技术和经济效力之上的。正如我们所看到的那样，1950年代以来，不断增长的小汽车保有量，和人口的增长结合在一起，比以前的数十年更大、更快、更低密度地扩张了美国的城市化区域。里斯曼，怀特和其他一些研究者们将郊区归为乏味而同质的场所，是缺乏个性、缺乏丰富的人性化体验的场所，而甘斯（Gans），在对莱维敦城表面同质化社区的研究里，强有力地反驳了这些论断。这些辩论直到今日还风行一时，渗透到1990年代好莱坞的某些电影中，如《楚门的世界》和《美国美人》。

美国城市肌理的扩张始于1950年代，在1980年代和1990年代更有愈演愈烈之势，因为电子信息革命挑战了众多人们关于城市空间和城市生活的常规的设想，美国人开始注意到了这种扩张的现象，把它当作是一个新问题。但是这种城市的物质扩张根本不是什么新玩意，也不是美国独有的现象。在一战和二战之间的年月里，伦敦的用地面积增加了一倍，但人口却只增加了30%，从650万到850万（Clawson and Hall：p. 33）。这种急剧的增长通常表现为，郊区的形式是顺着从城市而外的主干道蔓延开来，扩大的社区就开发在新地铁车站的周边。城市的急速扩张都唱着这样的高调：为了保护乡村不遭受劣质的开发之

图2.12 医疗保险办公大楼，Chapel Hill, 北卡罗来纳州，1970年代。很多1960年代和1970年代的建筑师们被抽象的形式主义和极少主义所吸引。他们太过关注对象的形式，而不注重建筑内部和周围公共空间的品质。

害，和今日我们听到的几乎没什么两样。

然而，最近的许多美国城市的实践将这种模式提高到一个更高的层次。这种戏剧化的扩张，争取更低的密度和更多的土地作为城市用途有一个最生动的例子，在俄亥俄州的克利夫兰。该城市的人口在 1970～1990 年间下降了 11 个百分点，但是大城市地区的土地面积却增长了 33 个百分点！（Benfield et al., 1999）。同样的 20 年间，密歇根州的底特律提供了相似的数据。该市的人口降低了 7 个百分点，但土地面积增长了 28 个百分点。匹兹堡、布法罗和代顿市都遵循了同样的荒谬的趋势。美国的其他主要城市在这个时间段里大部分人口都降低了，并且仍在继续。美国的 100 个最大的城市化地区中，有 71 个城市的人口和用地都增加了，有些是非常显著的，有 11 个城市没有经历人口的增长（或者人口下降了），但用地增长了（www.Sprawlcity.Com）。这种增长几乎无一例外都集中于郊区的边缘：在 1950 年到 1970 年，美国的郊区人口的增长比中心城市快 8 倍还多，共 8500 万，后者只有区区 1000 万。

增长紧随着新的市场机会，极少考虑到后果，但是到了 1980 年代晚期，这种人口和财富往郊区转移的影响开始清晰地暴露出来：大多数美国城市的中心，曾被人们引以为豪的商业和文化中心，变成了一个空壳。得克萨斯的达拉斯，为注解当时的城市中心状况提供了一个完美的实例。早晨，白人、中产阶级的办公室一族从郊区驱车赶来，将小汽车泊在停车场，通过有空调的步行桥或者天桥进入他们的办公塔楼；中午，他们在写字楼底下几层相连的室内步行街就餐或购物；日薄西山，他们顺天桥返回停车场，然后驾车回家。一个典型的办公室职员一步也不会踏入街道上，更不会在室外的公共空间从事任何的步行活动。有那么几天的工作之余，在他们沿着天桥回停车场之前，甚至可能通过地下通道去看一场达拉斯小牛队的篮球比赛。大街上——炎夏的几个月里又炎热又难受——主要是低收入的工人阶层或者失业的黑人和西班牙人的领土。

市中心的可怕景象和郊区的富足形成了对比，与此同时，开发项目为了新的住宅用地和购物中心，以一种惊人的速度贪婪地攫取着绿色的田野。同样在 1950 年到 1970 年，大芝加哥地区以居住为目的的用地消耗量以一种惊人的速度增长，是地区人口增长的 11 倍。尽管 1990 年代很多美国城市的中心已在进行根本的改良，这种郊区扩张却几乎未加抑制地一直持续着。

从 1982 年到 1992 年的十年里，为了城市利用，美国流失了约 160 万 hm^2 的基本农田用地，几乎和英国威尔士的面积相等。把它放到广阔的美国大陆上去，听起来好像微不足道，但这个数字并没有包括其他的、不太富饶的乡村土地，同样也都变成了住宅用地、购物中心和办公停车场。全面估量这种转变的速度是非常困难的。举例来说，北卡罗来纳州的城市夏洛特，平均每天有 16.6 hm^2 的土地从开敞空间转化为郊区，或者说每小时 0.69 hm^2 (Brookings Institution, 2002)！放眼全国，这个城市化的过程相当于以每小时 18.5 hm^2 的速度吞噬着土地，日日如此 (Benfield et al., 1999)。

并不是单一的居住用途推动了郊区的扩张。同样在 1950 年到 1970 年的 20 年间，郊区提供了零售和商业部门 75% 的新工作岗位。举一个触目惊心的例子，在 1950 年到 1970 年间的大芝加哥地区，工业用途和商业用途的土地消耗增长了 74%，是该大城市带人口增长率的 18 倍。

与此同时，城市中心的衰退继续着，也令人震惊不已，绝对的贫困、上升的犯罪率、无家可归和其他重大问题层出不穷，而它们又多和滥用毒品有关。到了 1990 年，中产阶级从市中心的逃离已宣告尾声，而众多的郊区居民们，忙着庆祝他们实现了自己的美国梦，还来不及在头脑中回味荒漠化的市中心带来的问题。一个独户的独立式住宅产权归家庭自己所有，即使占地的大小还不及半英亩（约 0.2 hm^2），它也是美国先锋们的梦想"大草原上的小屋"的一个可以接受的代用品。

报告《蔓延及其冲击的量度：大城市扩张的特性和结果》（Measuring Sprawl and its Impact: the Character and Consequences of

Metropolitan Expansion）将蔓延定义为：

……一种过程，在景观中开发的扩展远远超过了人口的增长。在环境景观中的蔓延有四方面的因素：人口以低密度的开发方式广泛地分散；严格分离的住宅、商铺和工作场所；道路网络，以巨型街区和较少的连接路为标志；缺乏良好定义的、兴旺活跃的中心，例如市中心或镇中心。还有很多特征通常与蔓延相伴——交通选择的缺乏、住宅选择的相对单一性、步行的困难——均是这种状况的结果 (Ewing et al., 2002: p. 3)。

无限制的郊区蔓延中，财政的冲突可能成为另一个因素，这些土地使用的决策通常直接以公众的财力为代价。它们需要新的基础设施，如道路、供水干管和排水管网，为城市地区边缘未开发的土地服务。新的居民需要消防和警察的保护——更多人员、新的建筑、额外的设施。郊区的家庭在新的地方落脚，需要新的学校，以解决子女的入学问题。这些新的开支所需要的资金总得有个来源，而美国的公共财政系统要求社区服务的大部分开销由地方的财产税和销售税来负担。当支撑增长的花费超过了市政当局从新住户那里收取的税收收入时，部分向新住户提供的费用，通过普遍的税额上涨落到了现有的住户身上，通常会造成现有住户和新来者的摩擦。一个对犹他州盐湖城的研究表明，低密度的蔓延要花费大约150亿美元，用于基础设施和公共服务——大约为每户3万美元 (Calthorpe and Fulton, 2001: p. 2)。尽管这个说法遭到了房地产产业的反对，但增长很少为自己买单。

这种不公正引发了几个方面的努力，将这些增长的花销传递给新住户，是他们产生了对额外服务的需要，表现的形式是冲击费（impact fees），即每添加一个新住户，市政当局向开发商收取的额外的费用。这些费用随即用于支付新社区服务的花销，从而减轻了原有住户的税收负担。这些冲击费的数额从几百美元到几千美元不等，而开发商（他们极度憎恶这套制度）通过涨价的方式，直接把这些费用转嫁到了消费者头上。对冲击费的批评指出，事实上，该制度使得新住宅更昂贵，如此一来，低收入或中等收入的人们就更加负担不起了。

从更宏观的角度来说，一些研究表明，这些在扩张的郊区地区为了提供社区服务而产生的新费用，完全可以通过紧凑的发展而降至最低。据一个著名的新泽西州发展模式比较研究估计，如果新泽西州采取紧凑的模式，而不是扩张的蔓延来开发它的城市化地区的话，该州可能在基础设施的开支上节省几十亿美元 (Burchell and Listokin, 1995)。除了减少公共服务的支出，另一些研究表明，紧凑的开发亦可以将实际的房价降低6到8个百分点 (Burchell, 1997)。

美国公共部门财政构成还另有古怪，使它和英国的惯例有所区别，也对大城市地带的可持续发展的政策创立和资金支持带来了很大的困难。因为公共基金很大程度上是建立在地方基础之上的，和中央管理相对立，所以在市政当局之间有相当激烈的竞争，特定的发展类型能产生更多的税收、更少的支出。举个例子，一座大型的郊外购物中心会产生新的财产税和来自于所有已售商品的销售税收入，但相对来说地方政府的花费却很少——可能是新的给水排水管网、警察和消防等。这一类的商业开发不产生任何对新学校、图书馆或其他昂贵的社区设施的需求，因此地方政府在这一类开发中获得的是净利润，比起它在服务上的开支来说，在此类项目上收获了更多的税金。这和典型的居住开发形成鲜明对比，后者通常花掉了市政当局更多的金钱，去支持所有必备的设施，而不是坐收大笔税款。

因而，城镇之间激烈竞争，为它们的社区吸引大型的零售和办公开发项目，它们通常都坐落于郊区，而财政上的考虑总是压倒一切。环境的冲击，开敞空间的流失，甚至交通拥塞等问题都不在地方政府的考虑中，因为无法给他们带来社区服务的资金。在这个充满竞争的大环境下，采取区域合作的规划——横贯几个不同地方政府之间的、可持续的交通和土地利用模式的协调设计是非常困难的（有人说根本不可能）。通常是每个政府的决策在自己有限的疆域内是合理的，但在更大的区域环境下可能是根本对立的。

第二章 城市，郊区和蔓延

大部分的美国城市，背景相同，却被分割了不同的政治权限，为了新的开发项目、增加税源基础而相互竞争。举例来说，佐治亚州的亚特兰大市，是73个不同的地方政府的集群，它包含了最初的亚特兰大市和众多环绕在周围的郊区城镇和县。亚特兰大大城市地区扩张了，但城市的边界却没有随着扩张。反而，新建成的地区被从前围绕着城市的那些乡村郊县们要求主权，使得亚特兰大市被郊区紧紧包围，所有的郊区都发展成为了有独立权利的城镇。扩大的亚特兰大大城市地区完成了扩张后，拥有4112198人口（2003年），包括了亚特兰大市、20个县和143个独立的城镇！

对英国读者来说，我们可以拿伯明翰来作一个理论上的类比，假设它是由众多的城镇组成的，每个镇都有自己的地方议会、规划部门、警察局、消防队和预算。大部分的税收是地方的，由不同的议会来拟定，例如，埃德巴斯顿（Edgbaston）和莱迪伍德（Ladywood）在家庭和办公的财产税税率不同，在商店购买商品的销售税（增值税）也不同。靠近中心的"镇"贫困居民的比例高些，因此就不易提高足够的税收，以维持较好的公共服务水平，而郊区富裕的政府常常有能力吸引新的工作岗位、购物中心和富裕的居民。英国原来那种有能力协调规划和资源的配置的统一管理的地区，就会变成一个断裂的大城市地带，贫富社区之间的鸿沟越拉越大。英国最近经历这样的一种状态是1980年代的伦敦，首相玛格丽特·撒切尔废除了大伦敦议会，让首都由一系列吵吵闹闹而又互不平衡的自治镇议会来管理。直到1990年代晚期，恢复伦敦统一地方政府的行动才在托尼·布莱尔执政下开始了，首当其冲的是为整个大城市地区选举了一名新市长。

以一种肆意挥霍的方式进行郊区的扩张，也为横贯美国的、不计其数的城市交界处带来了空气和水体污染的问题。一个城镇，从巨大的郊区购物中心流出污染的地表水，可能排入河流，成为下游社区的饮用水。但是如果上游的城镇迫切需要从购物中心得来的税收，以支付新的学校的话，他们可能无所顾忌，也不对下游的邻居做什么辩解。污染的问题在美国的技术文献上有详细的记载（Benfield et al., 1999），我们不想在这里徒劳地多费口舌，将事实与数据复述一遍。不过，几个精选的案例会帮助我们很好地理解当前看法和政策急剧转变的必要性。

美国郊区扩张的现状，需要人们仅仅为日常生活的需要，驾着车子东奔西跑去购买各种物品。一个国家，受长的旅行距离、大规模交通量和低廉的汽油费用的操控，太可能发生这种荒谬的事情了：花一加仑的汽油，去买一加仑的牛奶。还是以1970年到1990年的20年作为一个可测度的基准，出行交通里程（VMT）的增长是驾龄人口增长的四倍（Benfield et al., 1999）。对今天的很多人来讲，离开汽车生活是压根不可能的。没有其他的选择了，因为郊区空间广袤，公共的交通工具没有办法便利而经济地提供服务。一些经济状况较好的家庭"需要"三四辆汽车，才能支撑他们的郊区生活方式。

21世纪的美国人，车开得无比之多，因为他们每天所需的商品和服务都分隔在单一利用的区划中，而这些区域之间的道路本来就只是为了机动车而设计的。在这个环境里步行，步行者多半就只能走车行道，在车流中身临险境，或者，走在泥泞、肮脏、没有铺装的道边。随着公共领域因为缺乏使用而衰败，或者仅仅被一些机动性受到限制的社会成员使用，美国日益变成一片私人富有，而公共贫瘠的土地。

这些车流排出一氧化碳尾气、氮氧化物，及其他致癌的和有毒的空气污染物质，可以说所有的车行直接造成了有害健康的空气质量。许多美国城市有规律地出现"空气质量差"日，或者烟雾污染警报日，此时健康权威们告诫市民，如果有呼吸方面疾病的，不宜出行。欧洲的城市也没能从这个问题中幸免，不过有一个关键的不同之处：选择性、污染较少的交通类型通常也是可以利用的。在大部分的美国城市，汽车是惟一现实的出行方式。每一个美国郊区都有上班族吃午餐的餐馆，和他们的工作地点距离400m之内，但是在空间上不允许步行，或者步行不安全。在21世纪的美国，即便和一群同事去吃个午餐也会身陷滚滚汽车的洪流中。

任意扩散的蔓延式开发模式,显著地影响了空气质量;同样引人注目的是,它影响了美国水体的质量,溪流、江河无不受冲击。人们不太了解的是,自然环境通常是可渗透的,能让雨水和融雪水缓缓进入土壤层,自然地过滤掉大部分的污染物质。在城市和郊区,反其道而行,大片的地面都铺上了铺装,或者覆盖上了不透水的材料,因而,暴雨的降水只得迅速沿着排水沟流走,不会经过任何自然滤净的过程,在流动的时候携带着人工污染物质如汽油及其他的日用化学制品。即使当单位密度低至2.5户/hm²的时候,加起来大约也有10%的场地被建筑和混凝土的车道、小路和院子覆盖。购物中心很典型,会有75%～95%的场地面积被不可渗透的建筑物覆盖。因此,流走的污染是现时美国水质的主要生态威胁。美国有40%的河流被严重污染,导致了鱼类谱系的减少,公众健康问题和娱乐地点的丧失(Benfield et al., 1999)。

除了这些严重的环境问题之外,郊区蔓延也带来了视觉品质上的问题。许多的郊区,特别是商业区,其丑陋让人难以置信(见图2.13)。一位比较刻薄的批评家詹姆斯·霍华德·库斯勒把这个美国的困境总结为:

我们驱车在可怕的、悲惨的郊区商业林荫道上来往,被视野里那无处不在的怪诞、恐怖、丑怪到让人窒滞的东西彻底打蔫了——灼热的修理站、大方盒子商店、办公单元、光溜溜的连接体,裹着毡子的仓库、停车的垃圾场、东摇西撞的塑料住宅群、标志牌骚动不安、公路上的汽车水泄不通——一切好像操控在恶魔的手掌,存心让人类痛苦煎熬(Kunstler, 1996a: p. 43)。

把1996年库斯勒在对郊区环境上述的批评,和英国建筑批评家、漫画家奥斯伯特·兰开斯特1959年写的东西拿来比较,是很有趣的:

假设,一名精力过人、勤恳努力、聪明灵巧而知识广博的建筑师,投入数年的光阴,来研究怎么样才能造成最大的麻烦的话……他还得有整

图2.13 美国城市一般的商业蔓延景象。南干道,夏洛特,北卡罗来纳州,2003年。所有这些视觉和功能的大体块都是开发商遵循规划法规的结果,这些法规集中于单个项目的细节,却没有考虑更大的城市整体。

一队协助调查的手下,对建筑史来个地毯式的大搜索,找出史上闻名的、最没吸引力的素材和建筑设计,也就是将有可能——没准不一定能行——他也许会发展出一种风格,疯狂到投机的建筑商利用它根本不用花什么脑筋,就可以丰富我们主干道两侧的景观……注意那些(建筑)处理的技巧,它保证了乡下以最小的代价、在最大的范围内被毁灭一空(Lancaster: p.152)。

医学和心理学上的证据表明,丑陋的环境对人类没有益处。得克萨斯州和特拉华州大学的研究显示,我们对视觉混乱的反应"可能包括血压升高、肌肉紧张加剧,以及对情绪和工作效能的影响"(Benfield et al., 1997)。最近的研究也将健康问题,如肥胖和糖尿病等与设计拙劣、不能步行的环境联系在一起(Killingsworth et al., 2003; US Dept of Health and Human Services, 2001; Srikameswaram, 2003)。

伴随着郊区蔓延出现的是一连串的问题,尤其是它的丑陋、开敞空间的流失、健康问题、环境污染、为支撑新社区服务而增加税率的持续压力,组成了美国郊区灾难的最明显的症候群。但是许多社区开发中,创建了带形中心和居住地块的人们无视这些缺陷,宣称低密度遍地铺开的开

发取得了持续的市场成功，这表明了什么是人们需要的。他们反驳那些批评说，丑陋是一些傲慢的中产阶级精英的个人审美；他们藐视那些环境的缺陷，认为是某些激进的"环保分子"的夸夸其谈。在他们眼中，没有什么能比一个十年的开发周期中，资金成功回笼更成功。从他们的观点出发，市场的成功最大限度地等同于社会的成功。

很多年来，开发商的郊区开发财政方程式进行得一帆风顺，但是近年来，它们遭到了近距离的审视。人们现在深入了解了蔓延的财政影响，了解了他们对社会和纳税人的实际成本、在开发社区的分析中人们轻易忽略的一些问题。这种更灵敏的经济意识是导致可持续开发兴趣高涨的因素之一，更着眼于它的长期环境和财政影响。通常被命名为精明增长的这个研究，目标是对土地和资源更精明的利用，它促成了一系列出版物，每一本都推动了一个类似的环境保护和更紧凑、空间效率更高的开发议程（Benfield et al., 1999; Benfield et al., 2001; Booth et al., 2002; O'Neill, 2002）。专家的队伍日益壮大，公众也意识到，我们这一代仅仅是把今日社会创造的烂摊子、清洁城市和环境的成本传递给了儿孙一代。

但是就像很多英国城市那样，除了郊区蔓延，美国城市地区还遭受着其他许多难题的折磨，它们的解决方案一定是某个精明增长政策中的一部分。这两个国家都蒙受着日益严重的城市地区种族和收入隔离的问题（以及作为结果的社会不公和少数民族聚集区的问题），紧接着，美国城市仍然在和中心城市的投资减少问题，从1950年代和1960年代开始的郊区衰退问题，欠考虑的毁坏或不经心的管理造成文化建成遗产的侵蚀问题作斗争。在以上的每一个困境里，私人或公共组织都努力扭转下坡的趋势，有的时候获得了令人印象深刻的局部胜利。在美国，有几个城市现在可以看出在1990年代市中心的改良，与此同时，成千上万的新城市中心居民带来了复兴的零售开发，弥补了过去办公空间集中的问题。像建设可负担的住宅和将其融入社区的难以解决的问题，至少现在有了认真的决心去应对（见图2.14）。

图2.14 First Ward Place，夏洛特，北卡罗来纳州，1997~2001年。在美国政府HOPE VI计划的赞助下，并遵循新城市主义的设计原则，几个城市把衰败了的城市地区转变为有吸引力的混合收入邻里，就像夏洛特市的这个例子。

图2.15 林德伯格中心，亚特兰大，库珀·卡利（Cooper Carry）建筑师事务所，1998-2003年。贝尔南方通信公司整修了它的地区办公楼，作为这个巨大的混合功能开发项目的中心焦点，它紧靠在MARTA火车站周围，亚特兰大，佐治亚州。

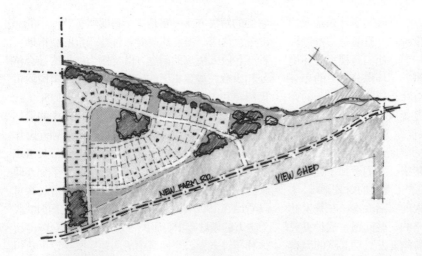

图2.16 保护地块的设计。在"绿地"用地中,新的开发项目可以把负面影响减至最低,通过一种更紧凑的集中布局形成场所感,以保护现有的舒适宜人的景观和生态(图片蒙劳伦斯事务所提供)。

新的交通基础设施,通常是轻轨或有轨电车,开始刺激一系列城市中心场所的复兴,对持续的外围扩张,它们提供了一剂解毒药(见图2.15)。一些坐落于"绿地"中的新开发项目采取了一个更紧凑、环境友好的形式,拥有城市化的核心和可步行的邻里(见图版5)。其他一些位于城市边缘的用地设计强调了现有景观的保护,将它作为一种环境资源和经济价值的发生器(见图2.16)。所有这些开发类型在精明增长的词典里都有其条目,并在精明增长在今日的美国成为集中的呼声之前数年,构架了新城市主义理论和实践的基础。总而言之,在下一章里,我们将注意力集中到新城市主义的原则、运动的演化,以及它和精明增长的交集中。

第二部分

II

理 论

第三章
传统的城市主义：
新城市主义和精明增长

提要

在本章的第一部分，我们将对新城市主义进行分析，并且追溯20世纪的最后20年里它的演进，将它和类似的城市理念——历史上的美国先例和相应的欧洲城市设计线索联系起来。这个关于传统城市主义的历史大纲要从一个不大可能的地点讲起——拉斯韦加斯，"商业带"（strip）之家，一个和传统城市截然相反的地方。文丘里等人（1972）对于美国道路两侧环境和商业带的分析见诸于他们的书籍《向拉斯韦加斯学习》，对摧毁现代城市理论是一个非常重要的事件，它为美国城市主义的思考打开了新的局面。

我们探索了"传统式邻里开发"和"交通导向式开发"两个并行的开发模式，以及它们的融合——新城市主义由此创立。特别是，我们看到交通导向式开发的环境议程，并把这种基于城市的眼光和新城市主义理论与实践的第三条主要原则联系到一起，乡村景观和生态的保存，支持一种"设计出的田园风光"。城市和乡村前景的结合，创造了美国新城市主义和精明增长运动之间牢不可破的联系，在这一点上，两者几乎是同义的。

在本章的第二部分，我们讨论了精明增长理论中包含的理念，并指出了这个基于美国环境视角的理论和新城市主义的广泛的交叠。最后，我们检验了一些现在仍和精明增长的议程纠缠不清的神话和误解，很多都是反对精明增长和新城市主义的人故意推波助澜的结果。我们再度以不赞同的观点，谈到学术界和建筑界业内反对利用传统城市形态的潮流。

新城市主义的缘起、概念和演化

我们从来就不喜欢"新城市主义"这个称呼。在规划社区的工作中，我们尽可能地避免这个说法，而是采用"传统城镇设计"或"新传统式开发"之类的字眼。但是，这一标签似乎已经相当普及了，很多人都已经把传统城市形式等同于"新传统主义"，这个趋势近乎不可逆转了。

我们不大喜欢这个说法，因为它妨碍了我们的社区设计工作。美国郊区的社会正在和郊区增长的压力作斗争，他们不愿意变"新"。新，比如说新的开发，被人们看成是增长带来的问题的根源。我们工作的许多社区，除了那些在城市之内的邻里之外，都不希望变为城市。从城市搬到郊区的市民明确地回避城市的一切，或者至少是他们感受上像城市的东西。所以，这个提法从一开始就树立了两个不必要的障碍。

在我们的实践中，现在比较倾向于把"新城市主义"和"精明增长"当作同义词来使用。实际上，因为对"新城市主义"这个标题感到不舒服，我们可以在几乎各个层面使用精明增长这个词，广泛地将其运用于传统邻里设计和"都市村庄"有关的一切中。本书作者之一拥有英国的背景和经历，这意味着，他从1970年代就开始运用如今定义为"新城市主义"的理念来进行设计了，远在这个名词形成之前；后来，"新城市主义"的前身——新传统开发于1980年代早期在美国创立。然而，最终形成了新城市主义的那些美国设计和规划运动的谱系值得重点回顾一下，因为，就对其理解来说，几个误解仍然在公众（也在设计专家们）的心目中阴魂不散。

在1990年代早期至中期，人们有意识地挑选了"新城市主义"这个名称，为的是标志在美国东海岸的开发中，传统邻里开发的融入；DPZ（2002）在东海岸搞开发的同时，彼得·卡尔索普（Peter Calthorpe），道格·卡尔波夫（Doug Kelbaugh）和丹尼尔·所罗门（Daniel Solomon）正在西海岸着手交通导向式开发的项目。两个同时进行的运动逐渐阐明了一个对后现代城市的宣言，它是雅典宪章的一个明确的对照物，那部出版于1942年的宪章明确了现代主义城市观。这个新宪章，即"新城市主义宪章"，于1996年在南卡罗来纳州的查尔斯顿第四届新城市主义大会上签署。该城市主义，基于对传统城市形态和类型学的回归，被定义为"新的"，以示和旧的、名誉扫地的现代主义城市语言的对比。而且它是"城市的"，它创造出一个连贯的城市结构，旨在消除蔓延的郊区开发模式的缺陷。

然而，1980年代这种传统城市主义的重生并不是在一片真空中发生的：在它之前必不可少的是，现代主义城市理论在1970年代渐行渐远，最终将位置让了出来。在那些年月里，美国的建筑师们不得不面对两个赤裸裸的事实，那是他们对这个国家的城市所作的贡献——现代主义设计理论在城市中心更新项目的失败——还有，把郊区打造成有吸引力的和高效率的形式这件事，在专业领域根本就未曾成功过。1972年，两个特别的事件震惊了建筑界：罗伯特·文丘里的《向拉斯韦加斯学习》出版，和丹尼斯·斯科特·布朗及斯蒂芬·艾泽努尔一起，宣告了现代主义在建筑和规划领域已终结，它的标志是Pruitt-Igoe住宅街区在同一年中被炸毁。文丘里、斯科特·布朗和艾泽努尔背后共有的一个源头是梅尔文·韦伯（Melvin Webber）在1960年代早期提出的"非场所城市领域"，他们拓展了该思想，认为对传统城市形态的考虑不再适宜，但是，更令人震惊的是，他们宣布现代主义关于建筑风格和形式的理念同样值得废弃。不再像现代主义学说那样，强调雕塑般的形式和建筑结构的真实性，文丘里和他的伙伴们提出一种建筑学，更多是基于符号和象征的传达之上的。他们向那些仍旧迷信欧洲现代主义的专家提出挑战，将美国流行文化的产物和柯布西耶派美学提高到同等地位。

从1968年的一篇杂文，《论A&P停车场的意义》发展而来，《向拉斯韦加斯学习》这本书中的信息对建筑师们是一个劝诫，即不要拒绝当代的流行文化，并且要将其拔高为一个值得认真研究的主题，就好比十年之前，波普艺术家向现代主义美学提出挑战一样。争论的潜台词其实是带状商业空间，或一般而言的公路传播，是一种更有效的建筑和文化体验，对美国人来说，比传统的欧洲广场围合式空间更站得住脚。在文丘里和他的合著者眼里，公路沿线最有用的建筑作品其实是商业招牌，而不是房子。如果建筑是一种向大众传达信息的手段，那么，大型招牌的象征意义远比现代主义的抽象美学有效得多。

为了深化这个信息，1976年，文丘里和斯科特·布朗在华盛顿组织了一个展览，题为"生活的招牌：美国城市中的符号"，该展览检阅了在美国家庭住宅、主要商业街道（在那个时候几乎已消失殆尽）和郊区商业带中流行的象征主义。建筑师及规划师们不一定要喜欢文丘里和斯科特·布朗的论题，但是有一个事实是不可否认的：30多年来，建筑理论首次将郊区再度揽入怀中。《向拉斯韦加斯学习》证实了从现有而普遍的景观中学习的过程；毫无疑问，作者认为这种理性的回归是一种值得称赞的革命行动（Venturi et al., 1972）。

在大约30年的时间里，对美国商业带中象征图像的研究不断地为建筑院校里深奥的学术研究提供素材，但对物质环境的改进却无所作为。把一些原来是丑陋和无效率的东西，重新归类成具有丰富视觉效果和意味深远的东西，并不能改变这个事实：郊区是以一种有害城市、有害市民、有害环境的方式发展起来的。然而，文丘里颠覆性的文字以一种决定性的方式，打破了现代主义的智力屏障，而且开创了别的设计方法的可能性。

如果研究现有的景观是正确的，那么，可不可能关注一下过去的美国景观、那些传统的城镇？是不是也能得到一些经验？

美国建筑师们对路边商业带茁壮生长的风光，还有它的招牌和象征意义着了魔，这也产生了另一个积极的城市成果。这种对符号学的强调攫获了专业人员的想像力，使他们热心于和公众的情感重新建立联系，并在最初的几年导致了后现代建筑学肤浅的立面化表达。建筑师们把古典的或者是流行的符号厚厚地涂在他们建筑的立面上——它没有什么持久的影响——但是这种设计至少是在一个至关重要的根基上站立起来的。这种更新的设计重点，将建筑立面脱离于建筑平面而独立存在，意味着人们再一次可以将建筑外墙视为城市元素，以响应外部公共领域的环境。

为了理解这种似乎是朴素的改变立面蕴含的革命意义，我们必须记得，现代主义建筑从无立面可言。这句话，在1950年代到1960年代的设计教室里是被禁止的，因为它暗示了颓废、代表着老古董。相反，建筑的外墙是作为立面图来设计的，它是将平面在三维的方向升起来，希望门窗和其他墙面元素的布置，能够精确地反映平面的功能需求。只要这个看法被认为是合理的，这种把建筑外观看成是其内部功能绝对的表达，就意味着外部的因素，比如邻近的建筑和城市文脉这些东西，对建筑美学的影响微乎其微。如果把这个看法扩大，就像我们在第一章提到的那样，1950年代和1960年代的建筑师们不再认为对文脉的研究有什么价值，现存的建筑也总被他们看成是不合逻辑的，就像图3.1表示的那样。

建筑师们渐渐地从历史的经验中重新学习，外墙不仅仅是围合，只表达了建筑的内部功能，而是可以独立地塑造和调整外部空间。这个转变让建筑师们可以走得更远，了解建筑的传统作用是作为公共空间的定义者，而不是简单的一个空间中的物体。到这里还只是一小步，设计新的能够明确回应文脉的建筑——一个包含了毗邻建筑的体系，城市的公共空间和人类行为的模式都在这个空间里。

十年之中，建筑学中的现代主义思想衰落了，在美国，对文脉的兴趣应运而生，它和一种对传统的本土建筑及对美国城镇城市主义不断发展的兴趣联系在一起。这个联系的早期表达是滨海度假社区，在佛罗里达走廊，由DPZ在1981-1982年设计（见图1.11）。滨海区以传统的本国建筑类型和传统街道模式为特征，进行了现代编

图3.1 办公建筑，泰恩河上的纽卡斯尔，赖德与耶茨（Ryder and Yates）建筑师事务所，1970年。从1970年代起的许多建筑都有非常复杂的结构。例如左图的这座办公建筑，它被设计成一个巨梁结构，地板悬空，由不锈钢十字嵌条中的悬索拉起，创造出一个巨大的开放的地面空间。除了这些精巧的结构之外，建筑往往表现出和它们的文脉、城市的尺度毫无关联。另一些现代主义晚期的建筑就远远不那么精巧了，右图的这个例子只能称得上可怕。这座新板楼没有任何弥合的特征。对旁边这幢维多利亚式的建筑所表现出的那种美学张力来说，它就像一个遗嘱，即使前者是那样地坚持，反对这个庞然大物侵入到城市的肌理中。这种设计的暴行在纽卡斯尔市来得特别尖锐，这个城市，拥有美妙绝伦的维多利亚早期城市结构和建筑遗产。

码,它的公共空间积极地回忆了从19世纪到20世纪早期,传统美国城镇和郊区的景象。在它奇异的美学之下,该设计通过它对良好界定的公共空间的强调,以及首先基于建筑和空间的视觉特征,而不是功能的外观,对当代的郊区规划提出了激进的批评。滨海区的平面带有许多传统城市形态的特征,设计为一系列的格网上覆盖着正对镇中心的斜轴线,纪念碑式的建筑布置在关键的地点。街道被设计成一个狭窄的步行"房间",汽车在旁边缓缓地行进,而通常在一个公共建筑或一个公共空间前止步。汽车是通过窄巷,从住宅后部进入车库的。

滨海区的影响是戏剧性的,几十年来的第一次,郊区是作为一个一元化的场所来开发的,就像一个微缩版传统邻里或传统城市。但是,考虑到1980年代早期的背景,这两名建筑师所作的适度的开发远远突破了常规,要再花掉十年的时间,到1990年代的中期,美国规划师们才试探性地拥抱了"新传统开发"。几乎又用了十年的时间,开发团体才通过他们的"智囊团"——城市土地协会(ULI),采纳了同样的建筑和规划原则。这一回,新传统开发变形成了新城市主义,而ULI开始创立以此为标题的工作室和大会,这已经发生在1990年代末了。到了2003年成书的时候,城市土地协会已经出版了几部书籍,说明他们的成员应如何在新城市主义的原则下创建传统城镇(ULI, 1998; Eppli and Tu, 1999; O'Neill, 1999; Booth et al., 2002; Bohl, 2002)。

在1990年代中期,从传统邻里开发和交通导向式开发向新城市主义有意识的转变过程,把美国两个最激进的先锋派城市主义拉到了一起。传统邻里开发在美国城市主义的历史中有其根源,如"前汽车时代"以有轨电车和通勤铁路为特征的郊区邻里,在19世纪晚期及20世纪早期的几十年中,建立于很多城市的外围。美国同时代的小城镇也提供了相似的有用的先例,尽管它们的数量在渐渐减少。DPZ事务所通过人性化尺度和活泼的混合利用,实现了这种场所的规划理念和物质环境特征,非常适应于后现代的美国,就好像它们在60或者100年前最原始的开发一样。举作者的邻里设计实践来说,该案例位于夏洛特的Dilworth,它的步行友好的街道网络、餐馆、办公室、商店,生机勃勃,充满了吸引力和适应性,今天的样子就好像它百余年前,刚开始变成夏洛特的第一个有轨电车郊区时一样。在1903年,人们对汽车的拥有量还很少。现在我们的邻里中,一户人家至少有两辆、通常是三辆车。对一个由街道、空间和建筑组成的系统来说,要想在重大的科技变化的时候仍然保持良好的功能,很重要的在于它坚定适用而又灵活可变的设计原则。历史给我们呈上了一个模型,暗示道,我们这样的邻里过去有多合理,未来就有多正确。因而,传统邻里开发的激进主义成为主流的一个保守的社会思潮,这和交通导向式开发的兼容但环境上更进步的精神形成了比照。

这种激进的保守主义部分来源于欧洲城市规划专家莱昂·克里尔(Leon Krier)的重大影响。DPZ承认受到了克里尔的影响,而且在规划滨海区的时候,他的新理性主义观点就溯源到欧洲的城市。克里尔在这个里程碑式的社区设计过程中担当了顾问,而且是新城市主义理论的一个重要的著述人。杜安尼记述了曾经聆听克里尔关于传统城市主义的一场演讲的事情,此时DPZ还在Asquitectonica工作,那是迈阿密的一个建筑事务所,因为它光闪闪的高层建筑而闻名。结果,这对夫妇的组合经历了他们工作中一个意义深远的方向变化(http:// applied.math.utsa.edu/ krier/)。

在1970年代的欧洲,克里尔是提倡重建欧洲城市运动的一个领袖,他的主要论点包括:历史中心的保存;历史城市类型和城市模式的运用,例如街道、广场和邻里(或是quartier,在克里尔的词典里)作为新城市开发的基础;把单一居住功能的"卧室郊区"重建成有关联的混合利用邻里。当特定的欧洲城市模式和类型飘洋过海,在之后的十年里发生转化的时候,这些潜在的理论原则在1980年代变成了传统邻里开发的基础概念,而在1990年代发展为新城市主义理论。

DPZ对社会规划师克拉伦斯·佩里(Clarence Perry)美国的邻里概念重新燃起了兴趣,再整合克里尔对欧洲城市街区的关注,首次在1920年代初公布,此后在1929年充分发展为第一次纽约地区规划的一部分。佩里和刘易斯·芒福德、克拉伦斯·斯坦和亨利·赖特——雷德伯恩(Radburn)的建筑师和规划师等人,在美国地区规划协会中非常活跃。佩里受到的社会学家的训练使他懂得了有凝聚力的邻里的重要性,它是一个城市的政治、文化、甚至道德的单元。此外,佩里居住在纽约铁路连接的郊区 Forest Hills Gardens(见第一章),这段经历加深了他的邻里单元是城市规划的一个基本单元的观点。在他1929年为纽约地区规划所作的专论中,佩里以第一手的经验写下了高质量的城市设计在培育良好的邻里精神和特征方面的价值,而且画了一个典型邻里布局的规划图示(Perry, 1929: pp. 90–93; in Hall, 2002: p. 132)。这个图示描绘了一个假设的地区,周围为主干道围绕,内有社区设施,包括一所学校和一座公园,坐落于中心(见图3.2)。

佩里的理念中心原则就是所有居民能够步行到达每天所需的最基本的设施,例如商店、学校和运动场。邻里尺度是由5分钟步行的距离决定的,从中心到边缘,大约400m,能容纳约5000居民,这个尺度足够大,能支持地方的商店;但又足够小,能产生一种共同体的感觉(Broadbent

p. 126)。街道由混合的模式组成,有放射状的林荫大道,其中间杂着不规则的直角和弯曲的格网,小型的公园和运动场自由地散布其中。商店布置在边缘,主要道路的交界处,保证了大多数居民不超过5分钟的步行距离。

DPZ事务所发展了同样的理念,并把它调适到美国城市20世纪晚期的状态。在他们的《新城市主义词典》(DPZ, 2002)中,列举了一个规模相似的城市地区,由公路围合,规模为5分钟、400m步行路程。在这个当代的版本里,更多的商业开发坐落在边界公路的边缘,一条由混合功能的建筑组成的街道,从用地一隅通向中心共享的公园,公园里有社区的机构和一些本地小店。学校被挪到了边缘,因为需要更大的空间来布置活动场地和停车场,这些教育设施现在是由相邻的邻里共同使用。DPZ的街道格网比佩里的更紧密,组织性更强,但在最初的理念上还是近似的(见图3.3)。

DPZ明白图示的力量有多大,在当代的美国城市设计和城镇规划中,可以在调控开发和提升良好的城市设计方面做出重大的贡献。这种主张的基础是这对夫妇对图解规则革命性的创新,将之作为一种控制开发的手段,使得开发由良好的城市设计在三维上进行控制,而不是传统的二维

邻里单元1927年

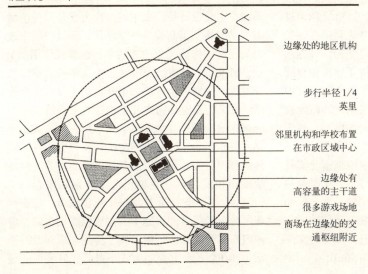

图3.2 克拉伦斯·佩里的邻里单元,1927年。环形说明了一个距中心5分钟(大约是400m)步行路程的范围[图表(2002版)蒙DPZ事务所提供]。

传统邻里社区开发1997年

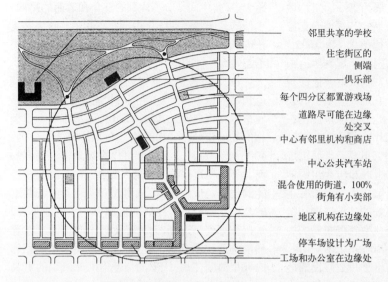

图3.3 传统式社区,1997年,由DPZ事务所设计。和图3.2一样,环形代表了自中心5分钟的步行范围(图示蒙DPZ事务所提供)。

图表,以法律的语言记述土地和密度的控制要求。这些基于设计的规则在这部书中起到了中心的作用:在我们的好几个案例研究中都进行了解释,五到十章将进行详细讨论,所以在这里我们仅是强调一下它们的重要性。滨海区和后面的项目中,DPZ事务所确定了一个惯例,将所有建筑形态、城市空间类型(街道、广场、公园等等)显著的特征编译成一个简单明了的图表,为社区建设打造了一个物质的词汇表。然后在这些三维的模版中,插入和建筑使用有关的条件。这恰恰和常规规划实践相反,以前对建筑或土地的利用在物质空间设计中是极为重要的,常常提交为详细的法律语言,这种尝试,不恰当地安排了建筑和空间的细节。从1980年代早期DPZ事务所的突破中有所领悟,作者1995年在北卡罗来纳州的戴维森镇的实践中,开发了自己的第一份图解的、基于设计的规则(Keane and Walters, 1995)(见图3.4)。这个例子说明了1990年代中期纵横北美社区的一些建筑师和规划师们的工作,大家努力地寻找转化DPZ事务所用于私人控制的开发——如滨海区规则的方法,将之变为在城市区划的所有公共领域里,能够对所有的环境进行操作的文件(City of Toronto, 1995; Hammond and Walters, 1996)。

规则的编纂还有一个决定性的问题,因为在许多控制美国城镇开发的常规的美国区划条例中,这种基于传统的城市主义还是不合法的(Langdon, 2003a)。这些过时的法令颁布于二战后的几十年里,它们提供了一个详细规章的框架,以贯彻城市的现代主义和郊区化的观点,它是由遍布于景观环境中的低密度、单一利用的开发来分类的。就像我们在第五章要详细介绍的那样,新城市主义设计师们采用的解决方案是用传统城市主义的模型重新编写开发法规,而且说服市政当局将这些作为区划法规的平行法规或代用品。

如果说,对传统美国城市主义重新的赏识和开发规则的突破是传统邻里开发的主要闪光点的话,那么,交通导向式开发相应的重点就在它的标题中被言明了:它重写了城市形态和公共交通之间的重要关系。交通导向式开发包含了许多和传统邻里开发相似或对其褒扬的观点,关注到传统城市模式,但是它也包含了特别的概念——"步行口袋"。这主要是指一个小镇或者"都市村庄"是应步行者们头脑中的需要组织而成的,像前汽车时代的郊区一样形成了传统邻里开发的基础,却在新的公共交通方式下进行了开发——通常是轻轨——使一个"口袋"里的居民能够方便地到达另外一个"口袋",也能够方便地到达主要城市(Kelbaugh, 1989)。再一次,5分钟步行的概念定义了开发的尺度,5分钟确定了一个美国人平均步行到达交通节点的最大距离(见图3.5)。如果以更远的视角来看,交通导向式开发和埃比尼泽·霍华德的田园城市理念有着异曲同工之妙,在田园城市里,一系列独立的社区坐落在中心城市的周围,由铁路联结在一起。

在美国,还没有什么地方贯彻了全面交通的方案,尽管俄勒冈州的波特兰可能最接近了,但是在全美城市兴起的对轻轨中转高涨的兴趣,是一个对步行口袋／交通导向式开发理念最初力量的证明。圣迭戈是第一个接受卡尔索普的交通导向式开发原则,在1992年作为官方条例的城市(Calthorpe Associates, 1992)。还有许多城市也接受了类似的法规,由其他一些精通交通导向式开发技术的顾问来起草。交通导向式开发于是设法推广在传统邻里开发中奠定的类似的规划和城市设计观念,将之扩大到区域范围,把现状的场所和新的沿固定交通走廊的社区联系在一起,主要运用的是轻轨或通勤铁路技术。每一个中转车站都促进了一个邻里规划为混合的、更高密度的、5或10分钟(400~800m)步行半径的地区,组织在友好的步行街道、广场和公园周围。

传统邻里开发和交通导向式开发的信徒在1980年代为数不多。佛罗里达的滨海区(1982),和华盛顿附近由DPZ设计的肯特兰(Kentlands),提供了领先的建成实例。1990年,彼得·卡尔索普在加利福尼亚的萨克拉门托附近的"西湖"(Laguna West)项目紧随其后。这些开发的类型在1990年代变得普及起来,很大程度上是因为全美国都被DPZ、卡尔索普等人的想法感染,信念发生了转变(Duany and Plater-Zyberk, 1991; Calthorpe, 1993),还因为国家人口构成变化了,家庭更小、更多样化,因而更紧凑、可步行、混合利用的邻里就成了有吸引力的居住场所。这两种运动的结合形成了1993年的新城市主义(CNU)大会,从那一年起,该会议每年召开一次。该运动的基本原则在1996年批准的《新城市主义宪章》中作了定义,它建立了后现代城市主义的导则及范式。

该宪章(收录在附录1中)由四个部分组成:1.无标题的序言,概要综述;2.区域——大都市、城市和城镇;3.邻里、分区和走廊;4.街区、街道和建筑(新城市主义大会,1998,2000)。这份文件首次强调了连续一致、区域范围的城市设计和规划,提倡对现有区域的城市更新,推进新开发地区的城市化。这个主题的城市主义关注任何大城市地带之间的环境的可持续关系,关注腹地的耕地和自然景观,并在其中取得平衡。其后的部分清楚地说明了该运动关注各种规模的美国城市改造,利用了很多以前的相关理念,如莱昂·克里尔和他的一些新理性主义者朋友在他们重建欧洲城市时提出的宣言,并根据美国实践将其作了调整。

这个宪章是一份针对美国城镇的物质和社会变化的宣言。新城市主义的目标是改变人们理解和建设自己生活和工作场所的方式,以代替现代主义的那些原则:分隔的单一利用区划、建筑在空旷的空间中彼此隔离、环境由汽车操控。相反,主要的组织原则包括:紧凑的建设,良好界定的邻里,混合利用的包容性和住宅类型的协调性;贯通的道路网上,有步行道和行道树,使整个邻里便捷而安全,适于使用任何的交通方式;步行超越汽车占据首要的地位;公园和公共空间在每个邻里都占据一席之地;重大的市民建筑安置在重要的地点,以创造一种强烈的、纪念性的视觉结构。简而言之,它认可了传统城市主义的形态和类型,由美国学术界的一些先锋人物在15年以前就有预言(详见第一章)。

对崭新的新城市主义理论的应用,最重要的是在新项目的规划设计中填充"灰地"①,通常是在失败的购物中心或者其他过时了的商业开发中(CNU, 2002)。卡尔索普的成功改造项目就

---

① 灰地:grayfield,指被污染或开发后废弃了的用地。——译者注

地块类型/公寓建筑	
建筑布局/停车/机动车入口	侵入/步行入口

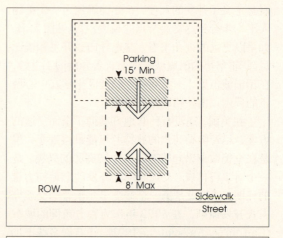

1. 建筑应布置在以阴影表示的区域中。
2. 在大部分情况下,建筑应后退街道线4.6m一线排列。特殊的地块条件如地形、地块宽度的模式、或现有建筑后退的情况下,建筑允许更大的后退。在城市环境中,公寓应后退到人行道的用地边界,包括转角的条件。
3. 建筑立面通常应和用地界线平行。所有的建筑应面向公共街道。所有有入口的一层住宅单元应面向公共街道,除非按照8.1节的一条规定,特例可以免除。
4. 停车位应布置在建筑后部。
5. 允许的出入口位置见箭头所示。
6. 树篱、花园墙或栅栏应建在用地界线上,或者成为建筑墙体的延续。在任一毗邻停车区的街道上都应设置花园墙、栅栏或树篱(最小0.9m高)。
7. 垃圾箱应设置在停车场的后部(见停车规则)。
8. 一层的机械设施应设置在停车场沿建筑一侧,而远离毗邻地块的建筑。

1. 对于从人行道上后退的建筑来说,阳台、门廊、台阶、开放的前廊、凸窗,以及雨篷允许侵入后退区域最多8英尺。
2. 附属的露台可以允许向后收进最多4.6m。
3. 对于布置在人行道边的建筑来说,上层的阳台、凸窗和它们在一层的支撑物最多可以侵入人行道上空5英尺。
4. 建筑和独立单元的主要人行入口是从街道进入(如大箭头所示),除非按照8.1节的一条规定,特例可以免除。次要入口应从停车场进入(如小箭头所示)。

说明:
公寓建筑是一种住宅建筑,容纳了若干住户。在传统城镇中,这种建筑类型和其他各种各样的建筑类型共存。一个成功的当代设计通过协调用地和建筑设计,允许它与其他的居住类型结合(见建筑规则)。公寓综合体是在公共街道上一幢或多幢独立的、规模相仿的建筑组合为一个大型的独立住宅楼。

特殊条件:
1. 所有建筑的要点是都必须让主要立面朝向人行道及街道的公共空间。
2. 转角:街道转角处的后退一般和正面的条件一致。不过,次要街道上的后退也许会比正面的距离小。
3. 在限制说明中,正面和侧面的后退随着场地的条件有所不同。后退运用的方式应鼓励步行活动。有建筑后退区域的空地或空间界定了的广场,可以扮演步行者注意力焦点的角色。

建筑类型/公寓建筑	
允许高度和用途	建筑标准

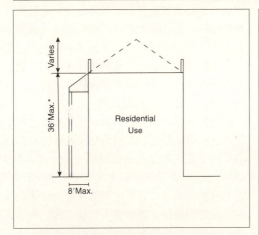

建筑标准

原则

A. 为了使城镇和周边环境的独特建筑风格能够永久保存，为了重建它的地方可识别性，开发中应普遍使用和历史建筑语汇协调的建筑类型，无论是在它们的主体上、还是在外部元素上。

B. 建筑正立面面对街道，且整个体量表现出对人性化尺度和步行环境的强调。

C. 每一幢建筑都应设计为它所在的地段整体的一个构成部分。毗邻的建筑应该有相似的尺度、高度和外型。

D. 建筑的轮廓应协调一致。在一组建筑中，屋顶线的大小和坡度应该相仿。

E. 门廊应成为住宅设计中的一个突出的主题，并应设置在住宅的正面或侧面。如果设置在正面，门廊至少应该伸出正立面的15%。所有的门廊应和它们的主体建筑材料一致。

F. 位于正面的车库，如果允许，要符合8.16节的标准。

G. 最低限度，美国《残疾行动标准》（Disabilities Acts standards）中的通行标准应该遵守。

构造

A. 住宅建筑的主要屋顶应就山墙或屋脊对称，坡度在4∶12到12∶12之间。单坡（shed）屋顶只在附属于主体建筑墙壁时才允许出现。单坡的坡度不得小于4∶12。所有的附属建筑应和它们的主体建筑屋顶坡度协调。

B. 阳台通常应该只由柱和梁支撑。悬臂阳台应有可见的支架辅助支撑。

C. 两种墙面材料在同一个立面上水平拼接。"沉重的"材料应该在下面。

D. 外部烟囱的端部应由砖砌或灰泥抹光。

技术

A. 挑出的屋檐应该暴露椽子。

B. 平齐的屋檐应由起伏的线角或沟槽收束。

允许高度和用途

1. 建筑高度应度量最高的层面相对于街道平面的垂直距离，高处到屋檐或最高层的屋顶平面。
2. 女儿墙的高度应随着遮蔽机械设备的需要而不同。
3. 建筑物脊的高度取决于屋面坡度的不同。
4. 允许的利用在上图已表示。

图3.4 摘自《北卡罗来纳州戴维森市管理法规》，沃尔特斯和基恩（Walters and Keane），1995年。这两页规则在城市形态和建筑尺度及体量方面，建立了一个对公寓楼的三维控制。这里和规则的其他部分强调的是，确保建筑对适当定义的公共空间作出有效的贡献——社区的街道、广场和公园（图表蒙北卡罗来纳州戴维森市提供）。

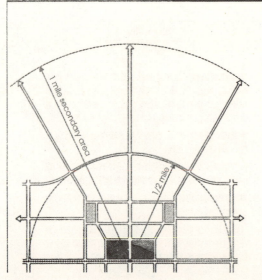

图 3.5 交通导向式开发图示。最初是由彼得·卡尔索普在 1980 年代末设计了"步行口袋",后来,交通导向式开发的理念在美国风靡起来。这个图示,和图 3.2 及图 3.3 一起,都是从 DPZ 事务所的新城市主义词典中摘录出来的(图示蒙 Duany Plater–Zyberk 设计公司提供)。

证实了这个趋势,他将位于加利福尼亚芒廷维尤(Mountain View)(1996–2001)的一个占地 7.3hm² 的破败商业中心,改造成一个混合利用的邻里,所有的居民距火车站都在步行 5 分钟的范围之内。这幅交通导向式开发的和谐画面中,节约能源、较少依靠汽车的生活方式是卡尔索普和他西海岸的同事们长久以来孜孜以求的、解决环境和生态问题的东西,自从 1970 年代起,他们就致力于建筑和更新的能源问题。这种致力于一个更可持续的城市环境的议程,成为众多自认为是新城市主义者的建筑师和规划师们心目中的中心问题,在 1990 年代它和一个由规划师兰德尔·阿伦德特(Randall Arendt)设计的乡村案例相结合,并配合实例,写进了一本流行的书籍中,《设计出来的田园生活:保持小城镇的特征》(Rural by Design: Maintaining Small Town Character)(Arendt, 1994)。

阿伦德特对新城市主义和精明增长的主要贡献是,当周边的田野不断被郊区扩张所侵袭,保护乡村的特征不丧失。他的设计方法,首先是对要开发的地产确定重要的乡村特征和景观构成,保护这些地段不进行建设活动,然后,将新开发的项目小心翼翼的塞进自然环境中。通过集群开发的办法,更多的土地可以在旁边作为永久保护的公共空间而存留下来,在许多实例中,这股保护景观的风潮给新住宅更增添了可观的价值。美国人已经证明,他们会花更多的钱,居住在保护的绿色空间近旁(见图 2.16)。

这些开敞空间以社区的尺度精心地进行了规划,它们彼此相连,共同为社区的环境利益创造出了一个长久的绿色基础设施(Arendt, 1994, 1996)。这种备受推崇的方案有一个不利的方面,因为附加在房地产开发上面的额外的经济价值提高了住宅的造价,使很多人负担不起。为了克服这个缺陷,北卡罗来纳州的戴维森镇颁布了一个区划条例,一方面要求在新的"绿地"开发中保留 50% 的公共空间,另一方面规定,新住宅的房价浮动不超过 12.5% 是属于可负担的,也就是说,全美中等收入人群中的 80% 能够接受(Davidson, 2000)。总的来说,这些城市与乡村可持续的观点,为新城市主义是否能和精明增长运动联合带来了排山倒海的争议,归根结底,是为了争论新城市主义和精明增长是否同义。

里昂·克里尔是影响新城市主义议程的一个主要人物,但并不是说他是惟一有影响力的欧洲学者。几位建筑师和城市学家们的工作在英美国家城市的开发史上扮演了重要的作用,他们对新城市主义理论和实践也卓有建树。我们再来回顾一下那几位在前文中反复提到的人物。我们写到过埃比尼泽·霍华德,他的田园城市改良运动,强调他完善规划、设备齐全的新镇,有交通体系,周围是广袤而富饶的乡村,它也是新城市主义中,交通导向式开发方向的一个重要先例。雷蒙德·昂温和他的姐夫巴里·帕克也是至关重要的人物。我们在第二章写过,昂温和帕克是如何把霍华德的田园城市理想在英国变为现实的,即伦敦北部的新城莱奇沃思(1904)和汉普斯特德花园郊区(1907)。昂温的书,《城镇规划实践》(Town Planning in Practice)(1909)将他的规划和城市设计思想传遍了20世纪早期的美国和欧洲，这部书最近在美国再版了（1994），让后现代主义城市设计师们重新领略了它的实用性。

我们也谈过，昂温本人是怎么样被奥地利的教师兼设计师卡米罗·西特的著作渐渐影响的——那本《艺术原则下的城市规划建设》（1889）创造了一套公共空间中的艺术原则。沃纳·赫格曼和埃尔伯特·皮茨（Werner Hegemann and Elbert Peets, 1922）总结了西特的发现，在1920年代出版了一本给美国专业人士的书《美国的维特鲁威》，这本书于1990年再版了，将西特的作品带给了全新一代的美国城市设计师。赫格曼和皮茨也提供了欧洲花园城市的案例，就像巴黎美术学院的传统理念一样，给美国人运用。此外，他们加入了美国自己的传统——城市美化运动的图解，他们这本再度流行的小册子成为了1990年代新城市主义设计的基本文献。

在欧洲，城市设计中有一场相似的运动，早在新城市主义之前几十年就有了先例，但是美国新城市主义运动起步的时候却没有引起人们的注意。这很大程度上可以解释为，尽管他们也关注街道和步行，这场类似的运动却依靠独特而经验主义的灵感来进行，和克里尔提倡的理性主义方法刚好相反。我们将在第四章进一步研究这种二元性，但是在这里简要地解释一下这种独特的方法，它是从人类的感官体验（主要是视觉）出发去理解城市，这种对个人体验的依赖是经验主义哲学的独特之处。与之相对照的是，克里尔的方法使用了类型学，或者既存的城市形态和空间模式，作为城市主义中推导出建筑街区的基础。这种演绎和推理，在设计中对本质的、不变的城市一致性比对视觉体验的反复无常更为看重，在西方哲学思想里根植于理性主义的脉络。

在英国，我们先前提到的戈登·库伦的作品为风光如画的设计方法提供了一个重要的例子，我们也解释了他的书《城镇景观》是如何成为一部独创性作品，它讨论了基于传统元素如街道、广场的步行尺度的环境。自1970年代以后，这种城市设计方法触发了英国的新传统开发，它被冠以"新本土设计"的耀眼标题，或者对批评者来说，是"冒牌本土"。这个趋势因为一部官方的出版物——埃塞克斯郡（Essex）《居住区设计导则》（1973）而变为成规，这是一部视觉法规，它建立了一套良好的（即传统的）城市设计原则供新的开发去遵循。导则中控诉，在埃塞克斯郡生活的人们，无人喜爱战后那些"沉闷的郊区均一性"住宅。新建筑缺乏任何可定义的特征，让它们贴合于特定的区域，导则也旨在刺激一种"更多样化和富想像力的设计方法"（County Council of Essex, 5）。利用导则来推动改革看似一个反直觉的进程，但是埃塞克斯这部导则和其他的地方法规一起，推动了更紧凑、对步行者更友好的布局，这是在开发者的标准郊区设计里不可能做到的。这些新的布局原则需要设计达到一个更高的标准，但与此同时，它们以传统形态为基础，让专业人士易于理解，普通市民更加喜爱（见图3.6）。

在西班牙，这种新传统的倾向在1929年风格独特的"Pueblo Espanol"，或称"西班牙村"，就有所萌动了，这是当年巴塞罗那国际博览会的一个部分。距离著名的现代主义建筑师密斯·凡·德·罗的偶像建筑只有几百码之遥，这座巴塞罗那馆，雷文托斯（Reventos），福格拉（Folguera），诺格斯（Nogues）和乌特里略（Utrillo）组成的建筑师小组创造了一个光芒四射的传统西班牙城镇景观的外观。迷宫一般的街道连接着三个广场，城市的布局忠实地再现了西班牙本土建筑的典范，它们布置的方法产生了千变万化的美丽城市图景。从建成的那一天起，它就成了最流行的旅游目的地，在当时的先锋派建筑和城市学说中，它也显然胜人一筹，但是这个名作在几十年的时间里还不为众多的建筑师和规划师们所欣赏，甚至不为他们所知（见图3.7）。

城市规划中一种类似风光如画的方法也明显在法国出现，实例是雅克·里布（Jacques Riboud）的"省域城市主义"，建于巴黎的郊外 La Verriere-Maurepas in St. Quentin-en-Yvelines（1966）。7年之后，在法国南部，弗朗索瓦丝·斯珀里（Francoise Spoerry）把这种传统的和风景的城市形态发扬光大，用在了Port Grimaud的度假村开发上（1973），然后又用在了

设计先行——基于设计的社区规划

4.151 d Mews院落草图 (see Fig.4.151c)

KEY
P　　停车场
G　　车库
▲　　前门
→　　主视角
──　2m 墙
　　　院落中公路区域尽可能少

■　私有区
▨　公共区
▦　公共区中包含的公路

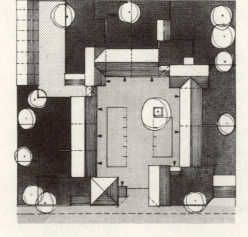

图3.6　1937年原版的埃塞克斯"居住区设计导则"中的一页。这些图画诠释了如何利用现代建筑去创造连贯的、围合的公共空间的原则（插图蒙埃塞克斯郡议会提供）。

Gassin附近的山地城镇的开发上面。

最近，就在1980年代末和1990年代，和新城市主义一前一后，对"都市村庄"新兴趣兴起了。英国，在查尔斯王子殿下及其规划顾问——我们提到过的里昂·克里尔的推动下，这个运动致力于在城市扩张和在开发的时候，创造出可持续的、混合利用的新街区。它的目的是让人们享有高质量、可负担的城市生活，同时保护乡村的经济和环境资源。这场创新的运动有个实实在在的结果，就是位于多切斯特（Dorchester）郊外的庞德贝里新村（Poundbury），由里昂·克里尔在1988年设计，第一期竣工于1997年（见图3.8）。由于它的特殊性和皇室的赞助，庞德贝里受到了限制，没能像滨海区那样成为随处可见的城市景观，滨海区出乎预料的成功成了美国无数地块效颦的对象。无论怎样，庞德贝里因为克里尔

图3.7 西班牙村，巴塞罗那，Reverntos, Folguera, Nogues and Utrillo, 1927年。方案忠实地再现了传统的西班牙建筑，用他们再创造出了私密的城市尺度和场所的感觉。这个为1927年世界博览会而作的项目，直到今天都还是游客青睐的景点。

图3.9 Kirchsteigfeld，波茨坦，德国，罗布·克里尔，1992~2003年。罗布·克里尔，里昂的兄弟，运用了相似的传统城市形态，如街道和广场，但是这个新德国郊区实践了简洁、干净的当代美学。类似的美国城市设计成功案例往往极力强调笨拙、拼贴式新古典主义。

图3.8 庞德贝里，多塞特(Dorset)，里昂·克里尔，1988~1997年。尽管由里昂·克里尔精心设计，庞德贝里明显的传统和新古典风格的建筑也遭到了一些批评，使它区别于新城市主义，成为一个怀旧的试验品。

运用了风光如画的构成而闻名，偏离了他先前强烈的理性主义根基。在都市乡村开发中更重要的是，英国全国上下都接受了这种密度较高的开发类型，认为它是城市中心重建的一个最好途径，曼彻斯特、伯明翰、利物浦和布里斯托尔的新项目都证明了这一点(Baker, 2003)。

自1970年代中起，在欧洲大陆上，里昂·克里尔的兄弟罗布·克里尔一步一个脚印地完成了一系列合作的项目，他的作品里，运用了和新城市主义无甚差别的空间语汇，它们很大程度上是基于欧洲城市的传统形态的一个延续和重建。这些作品里有一个很好的实例，是由克里尔-科尔建筑事务所为Kirchsteigfeld新城区设计的总体规划，场地位于德国的波茨坦，设计形态尝试了街道、广场、封闭的街区，方案形成于1992年到1997年，局部完工于2003年 (Krier, R., 2003: pp. 84-99)。这些欧洲的开发项目和美国类似的项目最大的不同在于，这些由多达30余个不同的建筑公司完成的建筑中，压根没有传统建筑。摈弃了檐口的线角和古典的柱式，Kirchsteigfeld采用了干净利落的当代美学来和传统的城市形态搭配(见图3.9)。

这种欧洲的新理性主义的城市设计方法出现在克里尔兄弟、阿尔多·罗西和其他人的作品中，而新古典主义的风景城镇规划在英国颇为流行，这两者强调了建筑中艺术的承传关系，强调了良好定义的公共空间是至关重要的。人性化尺度的城市方案也创造了它的美国版本，是保罗·古德曼、凯文·林奇、简·雅各布斯在1960年代早期的作品。林奇开创性的作品《城市意象》(1960)介绍了一个强烈的观点，就是通过编码和操纵单一的城市元素，如区域、路径、边缘、节点和地标,让城市对使用者来说具有"可读性"。雅各布斯,在她对现代主义城市规划有力的控诉——《美国大城市的生与死》(1962)中,特别提醒建筑师们,街道在城市生活中具有重要的作用,尽管在至少十年的时间里,这些话都好比对牛弹琴。同样的观点在1973年的英国重复了一遍,尼古拉斯·泰勒(Nicholas Taylor)在他的书《城市中的村庄中》(The Village in the City),讨论了公共和私密空间、前院和后院、门廊和街道等传统模式的回归,作为社会生活必不可少的支撑(Taylor, 1973)。

新城市主义和精明增长

我们先前讨论过的新城市主义的三条线索,传统邻里开发、交通导向式开发和保护田园风光的设计,交织出了一套更可持续的发展模式,实际上已经和精明增长同义了。规划师、地方政府官员、市民和越来越多的开发商对新城市主义的设计表现出了极大的兴趣,尤其是那些曾经遭受不断激化冲突的地区。很多人了解到新城市主义是一种方法,能够使社区增长为一种和现有的邻里尺度协调一致的物质形态,它不鼓励过量的汽车交通,降低服务的花费,使用较少的土地和自然资源。这些特征使人们对精明增长好评如潮,尽管美国的"精明增长网络"、"国家资源防护委员会"、"Sierra俱乐部"和"城市土地协会"等等不可尽数的组织机构,给精明增长下了许多定义,大家对这一套基本的原则还是有着广泛的认同。

精明增长的含义是以环境上可靠的、经济上可行的、精心设计的方法进行开发。你也一定同意,这个期望合情合理。但就像我们看到的那样,大部分近几十年来的美国郊区开发的项目都没有通过这些最基本的检验。废弃不用的带形商业中心降低了环境的品质;郊区的土地花费了太多的税金在服务上,都由财产税来补贴;差劲的规划、劣质的建设形成了丑陋的地区。

我们理应做得更好,在前面列出的三条中心标准之外,我们要加上第四条:新开发项目酝酿和调整的时候应该包含市民和股东在内,大家在一个开放的、民主的讨论会上决议。不仅仅城市的公共空间应该民主化公开它们的用途;它们产生的过程也应民主而透明。不过,这种公众讨论不必通过"一致同意"。更多的时候,追求一致同意就意味着决议差不多是最低的公众标准,最小限度的理念,尽量得罪最少的人。一次又一次,我们目睹了这样的过程把一个规划最好的特色都抹掉了,直到最终通过的方案成了一个一无是处的空壳,甚至成了一个原始内容和形式的拙劣赝品。不追求一致的统一,这是非常重要的;最要紧的因素就是一个集中而公开的讨论,对关心的市民提供一个公平而平等的机会,去阐述他们的观点。通过这样的途径,需要作出艰难决策的官员们已经充分了解了各种信息,也知道各种各样的观点已经在设计过程中得到了交流。

一个公开的过程可能有点困难,不过,回避讨论会而把自己关在门里面搞设计,想避免公众监督的麻烦和混乱的话,总会引起同样严重的麻烦。那种"专业人员最了解"的态度,在现代主义的城市建设时期已被各种建筑师和规划师们的错误证实是无效的了。失误在于,我们对私人部门的开发提升不了什么品质,那里是建筑师和规划师最稀少的地方。显然,无论这个过程会有多么复杂和混乱,设计师、规划师和开发商都会从公众参与中受益,建立起他们的观点。在个案研究中,我们再详细讨论这些问题,解释多集中的城市设计专家讨论会能提供最好的调停冲突和教育社会的机会,以决定社区未来的选择。

许多市民团体发表意见时直言不讳,他们完全有权利要求讲出自己观点的机会。但是正因为他们自由表达,所以不一定正确;很多精明增长首创的方案被固执已见的地方反对意见拍得粉碎。有时候精明增长的政策由政府来颁布,顶住了地方团体反对的压力,这个过程需要当选的议员有相当大的勇气。这也意味着他们,以及他们的选举人,需要分辨精明增长的神话和现实。说真的,很多对精明增长的反对产生在对相关问题的错觉和误解上,所以,在继续行文之前回顾一下精明增长的基本原则、以及一些常见的错误是很有价值的。

不算是个错误,但却需要澄清一下,在精明

增长和"可持续发展"之间还是有很多相似和不同之处。这两种术语常常可以替换，我们，两位作者，也不免偶尔讲错。两种理念之间有太多交叠的部分，而所有构成精明增长的物质空间设计理念都支持可持续发展。尽管如此，"可持续的"这个形容词却多了一个更深入的维度（Porter, 2000：p.2）。它意味着对长久保持自然资源怀有深深的尊崇之心，有意识节能（绿色）的建筑设计和社区人力资源的增加，提高了社会公平和公正问题的重要性。附录2展示了我们的一套精明增长原则，首先是社区的物质空间设计问题，然后附上一条或两条（斜体字）可持续发展对其的扩展和深化。这里，我们摘出了最重要的一些条，分别归在"总体方针"、"规划策略"和"城市设计理念"三个标题之下。

总体方针

1. 规划要和一个区域内的多个市政府合作。
2. 公共投资的目标是支持关键地区的开发，阻挠其他的开发。扩张的郊区地区只选在现有的公共设施和服务能够支撑的地点，或者仅仅是对这些服务的一点简单的、经济的扩展即可。
3. 强化城市、城镇和邻里中心。只要有可能，将地区的吸引力布置在城市中心，而不是郊区。
4. 让开发决策可预知、公平、节约成本。让社区的业主和市民参与决策过程。在规划被采纳后，需要区划的决议。
5. 提供鼓励，扫除一些立法的障碍，劝说和促使开发商们作正确的抉择。让建设精明的发展项目更容易，而建设蔓延的地区更困难。

规划策略

6. 一体化的土地使用和交通规划尽可能减少了汽车的出行和长距离交通的次数。为减轻交通拥塞提供了多种的交通选择。
7. 创造一系列可负担的居住机会和选择。
8. 在社区周围和内部保留开敞空间，作为可以耕作的农田、自然风光地区或者是重点环境保护地区。
9. 通过重新利用废弃的城市土地和填补城市肌理的间隙，最大限度地发挥现有基础设施的能力。保护历史建筑和邻里，在可能的时候转换旧建筑为新用途。
10. 在社区开发的建筑街区中，培育一种与众不同的场所感。

城市设计理念

11. 创造紧凑、适于步行的邻里，包括彼此连接的街道、人行道和行道树，使人们能够步行到达工作地点、学校、公共汽车站或火车站，或者仅仅是为了舒缓心情和锻炼身体而步行，它们安全、便捷并充满吸引力。融为一体的办公和商店，与社区设施如学校、教堂、图书馆、公园和运动场一起，创造出步行可达的场所，减少机动车的出行。密度的设计可以支持活跃的邻里生活。(据丹佛地区空气质量委员会估计，遵循这些导则的城市设计可将机动车出行里程(VMT)减少10%(Allen, p.16))
12. 让公共空间积极地朝向建筑的方向和邻里。将大型的停车场从街道旁移走，用建筑物遮挡起来。

让我们再加上一条：

13. 用三维的方式去思考！让你对社区的想像深入城市设计的细节。

这些条目里包含的理念，将在本书的后面案例研究部分精心阐述和举例说明，但是我们早一点提出来的原因是，把精明（Smart Growth）增长的神话和现实情况加以区分真的很重要。有的时候，这些神话造成了诚实的误解；另外一些时候，他们由反对精明增长的人创造出来，故意去夸张和扭曲事实（关于这一点，见下文）。

关于精明增长和新城市主义的神话与批判

在美国，争论精明增长时有六种流行的神

话，把它们抄录如下不无必要。他们是：

1. 精明增长是"不增长"的代名词。
2. 精明增长就是高密度。
3. 精明增长全都是关于城市的，要把郊区除之而后快。
4. 精明增长反对汽车。
5. 精明增长在市场上行不通。
6. 精明增长意味着放慢开发和增加成本的规则。

让我们把前两条合而为一来考虑，它们明显是互相矛盾的，这总算告诉我们一些简单明了的事实，尽管其他的那些条目还洗不清。很多开发商对精明增长满腹狐疑，害怕它至少也会让生活更不容易（见神话6），最坏的则是把他们逐出行业，因为市民团体对开发设置越来越多的约束，迫切地希望他们的社区停止增长。邻里团体站在另一个立场，总是臆想着精明增长要么是一个建筑师和规划师的阴谋，为了一些社会主义的理想把高密度的生活模式强加给他们；要么是一个开发商的阴谋，为了致富，在任何有限的土地上塞满尽可能多的住宅。

在纠正这两则神话之前，搞清楚密度的问题是很关键的，美国居住区里的高密度到了英国，可能被认为是中等或者低密度。在很多的公众会议上我们都为这个题目而纠缠不清，惯于居住在2~5户/hm²中的美国人，面对25户/hm²的"高"密度就抱怨不休。拿来做个比较，25户/hm²是英国郊区2000年常见的平均密度。尽管如此，国家政府的《规划政策指导文件》（PPG3）认为它是太低了，认为最小净密度是30户/hm²，推荐的范围是30~50户/hm²。（这些英国的指标计算的是用地的净面积，不包括主干道和景观缓冲区，所以，和美国同样的指标比，其真实的毛密度要略低）。

把这个比较推而广之，帕克和昂温1902年启动的新拉纳克（New Earswick）的模范村大约为27户/hm²，和朗科恩（Runcorn）新城的数字一致，在1970年代作为"低"密度来"降低拥挤"。这种英美之间郊区社区标准的不同在城市中心地区的再开发中不太明显。像夏洛特这样的城市，市中心生活区的密度从旧区的10户/hm²到新区的中等高度公寓——大约是247户/hm²（26~650人/hm²）。不考虑低密度部分，上述这个范围内的从中等到高密度的数字（50户/hm²以上）和英国的情况大致相同。

尽管在英美两国对密度的看法不一，但是城镇持续增长的事实却同出一辙。一个"不增长"的战略是不可能成立的。英国政府于2003年2月宣布了一个主导的新发展提案，计划到2030年之前，在英格兰东南部的乡村用地中安置约80万户新居民（http://news.bbc.co.uk/2/hi/uk_news/england/2727399.stm）。在美国，国家人口普查局预计到了2020年，乡村的人口将会增加5800万，或者增长超过21个百分点。

既然增长不可避免，控制它的方法不可行，像前文叙述的12点原则那样，精明增长提倡扶持不同的策略，来改进发展的质量。较密集的开发是许多策略中惟一的选择。密度本身没有任何意义；用在错误的地方它可能遗患无穷，但作为一个综合策略的一部分，包括混合利用的邻里和可以选择的交通方式——公共汽车、火车（轻轨）、自行车、步行——它就成了特定解决方案中的一部分。这种策略的积极特征包括一个更易于步行、污染较少的环境，对小汽车较少的依赖，购物和办公场所方便快捷的到达。

开发应该发生在一个很宽泛的尺度和密度中，这取决于当时的位置环境和场地条件。围绕着构成新邻里中心的中转车站，在一个混合利用的区域当中，沿着公共交通路线，密度应该是从中到高，在50~200户/hm²之间（130~520人/hm²）。这样就把大量的人群安置了特定的区位中，通过搭乘火车和公交车，他们可以减少对汽车的使用，也可以方便地步行到达邻里中的其他功能区。重要的是，大型的公寓综合楼群不应该建设在远离其他设施的地方，避免只能靠汽车才能到达的地点。若非如此，只能引发额外的交通和污染，因为大量的新居民要开车四处奔走，才能满足工作和生活的需求。美国的一个常规的土地利用规划方法是在大型道路附近区划土地，在快速路和独立式住宅区中间地带划分"多家庭"公寓作为缓冲带，这就是最不精明的增长方式之一。

在纯居住的区域中，密度应该适当降低，为5~50户/hm²（13~130人/hm²）。在这个范围里高密度的使用应有节制，但其对提供较小、较便宜的住宅是很必要的，他们散布在社区的区域之中，不可集中在一个高密度地块中。理论上，接近任一社区的边界，密度就会戏剧化地下降，城市的使用突然撤退而乡村的使用占据了景观的主导。无论如何，就如我们熟知的那样，这些边界的区位恰好是承受新增长压力最大的地方，它们往往会被新住宅和公寓的大潮席卷而过，蔓延整个原野。

在这种边缘蔓延的状态中，有三个基本的策略来应对这种增长：

(a) 如果提出的开发计划和精明增长的标准不符，空白的土地上也没有给水排水的服务，市政当局可以严格地限制土地开发的容量，拒绝花费公共资金去延伸这些管线，或者建设新管网。这个选择权应该更经常被运用，不过很多当选的官员仍然相信他们主要的责任是为"开发"提供便利，扩大他们的社区税源，就像我们在第二章提到的那样。
(b) 新的开发可以采取更高密度混合利用的形式——"都市村庄"，为一个发展的社区创造新的中心，或者
(c) 也可以设计为低密度，较不紧凑的居住区开发，将之对环境的影响减至最低，尽可能多地保留场地的环境特征。

上述的讨论是显而易见的，精明增长决不是反郊区，就像那些心怀叵测的人经常抛出的神话3一样。精明增长并不是在郊区付出代价后，将目光全部投向城市和高密度。相反，精明增长的目标之一是建设更好的郊区，是为购屋者增加和扩大城市和郊区生活方式选择的策略的一部分。甚至连美国的开发行业都开始认识到他们在过去的40年中建设的产品有严重的瑕疵。一份1998年由城市土地协会发表的报告上说，开发商智囊团和专业协会，规定了常规的住宅用地细分，这些用地在社会上与世隔绝，土地用途独立，依赖汽车，

长距离通勤，不符合消费者体验一个真实社区的需要（Warrtick and Alexander, 1998）。次年，研究更为深入的年刊《1999年房地产走向》（*Emerging Trends in Real Estate* 1999）写道，标准化的郊区可能是不可持续的，许多低密度的郊区社区因为蹩脚的设计和交通的增长遭受价值的流失（O'Neill, 1999）。这就是矛盾所在。众多的美国人希望居住在郊区，但是他们对标准化郊区设计带来的问题感到厌烦。精明增长打开了这个进退两难的局面，运用了更先进更综合的郊区设计理念。

通过对郊区选择权的简短讨论，我们很容易看出精明增长（Smart Growth）并不排斥汽车（神话第4号）。它希望提供更多的交通选择，以改善人们的生活方式，这恰恰是该神话的背面。精明增长通过减少人们每天汽车出行的次数，寻找改善驾车条件的方法。道路的改进和新道路的兴建在任何一个综合的交通策略中都扮演了重要的角色，但是通过减少人们驾车出行的次数，对新公路的公共投资就可以限制在人人都获益的水平。设计混合利用的社区，增进工作和居住间的平衡，将增长集中在已建成的地区（特别是当它们有公共汽车或火车服务时）是两种聪明的办法来减少汽车出行的需求和时间，并对出行的模式提供更多的选择。通过改变美国人对汽车近乎全盘的依赖，我们就可以拥有更多的选择，在社区中四处走动，可以减轻拥塞、减轻污染，将节约的公共资金用在新的公路上。

正如在第二章提到的，更易于步行的社区这个理念最近受到了美国健康专业人士的支持。专业的研究计划正在进行中，和发生率迅猛增长的病症作斗争，在日常生活中从来不步行的美国人，正遭受着成年人和儿童的肥胖、成年发作的糖尿病和其他疾病的折磨。鲜有儿童是走路上学的，这很大程度上是因为步行几无可能。新学校一般都坐落在社区的边缘，只有靠汽车才能到达。这些小胖子们的父母也同样不走路。在四处蔓延的郊区里，没有几个地方是走路就能到达的，也没有什么人行道可供走。由美国的罗伯特·伍德·约翰逊基金会提倡的公共健康理念"积极的生活

源于设计",支持的恰好就是和精明增长及新城市主义原理同类的邻里设计。这种健康主动性促进了孩子们和大人们生活方式的改变,步行成为了每天日常活动的一部分。老百姓这种对身体健康的态度也蔓延到了中老年人群中,步行的邻里可以为老年的市民提供一个机会,当他们不再开车的时候,还能够独立地自由走动。

精明增长在市场上行不通的神话(神话第5号)是另一个常见的误解,和其他谬误一样容易被驳倒。关于它越来越成功、越来越被市场接受这件事,最清晰的标志就是关于这个主题的书本和报告在美国不断由城市土地协会出版,就像我们先前提到的那样。ULI(城市土地协会)的任务之一,就是引导房地产开发行业,就新的趋势对会员进行培训。ULI 的报告指出,在结合了成功城市品质的场所——包括集中的愉悦体验,混合的利用,宜于步行的邻里——房地产有望迅速升值(O'Neill, 1999: p.11)。人们越来越希望居住在这样的场所,无论是在市中心,还是城市附近的邻里,还是规划良好的远郊区。美国人对这样的社区日益心向往之,即新住宅和工作及商业和谐发展,为了自然景色和环境的目的保留开敞空间。

对这样一个场所的渴望反映在了高扬的房价上,这既是个好消息,也是个坏消息,好的是它清楚地反映了市场的盈利能力,但坏的一面是它限制了住宅的可负担性,让一个和谐的、多样的、社会公平的社区目标更难以变为现实。在精明增长开发的市场成功之下是人口的变迁。空巢家庭,小家庭,没有孩子的已婚夫妇和单身家庭的统计群体在增长,他们找寻着反映了他们特殊权利的房屋,既承担较低的生活费用,又享受城市的舒适。美国人口普查预计,到了2020年,新家庭里的80%都会由单身或者无小孩的夫妇组成;而传统的核心家庭在全美的所有家庭里已经占到了不足四分之一的比重。人口的压力迫使市场多样化,而精明增长的开发会变得越来越有利可图,因为它反映了这种不可动摇的需求。这种盈利能力也扩展到了商业部门。《城市土地》(Urban Land)和《沃顿房地产评论》(Wharton Real Estate Review) 2003年的报告证实,零售和办公地产作为混合利用中的一部分——"主要商业街道"模式的开发,往往比传统的位于实体边缘的郊区带形商业中心更成功(Bohl, 2003;Rybczynski, 2003)。

当这些趋势给人们留下深刻印象的时候,精明增长和新城市主义的反对者们指着那些占绝对优势的美国传统蔓延型开发,问道:如果这些想法真的有他们说得那么好,为什么精明增长和新城市主义没能早早成功?为什么它们今天没有占领市场?

这些争论表面上看似合理,实际上模糊了历史的事实。就像我们花了很多篇幅去讨论的一样,美国从二战时起分散的郊区开发,是由联邦住宅和交通政策在幕后指导,并由政府基金资助的,包括在抵押利息的支付中大规模减税。低密度,大型停车场,依赖汽车的郊区生活曾作为美国社会成功的巅峰而大卖特卖,这种消耗和土地利用模式曾为规划师和工程师的官僚主义所用,成为建设和开发的惟一一条精明的道路。开发商一般都有这样一个阶段,追随着阻力最小的方式,快速盈利,因而市场屈从于连年的指导、广告和经济补贴,大量生产出了小饼干一样的小地块和带形的商业中心,以迎合郊区美国人脑袋里固有的需要。

简而言之,那不是一个自由的市场。现在称作是精明增长或新城市主义的规划设计理念,在长达40年的时间里,在美国绝大多数地方的区划法规下是不合法的。在很多的地方,直到现在仍然如是。直到最近,消费者都还没有太多的选择。就像一出滑稽的模仿戏剧,借用了亨利·福特的那句名言——消费者可以任意选择自己的T型车的颜色①(任何颜色,只要你选黑色的),1950年

---

① Henry Ford:"any color so long as it's black"。亨利·福特的T型车是20世纪早期最受欢迎的美国车型之一。为了简化生产工序,提高生产速度,降低成本和售价,所有的T型车都喷成了黑色的,没有其他的选择。亨利·福特面对记者的质疑戏谑道:"没有问题,T型车有各种颜色提供,只要你选黑色的"。——译者注

代到1980年代的购房者和商场业主亦是如此，既可以选择传统的郊区，也可以选择……传统的郊区。现在，精明增长和新城市主义开始进入人们的选择范围，它们要求更多地分享郊区的市场，研究表明，今天人们对紧凑的、可选择的开发形式的需求还未得到满足，占到了市场的30%甚至超过50%的份额（Steuteville，2001：pp.1,3-4）。这种消费者偏好会随着越来越多的精明增长开发的陆续出现而增长。与此同时，开发商自己的成本计算也表现得非常明显，和传统的蔓延模式相比起来，新城市主义的开发模式成本要节约得多。

在科罗拉多州的商业城，新城市主义社区的开发商计算了紧凑的新城市主义开发的成本，并将它和这块用地上的另一个选择——传统的地块开发作了比较。Belle Creek全部68.4hm²的开发成本，以新城市主义方案计算是6900万美元，而传统方案是6500万美元。然而，传统方案只作出了175套住宅，包括146套独立式住宅和29套联排住宅。相比而言，新城市主义的方案中容纳了212套住宅，是183套独立式，29套联排式。在新城市主义的设计中，更大的住宅产出量将开发商的投资减至每块地皮32567美元，相反在传统方案中每块地皮的投资较贵，是37146美元（Schmitz：p. 183）。

最后，我们的第六个神话，精明增长意味着更多的政府法规，让发展变慢而成本增加，这是相当难以辩驳的，有的时候理论与实践之间存在着距离。理论上，期望推动精明增长的地方政府会修订他们的法规，使批准的过程更顺畅，而对遵守新规章的开发商们予以激励。在实践中却并非永远如是。在1990年代的十年里，精明增长的案例在美国大地上四处开花，后来却因为城市区划条例和开发法规而纷纷落败，因为这些法规之下，基于传统城市主义之上的创新开发不合法。只有少数几个案例得以实现，这全有赖于开发商和他们的建筑师的坚持，坚持面对官员们的反对，抵制那些老掉牙的陈规旧律。许多许多的开发商们偃旗息鼓了，回归那些标准的蔓延式小地块，这样更容易通过审批。幸而，这种压抑的环境正在改变。本书作者和劳伦斯事务所的同事们自1994年始就并肩投入了改写区划法规和开发规范的行列中，在美国东南部的州已在二十余个城镇进行了实践，包括亚特兰大大城市地带的标准法规在内。更有许多的建筑师、规划师们正在美国大地上为同一个目标而努力奋斗着。

精明增长原则中的部分条目已在本章前面的部分记述了，它同时也对开发商进行鼓励，使他们能从这些先进的观念中获得好处，如果遵循更多设计的详细规范，就能够迅速获得批准。法规针对传统的城市理念，在它们的内容和图解的形式中，花了很大篇幅分析如何贯彻精明增长理念的问题（见附录三、四、五）。然而，还有一个更大的难题：当选的官员在他们的权限里，有的时候不乐意对新的方案立刻点头，这对一个开发者来说主要的激励就不存在了。有的时候，应该避免那种政府只会对开发商服从的概念。而另一些时候，当选的官员和一些专业规划师们很难让自己的头脑适应新思想，新的设计和建筑形式，他们宁愿固守于实用的、有惯例可循的传统原则。就在这些关键的领域，进步一点一点得到了积累，我们将在案例研究部分讨论一些自己的案例。

正如前文所述，一些神话起因于对新观念真诚的误解，但是另一些时候，精明增长和新城市主义的反对者们却故意散播假消息。在美国，那些反对者们大部分都来自保守的政治右派。2003年2月的一次会议上，右翼、自由主义者和自由市场的组织者们聚集到了一起，密谋打垮精明增长。这些团体，如Thoreau Institute、the Buckeye Institute、the Cascade Policy Institute、the Heartland Institute、Heritage Foundation和the Reason Foundation，公开蔑视精明增长和新城市主义，称其干扰了政府的规划和"社会的设计"，践踏了美国人的"权利"，在他们的土地上为所欲为。2003年的会议不仅仅满足于散播假消息，而且积极地发动了造谣中伤的战役，对抗精明增长和新城市主义的支持者。这次活动中，演讲者建议参加者们"残酷无情地"瓦解我们这些专业人士的可信度，在公众的眼中将我们诋毁成"尖头知识分子法西斯",只会摧毁人们的生活(Langdon,2003b:p.7)。放任主义经济学(laissez-faire)①的理论家们认为,在这世界上居住的只有自我聚焦的消费者和纳税人;城市设计和协作规划的所有假定对他们来说都是一种亵渎,因为它的理念有关公共利益和综合的、长效的公共影响,基于一种公共精神而建立。

行文至此,我们很难保持冷静。这些团体让城市设计师和规划师度日艰难,因为他们资金雄厚,组织有序。反对他们的宣传、反对他们对精明增长经常性的攻击本身几乎就成为了一项全部时间的工作,但是面对不断升温的反精明增长的消息,我们也得到了些许安慰。不断高涨的反对表明精明增长的理念成功地占领了市场,而且在美国人的心目中,公共场所越来越易于步行,支持交通的开发已建构起来了。美国老百姓可以用自己的眼睛不断发掘精明增长的优点。

在美国和英国,谈到对先进规划的政治反对力量,其范围和坚决性不尽相同。因为在英国,民主的主张对一切开发持反对态度,已经有了久远的、令人肃然起敬的历史,那种有组织的、国家性的,在广泛的政治范畴只针对一些细枝末节,而对建筑师和规划师的工作展开阻挠的活动,在英国基本上不存在。对美国的右翼反对派来说,精明增长和新城市主义已经合二为一,并被夸大成一个对"美国自由"的威胁。但是,在建筑专业和学术界内部,新城市主义自身也常常遭受一些明枪暗箭的袭击。最常见的一个指控,是抨击它过于浪漫怀旧,回避了当代城市的"现实"。这些指控在对传统城市主义的批评中就常常现身(Forty and Moss,1980;Ingersoll,1989;Sudjic,1992;Rybczynski,1995;Landecker,1996;Huxtable,1997;Chase,Crawford and Kaliski,1999)。这些批评把新城市主义刻画成一个逃避现实的愿望,说它回避了复杂的现实,回到玫瑰色的往日幻想中,甚至是一种对历史的

捏造(Ellis,2002)。1980年代的英国批评家们抨击那些"假本土",说它促进了乡村生活的虚伪神话的诞生,而美国的评论家们则指控新城市主义者们利用了传统的城市形态,把美国小镇的幻想世界发扬光大,然后把一些不愉快的事实,如种族隔离等,在记忆中一笔勾销。另一些作家把新城市主义误认为是低密度的郊区,说它的从业者们"蔑视现状的城市景观"(Kaliski,1999)。这些批评,和学术界以及其他写手不时冒出的批评扭结在一起,指责新城市主义者们想把一个净化、单一的现实表象强加于复杂的多元世界之上,后者即我们当代的城市(Safdie,1997)。

在我们看来,所有的批评都是建立在歪曲新城市主义的基础上的,不是错误地搭建了理论辩论的目标,就是基于对事实情况的严重误读。仿佛这些批评家们是为了自己的目的去相信,新城市主义从开始到结束不过是滨海区那时髦的审美风尚,而不是一种多样化的城市与环境运动。读者们的眼睛是雪亮的,可以评评看,第七至十二章举出的案例研究到底是不是像指控的那样不堪,还是说,那些批评家们早就谬以千里。当我们在一个贫困的非裔美国邻里展开工作,给他们带来可负担的住宅、高品质的环境(第十一章),指责新城市主义是逃避现实、回避美国不愉快的历史事实简直就是一个天大的笑话(近乎诬蔑了)。当我们致力于保护自然的基础设施,维持郊区地域的生态环境,通过我们的策略和设计,使工作与居住达到一个较佳的平衡,以减少交通和增进大气质量;且通过一体化的交通规划,给各地区的人口一个未来生活的多样化选择(第七章),这些工作被误传为强迫人们接受一个单一、有限的设计,认为它是脱离现实,"对现有环境漠不关心"的明证,更让人如鲠在喉(Kaliski,1999:p.101)。

一些学术理论家对新城市主义不屑一顾的背后有这样一个事实,传统城市主义的语言可以搭

---

① 即Laissez-faire("leave us along")的一种观点,认为政府应尽可能少地干预经济活动。而让市场去作决策。按照亚当·斯密等古典经济学家的表述,这一观点明确认为政府的作用应限于下述范围:(1)法律和秩序维持;(2)国防;(3)提供私人企业不愿提供的某些公共品(如公共保健和环境卫生)。——译者注

建一个设计理论和开发实践之间的桥梁。我们学术界的同行试图争辩，这些想法可以转化成浅显易懂的道理，帮助开发商获得最大的利益。学术界人士、专业建筑师，一旦和开发商联盟，顿觉面上无光，刻意要让自己与市场环境保持一定的距离，以免被"玷污"。

我们发现，把设计理论和开发实践结合在一起尽管有悖常理——但非常管用。过去我们和开发商针锋相对，一旦和过去的敌人融洽相处，不免让人内心忐忑。就在十年之前，在1990年代初，传统城市规划方案在美式蔓延的大环境下，都会招来开发商和建设者的不齿与嘲笑。通过削弱或阻止人们对蔓延的盲目崇拜，这个理论和实践之间、设计和开发之间的联盟破土而出，成为了基本的纽带，在一点一滴的可能性中成长壮大。正值我们的一些城市在衰败，一些环境在退化，现在无论如何，都不是放弃探索新的城市理论的时候。作为一个团体，我们要转换自己的工作，在问题到达难以收拾的程度之前改进美国人的生活环境。

美国的城市设计正努力从一片混沌中建立规则。虽然理论家和学术界人士讴歌这种混沌的状态，称赞它生机勃勃、活力四溢，大部分屈居和工作于此的老百姓们只觉得它丑陋不堪、沉闷无聊。相信我们，一点没错（见图2.13）。对新城市主义的诋毁，以及教授"混沌理论而不是意大利山城"的呼吁之声在建筑院校圈里不绝于耳，在我们这些致力于拨开迷雾、改进这个烂摊子的人看来，这些话语没有什么诚意。来自欧洲和美国的奇思异想对不和谐、不连续、碎片和空间流动一片赞誉之声，而鄙视传统的城市空间，认为它赞成的"传统的分区"(Koolhas and Mau, 1995：p.1162)，是从欧洲历史城市或美国的象牙塔那奢华的背景中脱胎而来的。但是，在近50年来，组成美国绝大多数建成环境的空间炼狱中，这种特别理智化的空间设计绝无仅有。城市设计不是在混沌中冲浪，它是在一片严酷而混乱的世界中，为人们提供明澈与博爱，而保护我们的环境不受社会上自私自利的蹂躏。传统的城市规划——街道、广场和街区的世界——不是一个堂吉柯德的狂想，重现美国并不曾存在的过去(Ellis, 2002：p.267)。它是经过现代化和改进的历史样式，和今日的生活息息相关，它接受了最先进的科技，配合着美国社会最新的人口统计结果。追求一个可持续的城市未来，它是最佳的武器。

第四章
设计与方案：
良好城市生活的源头

提要

本章论证了我们的两个核心理念：场所事件和场所，能够最恰如其分地诞生于传统城市形态的塑造过程中。为了确认这个信念，我们要去一个不太可能的地点，位于密西西比的乡间，尼肖巴（Neshoba）县的露天市场，它是一块地处乡村核心地带、自营自建的城市瑰宝。从这个实例我们可以学到一些基本的城市设计原则：建筑物在空间中的组织和"城市场所"的建构。

该露天市场也包含了城市设计的全部三个方法，我们将在本章的第二部分进行审视：类型学，风光如画的城市规划和为社会使用而设计的空间。我们把这些理念放在由理性主义、经验主义和实用主义构成的哲学三角之中，它们是西方思想的重要支柱，然后，举例说明设计的行为是如何从这些哲学基础中汲取灵感的。

最后，我们回过头来反驳一下第一章里那些对传统城市主义的批评，他们说我们积极设计的街道和广场一无是处，不过是一套肤浅的、消费至上的西洋景，一个"名流社会"罢了。我们驳斥了这些批评，并为城市设计师们概述了一个实用主义的"工作法"，用以面对复杂而矛盾的现实。

对场所的肯定

第三章所有的论述都是建立在一条观念的基础上的：场所事件。支撑和丰富我们日常生活事件的物质环境牵涉甚广，包括功能、审美、某一个或多个对我们具有特殊意义的方面。理查德·佛罗里达醉心于场所（见第一章），把它当作是经济繁荣的引擎，一个新涌现的、对场所如饥似渴的"创新阶级"使这方面前景相当看好。威廉·赫德拉特（William J. Hudnutt III），长期担任印第安那波利斯的市长，现在作为一个普通居民在"城市土地协会"做公共政策工作，他肯定了佛罗里达的分析，年轻一代的财富创造者们别无他求，他们的追求就是"区位第一，工作第二"（Hudnutt, 2002）。"膝上电脑一族"和别的创造性人群重视的是生活质量，重视他们居住的场所质量。这些高技术的年轻专业人员是这样想的：他们可以在任何地方工作，所以他们首先找寻那些有吸引力的场所，拥有他们心目中积极的城市生活方式。总的来说，就像我们先前提到的那样，这个综合体包括一系列介于娱乐与文化之间的地点，这，就是至酷的场所。就是说，餐馆、酒吧、夜总会、艺术和音乐、步行可达的邻里和街区、路边咖啡馆、绿树成行而且装修漂亮的街道，多种多样的住房供选择，宽泛的租金范围。

所有的能量集中在公共空间，人们全部行为的环境都在他们触手能及的地方，这也是他们的自我倾向和社会倾向之间的介质。我们的专业致力于传统的语汇：街道和空地，公园和广场，欧洲最完美一致的公共空间形式，对社会价值极为支持，在英国和它美洲大陆的邻居都能够很好地得到理解。无论如何，美国的21世纪开端，这样的空间仍然是特例，而非常规。所以，如果我们一次又一次地就传统城市空间提出这个基本观点，还希望英国读者能够谅解。这一次，我们选择一例，它不可言说的环境造就了巨大的影响。对城市规划者来说，密西西比乡村这样的地方并无古怪，反而，它是我们下一步的方向。

这一回，我们深入到美国的南部腹地，进入密西西比的乡村之中，我们发现，自己置身于一片高度发达的、自我营造的城市环境之中，围合而密集的街道和广场，验证了我们对传统城市的信念。尼肖巴县露天市场，位于密西西比州，距小城镇费城的西南约13km，在最不可能的环境中，证明了一种城市化的迫切要求。这个密西西比的穷乡僻壤，留在历史的记忆中的首先是几个激进的民权主义者在1960年早期惨遭杀害的事件，那时，他们正在为美国黑人的选举权而斗争。但在随后的40年，时过境迁，尼肖巴县露天市场成了南方保守主义和宗教狂热者的聚居地，两者奇怪的组合，成就了一个热心交际而气氛欢愉的地方。尼肖巴在美国南方文化上的重要性在这件事上可见一斑：当年，加利福尼亚州州长罗纳德·里根选择了这个集市作为发表演说的地点，在此宣布，他将参加1980年度的美国总统竞选。

对英国读者，我们要做个解释，一年一度的乡村集市和规模大些的州集市，在美国的社会生活里是非常重要的事件。尼肖巴的集市对农业情有独钟，不过，在这个为时一周的节庆里，也包括了露天的骑乘、酒会、杂耍（在美国叫做"游乐场"）和赛马会。拿英国来对比的话，最接近的要算郡县展览，一年一度在海边举行的赛艇周节日和大型乡村节庆的混合物，但是它们也赶不上美国集市的规模之庞大、气氛之热辣。这些公众节日里最有趣的一件事，就是它们拥有永久的基址和建筑物，只为了夏天那狂热的几周，只为集市及其筹备活动而动用。在一大堆像小镇一样的自建的两层木屋群中，尼肖巴县露天市场显得与众不同，它的布局有街道、有广场，建筑形式协调一致（Craycroft, 1989）(见图版1和图4.2)。

地块上的建筑井井有条，建筑细部和材质协调一致，一切都在居民家庭达成共识的条例指导之下。一些家庭在这里住过好几代，自从1895年集市创立他们就在这里了。这些家庭年复一年地、在每个夏季重返这里，回到这个充满了音乐、舞蹈、政治和宗教集会、农产品和工艺品市场和赛马会的地方。对那些绵延数代的家庭来说，遗留的成员偶尔重访露天市场，会带来延续之感，促进现在家庭的和睦。

集市委员会，作为镇议会的一种形式，忠实地监督着非正式的区划条例，在1958年将它作为"住宅和花园法"而采纳。这些法规规定了建筑物全部的尺寸和体量（最初，是面宽4.88m、进深9.15m、高度两层），以及位于建筑之间详细的空间统一间距（1.22m）。对这些间距来说惟一的例外是现状树；没有集市委员会的批准，一棵树木也不许砍伐。树木让建筑间距复杂化，宽出来的空间用于附属的元素，比如说边廊、或者额外的停车场。图4.1表明了所有建筑物怎样朝向公共空间，尊重街道上的"后退线"，建筑两层高的前廊和山墙屋顶怎样必不可少，组织进了住宅的形式中（Craycroft：p.100）。应这些本土的城市和建筑惯例而建造出来的建筑和空间混合了一系列类型，它们因各人的品位、偏好和材料的选择而有着细微的差别。

4.88m面宽的小屋有着实际的意义：住宅的结构一般为轻捷木骨架结构，而能搞到的木料，最常见的是4.88m。底层从地面升起0.61~0.92m，避开了潮气和白蚁，而在这个两层高的山墙形式之中，次要的条款例如踏步、扶手、柱子和大门等组成了一套细部的语汇。

集市委员会也管理着新成员的申请，在一些时候，批准了"宅基地"兴建新屋，作为原来"城镇形态"的扩张。这些新地块建设在规则的格网上，有较宽的开间（7.32m），比起那些开放的前廊，有更多封闭的、空气调节的空间。集市的这些新加的建筑物缺少吸引人的特质，不像那些更规整、更老旧的邻居，详细规定的空间秩序为场地环境所打破，如树木、水沟等等，一定程度的不规则营造了"风光如画"的城市空间，对大多数美国社区来说都是不同寻常的（见图4.2）。在传统建筑和新来者之间总有一种紧张的气氛，传统的真实性和现代的便利在相互抗衡(Craycroft：p. 96)。

第四章　设计与方案：良好城市生活的源头

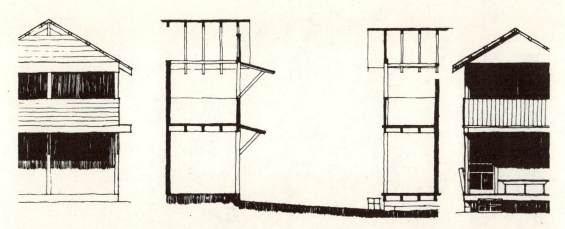

图4.1　一个典型的"街道"剖面，位于尼肖巴县集市。这张图说明了建筑正立面的前廊和阳台是如何正对"街道"公共空间的，可能在细部和尺寸上有细微的不同，但在基本形式和朝向上是一致的。纵观整个集市，对各种建筑的需求在他们的设计里都包含了，并起到了巨大的作用，营造出了公共空间和私密空间相互影响的激动人心的气氛。见图版2（图纸蒙Robert Craycroft提供）。

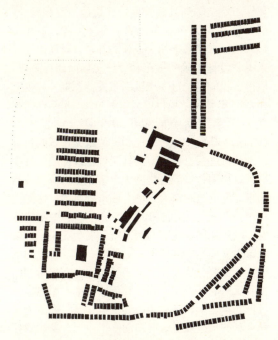

图4.2　图——尼肖巴县集市的底层总平面，1980年代。新的邻里很容易辨识，它们的布局更规整、更几何化。奠基人广场位于平面的左下角，一个供社区集会的展亭在其中，稍稍偏离了中心的位置。巨大的椭圆型空间是由赛马道构成的（图纸蒙Robert Craycroft提供）。

这个问题已经超越了单纯的审美；当空气调节的、封闭的空间取代了开放的前廊，社交的活力戏剧化地转变了。人们必须被邀请方能入内，这和露天市场的老邻里那不经意开放的亲切感形成了对比，那里，半私密、半公共自然而然出现，前廊对各种各样的交往和交谈敞开了怀抱。对郊区来说最重要的与世隔绝和远离城市在这里使其显得十分宁静。

尽管一些居民的社会观念是郊区化的，但尼肖巴县露天市场深层的设计和规划理念绝对是城市的，即使它位于密西西比州广袤的田园环境中。这个矛盾，对证明我们的论点非常有帮助，即传统城市规划的特定形式有着普遍的适应性，密西西比发生的事情就是明证，尽管这个州既不繁荣也不先进，不像那些由精美的"政府广场"武装起来的城镇，例如费城镇、牛津和霍利斯普林斯（Holly Springs）。那些地方，通常是县政府所在地，新古典主义或者新哥特式的政府大楼在城镇广场正中傲视众生，或多或少，规整的道路网向四面八方延伸开来。这种地方文化形态（在美国中西部也很常见）成为了欧洲城市布局的一个缩影，在文化的不同层次上虽有潜移默化的变化，

77

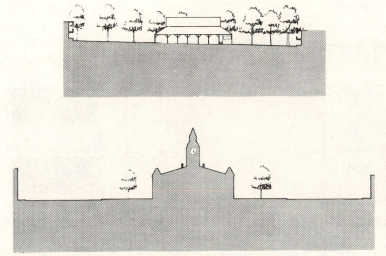

图4.3 奠基人广场，尼肖巴县露天市场和附近的费城镇政府广场之比较，密西西比州。以同一比例绘制，这两个空间清楚地揭示了形态上的类似。在两个案例中，几何形式的空间围绕着处于焦点的公共建筑（图片蒙Robert Craycraft 提供）。

但仍然清晰可辨。图 4.3 清楚地揭示了尼肖巴和更大的例子之间有多相似，只需看一看密西西比州的费城①镇政府和广场的剖面，再比较一下同一比例的尼肖巴露天市场的奠基人广场的剖面就了然了。

比较露天市场和它的城市兄弟——费城镇的尺度和密度，颇为有趣。市场的暂住人口约为6500人，和附近的费城镇相仿。然而，费城有148hm²，密度是 42 人/hm²，或 15 户/hm²。拿尼肖巴来对比一下，6500人居住23hm²，密度是287人/hm²，约合 110 户/hm² (Craycroft：p.130)。

尼肖巴县露天市场的平面表现出迷人的有机适应性，直线性的形式，社区展亭坐落在奠基人广场近中心的地方。布局里充满特别设计的犄角，但是一望便知，传统城市形态是所有变化的基础。公共街道沿线，是"住家"半私密的前廊，从街道的公共世界到私密的内部领域，它提供了一个过渡空间（见图版2）。更引人注意的是，公共的委托强制性地影响到了城市设计的规则，对布局和住宅的建造都有作用。在露天市场之外的地区，普遍的文化表现为私有财产的不可侵犯，私产所有者非常抗拒凌驾于私有土地和开发之上的调整性控制。

这个本土实例，城市形态及其编码为地方的惯例，是一个非常有趣的交叉点，让创造城市的新城市主义和新社区开发的建筑规范交相融合。佛罗里达，DPZ 事务所的滨海区规范，形成于1983，标志着一个伟大成就的开端，对任何社区来说，设计正确的规范和设计总平面同样重要。值得一提的是，这一点吸引了安德烈斯·杜安尼在1985年参观了尼肖巴县露天市场，密西西比州立大学建筑学院的罗伯特·克雷克罗夫特（Robert Craycraft）教授和一位露天市场的权威人士，将这套自我调节的社区规范解释给了杜安尼听。（英籍作者当时是密大克雷克罗夫特教授的同事，也从他对露天市场之城市特质的广博知识中受益匪浅）。构成和调节建筑设计的规范的开发，以及如何让建筑与公共空间发生关系，是新城市主义理论和实践的核心论题，而尼肖巴的例子地位重要，是因为它证明了即使在文化对调控极其反感的情况下，利用规范控制城市形态也是可行的。这个例子的中心要点似乎是，规范为自私自利的社区服务，但却创造了让大众受益的独特风格。

---

①这里和上下文提到的费城，不是宾州的大城市费城，而是密西西比州的一个小镇。——译者注

正确的城市设计理念概括起来没有那么简单——把街道和广场设计成户外的公共空间——这使尼肖巴县露天市场成为一个有用的范例。分析中，至关重要的一点是露天市场如何证明三条有说服力的城市规划传统：把往昔的形式当作遗产运用于现代的环境中；把风光如画的方法施加于城市的设计中；还有空间的设计是为了社会的使用、而不仅仅是为了外观。这三条传统给当代的设计师提供了实用的方法，而很多从业者以自己的方式将这三个方法结合起来。我们自己的设计观点为下面的分析增添了个人色彩（在风光如画的方法上略有严肃的内容）。但是，重要的一课是证明了一个清晰的理论基础可以直接让我们和其他人明白，如何在社会的背景中着手工作。

城市设计方法论

良好的城市设计，在每座城市、每个片区、每个邻里都有重大的作用，城市设计的手法繁多，不可胜数。在这一部分，我们略述几个最简单、但却有效的城市设计理念，希望设计师和非设计师们都能像我们一样，觉得它们非常实用。我们从简单的概念开始，然后把它们和较深入的哲学原理联系在一起。后面，在第六章，我们讨论一下这些概念的实践发展，它们在城市设计和规划中，如何对日常事件起作用。

对不同的人而言，城市设计意味着不同的东西。对建筑师来说，可能只是设计回应城市文脉的建筑。对景观建筑师来说，意味着用软硬的景观元素和材料详细设计公共空间的外观。对规划师而言，通常意味着一些关于城市美化的模糊的观念（Lang，2000）。我们更中意整体的概念，就像前文指出的那样。对我们来说，城市设计正像是城市公共基础设施之上的三维设计，以及它和自然环境的关系。城市设计是建筑学和城市规划的交集，它的一个主要目标就是建筑如何彼此联系，以创造出城市、城镇和乡村的公共领域。

往好里说，城市设计是抽象"空间"转变为人性"场所"的动因——我们最钟爱的一个定义是：场所是"通过赋予意义而丰富了的空间"

(Pocock and Hudson，1978)。城市设计师的职责是剖析与综合历史，物质与历史因素有助于提供意义的层次和丰富的情感。

为了实现这些目标，我们运用了一套直截了当的技术语汇，因为作者之一2003年春天曾在北卡罗来纳的一个工作室授课，给规划师们讲授城市设计，这些设计理念和设计方法在规划专业上的应用得到了强化。超过两个半天的时间里，训练有素的专家小组在填满的城市场地中设法设计更多的内容。我们说设计——不是规划——有一个特殊的原因：参加者们不允许绘制他们常规的、以箭头连接的泡泡图。相反，他们必须这样来思考：以特殊的建筑轮廓、尺度、公共空间的性格等等。规划师们必须运用或者超越他们的专业能力极限，因为在形式和空间的原理教学几十年都缺失的情况下，对一个专业来说设计并不是那么容易。

尽管工作室有自己的规矩，规划师们还是开始用他们受过训练的方法开始工作了：他们在一个总平面上用图解"规划"出不同用地的抽象区块，并不涉及建筑的形式或者空间的尺度。大部分的想法是正确的，但是彩色的图形只是勾画出了特定问题的表面。通过挑战，规划师们超越了抽象的观念，最终发现他们知道的比自己认为的更多。例如说，他们知道，一幢公寓楼最佳的进深是12.2~15.25m，商业零售适宜的进深是18.3~24.4m，而美国的办公楼大部分需要27.45~36.6m的进深。(不像英国，室内无窗的办公室在美国是很常见的。)当小组画出了建筑物的真实尺寸和形状，把它们精确地定位在场地上，思考的全新层次拉开了帷幕。哪里是建筑的正面？哪里是背面？为什么这两种环境是不同的？哪里应该是设置主入口的地方？哪里是服务和装卸区？什么程度的围合对公共空间最为恰当？公共空间自哪里开始、又在何处结束？哪里是公共空间和私密空间的分界线？这种过渡怎样调控？这些问题，在彩色土地利用图的层面上是绝不可能出现的。但是在任何成功的城市场所创造中，它们都是决定性的因素。

工作室的规划师们喜爱这些广泛又深入的细

节。他们不需要画得很美；只需要设计出建筑和空间的布局，以比较精确的尺度绘制出来就可以了。然后他们对大概的解决方案做个评估，接着画第二稿、第三稿来改进它。

有一个问题格外突出——建筑正面和背面的关系。这是城市设计的一条普遍原则（鲜有打破的时候，如果不是从来没有的话），建筑面对面，背靠背。以这种方式，活动的范围和模式可以为人所识别，公共空间被定义了，并且和私人空间有所区别。举个简单的例子，一条典型的住区街道，"公共的"前院隔一条马路和人行道与对面的院子面对着面，而"私密的"后院则毗邻住宅后部的私密空间。作为个人和家庭，在每个区域里我们有不同的社会接受的行为模式。很容易想象，如果某人的前院和前门面对着别人的私家后院，就会造成空间和社交活动的混乱。如果私密空间被侵入，公共领域的凝聚力就很容易被打破，而可见度过高的私人领域也会不安全。这一条简单的原则，适用于所有尺度的城市开发……或者说，应该适用于。

尽管如此，这对许多规划师来说是个新知识，他们或多或少习惯于处理完全独立的郊区住宅。在郊区，松散的建筑空间模式允许这种有悖常理的后院对前院的关系出现，因为被距离或景观的屏障掩盖了，因此在设计中没有考虑，也没有注意到公共领域的完整性——建筑之间的空间——特别是从步行道看去的景象。建筑物漫不经心的布置在郊区中，因为公共领域的质量几乎不是个问题。人们会步行穿越的惟一"公共"空间是沥青的停车场。公共空间作为一个"户外的房间"，为社区活动所共享的理念完全被遗忘了。

室外的空间，有长长的一层皮状的街道、有方方正正的空地和广场、还有不规则的绿地如邻里公园，他们有一个共同之处：程度不一的空间围合。空间的围合是空间比例的一种作用——建筑物的高度和空间的宽度之间的关系。通过经验，还有对前例的研究，适宜的空间高宽比，让多种多样的人的行为都能感觉到舒适的范围，对步行活动来说是1：1或者2：1（极端的比例到3：1可能带来戏剧化的效果），一个更宽松的标准是1：3、最大1：6，这样的空间为汽车而用，无论是跑动的还是停泊的（见图4.4～4.5）。高宽比超出了1：6，围合感就荡然无存了；空间显得太空旷，而建筑物太低矮（见图4.6）

空间的高宽比产生围合的情况，这和人眼的生理学有着简单的关系。如果空间的宽度过宽，步行者的视锥中包含的天空比建筑立面还多的话，对围合的感觉就微乎其微了。相反的，当建筑物的里面成了主导，对围合的感觉就提高了。

另外一个重要的观念万万不可忘记，主要公共空间一定是由建筑的正面围合而成的，而不是背面，也鲜有侧面。建筑物的正立面是它们公共的脸，因此必须面对着公共空间，不论它面对的是街道、广场或者是邻里公园，就像图4.7所示的那样。

设计规划师工作室使我们确信这些信息迫切需要传达——前面、后面、公共空间——作为

图4.4 福斯街，达特茅斯港口，德文郡（英国）。在这个滨海小镇，紧密的城市围合对居民和游客来说，增强了购物的社会体验。注意狭长的街景怎样在尽端设计了教区教堂的钟塔。

第四章 设计与方案：良好城市生活的源头

图4.5 伯克代尔村（Birkdale village），亨特斯维尔（Huntersville），北卡罗来纳，舒克·凯利（Shook Kelly, 2002）。这个"都市村庄"中，较宽松的空间围合在为步行者提供大量的空间之外，还容纳了汽车（参见图版4~7）（照片蒙Crosland公司及Shook Kelly提供）。

图4.7 拉塔（Latta）公园，迪尔沃斯，夏洛特，北卡罗来纳。该邻里公园的社交空间是由住宅来界定的（隐藏在树后），这些住宅沿着公共街道包围了公园一周。人们的活动在居民非正式的监控之下，他们扫视着该空间，同时，也在路上行人的监控之下。

图4.6 罗斯代尔·康芒斯，亨特斯维尔，北卡罗来纳，2000年。环绕广场的建筑物尺度低矮，根本无力创造任何对步行者有吸引力的围合空间。这些没有力量的元素损害了别的有吸引力的发展可能，不能形成综合、和谐地使用和良好的步行结构（参见图6.37）。

更详尽的理念的基础。参加者对这些知识如饥似渴，他们迫切渴望提高和改善自己的技艺，就在短短几个钟头密集的工作中，这些非设计师们运用清晰的空间概念，创造了一些相当老练的方案（见图4.8）。图纸很初步，但已充分地传达了空间的组织，要注意到，重点在于这些精心绘制的图纸通过预期建筑的高度和空间的宽度，已经开始处理三维的问题。这些三维的特征可以在剖面中进一步研究，即对建筑和场地的纵切，描绘出建筑的高度和场地的水平面。他们不需要绘制三维的透视图。城市设计师会这么做，无论是手绘透视还是电脑创建的模型，以便更周详地研究一个方案，但是对于非设计师，剖面已经能够确定关键的公共空间特征、尺度和建筑物体量（见图4.9）。

有时候，基础的城市设计简单到这种地步：恰当地确定建筑物尺度，把它们放进空间之中，然后，公共空间就已经清楚地界定出来了。在真实生活中通常要复杂一些、微妙一些，而城市设计不单单是一件实用主义的事件，由一般的理性技术来决定。它往往有更深层的意义和作用，我们先前提到的不同的工作方法可以追溯到一些西方思想中关键的哲学观念：理性主义的类型学，经验主义的风光如画城市规划和为空间的社会使用而设计的实用主义。我们要从类型学开始，回顾一下城市设计的方法，那是一个简单基本，但常被误解的概念。

类型学

了解不同类型建筑物的尺度是开始类型学工作的第一步，这就是说，运用已经确定的标准去设计新的方案。这是一个非常有力的工具，尤其

81

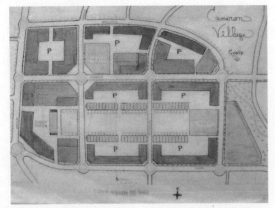

图4.8 一个复兴的郊区购物中心设计。这张草图来自规划师的城市设计工作室,是由一名没有受过正规设计或制图训练的专业的规划官员绘制的。尽管有点潦草,它却表达了一种对空间围合的清晰的领悟,定义了有效的公共空间,它的建筑物正对着街道,宽阔规整的草坪位于两组公共建筑之间。

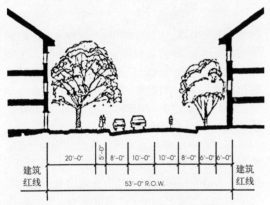

图4.9 典型的"街道剖面"图。比例宜人的剖面——对建筑和空间的纵切——通过图示建筑、树木、人物和汽车的高度和相对尺寸,有效地传达了一个设计方案的三维特征。

是当它将建筑体量和城市空间结合到一起考虑的时候。显然,美国县政府广场类型(市政大楼及公共空间)的形式成为了尼肖巴县露天市场的基础,并通过一些市民特征——直接而有力的空间风格予以加强。这种特定类型的血统在文艺复兴时期的重要组图——"理想城"(Ideal City)中也可以看得分明(见图版3)。

当我们运用类型学,我们是想表达这样的意图:建筑和城市空间协调的模式起源于历史的前例,并可以在不同的时代条件下一用再用。有的时候,它和现代主义的理念"形式追随功能"相反,或者变成,每个功能均有自己的空间形式。功能主义可以追溯到生物学的演化,在自然界中,每个物种展示了自己独一无二的特征,但是在城市条件下,相应的情形却迅速崩溃,无迹可寻。

我们了解,在建筑的使用期里,由于变化在进行,不断适应新的使用,同一个建筑形式可以适应数种不同的功能。建筑的形式远远比它的用途更持久,这让我们思考,特定的建筑平面形式说不定适用于各种各样的用途。即便是对城市粗略的分析,也能够揭示,一些稳定的建筑形式和城市空间模式在不同区位、不同环境和不同时间得到利用,实现了自己的价值,并不存在一个主要的功能。例如说,周边式街区(perimeter block)——建筑沿着用地的边缘建设,就像是方形的炸面圈——在几个世纪的时间里风靡欧洲和美国的城市。在这样的街区空间里,在建筑的使用期限里,建筑物的用法应该是各种各样的,尽管如此,最基本的形式还是保持了原样(见图4.10)。

超越了短暂的功能,正确地评价长寿的形式,对历经时间考验的城市规划模式的信任,以及对这些在不同背景下普遍(或者至少是大范围)适应的理念的信念,使得类型学的设计和理性主义哲学联系到了一起,后者在17世纪欧洲启蒙运动中诞生。在那个年代,伟大的思想家如法国哲学家勒内·笛卡尔(1596–1650)追寻着理解世界的普遍法则和原理,找寻一种理性的见解,不为人类经验的反复无常所束缚。类型学成为了一种建筑讨论中常见的方式,但却不见于同类的别的学科中,它的定义总是不甚明了。对非建筑师、以及很多建筑师和建筑系的学生们来说,常常混淆不清,因为后者是在这样的传统源头被培养出来的:建筑师理应创造独特而原创的形式。

这种混淆不清部分是因为在过去的200年里,对类型学的定义不止一个,它们彼此之间又互不赞同(Durand, 1805; Quatremere de Quincy, 1823; Argan, 1963; Rossi, 1966/1982; Colquhoun, 1967; Vidler, 1978; Moneo, 1978;

第四章　设计与方案：良好城市生活的源头

图 4.10　周边式街区，夏洛特，北卡罗来纳，LS3P 建筑师事务所，2003 年。公寓楼沿着公共街道布置，创造了一个舒适的中心庭院。尽管周围的假古典建筑是那样毫无生气，这个空间为居民所共享，和远处纯公共的城市领域截然不同。

图 4.11　南方庭 (South Quadrangle)，夏洛特的北卡罗来纳州立大学，2003 年。学院派的方庭的类型是活泼而舒适的，但在这个空间中，陈腐且面目模糊的历史建筑压抑了社交生活的发展。毫无特征的立面围绕在四周。没有提供过渡的公共空间，让人感到受庇护而聚集。将这个庭院和图版 1 及图 4.12 做比较。

Krier，1979 et al）。承认了这段复杂的理性历史，我们选择了一个简单的途径，在工作中把类型学当作一种实践方法来利用，从历史中学习，并将之转化为现代的东西。它帮助我们在一个项目的开端，迅速建立可工作的城市形式和空间模式，建立起一个可以被场所环境的微差丰富起来的框架。

再进一步地作点解释，城市的周边式街区（举个例子）可以被分成"庭院"类型的一个种类。街区内部的空间被沿街建筑的背部定义出来，通常只为街区建筑的使用者们所共享，而对外面街道上全公共的世界屏蔽。熟悉阿尔弗雷德·希区柯克著名的电影《后窗》的读者们可以回忆一下，情节中的许多张力来自于这样一个街区的庭院中，吉米·斯图尔特①的视线对私人领域的入侵。学院式的方庭在牛津、剑桥、耶鲁、哈佛和许多大学校园中是如此典型，可以看作是另一类的庭院类型，它的源头可以追溯到中世纪的修道院，在建筑物的内立面上，附加的一圈环廊，围成了一个

区域。这一类的庭院，无论是有回廊还是没有回廊的，都会由大的建筑体量塑造出来，或者像图 4.11 中所示那样，它们可能由独立的建筑之间的空间创造出来。美国随处可见的中庭旅馆是对这种类型的误用，那里客房的正面对着几层楼高的大型室内空间。

其他再现的空间类型有圆形——例如，巴思（英格兰西南部一座城镇）的竞技场和伦敦市中心 Broadgate 的公共空间（见图 4.12），——和线型的流通脊，沿着它的长向有空间附加在上面，这个模式构成了希腊柱廊和美国主要商业街道的基础。

关于类型学，三个决定性的要点需要确定。首先，从这些实例中可以清楚地看到，"类型"和"模型"是截然不同的。模型可以进行非常相似的模仿，是一种可以严格重复的对象。而类型，概括了一个对象的综合形式和特征，可以被不同的设计师进行不同的诠释。这和柏拉图的思想非常接近，即存在一个"理想形式"，是创造特定

---

①《后窗》剧中男主角杰弗瑞的扮演者，影片描写了一个因为脚受伤而行动不便的记者，天天观察院中别的建筑窗口的邻居的行为，从而发现了一桩谋杀案的故事。——译者注

图4.12 Broadgate圆形舞台，伦敦，Arup建筑师事务所，第一期，1985年。主要公共空间环形的形式由几层高的商店界定出来，它被遮蔽起来的出入口和悬在上方的包厢创造了多种可能，围绕着主要中心广场的边缘，有小型的、私密的空间。

对象的基础，可能有一个基础的理想形式支撑着工匠的建造，或者当一个城市设计师设计广场平面的时候，有一个城市广场的理想形式存在于他的心中。

其次，类型学是关于标准的，但更是关于变化的，就像庭院/广场/市政广场之间的关系，以及我们先前提到的市政大楼。它是一个绝妙的工具，将"理想"、历史形式和特定的当代环境融合起来。

第三，我们把这个归功于意大利建筑师和城市规划师阿尔多·罗西，类型学允许建筑和城市形态从建筑的传统本身收集正确性和有效性，而无需依靠外部的理由，例如从社会科学、符号学或者混沌理论。这种意义的内在化暗示了一股强烈的线索，历史的连续性是和新理论以及理性潮流连续的循环相反的——例如，解构主义，在1980年代进行尝试，通过借鉴法国符号学理论证明新的建筑形式。

我们对这种建筑和城市规划的"智力自助餐厅"的方法没有什么耐心，凭什么建筑师们会从一堆流行的选择中挑拣出他们的理念和意义。对智力游戏来说，城市和城市问题是太严肃的场所和事件，而罗西提醒我们，研究历史先例价值非凡。在美国，这就意味着自19世纪末、20世纪初以来的传统城镇、城市和郊区形式是新城市主义语汇的直接而主要的来源。类型学和肤浅的怀旧相反；它包含着新建筑的关键要素，因为纵观历史，它是一座建筑和城市形式所有思想的知识仓库，与此同时，它也是新城市工作的源头。

类型学的简单方法让我们和一个建筑和城市的遗产接上了头，并且熟悉了它，它比我们着手研究的特殊的城市设计问题更为广博；并且，也很重要的是，它可以将我们的设计理念描绘得更通俗易懂，让其他人、设计小组中的非建筑师成员们都可以了然于胸。在深入的专家研讨会上惯例是做出一个社区的总体规划，而设定的时间非常有限，这时，让各个学科的成员都能信任同事们观点的深度和质量，变得格外重要。我们的形式和理念很大程度上源自类型学的确定性，它的力量将历史和现在、包括未来联系到一起：这是一个重要的途径，交通规划师、景观建筑师和开发经济学家们便可以了解我们建筑师和城市设计师的想法到底从哪儿来。我们用的是经过时间考验的手法，而不是突如其来冒出的青涩的念头。

用这种方法出现了两种类型，它们也出现在好几个个案研究中，即"混合利用的中心"和"传统邻里"。它们和另外的两个类型，"区域"和"走廊"，在第六章里详细进行了解释，就在专家研讨会方法论那一节，不过，我们已经了解到了（见第三章，图3.2和图3.3）类型学的原则，从1920年代克拉伦斯·佩里关于传统邻里的观点到1990年代DPZ对这一类型的重新研究，它出现在更新和连续的工作中。

风光如画的城市规划

和类型学的理性主义基础相对的是,"城镇风光",或者说城市设计中风光如画规划的方法是更加"经验主义"的。它基于对观察者在感觉和情绪上细致入微的影响,特别是在城市形态和空间的组成上,而不是依赖于已存在的、普遍的形式概念。经验主义提供了另一个伟大西方思想的创立原则,由英国哲学家约翰·洛克清楚地提出。在他1687年的《人类理智论》(Essay Concerning Human Understanding)中,洛克提出了(和笛卡尔相对)我们对世界的全部了解来自于感官的体验——视觉、声音、味觉、触觉等等——然后来自于对我们体验的反思(Broadbent p.80)。这种哲学的世界观通过戈登·库伦的工作,直接转译成为了城市主义,例如,他的城镇风光和"连续视觉"的原则——在英国风景园林设计的传统中,将城市理解成一个视觉体验的和谐序列,并将这些体验作为一系列彼此联系的场所,编织成一个城市的三维精神地图。

读者们需要回忆一下,我们先前讨论过,这种设计方法有一个独特的来源,来自于19世纪末奥地利城市规划专家卡米罗·西特的工作;也曾在一次世界大战之前,被雷蒙德·昂温和巴里·帕克大量运用在早期田园城市和花园郊区的设计中。在英格兰西南部的德文海岸,位于道利什(Dawlish)的奥克兰公园,图片表明,它的空间是作为一系列的装饰而创造的,构成了图画般的、或者是"浪漫的"效果,通过强调本土的意向和隐喻当地的建筑风格和材质,这种特质格外突出。空间的组织明确地基于一个步行者、或者慢速汽车上的人的视线,可以作为一个意味深长、引人入胜的序列来欣赏(见图4.13~4.15)。

西特1889年的文章中强调了身处城市空间中的情绪体验,《艺术原则下的城市规划建设》这篇热情洋溢的文字对一种类型持反对态度,即19世纪奥地利开发商围绕着中世纪的维也纳,在福斯特笨拙的环城大道上规划的那些乏味无聊、千篇一律而机械重复的建筑(1859~1872)。但是西特自己的作品,基于对无数的传统欧洲广场的经验主义的视觉分析,在某些程度上是一个自相矛盾的类型。他研究了历史的案例,不是作为模型来拷贝,而是从中识别出其中蕴含的早期的、可以转换到他的时代的艺术构成原则(见图4.16)。把对这些原则的研究扩展成不同的空地和广场的分类并不困难,可以以变量为基础,如主要建筑和空间的关系、进入空间的位置,主次空间的层级以及它们的联系等等。罗布·克里尔在他1979年的书,《城市空间》(Urban Space)里,对类型进行了详尽的研究,他继承了这种方法,明确提到并延续了西特的工作。

与此同时,西特首次关注了空间的视觉组织,也就是他的这部分研究,被昂温,特别是库伦在日后发展起来。即便没有证据能表明西特和库伦之间有什么直接的联系(Gosling研究库伦作品的权威著作也仅仅是提到了那个维也纳专家[Gosling, 1996]),从视觉水平进行设计的城镇风光方法——基于步行者游览城市的视觉体验——成为西特二维分析自然而然的三维发展。

在库伦的词典里,对空间最初步的表达就是区分"这里"和"那里"。"这里"是一个人所在的地方,一个他相当熟识和了解的空间,至少暂时由使用者所占据。"那里"是一个别的空间,在某些方面和前一个空间截然不同。它也许是以一种直接的方式展现在观察者的面前,可能是从一个拱形景框中望去,也可能半遮半掩在局部围合的画面中,甚或完全是通过暗示才知道,或是通过开端来处理,或是通过高低来塑造。从"这里"到一系列的"那里",一连串转变的序列发生了,库伦建立了他"连续视觉"(serial vision)的手法,一种通过创造难以磨灭的视觉对比和想象,而领悟、欣赏和设计城市中公共空间的方法。他寻找着处理城镇或城市元素的方法,以达到影响人们情绪的目的(见图4.17)。城市场所"通过一出接一出的戏剧"变得生动活泼,所有的元素被结合到了一起,创造出特定的环境、建筑、空间、材质、树木、水体、交通等等,它们彼此交织,上演了一出城市体验的好戏(Cullen, 1961: pp. 10–11)。库伦的思想有几个变异,艾费·德·沃尔夫(Ivor de

图4.13~4.15 奥克兰公园，道利什，德文郡，默文·西尔（Mervyn Seal）建筑师事务所，1972~1976年。在这个低调的住宅区中，建筑围绕着一系列微妙的空间，当居民或访客乘坐汽车或步行穿越小区时，特定的景观扣人心弦。建筑是德文郡滨海乡土建筑的抽象翻版。

Wolfe）和肯尼思·布朗的《Civilia》，弗朗西斯·蒂巴尔兹（Francis Tibbalds）的《创造对人友好的城市》（1992）（*Making People-Friendly Towns*）。最近安德烈斯·杜安尼等人在《新城市新闻》（2002-2003）（*New Urban News*）中发表了一系列讨论城市组成的文章，都直接来源于库伦开创性的工作。

库伦的案例，就像他之前的卡米罗·西特和雷蒙德·昂温一样，是从本土的欧洲城镇风格中提取出来的，城市规划中的场所是有机的，而不是雄伟的。这些城市场所是很多人的决定日积月累的结果，而不像皮埃尔·朗方做的华盛顿规

空间的社会利用

作为一种设计方法，给风光如画的城市规划加上另一个限定语是非常重要的：在1980年代到1990年代，尽管空间的社会利用隐含在库伦和他的追随者——如弗朗西斯·蒂巴尔兹的作品中，这些城市设计师首先注意到的，却是设计的视觉方面。和他们相对的是，三位重量级的美国城市规划学者——简·雅各布斯、凯文·林奇和威廉·H·怀特——关注到了空间的"社会利用"方面(Carmona et al.:pp.6-7)。在他们努力进行关于人类行为模式的实践探索的时候，另三位学者阐明了第三条哲学原则，美国人独一无二的实用主义。

实用主义，因美国哲学家查尔斯·桑德斯·皮尔斯(Charles Sanders Pierce, 1839~1914)、威廉·詹姆士(William James, 1842~1910)和约翰·杜威(John Dewey, 1859~1952)的著述而名噪一时。实用主义者张开双臂拥抱"事实"，他们以实用性为基础，在具体的人类体验的领域中，分析各种环境条件。在城市设计和规划的背景中，这种方法通过"更近地观察城市生活中的实际效应"拓展了其理论和原则(Broadbent：p.86)。

雅各布斯、林奇和怀特都强调了人的日常经验在城市设计中的重要性，并且都以自己的方式否定了建立在现代主义价值和假想之上的抽象的城市生活。林奇，在他独创的力作，《城市意向》(1960)中，探究了人对城市场所的感觉和精神意向，将其作为专业人士的设计手法和使用者对空间日常的赏析之间的联系纽带。雅各布斯，最著名的是我们已经讨论过的《美国大城市的生与死》(1961)，认为街道空间作为一个日常使用的地点，是一个空间容器，对社会行为起到作用。怀特的兴趣在于城市空间的实际利用，在他著名的小册子《小尺度城市空间中的社会生活》(*The Social Life of Small Urban Spaces*)(1980)和附赠的录像带中，通过观察什么在每日的生活中最起作用、并把这些经验用到绘图板上，他得出了设计公共空间的一般感觉原则。这些社会观察，从人居空间到其在设计上对人类行为的影响，由克里

图4.16 卡米罗·西特绘制的广场图纸，摘自《美国的维特鲁威》，赫格曼和皮茨(Hegemann and Peets)，1922年。这两个例子，圣吉米尼亚罗(San Gimignano)和佩鲁贾(Perugia或Perouse)，示意了西特的一个主要观点，公共空间中的主要建筑呈不对称布局，这样可以创造一系列丰富的空间，尺度有大有小，特征多种多样（插图来自公共领域）。

划(1791)、或者是19世纪末期巴黎美院灵感的城市美化运动一样一蹴而就。由于美国城镇大都有重复而均匀的格网，关于空间清晰度的城市景观原则在这个背景下难以企及——那些格网出自于托马斯·杰斐逊的规划，他将西部扩张获得的新土地划分成块状。但是我们坚信，在城市肌理缺乏丰富性和多样性的背景下，这些手法会更加有力。通过选择，而且我们强调"选择"，打破了美国格网那面目可憎的单调划一，为人的活动创建一个五色缤纷的空间调色板，城市设计师们可以创造记忆和意义（见图4.18）。这些特征，可以调和复杂而矛盾的需求，这将在本章的后面讨论，关注到城市设计和规划中固有的很多压力。全球化的力量追求划一的城市，有相似的建筑、共同的产品，这和我们希翼区分和提高场所的地方性、真实性站在了对立的立场上，而这种力量的构建是围绕着栖居其中的人群的。

资料集：连续视觉

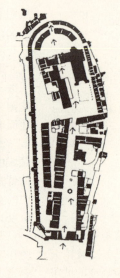

以匀速的步伐,从平面的一端走向另外一端,一个渐次露面的序列就像对页的系列图画一样出现了,从左到右浏览。平面上的每个箭头都代表一幅图画。步行这样一个连续的过程通过一系列突然的对比被揭示出来,人的视觉受到了冲击,让平面变得栩栩如生(就好像在教堂中捅醒一个即将坠入梦乡的人)。我的这些图和场所本身没什么关系;我选择它,是因为它似乎是一张唤醒的平面。注意,在行列中最微小的偏移、在方案中最细微的变化或者平面的顿挫,都会在三维上形成巨大的不均衡的影响。

图 4.17 戈登·库伦的"连续视觉",摘自《城镇景观》,1961年。西特的著作中,不规则城市形态和空间唤醒的敏感品质被库伦提升到了一个新的高度。西特的作品大都是二维的平面形式,而库伦史无前例地将第三维——城市体验生动地提炼出来(插图蒙建筑出版社提供)。

斯托夫·亚历山大等人大大的拓展了,他们把设计观念概括为《模式语言》(*A Pattern Language*)(1977)和上升到特定城市水平的《城市设计的一个新理论》(*A New Theory of Urban Design*)(1987)。为了表明这些各式各样的城市设计线索之间是怎样联系在一起的,亚历山大强调了城市模式,并将它和西特的著作联系起来,这是亚历山大常常挂在嘴边的。

美国这些社会基础上的设计方法和英国的风光如画规划有很多共通之处,但也显示出了极大的不同。城镇景观的城市设计方法保留了专业设计人员的观点。是他们的眼睛组织了这一幕幕城市图景。而对林奇、雅各布斯和怀特而言,普通城市居民对空间的感知和利用,才是最重要的。这种设计权的移交,希望创建出呼应着市民需求和期盼的邻里和城市,是当代城市设计的一个相当重要的信念。它显示了在建筑规划领域,对民主主义和社区行动主义的推进,就像第一章提到的那样。与此同时,它明示了城市设计的第三个方法论。这第三个,关于运作的实用主义模式最好的标签是"为人民建造场所",它综合了美学的实体和行为的方式展开城市设计,而后者的坚实基础,就是人们的实用和活动的真实情况(Carmona et al.:p.7)。

美国人:林奇、雅各布斯和怀特和他们的英国同行——库伦、蒂巴尔兹等人最能达成一致的

第四章 设计与方案：良好城市生活的源头

图4.18 罗迪欧名店街，比利弗山，加利福尼亚，卡普兰·麦克劳克林·迪亚兹（Kaplan McLaughlin Diaz）建筑师事务所，1990年。坐落于罗迪欧名店街和威榭尔大道的交叉口处，这个"成年人的高档主题公园"——《新纽约时报》的评论家保罗·戈德堡的形容，在汽车主宰的环境里用了一条斜线来创造宜人的步行空间（图片蒙Kaplan McLaughlin Diaz事务所提供）。

地方，是街道——他们都认为街道是连接民主空间和视觉经验、构建城市和城镇的组织。但让人啼笑皆非的是，我们没有机会来庆祝一下这个"英雄所见略同"。我们刚就传统城市空间的好处达成一致的专业意见，批评家们就抛出了新的质疑，究竟复兴街道和公共空间是不是正确的（Sandercock，1999）。这些评论家们议论着，是不是只放了个消极的"名流社会"在那里，成了开发驱动的布景和道具，为一大堆一般零售商比如"星巴克"、Gap、"维多利亚的秘密"（参见第一章）提供了卖场，而不是成为活跃的公民权和民主缔约的场所？是不是把私有化的领域打扮成公共空间的样子？在美国，还有声音在发问，这些新的街道和广场会不会被白人中产阶级独享？即使不被社会政策排斥，穷困的黑人和西班牙人是不是会被高收入阶层排除在这些场所之外？这些，就是我们下一个章节要讨论的内容。

街道和"名流社会"

前面几章里我们已经读到了城市设计的历史，城市设计的目标在20世纪是如何像钟摆一样摇摆不已。上个世纪伊始，街道成为基本建筑街区规划的一个开端，而后专业意见已将其远远甩在身后，直抵开放、连续、现代空间的开发，在二战前后的几十年里标榜着"街道的死亡"。不远的过去，20世纪接近尾声，设计理论和实践又回归了街道，把它作为现代可持续城市规划的主题。昔日重来，今天的建筑又矗立在公共空间的边缘，定义了"城市空间"，而不是在空旷的场地上孤立无依的体量。在英国，这场对传统城市规划的回归在书中可以找到证明，如《回应的环境》(*Responsive Environments*)（Bentley et al., 1985），如今仍然作为学生和相关人员的一本有用的入门教材。在美国，彼得·卡尔索普的《下一个美国大都会》(The Next American Metropolis)（1993）也写下了许多类似的文字，对综合的思考很有帮助。

这些书和其他书籍中所蕴含的城市知识开始被英国政府作为政策的导则，例如《经由设计：规划体系中的城市设计：走向更佳实践》(*By Design: Urban Design in the Planning System: Towards Better Practice*)（2000），和《经由设计：更好的居住场所》(*By Design: Better Places to Live*)(2001)。美国传统的城市设计原则，我们在第三章已经提到，在《新城市主义宪章》(1998)和城市土地协会的出版物上尽述无遗，如查克·博尔（Chuck Bohl）的《场所建设：发展中的城镇中心、主要商业街道和都市村庄》(*Place making: Developing Town Centers, Main Streets and Urban Villages*)（2002）。英美两国对城市规划和城市设计的政策，其区别我们将在第五章进行研究，这里约略地提一下，两国的设计和规划目标是很近似的，在英国，它们深入到政府的政策之中（即便执行起来还有瑕疵），而在美国，政府的层面上是一个大的空缺。对良好城市设计的推进，往往是由非官方的专业人员和政府以外的压力集团（为了其自身特殊利益和权利而谋求对公共政策（尤其是政府立法机关）的影响的利益集团）来进行的。

在越来越多的文章、导则和手册的帮助下，英美两国的设计师开始运用街道导向的方法，解

89

决当代城市设计和城镇规划的问题，一边改进传统商业中心和外廊，让它们对步行更友好，一边设计全新的步行化邻里，让它们处在满眼绿色的包围中。在美国，城市生活的大跨步是人们对公共空间的需求增加了。就连交通工程师现在也意识到了城市街道的作用，比如，它不仅仅是为往来的交通服务。它在人们心目中是一个场所，可以支撑很多行为，人们可以步行、骑自行车、乘汽车通过，也可以进行商务会谈，可以品品咖啡，甚至小酌一杯。街道重新成了休憩、放松、工作、消遣和娱乐的场所。

但是有的城市，特别是美国和澳大利亚的一些城市，对注重街道和广场的传统城市规划极力抨击，说它们是倒退、是怀旧，他们宁愿去探索新的城市形态，或者有些个案中，是接受现有的模式，因为消费者有所偏好（Sudjic, 1992; Rybczynski, 1995; Safdie,1997; Dovey, 1999; McDougall, 1999; Marshall, 2000; Sorkin, 2001）。这群批评家对这样的事实不满：传统的城市规划多少是依靠惯例自然形成的，依赖于一系列互为支撑的空间形态：街道的网络，内在的线索，比例均衡的形式空间关系。我们在文中对此多次辩驳，不免感到疲倦不堪，不过，一个对传统城市规划更实质性的批评，就像第一章曾简短提到的，这些创造步行化社区的尝试，我们怀着万丈雄心对传统城市形态的设计，可能都沦为一个享乐的"名流社会"。这么一个社区，他们说，就只是一个消费商品的场所罢了，不是什么创造文化和民主行动的空间，那个具有丰富涵义、包含了公共生活的场所不过退化为一个人造的展品。

这些批评很容易驳倒，只消看一看在城市中心区对建筑的翻新和适应性利用就知道了，例如在波士顿的昆西市场（1826，1978年翻新），和伦敦的考文特花园（公共广场，1631年，不过经历过数次大规模重建；市场大厅，1831年，1980年翻新）（见图5.1和图6.11）。在这些地方，这些娱乐、休闲和零售活动的城市节点综合成了现有的城市肌理，带来了繁花似锦、空前盛大的城市生活。社会有用性的另一个原理也实践在了"灰地"的复兴中，把老旧、破败的商业中心和商业区变成新的都市村庄，但是这些"灰地"外围的环境带来的新郊区形式却引起更麻烦的问题。

在第六章，我们要详细讨论这个问题，为什么很多在城市边缘进行的开发在美国是不可避免的，并且通过我们的案例扬长避短。简而言之，我们相信在郊区建立新的都市村庄会是一个非常有效的策略，在无序蔓延的外围空间，引入场所的层次和感觉。这是整体策略的一部分，将郊区转变为和城市一致的肌理，拥有可辨识的中心、邻里和区域。滨海区在人们的热爱中近乎窒息的一个原因，便是它缺乏与自己相近的场所。现在，众多新开发项目已经建设成了都市村庄的样子，我们相信美国人对文明的渴求会让他们从消费至上的情境转变到一个正常稳定的日常生活状态。

这些说明也许不足以平息批评，不过有一点大家可以达成共识。和那些冒牌公共空间如郊区购物中心不同——它们其实是私人掌控的公共空间，都市村庄中的街道、广场和公园必须是真正公共的。这一点至关重要，因为民主和城市生活是不可能在私有领域繁茂生长的。

在美国，新都市村庄的范本是作为中产阶级的展览馆来建设的，它日益融入郊区的文化中。打着"生活方式中心"的旗号，拥有主题零售和娱乐场所，这些开发项目从城市类型的确立中受益。他们在城市街区设置垂直方向混合利用的高密度住宅，底层商铺的上方是写字楼，传统的"主要商业街道"空间模式和城市广场创造了步行友好的环境，鼓励在街上游游荡荡、四处张望，好天气里在人行道上用餐。

诱惑人们上街，走入公共广场是城市设计师的关键任务。不过，所有的建筑和城市空间都需要规划，一套对人们行为的预期，什么样的事情会在这些场所发生将胜过消极的消费至上主义。为了迎合美国人的实际需要，我们设计了一个"理想用户"，我们最好把这个人叫做21世纪的"浪荡子"（flaneur），一个全新的著名巴黎大街上的城市居民，在著名法国诗人夏尔·波德莱尔（Charles Baudelaire）的笔下名垂千古。

他的诗篇《现代生活的画家》（The Painter of Modern Life,），于1863年首发于巴黎《费加罗报》上，波德莱尔描绘了一名浪荡子，成日混迹于公共天地之中，在林荫大道上游游逛逛，在巴黎的餐馆、酒家和公共建筑中进进出出。人群之中，找不到他的踪影，他却在所到之处为城市生活增添了活力。(我们得提一句，主人公性别为男，女人——除了妓女，在19世纪的城市里，没有陪伴是不允许从事这样的奢侈活动的)。但是波德莱尔笔下的城市浪荡子不仅仅是一名被动的观众。诗中强调，他穿行城市是为了一个崇高的目标。他是在大都会中找寻"现代性"，在找寻的途中，"浪荡子"不仅仅消费了城市的文化。他还通过自己"热情洋溢"的行为创造了城市文化。在一个城市中把这样的人物数目乘以1000，哪怕是在一个郊区中心，一个真实可信的美国公共生活也是指日可待。

我们规划师的一个头号理想是创造并维持这样的公共领域，让现代的浪荡子——男女都有，可以尽情享用，并且满足他们对创造城市活动和文化的需求。这就是真正的公共空间为什么至关重要的问题所在。私人对空间的掌控看似公共，但却削弱了社会生活中民主的参与。

有一个开发项目尝试设计意义丰富和积极活跃的公共空间，它就是伯克代尔村，位于北卡罗来纳州的亨特斯维尔，它地处郊区，比夏洛特偏北一点。也许它达不到我们那个理想的浪荡子的全部要求，但是也不差多少，这是一个勇敢的尝试。它的位置距一个高速公路交叉口处不远(这也是它受冷遇的一个标志)，伯克代尔给郊区的中产阶级提供愉快的城市生活；它把自己打扮成传统镇中心的样子，这个到2002年人口为32000人的亨特斯维尔小镇从来没有狂热地想发展成为卧城。(指人们只在此睡卧，白天是"空城"，晚上是"卧城"——译注)

就像一个传统的镇中心，52英亩(20.8公顷)的伯克代尔村，它的公寓楼和写字楼都在商店上面，一个电影院坐落在主要商业街道的端头，空间的联系是通过一套可步行的道路格网，通向附近的住宅区(见图版4)。但是就在这不起眼的外表下，亨特斯维尔镇的人口却实在了得。镇人口有85%是白人，中等家庭年收入高达72000美元，比地区平均水平高出许多。来做个比较，在卡罗来纳的其他社区，例如温斯顿－塞伦，白人的比例是55%，中等家庭年收入是37000美元。斯巴达堡的数字是42%的白人和22400美元。因此，亨特斯维尔是一个住户范围比较狭窄的城市地区。所以不奇怪，伯克代尔村的商店是高档的，公寓的租金相当可观，但是这种排他性结合了高级文雅的感觉，给它带来了巨大的商机(见图版5)。

一个重要的缺失因素，是城市设施的缺乏。这里没有市政厅，没有图书馆，没有警察局和邮局。图书馆孤零零呆在高速公路的另一边，其他的市民设施还都在3英里之外的老镇中心，大无畏地保持和留守着逝去的历史片段。尽管如此，积极的一面是，伯克代尔村的街道基础设施和公共空间已由城镇从开发商手中接管过来，公共享有，公共维持。它们是真正公共的。举个例子，它们可以成为政治示范和实验的合法场所。事实上，这些公共空间的创造者是私人开发商这一点不是一个问题。只有当我们使用的公共空间的所有权还在私人手里，才有问题发生。

尽管它对社会有积极的影响，一些当地居民和专家还在忧心忡忡，在这个崭新的、既成事实的镇中心，不是每个人都能负担得起这里的生活或者购物，这是公正的批评。因为发展的经济带来了额外的开销，要创造一个真正混合利用的中心也相当复杂，在一个白人比例高和个人平均收入高的地区，人们容易对这样的事实提出批评。可是，这些争论亦容易被夸大其辞。伯克代尔村的建设造价约为800美元/m^2。考虑到这里用地紧凑；较小的地块有较低的土地价格，常规的开发项目则需要大块的场地，去铺开独立的住宅，比较起来，这里并不算奢侈离谱。

尽管如此，建造一个项目不算是最困难的事情。开发商需要安全保障，高层次的人口和高收入的顾客能减少开发的风险，换作一个不太富裕的地区，这样的开发就需要一定的公共补贴支持，为私人开发商降低成本，比如，在土地购买中。市场本身不可能独立地为工人阶层和贫困阶层提供新的文明生活，除非这是一个大型的、公私合营的投资，以解决城市的社会公平和公正问题为目的。每一群人都值得拥有这样先进的城市未来，而不只是富裕的资产阶级，不过重要的是，他们正在得到的过程中。这个排斥他人的实际问题简直撞到了批评家的枪口上，他们抱怨说，主要商业街道不过是布景和道具，把本来是日常生活的常态变成了一场狂欢的表演。他们认为人们没有觉察到，他们的公共生活是怎样变得虚假、干净和安静。用这些批评家的说法，消极的"名流社会"战胜了积极的城市现实，捣毁了一切。

我们承认这些争议，但我们并不全盘认同。在美国的郊区文化中，真正的文明生活并不是人人都曾有幸经历的，伯克代尔主要商业街道环境是一个新奇的东西。在开发商打造的真正公共空间里，普通郊区中的人们在商铺上头生活和工作着——通过他们私家的阳台和打开的门窗，分享公共空间——这是距离很多人的经历最近的城市生活。这并不完美，但却是个起点。调查和经验观察进一步表明，美国人对城市体验怀有热望，我们坚信，一个真实的美国人走进这种生活方式，最终明白成为一个城市居民的意义——浪荡子，是非常可能的。如果你在周五或周六的夜晚光临伯克代尔，你会见识到丰富多彩的真实街道生活和城市活动。遥远的理论家们在对他们的举止评头论足，可他们并不知晓。图版6中展示的人们并不是在演戏，他们本来如此。

我们的观点也不是完全客观。1990年代中期，我们两个作者应邀帮助亨特斯维尔重写它的区划条例，以禁止常规的商业带开发，减少居住区的蔓延。我们于是要求商业开发必须是混合利用的，要和附近的居住开发联系起来，并且要求所有的新居住区开发要有连续贯通的道路网络和公共空间。我们运用传统的城市设计实例作为模型，围绕着它们的设计特征编写了规范——良好的比例，有文脉的设计，协调混合的利用和步行尺度的城镇景观，保留了汽车的便利性但减少了它们的自由度。

简而言之，高密度、综合利用的开发项目如伯克代尔，满足了规范的全部要求和期待，和我们脑中的想象不差分毫（见图版7）。我们更希望这样的一个城镇中心规模的开发发生在真实的城镇中心，但事实是，由于市场和开发经济的限制，这不可能实现。古老的城镇中心就在距离主要公路一英里的地方，出入不便，开发的潜力微乎其微，因为私人的土地所有决定了它的落伍和变化多样的模式。土地昂贵、难以获得，更加上通讯不便，交通困难，它简直是开发商的梦魇。当和一块靠近繁忙的高速公路交叉口的土地相比的时候，它毫无竞争力可言。

环境如此，城市设计师的工作是应对现实，尽量让最佳的场所变成可能。我们相信，不去追求尽善尽美的设计是非常重要的。如果就是一心想实现乌托邦，城市设计师们就面临了很大的风险，或是脱离社会的进程，或是变得垂头丧气。能够参与到伯克代尔的开发中，我们感到骄傲。在大西洋两岸的这两个国家，建设高质量的社区不是一件容易的事，不过现在，伯克代尔在美国已经成为事实，我们可以推进更好的结果。我们可以教育大众和那些在开发的社区，什么是好的城市设计，重要的是，创造高质量城市环境的经济适用性能如何来对抗平凡世界里的郊区垃圾。

不过，不是所有的行动都发生在美国的郊区。郊区外部和外围大量的人口重新回到城市中心以及郊区中心。随着制造业和工业远离城市中心，原来的工业建筑可以转变成中产和高收入阶层的住宅，市中心的老房子原本短缺，开发商们急切地造就了外表老旧的新房子，满足人们的需求，而不会被人指点（见图4.19）。

市中心不断攀升的有钱人挤走了、或者是排斥低收入的人群，这群人不断被中产阶级取代，除非政府在市场上加以干预，提供可以负担的住宅。很多市区的服务部门仍然为低收入的工人提供工作机会——有保安、看门人、侍者、销售助理等等。但是市场为这些人提供的住宅却是微乎其微，或者实际上只为低阶层的专业人员如教师、护士或者为大众安全服务的警察、消防员提供住宅。

在美国，为了减轻这个问题，有一次成功的联邦立法提案——HOPE VI 计划，由此，衰败的公共住宅被推倒，良好设计的住宅取而代之，

第四章 设计与方案：良好城市生活的源头

图4.19 卡姆登路南端，夏洛特，北卡罗来纳州，纳莫尔·赖特（Namour Wright）建筑师事务所，1998年。有益的新城市填空开发在美国总是伪装成一段虚假的历史，用过去的荣耀弥补现在的损失。为了迎合大众的口味，很多开发商希望他们的建筑甫一完工，就看起来年代久远。

建起了混合的受资助公共住区和可负担市场价格的住宅。HOPE VI的城市和建筑设计体系仿照了新城市主义的：将各种类型的住宅综合安置在同一个社区，无论是社会方面还是视觉方面，这样就难以分辨出哪个住宅是哪种类型的。夏洛特有一个在市区的成功开发项目，First Ward Place 广场，距通往市中心的新轻轨线只有两个街区（见图2.14）。在这个成功的开发中只有一个问题，它是沧海一粟。夏洛特，就像很多美国城市那样，有廉价住宅不足的危机。First Ward Place 需要在整个城市复制，散布在靠近公共交通、工作机会和服务的地块。这种开发需成为未来都市村庄的完整组成部分，成为沿着交通线的关键节点。地方的权威人士需要在每个重要的开发项目中要求包含可负担的住宅，就像北卡罗来纳的戴维森区划条例要求的那样。

当可负担的住宅在中心城市难以找寻，或者彻底消失无踪，新生的中心城市不过成为了富裕阶层的游乐场。如果这个情况和郊区中心的经济排他性结合起来，就像伯克代尔村发生的那样，美国社会就面临着主要比例的挑战。城市的公共空间就成为惟一的场所，市民可以遇到和自己不一样的人，但却让一些人畏足不前。对很多人来说，见一个陌生人都会惊慌失措，但这对创造一个文明的社会却非常重要(Sennert，1973，1994)。

我们迈出家门，碰到的全是和自己一样的人，我们变得疲乏虚弱，很可能焦虑不安，我们的公共生活就像一潭死水。所有粗陋的边缘地带，奇怪或者特殊的行为，特别的人物，任何可能打搅我们在社区商店购物的娱乐活动，都应该被清除，一脚踢开，流放到我们永远看不到的城市另一边去。用这样一种招人怨恨的态度，我们放弃了对原本就凌乱而复杂的城市生活的掌控，无怨无悔地滑进虚幻的温柔乡中。城市设计师就处在争论的一团迷雾中，又困难，又棘手，让人摸不清头脑。但是我们别无选择。

93

第三部分

III

实　践

第五章
增长管理、发展控制和城市设计的作用

提要

　　这一章我们研究英国和美国规划体系的相似和不同之处。很多的相似之处存在于专业领域中,两个国家的建筑师、城市设计师、规划师运用同样的理念,承担同样的任务。而不同之处存在于政治和文化领域,一个重大的分歧是,美国人认为私人财产权神圣不可侵犯,而英国人(欧洲人)看重公共利益。在专业人士必须面对的工作中,我们通过详尽分析文化背景的差异,强调了这些不同。

　　接着,我们探讨了英国和美国规划体系根本的不同:首先,美国的划分是:规划——建立未来的意向——而区划——调控增长的法律手段;其次,美国的实际情况是,方案是咨询性的,没有强制的法律效力,不是履行制定规划的要求。在英国情况相反,继1980年代有所松懈——地方规划在法律上没有和文件捆绑在一起,而文件中精确的尺寸和详细的设计参数在英国及欧洲大陆部分地区的地方政府具法律意义——之后,地方规划又一次强制地运用在土地开发商申请的决策中,在开发中严格地将它与用地的方案结合在一起。规划和开发控制是一个统一的过程,其中设计规则日益发挥了重要的作用。

　　在最后一部分,我们简短地讨论了历史上基于设计的法规,特别是它们和美国实践的联系,来研究城市设计原则和环境建设规则之间的关系。我们注意到类型学是众多基于设计的法规的基础,而且在当代的实践中,支持城市设计指导方针的应用。

不同文化中的设计共同点

　　以美国人的眼光来看,英国的城市设计师的工作似乎享有特权。我们明白,这可能会遭英国城市设计师的白眼,因为他们每天与政府的不妥协和开发商的白痴做着斗争,不过别忘了,我们的一个作者是英国人,在两国都有从业的经历,因此这个观察也是有根有据的。我们并不是说英国的城市设计容易做。只是简单的肯定,英国的专业人员是在一个不同的世界里工作,和美国同行截然不同。举例来说,英国政府有城市设计的政策,白纸黑字地刊登在《规划政策导则》这样的刊物上,从1990年代开始出版。这类事情在美国不存在。英国有政府背景的地区中心,建筑和城市都美不胜收。在美国,闻所未闻。英国政府在城市设计中的新智慧受了专业组织的强大影响——它们包括国家的"城市设计联盟"、"英国皇家建筑师协会"、"皇家特许观察员协会"、"皇家城镇规划协会"、"民间工程师协会"、"景观协会"、"市民信赖和城市设计组织"等。这么多学科间的专业人员一致发出的呼声,在美国根本无处可寻。

　　在我们深入讨论增长和开发是如何在社区的层面上进行控制的这个问题之前,一个明显的事实需要强调:美国幅员辽阔,广泛的差异是由于政府结构和关注焦点的不同带来的。英格兰和威尔士,如果拿来打个比方的话,刚好相当于俄克拉何马州的大小。法国呢,则和得克萨斯州的版图差不离。美国有50个州,是一个复杂的文化、气候和心态的大拼盘。

由于这种不同的存在,国家政策的鲜明对比也就不足为奇了。在第四章,我们谈到英国的政府报告名为《经由设计:规划体系中的城市设计》(2000)和《经由设计:更好的居住场所》(2001),题目指出了书中的核心思想。这是在国家层面上,多数人一致认同的政策和期望,在21世纪初的美国简直难以想像。在美国的城镇设计中,官方的关注、国家与州级别的政策是一个巨大的空洞。这不是不重视的问题,而是一个意识形态的问题:美国的规划体系总的来说受这样一个假定影响——政策和规章首先是地方问题。从抽象的角度讲,这种政策的下放是一个很棒的理念,但是由于没有任何清晰的导则是关乎国家主导方向的、或者有优先权、或者关于地域性问题,由联邦或者州政府来制定,很多规划保持了闭关自守的状态,以地方为尺度,和附近的政府竞争而不是通力合作。

这种地方政府互相竞争的态度是美国体系中致命的软肋,但是它渊源很深;大的方面来讲是金钱在作祟,特别是指地方的税收。和欧洲体系中央集权的范例相比,美国地方政府大部分的预算来自地方的税收。美国的城镇中,学校、警察局、消防局,还有公共的基础设施如街道、人行道、供水和排水系统都直接来自于对社会上私有财产征收的税款。为了避免靠经常提税来支付这些款项——由于通货膨胀的关系这是常常出现的,地方政府试图通过新的开发项目在自己的领土上扩大可征税的财产权。他们常常比邻居开出更高的价码,在激烈的竞争中刺激开发商和公司,这包括,真是可笑——地方税收的折扣。

不过,不是所有的增长都为自己埋单。比如说,从一个典型的美国居住开发中收纳的税款一般不支付房屋所有者的服务设施,而主要用于为他们的子女提供学校的花销上。但是从带型商业中心收来的税就可以构成地方政府的利润,因为这些开发不需要什么学校、图书馆、社区中心、游泳池、法院等等房主和他们家庭期待的东西。购物中心只需要警察和消防,供水和排水。因此,这类导致了蔓延的开发,在美国城乡中特别受当选议员和经济发展官员的青睐,可以储存收入用于市民服务设施的建设。

另一个重要的问题在于对什么收税。在欧洲,税收结构特别倾向于消费而不是财产权。换句话说,你用的东西收税更多,而不是你拥有的东西。美国却有天壤之别,在消费上抽的税,比如在汽油上,比起欧洲来说大幅度缩减。英国的情况则徘徊在两者之间。

对消费税的重视在很多欧洲国家被扩展为所谓的"绿色税收"——对污染收税,特别是在瑞典、荷兰、德国和丹麦。这项政策一方面可以减少环境污染,一方面又可以减少个人的税收。在1994到1998年间,举例来说,丹麦提高了在汽油、供水、能源和垃圾上面的税收,同时对市民的所得税减少了8~10个百分点(Burke, 1997, in Beadey:p. 257)。在美国,任何税收结构上的基础性转变,成为更中央集权而使用优先的税收体系在美国都是不可能的,地方政府还是持续他们常规、竞争性和地方化的老一套。很多观察者不觉得有什么问题;对美国文化的一曲老赞歌是这样唱的:竞争为大多数问题提供了最佳的解决方案。可是,在这种地方财政主导的情况下,竞争是一个问题,而不是解决方案。它是美国城市规划的阿喀琉斯之踵^①。

除了要和邻居们争夺税源,基本上所有打过交道的当选议员都告诉我们,他们担心失去社会的一致性,因而对拥有不同议程的邻镇持有保护性的怀疑。比如,夏洛特的几个进步的城镇参议会的成员常常和县专员唱反调,后者掌控着超越了城镇边界的广大乡村土地。举个例子,穆斯维尔在夏洛特之北48km,它的领导者非常希望和大城市的轨道交通系统联通,成为规划中夏洛

---

① 指惟一致命的弱点——传说阿喀琉斯除脚踵外全身刀枪不入。——译者注

特北线的终点站。不过,穆斯维尔所在的艾尔德尔县和穆斯维尔及其他几个镇相距甚远,它是一个田园风貌明显的区域,和夏洛特市及周围的梅克伦堡县的城市环境有着强烈的对比。对穆斯维尔的官员来说,和县领导取得共识不是件容易的事,他们认为,铁轨的连通和随之而来的发展是推进城市化的特征,会威胁到乡村的价值。穆斯维尔和夏洛特联系的雄心壮志表现在一个巨大的经济发展机会上,并能实现某些时髦增长的目标。无论如何,这种领先会拉大镇和县之间的距离,没有统领全局的权威规划有力量解决这个争论不休的、决定性的地方和区域的问题。实际上,当北卡罗来纳州建立了法定的大都市规划机构,制定本州内的交通规划时,将夏洛特地区划分为5个独立的组群,明确显示地域合作可能是艰难的,并且抵制区域管制的加强。

这可能有点极端,美国的州不认为权限之内的调节和规划合作是他们职责的一部分;实际上,很多的州不需要合作的规划出现在自己的版图上。为了避免这种扩大范围的管制问题,州政府表达出很多美国人的观点,他们认为,过高的权利,无论是作为区域政府还是更糟糕的——国家政府,对私有财权开发的控制,都是一种非常社会主义的观念。一些公共部门甚至认为这种规划的提案对基本的公民自由是一种腐蚀。

就像1930年代发生的那件事,联邦政府首次提出立法案,制定了一个国家住宅政策作为新政的一部分。反对者摧毁了当时的"新美国人新城镇"(fledgling American New Towns)计划,污蔑它是社会主义的思想,从那时开始到现在,人们的态度没发生什么变化。作者想起了最近一个保守的夏洛特政客的评论,他说:如果一个丑陋的环境是无规划自由事业的结果,那就那样好了。市议员们认为一个有吸引力的城市带来的结果比政府调控的代价更为可取。

这并不是说,国家立法对美国城镇的物质形态没有作用。有这种例子,我们讲过的那部城市更新法就是战后的一个生动实例。那些政策遗留下了挥之不去的后遗症,最近的一些例子则更有进步意义。但没有几个政策关注到设计。HOPE VI是一个熠熠生辉的意外,它是一项成就,推倒了不合标准的少数民族聚集区公共住宅,建起更有吸引力的混合收入邻里。由于它的目标中并没有提到设计,联邦住宅和城市开发(HUD)部门广泛采纳了包括伊丽莎白·普拉特-柴伯克在内的新城市主义建筑师的建议,以及其他的一些导则,如为HOPE VI起草的"提供易达的、易访的策略"(Strategies for Providing Accessibility and Visitability)和混合出资的住宅所有权,由城市设计协会起草,提供一些样板的设计信息(HUD,2000)。HUD的网页http://www.designadvisor.org也为可负担的住宅设计与布局提供了最佳的建议。

我们已经提到了夏洛特的HOPE VI计划的成功,它位于城市中心附近,在美国已经被很多城市借鉴。然而,让人失望的是,就在成书的2003年,乔治·W·布什政府已决定在2003年的10月中止整个计划(New Urban News, March 2003)。放弃这样一个成功的计划多半是意识形态的考虑。该计划是克林顿总统执政时非常热衷的,它取得了巨大的成功,因为中央政府列出了详尽清晰的标准和新城市主义的设计目标让城市去遵循。这种联邦政府对地方政府的指导(有人会说是控制)让很多美国政客和市民坐立不安。

没有联邦的城市计划像HOPE VI一样是以设计为基础的,但是有另一个卓有成效的国家立法案成为了交通和规划法规,名为ISTEA(1991),以及它的后继TEA-21。ISTEA,被大家叫做"iced tea"(冰茶),是Intermodal Suffice Transportation Efficiency Ace的缩写。该法令明确地将土地使用和交通规划联系在一起,支持公共交通规划,强调自行车和步行规划的正确性,提倡将所有的方式连接成一个综合的系统。它清晰地构建了交通系统,为城市提供了汽车之外的选择,特别是那些空气污染严重的城市。它还包括了在历史遗产阻碍交通规划的情形下为历史保护提供的基金。在最小限度的区域规划背景下,这些法案标志着一个很大的进步,但是在它的条例里没有提到城市设计。在国家层面的美式思维里,这完全不是一个问题。

在美国政府,很多政策提案包含了州的层面上发生的林林总总的问题,为了努力改善环境质量,有几个州通过调控的力量颁布了增长管理法。包括1959年的夏威夷,1970年的佛蒙特州(联邦中最小的两个州,由于面积有限,发展的压力就更突出),接下来是1973年的俄勒冈州,1985年的佛罗里达州,1988年的缅因州和罗得岛州,1990年的华盛顿,1998年的马里兰和新泽西州。总计下来,共有13个州拥有了一定形式的州内增长管理控制(到2003年),尽管这样,结果仍然各异。在这些州的部分地区,很多重要的自然风景被保护下来,一些建成区被改造成更可持续的城市形态,但是它们旁边的地区无论视觉上还是生态上都还是一团糟。

在州的层面上,区域规划中最有效的要数马里兰和新泽西州的做法了。这两个州把经费和税收的激励集中在基础设施充足的社区的商业上;在那里基础设施是现成的,可供填充进去、或者在邻近的地方开发新的项目,而不是占用新的"绿地"去搞开发。这些时髦增长的策略并不是为了停止发展;只是在决策上选择最明智的地点进行公共资金的投资(Katz, 2003:p. 49)。

在很多州政府的思维里,设计不算一个迫在眉睫的因素,不过在2001年出版的国家管理者协会的一份有趣的咨询文件,名为《新社区设计展开援救:实现另一个美国梦》(*New Community Design to the Rescue: Fulfilling Another American Dream*),谈到大约有三分之一的美国人表达了这样的偏好:他们想居住在可步行的、混合利用的、除了汽车之外每日出行还能有其他选择的邻里。换而言之,它认为有相当多一部分美国人想要居住在至少包含了一部分精明增长原则的社区里。报告接下来写道,只有百分之一的美国住宅有这样的便利条件和可持续性(Hudnut, 2002)。

怀有这些进步观点的人们不免觉得失望,因为在许多州那些会带来更可持续的城市模式的增长管理法规没有立足之地。有的是意愿良好的、却相对无效的咨询,而不是调控。拿北卡罗来纳做个例子,在2000年它颁布了一项法案,保护本州的100万英亩的自然开敞空间。然而,既无资金、也无机构支持这个目标的实现,它被留给了私人开发商和土地所有者的良心,不仅依赖于不适当的力量,而且依赖于不盈利的土地托管财政、或者是私人团体,来达成这件事情。

实际上在美国,总是让单个城市或者大都会地区去颁布它们自己的增长管理法规,通常也包括了城市设计的政策。俄勒冈州的波特兰、加利福尼亚州的圣地亚哥、明尼苏达州的明尼阿波利斯和圣保罗双子城、科罗拉多州的丹佛、田纳西州的查塔努加,得克萨斯州的奥斯汀都是著名的例子。这些城市制定了拥有良好战略规划目标的政策,其中包含了精明增长的原则,圣地亚哥城在1992年还更进一步,它采用了堪称模范的设计导则——交通导向式开发(由卡尔索普建筑师事务所起草),其中包括了明显的新城市主义设计原则。这些实例,通常是特殊的开发方式——比如说交通导向式开发,在美国大地上被很多城市效仿。

佐治亚州的首府亚特兰大就是这样一个例子。下辖多个县的亚特兰大大都会地区由于空气质量差而引起财政危机,被迫进行区域规划和增长管理;污染太过严重,联邦政府削减了《清洁空气法》中规定的道路建设基金——一项自理查德·尼克松任期就开始的法令。这项立法明确地限制了这笔基金的供应,用在维护城市合格的空气质量中。受其对经济增长的威胁,亚特兰大,在州地方长官的支持下,非常主动地将可持续的规划和城市设计纳入对规划导则修编的一个部分。协调区域规划的权威机构,亚特兰大区域委员会,开发了一个"精明增长工具包",其中包括了各种各样的主题信息,如交通导向式开发和传统的邻里开发等等。这些文件由我们的作者之一和亚特兰大的乔丹、琼斯和古尔丁(Goulding)规划事务所合作起草,以详细的城市设计导则和个案研究为特色,包括地区中其他政府采用的典型的区划法令。然而,地方长官对区域精明增长立法的积极支持,没有为他赢得多少选票。在2002年的选举中,他被对手击败,继任者显然对这些政策缺乏热情和支持。

在大都会的层面上,关于协作的规划和对设计的关注成果斐然的要算波特兰和明尼阿波利斯-圣保罗双子城了。以前,"城市增长界限"和英国的"绿带"相仿,保护城市化地区周围的乡村土地:一部地区的权威指导了规划的决策,城市地区则有良好的公共交通。在双子城的地区模式更加先进。它有一个大都会委员会,对7个县范围内的给水排水、交通和土地利用有规划权,并且指导增长以一种更井然有序、更经济合理的方式进行,而不是任其陷入常规的状态,让市场力量和政府竞争来做主。州立法机关追加4亿美元的预算,加强了常规的规划机构,使之成为一个拥有真正力量的区域权威,年度预算达到60亿美元(Katz,2003;p. 48)。更紧要的是,双子城有一个共享税款的计划,从商业和工业开发中收取的财产税中的40%在大都会地区内进行分配。这对平衡对新开发项目的竞争和税收竞争起到了很大作用,在美国,这可是刺激地方政府的最大动力。

和英国城镇一样,美国的城市一般都有一些城市设计的指导方针,有时在区划的法规之中,有时是一份单独的咨询文件。有的时候这些政策和指导方针是进步的,体现了深入的关怀,关注了城市的环境。有的时候它们几乎不存在,或者制定了就是为了被违反。更多的时候,它们介于两者之间。拿夏洛特市来做个例子,近几年它制定了设计规范,将重点放在市中心的街道中良好的步行环境上。在各项条例里,这些规定要求在新镇的开发中,街道上要有一定数量的零售空间,禁止建设横跨街道的步行道把办公塔楼中的室内环境连接起来,剥夺了街道本身需要的活动。但2001年,该市的参议会无视这些规章,批准了一条空中走廊将最新的摩天楼和相邻的大厦连通,没人对结果有什么异议,此外在附近的一个由城市实力雄厚的银行开发的大型项目里,放弃了街道上的零售项目。不过就在这些失败和疏漏的项目几个街区之外,夏洛特开发了它堪称模范的HOPE VI可负担住宅项目,它包含了良好的城市设计原则,兴建了漂亮的建筑,它的平面是由市外顾问——匹兹堡的城市设计协会(UDA)和本地的FMK和大卫·弗尔曼(David Furman)建筑师事务所规划的(见图2.14)。

城市设计的质量总是留给开发企业、依照它们自己市场驱动的利益来确定。有的时候结果不同凡响,就像Rouse公司在波士顿法纳尔大厅和昆西市场历史街区的重建那样(见图5.1)。有的时候结果不算完美,但仍然达到了一个比较高的水准,就像前几章我们提到的伯克代尔村开发项目那样。但是通常结果非常令人失望,基本上就是一堆步行空间的碎片,商场之间是几把长椅和装饰照明,周围是一大圈沥青停车场(见图5.2)。在这样的个案里,城市设计就像是扯几片无花果叶子遮住开发商赤裸裸的想象①。

图5.1 法纳尔大厅市场,更被人熟知的名字是"昆西市场",波士顿,亚历山大·帕里斯(Alexander Parris),1826年。由本杰明·汤普森事务所翻新,1978年。建筑师劝说开发商保留这些建筑,在当时美国的再开发和重修中对历史建筑还没有高度重视的时期,这里,嵌入的新建筑和细部没有努力做旧;在历史建筑和当代建筑之间有一种很健康的对话。公共空间尺度适宜,大量的饭馆和商店挤满了城市的居民、办公室职员、游客等(照片由Adrian Waiters摄)。

---

① 无花果叶,圣经中描写亚当和夏娃知道了羞耻后,拿来遮蔽身体的物品。——译者注

图5.2 Sycamore一般商业中心,马修斯,北卡罗来纳,LS3P建筑师事务所,2002年。追求文雅的外观作为营销的手段,美国的开发商们日渐要求建筑师设计步行空间的碎片,它们围绕着避难所一样的餐馆,在为方盒子商场服务的大片地面停车场的海洋中,恍若小小的孤岛。

对政府关于规划和城市设计的规则袖手旁观,象征着美国文化对私有财产大体上的态度,一种在美国深入人心的态度,所有美国人都明白,这是文化上已决定的。对某些人来说这就相当于自然法则。为了让美国的读者更能高瞻远瞩,一些欧洲国家的城市规划和设计实例还是值得概述一下,这和他们国家的文化态度相关,然后我们瞄准英国的情况,因其和美国总是最为接近。这并不是贬低美国,而是为了解释为什么有些设计和规划理念可以在英美两国之间转换,而有些却不能。

先前我们提到过,美国城市是如何以快于人口增长的速度消耗土地的。相反,欧洲城市由于一些历史和文化原因,增长得更紧凑、密度更高。即使在人口稠密的国家如荷兰,也只有13%的国土面积已被城市化。在瑞典,一个人口密度很小的国家,城市化的面积只接近2%(Beatley:p.30)。显然历史的因素很重要。很多欧洲城市有古老的历史,它们紧凑的形态源远流长,是为了良好的防御和便利的步行及骑马交通而建设的。但是这解释不了新城镇的紧凑形态,如斯德哥尔摩市外的魏林比新城(1954),或是阿姆斯特丹附近的阿尔梅(Almere),建成于1977年。在荷兰这样的地方,一种强烈的公共工作道德抵消了美国快乐至上、尽情扩张的独立住宅生活模式,而瑞典的文化中包括了一种强烈的环保意识,提倡乡村土地的守恒。

一组欧洲和美国城市的密度对比数字会给读者一个宏观的印象,在这两个大洲,城市的紧凑程度有不同的标准。举例如阿姆斯特丹,居住密度是49人/hm²。斯德哥尔摩的数字是53人/hm²,伦敦为42人/hm²。公共交通在整个欧洲大陆非常发达,新开发区和老城中心一样有公共汽车、有轨电车和轨道交通四通八达,减少了欧洲对小汽车的依赖,支持了这种更为密集、更可持续的城市模式。和这些数据比较,美国最密集的两个城市——纽约和(吃惊吧)洛杉矶的人口密度分别是19人和22人/hm²。纽约的数据当然包括了城市辖区,不只是曼哈顿。得克萨斯州的休斯顿,一个未经任何区划控制的城市,是夸张的美国典型,仅为9.5人/hm²的低密度(Beatley:p.30)。

在所有欧洲城市紧凑而美国城市蔓延的原因里,有一个非常重要的文化差异可以做最好的解释。那与汽车无关。欧洲人和美国人一样爱自己的汽车,他们开的也越来越多。不,真正的差异是美国人理解土地的思路。因为幅员辽阔,而且因为这个国家的历史就是在广阔无垠的美洲大陆上,在迅速而戏剧化的城市扩张中铸就的,很多美国人认为土地的乡村和农业用途是暂时的。尽管他们宣称自己对乡村遗产依恋,美国人对土地价值的感觉是受最高和最佳利用念头驱动的;就是说,对私人土地主是最有利可图的。土地,是经济物品而不是社会资源,因而,农业和乡村的土地利用总有一天会转变成城市的利用。实际上,在大部分美国社区中,耕地作为一种权属被区划为住宅或其他城市用地。

第五章 增长管理、发展控制和城市设计的作用

在欧洲,乡村土地上附加了更高的社会价值。农业的利用被认为有社会的重要性,从更深、更基础的层面上去理解,与国家的性格、自我满足和国家安全有关。国家的,甚至于整个欧盟的大陆政策都认可农业在经济上和文化上的重要性,表现为错综复杂的农业补贴(Beatley; p. 58)。这些补贴,特别是在欧洲大陆,有助于维持农村以小规模的农场连结成一张大网,稳定乡村社会的社会经济,对抗大规模农业综合企业的掠夺性经济。

在美国那种推动蔓延的发展压力,在欧洲也被不同的社会标准削减了,一面是私有土地的财产权,一面是公共权威的控制可以施加于私人财产权之上,不过在我们详细研究之前,让我们先为英国读者回顾一下美国的基本情况。

私人与公共:美国的论争

两个国家里,英国的"强制购买土地",或者美国的"国家征用权"都确立了私有土地如果因公共的开发——如修建新路,政府以公平的市场价值收购的权利。在美国私人和公共利益之争多半是滋生于别的政府行为中,它影响了土地的价值,但对土地主没有任何的赔偿,牵涉到避免违反联邦宪法中"剥夺"的条款,所有的规划都有局限性。美国宪法第五修正案写道,"任何人……不经正当法律程序,不得被剥夺生命、自由或财产。不给予公平赔偿,私有财产不得充作公用。"

最初是由国家创始人设想的,作为约束,禁止政府(就像英国的皇室)的专制力不经赔偿就夺走或没收土地或财产,这条规则从财产权延伸开来,囊括了区划对私人土地的变更。比如,如果美国城市郊区乡村产业一开始区划为7户/hm^2,而后城市希望降低该类别,把土地重新规划为,例如说是,1户/2hm^2——理由是更高的开发强度会破坏环境、污染水源——然后当选的官员就要从法律体系中找到支持,对付受影响的产业主。许多业主都会毫不犹豫地以土地贬值、或财产的经济价值被"剥夺"的理由起诉城市。如果城市败诉,可能会对土地主承担数以百万计的赔偿。即便城市赢了,也有大笔的诉讼费用等着支付。

在这样的案例中,城市方面有法律的保护,大大超出了人们的头脑中可以想象的程度。就像我们在前言中写到的,最高法院在1978年对"佩恩中央运输公司对纽约市"一案的判决确立了这样的原则,除非政府行为对一块地产夺走所有的开发权,否则不算发生了"剥夺"行为。区划上简单的变更和土地利用的减少不触犯宪法。这个裁决由最高法院在1992年"卢卡斯对南卡罗来纳州滨海参议会"一案中做出,它确认,政府否定了所有地产的利用,剥夺就发生了,但部分的贬值是否构成"剥夺"仍是悬而未决的。来自保守派的压力从未停止,住宅建设者协会和财产权的右翼主张这个裁决应该修正,对"剥夺"的解释应该延伸到一切区划标准的降低,但在目前法律仍然有效。论争的小册子讨论了财产权的由来,如国家住宅建设者协会出版的《财产权的真相》,在这个问题上极大地影响了公众的看法,鼓励了保守的立法者提出新的法案,限制地方政府的规划力量(NAHB, no date)。

美国最高法院同样认可类似的为市民"健康、安全和福利"的行为——在"政治权利"概念下,多年来由一系列裁决认可生效。这种力量和警察与强盗无关,而是由案件的诉讼组成,为社会行为制定规则,保护并提高公共利益。最高法院的一个关键的裁决来自一个1926年的历史案件,"Euclid et al.对安姆伯勒房地产公司",法院确定了为"公共福利"区划地产的一般有效性和合法性。在我们假设的案例中,为保护水源而减少住宅密度,这给了城市一个绝好的机会赢得一场法庭战役。不过,个案的诉讼是一个飘移不定的靶子,在为社会利益而进行的区划和保护私有财产的宪法规定之间有着微妙的平衡,情况离定论还远。因此规划权威人士们在遇到冲突的时候小心翼翼,或者干脆不予理睬。很多会为社会带来实际利益的明智的规划政策,在

103

概念阶段就遭到规划师的摈弃,因为他们认为当选议员是不会支持的——有国家的说客撑腰,跃跃欲试的地产主们随时准备跳出来以法律相逼。在另一些例子里,制定环境规则的努力被某些人拒之门外。

2001年北卡罗来纳州有一个著名的案件,卡托巴河是一条为众多社区提供饮用水的航道,一群沿河而居的产业主遭遇新规章,要求他们在河流沿岸保留一个15.25～30.5m宽的自然植被缓冲带。这可以使未来发展带来的污染物在到达河流之前就被自然过滤了。一场对抗爆发了,针对县政府——他们认为的"共产主义者",几个产业主在规章生效前砍掉了自己土地上的每一棵树。用这样极端的损害自己土地的办法,这些业主宣告他们的个人自由受到了打击。

公共与私人:欧洲的经验

这样的行径在欧洲人看来完全是异乎寻常的,在他们那里树木保护的规章也太司空见惯了。(对很多美国人来说他们也是稀奇古怪的)。在欧洲,普遍来说没有什么关于土地贬值的法律约束。土地的所有权并不包括一系列的开发权,因此在显然是公共项目的土地收购中,没有"剥夺",也没有预期的赔偿。对美国读者,我们要再说一遍:"土地的所有权不包括开发的权利"。这些权利通常由政府授予,为了公共利益起作用,并和社区规划和谐进行,后者是民主讨论的结果。增长的模式多半由公共权威人士设计,城市或城镇周围的一些地段可能已指定用于未来的开发,另一些土地则不是。在道路或铁路这类的公共项目需要土地的情况下,政府只依据其现有用途的价值收购。

政府规划和设计的范围从一国到一国有所不同。以德国为例,如果没有明确而详细的开发设计图——"通常是由政府规划师制定的"(Beatley:p. 59,引号由作者所加),建筑不可能破土动工。这些设计图说明了建筑的位置和体量,建筑高度和密度,乃至树木的种植。它们在城市设计的总体规划中是有效的。一名德国城市规划师前几年造访了夏洛特,他对美国主人们讲解了该国的规划体系。一名夏洛特规划师提问,如果城镇边缘的一名业主想把他的空地开发成住宅、或者一个办公停车场将会怎么样。德国客人无法理解这个问题。"为什么他们这么干呢?"他问道。反之,美国主人中的很多人也很难理解他们的规划体系,不建立在公众对私人行动的反应上。

在英国,政府对增长的指导没有那么细致入微,不过仍然超越了美国规划师的目标。在概念的层面上,这两个体系相当近似,但在执行的层面上,区别开始显现出来,而且这些区别很大程度上是由文化的必需性产生的。英国规划体系的作用是保证公共利益的安全,土地有序的、适当的利用和开发。该体系来源于维多利亚时代的城市对公众健康和贫民窟住宅的关注,为了控制和防止弊端,它在发展中适应了更积极和更前瞻的目标。英国规划师肩负着预期未来开发和提供必要的基础设施的重任。他们的责任是保护自然环境和历史建筑,并刺激经济的发展。在1990年代,政府的导则将这些已确定的任务扩大了,包括满足可持续发展的目标,将开发更瞄准"棕地"地块,限制"绿地"的发展,推动公共交通,限制私人小汽车的运用。

这些观点和法规自欧洲二战后重建的时期起,将私人土地的开发潜力牢牢地集中在欧洲政府的手中,那个时代,城镇、城市和国家都迫切需要从废墟中重建。这样庞大的任务无疑需要全国的通力合作。对国家规划的尝试在英国的1930年代就肯定存在了,就像美国也尝试过的、在罗斯福"新政"立法的失败一样,但是直到战后国会的规划法律,著名的1947年《城乡规划法》,英国的雄心壮志才具有了真正的法律力量。1947年的法律将土地的所有权留在了私人手上,但是有效地将其开发潜力国有化了,将所有的土地对象纳入规划控制之下。后来,除了1980年代玛格丽特·撒切尔政府瓦解了规划体系外,无论是左翼还是右翼政府的立法,都始终不渝地遵循着这些原则。

尽管在欧洲大陆,不说绝大多数、也有大量的开发是由城镇依据它们详尽的总体规划启动的,英国方法中的一些原理对美国人来说更能认同。在英国,私人地主和开发商开始通常要申请开发该土地的规划许可,一般要和已批准的公共规划条款保持一致。所有英国的社区都需要拥有详细的开发平面,符合国家和区域规划的指导——那是由国家政府在诸如城市重建、可持续开发、历史建筑、交通等等方面形成结果的。就像我们之前写的,国家的导则中也包括了设计的质量,尤其是城市设计。规划程序在英格兰和苏格兰有些微不同,而在威尔士国民议会,由于权力的下放,则可能有更多的地区差异。总的来说,我们这里集中讨论英格兰的情况;不过,很多共同的原则在整个联合王国都适用。

规划程序在1991年修编的《城乡规划法》控制下,要求所有来自地主和开发商的规划申请都要经过审核,以和市政当局的发展规划保持一致,除非有什么实质上的"具体考虑",才可以稍作变更。这种对已有规划的强调在1999年通过政府的《规划政策导引第12号文件》更加强化,它重申了"规划启动"体系的约束。什么样的因素会成为"具体考虑"的因素已形成具体的法律条例,对已批准规划的变更非常少见,轻易不会发生。(在欧洲大陆,变更的余地一般来说更少)。

在这样的情况下,产业主不常提出和法定规划抵触的开发申请。如果他们这么做了,这个申请一般会被拒绝,然后,这个地方政府的拒绝可以上诉到伦敦的国家政府。规划督察员[①]会对问题作出裁定和结论,这实际上就是最终结论了:这个愤愤不平的当事人惟一能求助的就是英国上院议会。有很小比例的规划申请决定上诉,而大部分案例中督察员会支持原规划,驳回上诉。

用来决策的规划非常详细,包括了三种类型。第一种是覆盖了广大地区的"结构规划"(structure plans),它主要关于宏观的策略,包括交通、其他基础设施、经济发展,以及所有新开发项目的数量、位置和类型,使之符合前两项的要求。最重要的还有能源和环境问题、景观保护、历史建筑保护以及与国家政策的和谐一致。这些规划是以包括结论和描述的文本为基础的,而不是图纸,所以在这个比例上,规划和设计没有什么具体的关联。不过,在这种大范围规划覆盖的区域里,有以图纸为基础制定的"地方规划"(local plans),是为每个社区服务的。这些规划针对较小的区域,展现了对特定地点和建筑的更多细部的建议,包括设计的问题。第三种,是"单元开发规划"(unitary development plans),它与特定的大都会地区有关,结合了结构和地方规划两个层面的范围和细节。

所有这些规划都经过旷日持久的公众参与,在地区、区域和国家的层面上进行协调,并经过连续的更新和修编。和欧洲其他国家不一样,它们不具备法律效力,但地方政府在英国议会制定的国家政策的强制下,依照已通过的规划裁定土地开发的申请。在1990年代,地方权威们修编了这些规划,将它们编入新的国家政府关于可持续发展的导则,一个被认为是有高度民族重要性的命题。可持续发展在英国政府的《规划政策导引第1号文件:一般政策和原则》(Planning Policy Guidance Note 1: General Policy and Principles) (DETR, 1995) 被定义为"满足当前需要、而不危及下一代人满足其需要的发展"。这个定义来自1987年的报告《我们共同的未来》,在联合国世界

[①] 英国副首相办公室下设城乡规划督察员组织,作为其执行机构,主要职责包括:处理有关规划编制和强制执行的申诉、对地方发展规划组织调查,另外,还负责处理有关规划问题并对副首相办公室直接受理的规划申请进行调查并提出报告。——译者注

环境与发展大会上提出，反映了英国政府对规划和设计中的可持续发展日益重视的思潮，这记述在1994年的报告《可持续发展：英国战略》中(Sustainable Development: The UK Strategy)(DETR, 1994)。

除了可持续发展，1990年代，建筑与城市设计的质量也在规划申请的裁定中占了重要的分量。1992年版的英国政府文件《规划政策导引第1号文件》（后在1995年重新发行 [DETR, 1995]）将设计明确作为裁定规划申请的"具体考虑"事项。这种对高质量设计和可持续发展的重视是对1980年代放松规划控制的反应，那是在当时的首相，玛格丽特·撒切尔的领导下。撒切尔政府引入了美国体系的残余，说它是"呼应要求的规划"，将结构规划和地方规划的重要性都作了大幅削减。开发商在国家政府的暗中鼓励下提出新的建议，通常是反对社区的规划，而那个时候政府指定的规划督察员总是对各种各样的"终结规划"的建议投赞成票。它们包括了大型的镇外购物中心，吸干了小镇中心的生命力，也包括在先前保护的绿带——位于城镇之间的农业用地上搞新的开发。有几个年头，纯粹资本主义市场驱动的风潮控制了英国的规划。规划师们对开发商的建议大开方便之门，就和美国今日的情形别无二致。

与此同时，英国政府由于在1980年代丢弃了区域和地方规划，而逐渐丧失了地方政府的权威，权力逐渐集中于国家政府，将主要城市关键地点的再开发权牢牢掌握在手里。在很多案例中，国家政府绕开地方规划、规划官员和当选议员，建立了"企业区"(Enterprise Zones)，由指定的官员管理，其基础的理念是投入适度的公共资金，以杠杆效应拉动大量的私人投资。在这些企业区中，主要的城市地段被认为是需要紧急再开发的，规划像"流水线"一样在国家和区域的利益上进行，损失掉了地方的政策和市民阶层的参与。1980年的《地方政府，规划和土地法》创造了这些与城市开发公司配合的企业区(UDCs)，由非选举的团体操控它。给城市的拨款从地方政府手中拿走，转而拨给这些城市开发公司(Hall, 1998: p. 911)。1982年转变成功，资本的利润和公司的税源大幅增加了吸引力，也增加了产权开发的收益。在全国有15个企业区被指定，关于"快轨"（见第一章）城市开发的新一页翻开了。

伦敦的道克兰区（港口区）就是这样一个案例。它的用地超过5000英亩（2000公顷），西起伦敦塔桥，东至皇家码头，沿泰晤士河有几公里的岸线①，这是左翼地方政府主导、右翼国家政府协助的项目，成立了一个"伦敦道克兰城市开发公司"(LDDC)。主导思想来自于当时美国的实践。开发公司权力很大，可以获得土地、大兴土木，公共投资将配合提供基础设施，以吸引私人投资。主要的开发瞄准了商业社会，而不是本地的政客和居民。

企业区的理论是由英国规划师彼得·霍尔（爵士）在1969年提出的，1977年又再提出。霍尔和同事们认识到传统城镇规划难以解决城市衰落的问题，他们提出，城市的特定区域应该"对各种各样的投资敞开怀抱，而给予最小的控制"(Hall, 2002: p. 387)。评论对实验的成功产生了分歧。很多评论家指出大开发项目的低质量设计是由"快轨"带来的，特别是前一阶段的开发中心——狗岛上的加那利码头区。还有一些评论家抱怨地方的民主管理让位给了开发，开发区和建筑里有太重的北美风情。（加那利码头的主要开发商，在前公司宣布破产前是加拿大奥林匹亚和约克(Olympia and York)公司的，而第一期中，大型建筑是由美国建筑师西萨·佩里，HOK和科恩，彼得逊·福克斯设

---

①疑为笔误，另据资料，道克兰区滨水岸线长88.5公里。——译者注

第五章　增长管理、发展控制和城市设计的作用

图5.3 加那利码头，伦敦，1995年。在它最初的建筑建起几年里，加那利码头都被人们视为不受欢迎的、任人惟亲的资本主义和撒切尔政府建立同盟的标志，它以地方邻里的丧失为代价，并使伦敦自治市政的财政捉襟见肘。就像建筑师胸有成竹的估计，随着公共和私人部门通力合作的政治气候成型，新建筑拔地而起，新交通基础设施（Jubilee线的延长）通车，城市景象变得亲和且良好。

图5.4 劳里（Lowry）中心，索尔福德奎伊斯，曼彻斯特，英国，建筑师迈克尔·威尔福德，1997～2000年。这是一个良好的实例，利用戏剧化的建筑促成衰败的城市地区再开发。毗邻的地区慢慢被商业和居住建筑有利的混合填满，不过，尽管码头环境有优越的潜力，活跃的公共空间却仍然缺失。

计的）（见图 5.3）。

很多人谴责传统社会价值在公司资本主义的景气－崩溃的循环中沦丧了。一些积极的评论认为，这个过程汹涌而迅速，使原来被丢弃的"棕地"（已开发土地）对开发商来说和"绿地"（未开发用地）一样具有吸引力，有助于实现可持续城市形态的形成。还有，建筑和城市设计的标准在后面的项目中已有所提高。颇具讽刺意味的，就在 1998 年 LDDC 宣告结束之后，伦敦地铁的 Jubilee 线的延长线竣工了，城市景象初具规模，地铁的通车对该地区交通基础设施的改善有很大益处，并在地铁站的设计中提供了一些值得推崇的市民建筑。

英国其他地方，如大曼彻斯特大城市地区中的索尔福德城，成功地令破败码头新生，相当重要的原因是迈克尔·威尔福德设计的万众瞩目的劳里中心——它的名字来源于该城著名的艺术家 L·S·劳里，还有帝国战争博物馆北方分部（见图 5.4）。后者是由波兰裔美国建筑师丹尼尔·利伯斯金（Daniel Libeskind）设计的，现在他因为在纽约世界贸易中心重建的竞赛中获奖而名声大噪。

这个"美国化"的时代，有最小限度的规划和最大限度的私人投资，到1991年《城乡规划法》修改的时候渐近尾声。这一次修改，再一次确定了规划决策一定要和社会发展规划协调一致。再次，至少在台面上，重心放在了地方和区域发展规划的重要性上，并对郊区增长进行控制。随着玛格丽特·撒切尔离开，继任的政府起先是保守党、后来是工党，逐渐重构了规划体系的一些部分，对国家增进城市可持续发展的需要格外重视。无论是全国性的指导条例，还是地方对地块详尽的"规划和开发概要"，规划政策中都重新引入了有关城市设计理念和标准的特别条目。这些规划的概要包括了公共权威人士对他们认为在城市中意义独特的地块的构想；他们对私人开发商提出了实施要求，强调了特定的文脉、或者需融入的主体因素（见图 5.5）。

以《城市政策导则第1号文件》为例(DETR,

设计先行——基于设计的社区规划

图5.5 从英格兰伯明翰市制定的规划与开发概要中节选的一页。该文件和类似的一些文件的目的是激励并且引导新开发,以及岌岌可危的旧城区的开发。注意在规划要求之外,轴测图的方式可以传达精确的视觉效果和三维的标准(图纸蒙伯明翰市提供)。

1995),它提倡"高质量、混合利用的开发,如'都市村庄',其特征为密集,混合利用,可负担的住宅、就业和娱乐设施,方便到达公共交通系统,开敞的绿色空间和'高标准的城市设计'"。该导则将城市设计定义为:

> 不同建筑之间的关系;建筑与街道、广场、公园、水体及其他塑造公共领域的空间的关系;自然和公共领域自身的质量;村庄、城镇或城市各部分之间的关系;以及因此而建立的行为和活动模式:简而言之,为一切建成和未建成的空间要素之间复杂的关系。建筑之间和建筑周边空间的外观和处理,往往和建筑本身的设计具有同等重要的地位……

导则接下来写道:

> 新建筑……对一个地区的特征和质量有不可忽视的作用。它们定义了公共空间、街道和街景……它们能够增加适当的公共利益……好的设计应当……在各地被鼓励。(它)可以促进可持续的开发;提升现有环境的品质;吸引商业和投资;加强市民的自豪感和场所感(DETR, 1995,见于网页http://www.planning.odpm.gov.uk/ppg/ppg1/02.htm.03)。

这个简单的纲要描述的规划体系,和美国的模式在很多方面都大相径庭,这就给美国读者展示了在民主社会中还另有一套规划方法。这在21世纪的头十年里特别具有实质意义,因为美国的许多设计和规划专业人员对美国的体系怨声载道,指责它不能应对1990年代郊区蔓延和区域规划的挑战。

未曾对别国的规划体系进行借鉴,一批美国建筑师首当其冲,紧接着是他们的规划师同事们,呼吁对美国规划程序的目的和实施进行大的修改。这些批评家们大都瞄准了两个主要的问题:规划和区划的分离(下一节我们详加讨论);通过一套区划规则对开发的控制只涉及到土地的利用,而没有任何有意义的设计内容。

在对美国体系的一片批评声中,没有人提出要以欧洲模式为蓝本进行大的改革,尽管他们中的许多人私下里对国外体系的效果艳羡不已。这样的革新,必然要缩减根植于美国文化中的私人财产权,这在意识形态上似乎是不可能的。相反,建筑师们着眼于改革区划本身,使之更基于设计理念而不是使用分类,通过制定规划的过程让它恢复生机。

为了论证这个趋向,我们在第九章和第十章的个案研究中展示包括了详尽区划条例的总体规划,在设计细部中,新的区划和方案的细节紧密相关,宜于被城镇采用。用这样的方法,横亘于规划和区划之间的鸿沟被跨越了;区划的规定建立于设计原则之上,保证了总体规划的规定将会被执行。为了让读者更容易理解它表现了政策上和程序上什么样的巨大变化,很有必要对21世纪初期常规的美国体系的工作及缺陷作一解释。

规划意向和开发控制

尽管对美国政府缺乏可持续发展的议程提出了警告,在许多英国规划中,广泛的政策目标对大多数美国规划师来说是不陌生的。在面对未来的规划和为了达到这个目标而制定的发展规则的关系之中,有一个本质的区别。在美国,发展(规划)策略的制定和发展控制(区划)的机制是截然分开的。在英国,以及欧洲大部分地区,这两种功能密不可分:开发的调控和被采纳的方案是协调进行的。这和美国的情况相去甚远。

公共的规划通常只是概念化和咨询性的;它们不具有法律的强制力,当有权有势的人或者财大气粗的开发商要施行和官方规划有抵触的建设项目的时候,它们经常被忽略。在一个1990年代著名的美国规划民主运动中,夏洛特的一位当选议员对无休无止的讨论感到疲惫不堪,她建议市议会采纳一个城市官员和市民们历经漫长而艰辛的几个月工作得出的方案。"我看我们接受这个方案好了,"她说,"不过是个方案,我们又不一定要遵守它。"没过几个月,这名议员对一个和被采纳方案完全矛盾的大型开发项目投了关键的一票。这种漠不关心的态度和行为,可能——应该说常常,在美国各个城市里重现。

在我们的家乡北卡罗来纳州,一名州立法委员在2003年引入了一项法案,试图从小的方面校正这个情况。这个法案提议,如果市政当局为了一个和官方规划相抵触的开发重新划定土地,公共当局要为此决定提出详细的理由。一些城市的律师反对这项法案,因其在社区规划和区划决策之间建立了一个法定的联系,这意味着城市将面对着许多拥护方案的市民的诉讼!很多当选议员不想被他们曾经通过的方案捆住手脚,因为这能给他们"灵活性"。相反的,市民和规划师认为这种"灵活性"不过是官员们适应开发商们每一点需要的"活动余地"罢了。这种采纳方案和许可开发之间的矛盾给规划人员和市民们带来巨大的挫折感,因为方案是他们在民主的程序下倾力工作才得出的。在我们写书的时候,这项改进规划境遇的法案在法律程序中停滞不前。

许多州的法律机关对处理这样的问题没一点兴趣。又一次,北卡罗来纳州(从这方面讲它和大多数州没什么不同)州政府的当选议员从开发商、建设单位和房地产代理那里拿到了大笔竞选费用,这笔钱买到了政府机关对立法者的影响力。对非美国人来讲,这和腐败也差不多了,但是花钱买政客的门路在宪法第一修正案中是"言论自由",受保护的权利。我们怀疑,这根本不是制宪元勋们头脑中的初衷,但是这就是近几十年来法庭对此条例的解释。《夏洛特观察》报中有篇报道写道,在2002年的选举周期中,政治行动委员会声称,北卡罗来纳州的房地产代理和建筑商们分别拿出了255450万美元和223159万美元给立法机关的候选人,成为本州竞选基金中出资最多的组织,超过了健康护理团体、银行家和律师的说客(Hall, R., 2003)。建筑商和房地产组织在北卡罗来纳以"蔓延的游说者"著称,读者们大可放心,他们不会要求立法者收紧规划的控制,也无兴趣尝试精明增长的立法!

在这些法律和立法的考虑之外,今日的美国,区划常被进步的规划师和城市设计师们以一个技术上的原因而贬低:它只关心土地的使用,而不关心环境或者物质空间的设计。区划(下一节我们会详细诠释)创立于20世纪的早期,它是一种隔离矛盾的土地利用的手段,通过将新的、可能侵犯或者降低现有开发价值的使用隔离在外,来保护私有住宅产权。然而,到了上一世纪的下半叶,它摇身一变,成了财产开发的法律和财政游戏中最主要的讨价还价的筹码:对土地重新区划以追求更有利可图的使用,成了所有开发商最主要的目的之一,即便毗邻的人群全体反对这些变更。

太多时候,这种冲突慢慢转化为仅仅是一群人的口舌仗。例如说,开发商想把一个地块的密度从10户/hm²提高到20户/hm²。四邻的激进主义分子主动跳出来反对新数目,从一开始,就怀疑开发商希望的高密度,必然会导致社区远景中地块的过度开发。也许大家达成了一些妥协,把数目变成了15户/hm²。整个过程中没有设计概念的引入。在传统的区划过程中,鲜有人掀起低密度开发的设计会好或不好的讨论;也没人谈论较高密度的开发中,优良的设计也许真的更棒,从城市设计的视角来看优于低密度的选择。因为城市设计不是区划分类中的一个完整的元素,它在法律上就没有任何立足之地。所有讨论的变量就只是数字,每英亩多少住宅,或者多少商业面积。这个问题相当要紧,我们尝试用一种基于设计的区划法规来解决它,即个案研究中推荐和展示的那些东西。对建筑形式、体量和公共空间的设计标准以图解的形式包含在区划法规中(见第九章、第十章)。

传统的区划对地块规定的很详细,却很少关注一个特定的地块或项目除了边界之外还有什么标准。规划,从另一方面来说,和大尺度的问题以及大区域中未来的可能性比较相关,对美国这个规划与区划脱节的问题再解释得详细一点,就是一旦一个规划被城市采纳了,对现有的区划很少有、或没有任何改变的作用，使之适应新规划。那些改变的新区划大都是有争议的，原因尽如前述（城市从私人产业主那里"剥夺"了价值）。总而言之，除非有什么高于一切的必要性或者明显的公共利益，规划师和当选议员们通常希望（乐观而不切实际地）产业主会调整自己的渴望，来适应规划，而无需城市的进一步行动。

两个形成鲜明对比的夏洛特案例可以解释在这样的大环境下美国规划师的困境。作为城市和全境内交通规划的一部分，夏洛特规划了一条新的轻轨走廊，沿着废弃的铁路线，通过旧的工业区和商业区。人们预期轻轨将于2006年投入使用。这条走廊的规划里，最基本的原理就是新的都市村庄顺着轻轨线、簇群式地绕在车站周围，但是，很多新社区的土地已经被明确区划为工业用地。为了帮助开发商在这些"棕地"上进行新开发，城市规划意欲对大片土地进行重新分区，使之容纳满足都市村庄需求的混合城市利用——高密度的住宅、商业和办公。城市的投资巨大，而规划对城市的未来性命攸关，是把这个新城市开发项目留给运气来决定，还是要求开发商忍受经济的代价和重新区划的政治负担，都是摆在当地反对派面前的问题（见图版8）。甚至城市官员们也经常讨论着，是否由城市购买关键的地块，重新区划，再将它们出售给开发商，以便将梦寐以求的发展变为现实。

在这个例子中，美国规划师的工作和他们的英国以及欧洲同行多有相似；城市导向发展、鉴别场地、制定总体规划，给私人开发者提出供遵循的密度要求和城市设计导则。这是一个良好的、专业控制的过程，使我们的城市面上有光，不过这不是一个典型。更典型的是另一个始自2002年的夏洛特项目，关于低收入的黑人区里一个新沥青制造厂的提案。

城市规划师和当地居民一道辛苦了几个月，为一个临近市中心的小型社区做了新的总体规划。这是一个价值非凡的方案，它为住宅和小型商业划出了适度改进的范围和新的机会点。然而，该社区的许多土地已被区划为工业用地，这是几十年前旧区划理念的遗迹。那时陈旧的观念认为未来没有人会愿意住在市中心附近，这块土地又靠近主要公路、以黑人居民为主，因而工业的分类是最具价值、最佳的利用。（他们预计居民最终会移居他处）。在这个案例中，新的方案已经做好，城市设计师和当选议员们留意到：没有重大的公共投资需要保护，也没有重要的公共用途值得对区划提起重新修改，没有充分的理由更新区划方案，让新住宅能够按方案执行。这是个棘手的问题，更新的区划从"工业"变到"邻里的混合利用"会造成土地本质构成的下降，确实会减少地产理论上的价值。因此，方案被批准了，但在它未来的建议和现状的区划分类之间没有什么相关性。规划官员和当地居民期待地上的产业主们会遵守规划，但随即他们就醒悟到未来的前景。

方案定下来没几个月，一名产业主宣布，他要在这里兴建一座新的制造业工厂，生产建筑项目所需的沥青。居民们炸了窝，对浓烟、噪音、重型卡车在门前碾过感到忧心忡忡，而最要命的，这个提案公然和他们辛辛苦苦得出的方案对着干，那可是市议会刚刚才首肯的。尴尬的城市设计师们解释说，他们没有能力干涉：因为土地本来就区划成工业用地，那个产业主在自己的权限内修建工厂再对也没有。在实效上，这个方案本来就抵不上文件上的图纸和文字。开发控制以前就是，现在也是区划的一个功能，而不是规划。

在2003年的初夏，这个状况在一定程度上得到了解决。夏洛特市议会花了大约80万美元的公共基金买到了开发商的同意。他们给了开发公司4hm²坐落在别处的城市土地，价值为194000美元。城市还保证拿出46万美元解决新场地上的环境问题，并投入192000美元转移了土地权，阻止原场地上未来工业的用途。作为回报，开发商同意象征性地付给城市50000美元购得新用地，对原有土地从工业到邻里混合利用的缩水不再反对。一个大麻烦就这样解决了，夏洛特一些城市观察员们认为，城市的行动多少起了一个糟糕的头——为了遵守规划，实际上给开发商付了一大笔钱。另一些人说，这些行动开创了一个更麻烦的趋势：区划的缩减构成了对财产实质上的剥夺，需要花钱才能达到目标，因为城市规划师想进行的调整降低了他的土地价值，城市承认，对私人产业主需要补偿。

这个乱作一团的故事突出了美国城市和郊区开发中区划的重要性，我们还是要花点时间回顾一下它是如何发展的，如何能运用美国开发史中的其他线索，对它进行改良。

设计和开发控制

在美国，很多人认为区划是20世纪的一个理念，它起源于1926年，最高法院早期著名的决议，它的前身可以追溯到欧洲大陆更久远的历史当中，在1573年的卡斯提尔（Castille），由菲利普二世编纂了东印度群岛的西班牙法律，以调控新世界的新建定居点。这些法律，是新大陆城市开发史上的一个里程碑，不过实际上早在1513年，塞维利亚就颁布了"皇家法令"，对此进行了更早的尝试。这些法律规定了物质城市结构应有一个标准的格网平面，中心广场上矗立着市政建筑，周围是方形的街区（Broadbent：p. 43）。罗马文明以同样的方式构建了象征性的几何平面，在城市化扩张的原始土壤上留下了难以磨灭的印记，西班牙人也作了同样的事——那就是今天的加利福尼亚、亚利桑那、新墨西哥、得克萨斯和佛罗里达。这种市政建筑在中心广场上，广场坐落于规则格网上的类型恰是美国南部和中西部的市政广场城镇类型，就像我们前面提到的那样。

不过，西班牙城市规划法律囊括的可不仅仅是围绕着广场建立一个街道的格网。他们明确列出了尺度、方位——能够带来有利的气候条件，如阳光、阴影和风向。他们对街道分级，并提倡城市设施如拱廊街道。这些法律扩展成规章，调控了人口的最佳和最大规模，畜栏的位置，医院的布局，甚至对游僧的罚款（Broadbent：p. 45）！

和当代的情况更直接相关的，是19世纪美国郊区扩张时编纂和使用的各种法规，如弗雷德里克·劳·奥姆斯特德在他的芝加哥滨河郊区中使用的（1896）。奥姆斯特德运用法规，加强他总体规划中的规则，试图坚持在那个时期的英格兰人民梦想的花园郊区美学（我们在第二章讨论过）。在滨河区，就像许多先例及其陆续的承传一样，住宅统一从街道后退，特意栽植的树木加强了私人前院和街道公共领域之间的"半公共"空间，创造出如茵的绿色华盖，这一幕在那些郊区如此典型。奥姆斯特德著名的继任者，约翰·诺伦，在他的作品中也运用了相似的设计，约翰·诺伦在夏洛特迈尔斯公园（Myers Park）（1911）有轨电车郊区设计的宏伟而浓荫的皇后大街林荫大道成为了一个典范（见图5.6）。在20世纪现代主义时期的几十年里，诺伦默默无闻，是个不起眼的人物，但在1980年代和1990年代，当人们重新燃起对传统邻里规划的兴趣时，他被重新发现了。现在，他被认为或许是美国20世纪早期最伟大的一名城市规划师。

迈尔斯公园的那一套规范通常以限制性的条

图5.6 皇后大道西，迈尔斯公园，夏洛特，北卡罗来纳州，约翰·诺伦，1911年。规划师约翰·诺伦用了7行相同的大槲树，创造出他伟大的林荫道空间结构，使公共和私密空间在此汇合。树木创造了空间，建筑则退居其后。

件来表达,将所有的私人房屋主约束在发展中,它包含了宽泛的内容,也包括了不怎么光彩的种族主义规定。举例来说,迈尔斯公园的规则规定,禁止非裔美国人在邻里居住或者拥有产业。尽管这样骇人听闻的歧视案例已经一去不复返了,区划法规仍可以一如既往地把种族主义制度化,即通过在住宅用地划分中要求大型的最小尺寸房屋用地,保证了只有有钱人才能住得起。2003年,美国现在的事实仍然是较富裕的白人和贫穷的黑人及西班牙裔之间巨大的鸿沟,大尺寸地块的规定通常和排除黑人与西班牙裔人是等同的。

从积极的一面来说,奥姆斯特德和诺伦的规则涵盖广泛、目的多样,使规则能够对全部的环境进行控制,明确的设计元素对公共空间的特征有所贡献。这种整体设计的目标和同在19世纪末的英格兰开发规则形成了对比,后者是技术的法规,为了改善英国工业城市过度拥挤和不卫生的城市环境而制定。1875年的《公共健康法》和后来的立法建立了标准的建筑规章,促进工人阶级住宅设计标准的提高,但是被投机取巧的建筑商照章搬用,住宅的总平面上没有任何凝聚力和关联。这导致了英国城市工人阶级地区典型环境的诞生——一行行平直单调的街道,没有任何更高的城市设计理想。没有公园,罕见树木;它们被看成是不必要的装饰品,会减少开发商的收益(见图5.7)。

这种英格兰的城市开发类型,基于一般的规则、而不是设计理念或者特殊的总体规划,在1930年代可悲地被美国引入了,联邦住房管理局(FHA)为住宅用地建立了技术标准,作为联邦保险和抵押的要求(Dutton:p. 72)。就像我们在第三章看到的,正是这些规则创造了街道的宽度,通过把联系街道减至最少,扩大了街区的规模,且鼓励尽端路。自1930年代以来,美国早期曾用在滨河区和迈尔斯公园等项目中的整体设计法规,在专家们日益划定的过多的细节要求中几近窒息,他们每个人都只关心自己的规则,对所在地更大范围的前景毫不在意。比如说,现在管理大量地块设计的规

图 5.7 Benwell 的街道,泰恩河上的纽卡斯尔,1970年。英格兰东北部泰恩河工业岸线的典型工人住宅,使用了"泰恩河岸公寓"——联排住宅,分为楼上楼下的公寓——来增加密度。前花园和后退不复存在,后院很小(大小只能容纳外部的盥洗室和一小截晾衣绳),休闲娱乐空间,例如公园或运动场根本不予考虑。每一寸空间都为开发商产出了最大利益。

则,包括了来自规划师、交通工程师、消防局、煤气、水电等公用设施供应商、暴雨和排水公共工作部门和借贷机构分别的要求。这种各自为政、各行其是的规则是新城市主义建筑师和规划师面对新规则的制定、重新瞄准对设计标准的开发控制时,最大的障碍之一,后者包含了全面的设计意向。

关于蔓延和美国很多郊区格外混乱的环境,大众的议论总说它们是"未经规划"的一团乱麻。这完全不是真的。规划比什么时候做得都多。每一点关于建筑、车道、标牌、路面和公用设施布置的决策,都是合乎一个或多个规划的结果,或者说得更确切一点,是区划标准的结果。缺失的部分是对设计的理解。当代郊区规划了它的灭亡,再多的"规划"也无法拯救它。纠正现况的惟一途径就是回归城市设计的理念,用建筑和空间之间的三维关系来进行思考,而不是仅仅把抽象图表和规则上的信息付诸实现。这就意味着回归滨河区的实例,以及它的继承者。这是美国郊区原有的设计方式,这些场所在

今日和它们在一百多年以前设计时一样，仍然起着作用。

不过，我们讨论的更多是以设计为基础的规范的演变，而不是早期美国郊区的历史案例分析，因为前者也许更加重要。设计规范和指导城市开发的导则的结合由来已久。无论是被公共机构还是私人开发商应用，它们的目的都是保证一个总体开发规划能够按协调一致的质量和细部水平实施。第二个重要的用途是控制新开发项目的外观，使之与一个地段的历史城市肌理有关联。这些抱负都和我们今日的任务息息相关。

以巴黎为例，在路易十四的统治下，建筑规则要求所有的新建筑尊重街道的线型和特殊的细部，如建筑立面的虚实对比、从一幢建筑到另一幢建筑屋檐线的连续、以及建筑平面中庭院的进深（Ellin：p. 46）。当这个美学层面的控制在不同的欧洲国家（不同程度的）具有共性时，美国城市开发在历史上远远缺乏控制。就像我们一再提到的，在美国，政府调控私人开发商的力量比起欧洲国家来说太有限了，很少超越基于土地利用的区划。这类被称为设计的问题通常都受限于详细规定，如建筑的布局和停车场的关系、车道的位置、树木种植要求等等。

但是在美国城市史上，这样的情况之外确乎存在一些著名的例外，最早的一个要算纽约1916年设计实例影响的区划条例。这些条例追随了德国模式，通过限制摩天楼的高度、地面层上详细的后退限制，来抑制摩天楼体量的增加，以减轻公共空间和邻近建筑的遮蔽。建筑画家休·菲利斯在他的系列图片"区划包络：从第一到第四阶段"（Zoning Envelopes: First through Fourth Stages）中，用三维的形式描绘了这些条例，首刊在1922年的纽约时报上。这些区划法规直到1961年才被新颁布的条例取代，它们的基础是别的理念。

1961年的纽约条例，基于新的现代主义理念出现，塔楼从街道后退，周围围绕着开敞空间。该新条例的模型——是像西格拉姆大厦这样的建筑，由密斯·凡·德·罗和菲利普·约翰逊设计（1958）——是简单的垂直盒子，距离人行道甚远，人行道与高楼间插入一个广场。该市的住宅条例也遵循同一种模式，这些规则成为了美国大小城市类似规章的原型。

这些规范实际上排除了街道作为一个由建筑外墙来定义的线型公共空间的传统理念，直到1980年代，纽约、匹兹堡、旧金山这些城市才转向了城市设计的修正主义趋势，带回了对街道和广场的需求——由连续的街道立面构成的"街道墙"定义而成。这场运动中的一个激励是乔纳森·巴奈特（Jonathan Barnett）的书《作为公共政策的城市设计》（1974），书中探讨了一个有影响（且有预见性）的案例，关于根植入区划控制的城市设计标准。这些典型的新区划标准，以及1980年代和1990年代的追随着先例的其他标准，扩展成为城市设计导则，附加在、或是平行于区划的范畴。这些导则拼出了供开发商和建筑师在设计时遵循的标准，包括了：街道的宽度和建筑高度；体积体量；建筑立面上玻璃的面积所占百分比和排列方式；人行道上的入口和店面；以及对街道和人行道的景观规定等。

我们谈到过英国城市设计师戈登·库仑对城市设计的贡献，但他还应在另一个领域受到瞩目，就是作出最有革新意义的努力的作者——城市环境规范。在"符号"的标题下，库仑于1960年设计了"HAMS规范"（Humanity, Artifacts, Mood and Space——人文、人工、情感和空间）。他利用一套符号和数字价值系统，记录现有城市环境的容量和质量，然后通过符号系统来编制未来的发展，他把它比喻成一个乐谱（Cullen, 1967）。这样来类比的话，城市设计师就是指挥家，而设计单个项目的特定建筑师就是音乐家，在总谱下面演奏自己那一部分的旋律。这个方法暗合了卡米罗·西特的观点，就在他的书《艺术原则下的城市规划建设》中这样写道：建筑师应该建构像贝多芬交响乐一样的城市。

虽然没有得到广泛的认同，库伦规范城镇的方法形成了自己有影响力的工作——对传统城市形态和空间的重新诠释，并在随后的年月里推进新传统实践的发生。颇有影响的设计规范手册，《住宅区设计导则》，是梅尔文·邓巴（Melvin Dunbar）等人在1973年为英格兰的艾塞克斯郡议会起草的，是库伦工作的直接衍生物，成为英国很多类似条例的范型。

1980年代，为了和定义城市空间的传统理念结合，美国城市中心的设计导则进行了修订，城市设计师们也开始以相似的视点检视郊区环境，探索对郊区地域外观冷漠、环境衰退的改进方法。但新城市主义建筑师和规划师在贯彻他们的想法时，面对最大的一个障碍，就像我们先前指出的那样，是在二战之后制定的许多美国区划条例的框定下，传统基础上的城市规划实际上在很多方面是不合法的。这些建筑师的解决办法就只有跟着安德烈斯·杜安尼（他有古巴裔美国背景），调侃一句"夺走发报机"，就是说，重新编写控制城市形态和郊区开发的开发条例。

这些新条例有意地把传统城市设计模型作为基础。简化的图解图表和明确的参数控制，规定了尺度、体量、布局建筑、构成空间、停车的组织，以及街道、公园及广场的设计。就像我们前面写到的，这些开发条例是明白易懂的插图格式，由DPZ在他们的滨海区新镇设计中首创（1981），"滨海区条例"又为类似的以设计为基础的条例提供了范例，传遍了美国大陆。在私人控制的开发项目如滨海区或"庆典镇"——靠近佛罗里达奥兰多的新城，由迪斯尼公司出资建设（1995），这些私人条例可以规定庞大的清单，包括建筑风格、材料、结构。但在一般的城市和郊区背景下，开发受公共管理区划的控制，州法律通常约束了市政当局规定细节的能力。因而，1990年代的很多建筑师和进步的规划师致力于理念和实践的结合，将新城市主义的设计规范和城市纷繁复杂的公共区划条例结合到一起。

最初，这导致了"平行法规"的出现，基于设计的新城市主义条例制定出来，成为了开发的首选，但旧的蔓延条例也留了下来，为政治提供了便利。一些社区更激进，开创崭新的、基于新城市主义设计原则之上的替代的区划条例。作者对北卡罗来纳州社区这两种类型的条例都曾参与。在1994~1995年，我们在北卡罗来纳州的戴维森市工作，创建了一套平行的法规，期望5年之后它能够扩展为完全替代的条例。2002年，城市作出了这个调整。同时，1995和1996年，作者曾协助附近的科尼利厄斯和亨特斯维尔镇制定了完全替代的新城市主义条例。这三个城镇的法规合起来控制了约259km²地区的开发。其中一些工作我们在第二章重点讲述过。

这些条例标志着传统区划本质的变革，原本它只以建筑物的使用作为主要标准来组织城市开发。这些基于设计的条例则相反，操控的是一些比建筑物和空间的原始用途更长久的原则，而这些规则应该是建立在良好设计标准上的，而不是短暂的行为。因此，这些新规则的创建者分析了成功的城市规划实例，无论是历史上的，还是详细的设计研究，然后将这些模型转译为三维的建筑类型、城市形态和公共空间的框架，集成城镇建设的语汇。

这些标准初始的要点是类型学。它们围绕着既定的建筑类型被构建起来，如店面、工作场所、公寓、联立住宅、独立住宅、市政建筑等等，还有空间的类型，如街道、公园、空地和广场。每一种建筑类型用一套控制性的度量标准、规定的有关比例和使用的材料，以三维的形式来定义。每一个区划的分区首先是由许可范围内的建筑类型组成的，然后在社区的那一地块以三维的形式和布局设定潜在的可能性。和建筑分类同时进行的，是找出每一种类型允许的使用范围，特别要注意混合的可能性，而不是各自为政。

相似的设计基础分类系统被设计成为不同的街道类型（居住街道、商业街道和特殊的类型，如林荫大道），并发展出了公共开敞空间，如运动场、公园和城市广场。规则也强调了街道和公共空间被建筑正立面定义的要求（辅助的小路是惟一的例外），它们互相贯通，成为一个高效的网络，对步行者、骑自行车的人和乘车的人都安全而便利，充满吸引力。尽端路一般是不许使用的，除非有特殊的用地环境。就像我们前面写的，太多的尽端路打破了街道体系的连通性，形成无效率的街道布局，让路径的选择减至最少，而把所有的交通都集中到几条道路上。为了保证连通的街道给步行者提供安全的环境，居住区的街道设计大都是狭窄、慢速的道路，有宽阔的人行道和街道停车，保护步行者不受穿行车辆的威胁（见图5.8）。

这些基于设计的条例中，一个很重要的因素是它们对开发商和地产主提供了激励。这有助于人们从土地使用和结构至上的传统思考模式，转变为新的基于建筑和公共空间设计的思考模式。这些激励通常以密度奖励的方式出现，每当他们遵循了还不熟悉的规则形式（在这些规则和传统规则平行竞争的情况下），或者超越了规则的最小要求，就依例予以奖励。举个例子，很多条例都写到的一个特色是处理"绿地"

的开发，这是考虑到保护开敞空间、为了视觉或者环境的原因保护现有的景观。我们编写的这类条例里，规定了一个场地上应该保存为开敞空间的最小比例，但是假如开发商超过了这个数量，他（或她）将获得奖励，有权在剩下的土地上多建住宅。奖励的多少依照土地保存的数量和超过最小要求的数量按比例关系变动。典型的结果是开发依照保护景观区域的目标，聚集成群，紧凑发展。

这些奖励或类似的奖励非常有必要，克服了美国人对政府调控的文化对抗，特别是克服了开发商和地产主以下理解：设计基础的条例比他们以前惯用的麻烦许多。我们要说，这些新条例在原理上并不怎么麻烦；其实事实是，它们有别于以往，所以招致了人们最初的反对。开发商和他们的设计师脑子里那一套旧的郊区蔓延规则一定要丢掉，换上一套新的设计思路。为这个原因，我们强烈提倡尽可能多地将激励措施加入到新的区划条例中去。这给开发商们提供了一个接受这些思想、同时也了解新规则的动机。它同时也是建筑师和规划师们的一个有用的公共关系工具，说明好的设计给开发提供了更多的获利机会，比旧的标准规则更事半功倍。

这些条例的类型基础非常重要。我们在第四章提到类型学是一种分析城市的途径，亦是一种做出新设计的途径，除了上述属性，我们现在可以加上第三条作用——控制开发。它将应用于区划条例，且应用于我们本章要提到的最后一个命题，城市设计导则。

当我们起草设计导则，无论把它们叫做"城市设计导则"还是"综合开发导则"，坦白地说，我们的目的都是尽量减少劣质建筑出现的机会，尽量减少一个庸俗的开发商用糟糕的设计破坏一个城市地区的机会。对我们这些努力最尖锐的批评来自建筑师。一般来说他们抱怨"限制了设计的自由"，就像我们提过的一样，但有时候诟病来得更本质。对设计导则更深刻的攻击是由澳大利亚建筑师兼学者，伊恩·麦克杜格安（Ian McDougall），在2000年墨尔本的一次大会上发

图5.8 列克星敦林荫道，迪尔沃斯，夏洛特，北卡罗来纳州。这条街贯通于20世纪早期，那时的小汽车保有量还很低。它狭窄的尺度意味着，今天的汽车为了安全起见，必须在停泊的汽车之间缓慢行驶，这样狭窄的街道设计重又得到了设计师、规划师和一些交通工程师的青睐，因为美国专业界又学到了街道不只是为汽车、而且也为步行服务。

表的。麦克杜格安是这样表达他对"所谓的新城市主义"深刻的反对,他说"(我们)烦透了咖啡馆和周边式街区。城市绝不能成为怀旧导则下千篇一律的环境……主干规则来源于对过时城市模型的解构"。在同一个大会上,另一位澳大利亚学者,莱奥妮·桑德考克(Leonie Sandercock)提出了疑问"谁愿意住在冻结在自己的历史肉冻里的城市?"(Sandercock, 2000: p. ix)。这一通口诛笔伐又被麦克杜格安添油加醋,他断言:对建筑师来说,拆穿文脉、历史和记忆的神圣性很重要。

对我们来说,这听起来糟糕透顶,现代主义的华丽词藻改头换面,成了不容置疑的新权威。只有现代主义教条对砸掉一切旧世界欢欣鼓舞,或者以为这就是酷。其他所有时代的建筑学都和历史建立起了一定的联系,而不是摧毁它。形成对比的是,现代主义的城市是一个毁坏之地,减少城市的景观,自由组织互无联系的建筑,而对传统城市规划的复兴标志着人们拾回对人、对自己居住的公共空间的尊重。设计构成了城市公共领域骨架的伟大街道,给公共生活提供场所,这不是重拾奥斯曼巴黎规划的牙慧。这更像是经历梦魇之后,睁开双眼面对一个明智的世界。我们回到了一个以人为中心的城市主义,而不是以抽象的思想为中心,是城市空间而不是建筑形式。利用设计导则不是赋予城市历史意义,而首先是贯彻良好的城市风格,让人民安居乐业。我们的城市又需要多少花哨、鄙俗的建筑呢?

这种方法,要求建筑在文脉里再次设计,图5.9有图示。这就意味着在文脉和历史中寻找连贯性,拒绝和环境格格不入的特殊建筑,除非是在特别的环境中。大多城市只能容纳一个毕尔巴鄂的古根海姆博物馆,或是一个格拉斯哥的狁狳会议中心,无论如何,这些奇妙的建筑可能是独一无二的。

我们想用加泰罗尼亚建筑师安东尼·高迪作为一个例子,说明建筑师自可以创造引人注目、举世无双的建筑物,而无需打破已有的城市型态规则和城市设计导则。巴塞罗那市中心有两座高

图5.9 盖特韦村,夏洛特,北卡罗来纳,杜达·佩因和大卫·弗尔曼(Duda Paine and David Furman)建筑师事务所,2001年。城市设计导则由RTKL制定,1997。这片位于夏洛特市中心的混合利用建筑群均遵守了详细的城市设计导则,导则规定了高度、顶层的退进、垂直的韵律和对步行高度上"通透性"的要求,即利用连通的步行道使一层的视线贯通,这种贯通有益于安全和城市的活力。

图5.10 米拉公寓,巴塞罗那,安东尼·高迪,1906~1910年。高迪的建筑遵守了阿尔达方索·塞达制定的城市规则,简单平面,按照要求的高度和体量,转角有45°倾斜。但在这个公寓里,高迪探索了极为精密复杂的韵律,他的城市立面跳跃着独特的细部。就连屋顶的曲线都是那么自由,有着非常丰富的雕刻装饰。所有这些建筑创作,都在一个紧密控制的城市框架之中发生,正是这种对比营造了响亮的效果。

迪的建筑，米拉公寓（1906-1910）和巴特罗公寓（1904-1906），示范了和城市设计导则的契合，即1859年由阿尔达方索·塞达为Eixample区制定的导则——19世纪城市大规模的扩建区。不是打破城市规则来表达自己的观点，或者和城市的模式做出某些对比，高迪在设计、材料和建筑立面的细部上尽情张扬了个人的建筑学。两个建筑的垂直面都被大量丰富的形式和细部消减了，从某种意义上深刻地表达了加泰罗尼亚民族主义的哲学观点，而底平面却是谦逊的，服从于城市的文脉。这种沉默与华丽的混合是所有致力于城市环境的当代建筑师的典范（见图5.10）。那句被频繁引用的劝勉——"雇佣高水平的设计师，然后信任他们"展现了糟糕至极的陈旧思想源头，即天才的建筑师，最好有痛苦而被误解的个性，带着满身的光荣和艺术气节，像灯塔一样孑然独立，和建筑专业中惟利是图的白痴、业主和公众针锋相对。这和收集公众信息的研讨会基础上的社区设计是相反的。在我们的思想中，最好的设计师不是那些离群索居、自以为是的人。真正优秀的设计师是才华横溢而虚怀若谷的人，他欢迎公众的参与，了解建设城市是一个合作的行动。

第六章
现实世界中的城市设计

提要

这一章篇幅较长，它的内容涵盖从对美国城市未来的广泛的思考，到社区设计专家研讨会的运作技巧。首先，我们关注一下形成了美国城市的环境，并提出这样一个问题：在21世纪的头几十年里，美国的城市设计师们会在什么样的城市里展开工作？什么样的文化力量会塑造美国的城市地区？在对这些问题的回答中，我们采取了乐观的态度，认为一定程度的理性会取得胜利，至少在地方的层面上，会迈向一个更加可持续的城市未来。对于美国的城市和自然环境方面的国家政策可能的改进，我们就没有那么乐观了。美国未来的管理者可能来自于个别城市以及代表市民和商业利益的团体，而不是国家政府，因此成就也就局限于他们全部的能力之中了。正像我们后面章节里进行的案例研究，良好设计和规划的实例总是个别发生，而不是合作的结果。

如果情况确实如此，那么精明增长和新城市主义实践为别的地方提供可以效仿的模型就变得非常之重要，由此可以为全国上下更好的设计创造出广泛的先例和良好的势头。为了达成这一结果，重要的是这些创新的案例要采用所有城市设计技术；这会为每个项目增加成功的机会，并且，通过阐明这些技术，我们希望它们不仅经常被城市设计师运用、而且还为规划师及其他开发中的团体所运用，即便他们没有设计的背景。因此，从第四章起，我们扩大了讨论的范围，从城市设计的理念拓展到更详细的实际建议。

最后，我们讨论了城市设计的总体规划，和我们用来推进规划的专家研讨会进程。我们把对工作方法的诠释作为案例研究的序曲。我们详细讨论了一些城市可开发的类型，作为变化的催化剂加入设计和规划过程，我们还提供了实施战略的导则，包括基于设计的区划条例。

城市的未来

本章的标题隐含着这样的问题：确切地说，是什么构成了"现实的世界"？在21世纪的头几十年，城市设计师和规划师们会对哪些类型的城市进行设计？规划和开发的现实状况可能是怎样的？城市未来的形态是什么样子？还有，什么样的文化力量会塑造出这样的城市？我们已经讨论了英美城市规划历史上一些重要的问题，它们成为了一些线索。我们研究了中心城市和郊区的关系，考虑到了一些在发挥作用的最重要的文化力量。我们演示了城市周边从郊区到蔓延的进化（退化）的过程，在这个过程中，考虑了一些环境和经济上的问题。我们还研究了美国、英国及欧洲大陆在控制发展和增长管理的政策上一些重要的差异。在考虑未来环境的可能时——会给下一代人塑造出城市，并创造出文脉，让城市设计师、建筑师和规划师们在其中工作——我们会把主要的注意力集中在美国城市的未来上，老实说，我们这儿的情况更迫在眉睫。不过，美国的一些情况和英国的问题在结构上有相似性，一些解决方案利用了两种文化中共同的城市形式和类型，所以，我们希望一

121

些观察对英国的情况也提供了注解。

我们已经看到，美国规划和土地开发体系的许多方面都受到了保守习惯和态度的限制，它们抵抗变化。促进社区设计实践最主要的问题之一是，许多当前的开发实践是以重复套路为基础的，这在过去行得通，但很少考虑到未来环境的变化。不止是阔步向前的开发商和贷款人需要回顾过去。很多规划师和交通工程师们完善了几十年前为不同的世界建立起的管理规则和标准，让它们变得更适宜。无须尽量降低这些障碍，我们有意识地把对未来规划和开发的思考建立在变化上，这些变化可能会在以后的几十年变成现实，而不是适应于今天的环境。

无论是对美国城市还是欧洲城市，大多数人公认的最重要的关注领域是令中心城市焕发新生，及控制城市周边的蔓延。本书的前面提到，很多英国和欧洲共同的城市抱负和设计理念都植入了美国精明增长政策，并得到了支持这些政策的专家的大力拥护。但是，在两个大陆的关键不同之处在于，欧洲国家拥有国家的体系，尽管不甚完善，却可以通过政府的政策和增长管理、城市设计和可持续的规章来解决这些问题。而且，大部分欧洲国家无论在区域还是国家层面上，从前瞻性的、可以依法实施的公共规划程序中获益匪浅。

无论行文至何处，只要提到这种比较，我们都想象得到英国和欧洲同行那粗鄙的自嘲。他们中的很多人会挨个细数他们这种不同寻常的体系的弊端。但是，困扰美国规划和寻求可持续发展的致命的弱点是缺乏一种体系，能用综合点的办法对付这些问题。当今的美国缺乏一种政治体制，来制定欧洲那种普遍的增长管理的政策。对于精明增长的理念，没有足够的公共接受度，而在政府的各个层面几乎没有有效的领导来拥护这些议题。（撰写这部书的时候，北卡罗来纳州正在计划削弱环境管理立法。）而就像我们第三章讨论的，美国政治上的右翼团体已经发展出了与精明增长针锋相对的、组织日益完善的思想体系。

在2003年3月号的《夏洛特观察家》(The Charlotte Observer) 上一系列关于北卡罗来纳州城市扩张的主题报道赞美了众多志愿者的成就，他们推动了一个关于附近区域中更可持续的增长管理的议程。但在现实中，这些成就没有什么可以拿来炫耀的，因为这些志愿者和非盈利的组织没有决策权，也没有大笔的基金能够支持他们的行动。他们的主要成就就是让官员、市民和商业领导谈论这些问题。无论如何，这些施压团体的进步观点总是被礼貌的接受，然后多半被权力机构出于维持现状的考虑而搁置在一旁。确实，即便在大众的层面上，这些增长管理的作用有所显现，其目的也是更多在于在特定的地方环境下阻止增长，而不是基于对更远大未来的理解。在更高的层面上，很少有，或者说根本没有美国政客明知选民不喜欢、还是会推进地区的管理。这份夏洛特报纸的一个民意测验表明，大多数、接近这次问卷一半的市民（47%）认为地区的增长应该由市民自己掌握，而不是政府。关于政府机构应该颁布综合的和强制性的地区规划的条款在民意测验中只得到了少得可怜的12%的选票。

这种对政府普遍的不信任，和那些希望阻止增长的地方团体对精明增长术语的歪曲，共同助长了反对者的气焰，让他们在精明增长成长的时候给予致命一击，抑制它们小小的成就，而华盛顿特区政府日趋弱化的环境法律也给他们撑了腰。2003年3月，《精明增长在线》(Smart Growth Online) 的社论援引了国家管理者协会、最佳实践中心的自然资源政策研究所主任 (Director of Natural Resources Policy Studies for the National Governors Association Center for Best Practices) 乔尔·赫希霍恩 (Joel Hirschhorn) 在www.planetizen.com上的专栏文章："全国各地保守派和自由主义者对政府和规章的仇恨受到了人们更多注意。所有他们认为（对美国）不好的事情都被贴上了精明增长的标签。"赫希霍恩接着写道，精明增长的对手"磨尖了他们的伶牙俐齿、改造了他们的统计数据、快速学习、更加团结，把精明增长描绘成'势利增长'，说它减少了家庭和交通的选择，增加了居住和交通的费用、限制了可负担住宅的建造、伤害了少数民族的利益、抑制了经济的增长和繁荣、并且威胁到了'美国梦'的实现"(Hirschhorn, 2003)。

实际上,精明增长的对手们正在创造一个爱丽丝梦游奇境般虚幻的世界,在那里所有事物都与实际相反,他们以假情报伪造了一场协作运动,动摇了舆论。赫希霍恩指出,保守派的智囊团,诸如梭罗协会(Thoreau Institute)这样的组织,尽管以学者型的研究人员的身份出现,在行动上却是"全国蔓延工业"(同上)的公共关系的左膀右臂。赫希霍恩提醒精明增长的团体,他们自身必须毫不含糊地先行壮大。他们应该坚决否认那些标榜是精明增长但实际上试图阻止发展的团体,而且真正的精明增长的倡导者必须强调这种发展模式的市场优势。

这种充斥着敌意的政治环境提出了一个显而易见的问题:为什么要自找麻烦?答案很简单,必须尝试,这是我们的责任。建筑和规划专业具有这样的责任,为我们的社会展望更美好的未来,以及协助政府、公众和私人机构达到这些更高层次的目标,无论这一任务是多么艰苦而没有尽头。事实上,关于美国城市未来纠缠不休的争论中还是有几个小理由值得乐观。它们散布在全国各地,每一件在影响范围和成就方面都不显眼,但加起来构成了一项充满希望和进步的事业。

着眼于精明增长最先进的区域规划案例,是先前提到的俄勒冈州的波特兰市和明尼苏达州的明尼阿波利斯-圣保罗双子城。犹他州的盐湖城为盐湖-沃萨奇(Wasatch)地区拟定了进步的区域规划进程,导致了1999年州立法机关的"质量增长法"(Quality Growth Act)的通过(Cakthorpe and Fulton:p.138)。波特兰市也许是全美城市中在规划政策上最"欧洲的",其特点是整个区域范围内的城市增长界线、最低住宅密度的地方综合规划、铁路中转车站周边的都市村庄、市中心地区的重大投资以及一个区域性的开敞空间规划——所有这些都有一个强势的区域政府来支持(Beatley:p.67)。

对于精明增长的规划师和城市设计师而言,这种情况能够在当代的美国实现就好像已经离乌托邦不远了,但对很多开发商和房地产业的人来说,这种规划体系的综合性和区域的范围与其意识形态是不相容的。在住宅建造业或房地产经纪人的会议中,听到发言者把波特兰的区域合作讽刺为"波特兰人民共和国"已是司空见惯的事,但在很多被动的观察者心中,这个标题给这一进步的典范涂上了令人畏惧的社会主义和反美主义的色彩。不管这对英国读者而言有多疯狂(对许多美国人而言也同样愚蠢),这是一个政治现实,对全国范围的许多城市的发展决策有着诸多的影响。在美国南部的工作中,我们已经学会甚少用波特兰的例子,因为它会产生相反的结果,其产生的消极反应与获得的积极支持一样多。

在美国西北部一定有着独特的东西,因为在华盛顿州邻接西海岸的城市西雅图也示范了先进的规划体系,其包含的概念是在城市地区增长边界以内的、以公共交通系统支持的城市混合利用的村庄中心。这些创新的规划成就的基础是西雅图1987年就开始编撰的2002版"视觉规划"(Vision Plan),在它的激励下,一个全州范围内的增长管理法案,1991年的"华盛顿增长管理法案"(Washington Growth Management Act)通过了。由交通支撑的混合利用城市中心的理念作为一种增长管理工具,正汇集着许多其他美国城市的动量。其他的北美城市目前正实施或规划了新的轻轨或通勤铁路系统,包罗了得克萨斯州的达拉斯,加利福尼亚的萨克拉曼多、圣地亚哥、圣何塞和洛杉矶,北卡罗来纳州的夏洛特和罗利市,密苏里州的圣路易斯,马里兰州的巴尔的摩,华盛顿特区,科罗拉多州的丹佛以及加拿大的多伦多。甚至在亚利桑那州的凤凰城,用很多标准衡量它都是美国蔓延得最厉害的城市,也在建设它的第一条轻轨。但是,几乎没有城市考虑到更加困难、但同样必要的关于增长边界的立法。

我们的家乡夏洛特市是一个经典案例。它正投入大量的资金和精力规划建设一个性能优越的通行系统,在铁路沿线有"串珠式"的都市村庄。同时,它建设大量的外围高速公路带,将增长以一种超过规划能控制的速度延伸到周围乡村。在夏洛特和其他许多以铁路为基础理念进行规划的美国城市中,对于铁路交通作为重塑城市的催化剂的作用有激烈的争论。批评者说它是"19世纪的技术",不适合当今以小汽车出行为主导的美国景观。在很多市民和决策者的头脑中，美国的客运列车已经基本灭绝，他们已经把铁路技术交给了博物馆，这蒙住了他们的双眼，看不到现代铁路交通是一种非常高效和先进的技术。这和欧洲的态度有天壤之别，在欧洲，铁路的服务仍然是生活中不可或缺的一部分。

在创建可持续城市战略中的这些最初的成就中，与公共通行系统配套的另一个新生事物是混合利用的都市村庄。从根本上看，这种开发类型代表了我们应对新世纪初美国城市化所遭遇的最主要挑战而做出的最好的选择：我们怎么样才能把真正的、意义重大的公共空间重新纳入到城市周边不断蔓延的新开发中去呢？

尽管如此，都市村庄既受到来自政治领域保守派的诽谤，也遭到居住在现有邻里中的居民的反对。美国保守派的观点谴责这个概念是社会工程，他们认为这些精英规划师和建筑师"强迫美国人像欧洲人一样生活"——对具有沙文主义思想倾向的人来说这是一个倒退。来自现有邻里的居民的反对声没有到意识形态上，基本上是典型的"别在我后院"（NIMBY，邻避①）的类型，居民错误地把高密度与犯罪、交通量和降低地产价值等同起来。尽管在实际中这些邻避者们快把我们逼疯了，我们某种（较小）程度上必须表示同情。这种都市村庄开发类型的实例在过去50年美国的郊区建设中很少看到，因此，舆论几乎没有积极的例子可以参照。只是在过去的5年里，美国城市中才开始出现这种类型的合理的开发（见图版9）。

尽管有多方反对，都市村庄有一个非常强大的支持同盟——国家人口统计。按2000年的人口普查，适应传统形式的美国的家庭，即一对夫妇和小孩的家庭，这是购买郊区独立住宅的典型消费者，其数量已经下降到家庭总数的1/4不到（24.3%），而且预计以后几十年仍会保持下降趋势。与此相反，出生于战后"婴儿潮"时期的老年人"精简行装"返回城区，居住在更紧凑、可步行的城市地区，其数量在不断增加，"婴儿潮回潮"的数量也在增加，他们包括了婴儿潮的下一代。这两代人都在寻找一种都市居住的模式，能够支持他们不断变化的生活期待，作为传统郊区生活的替代物。

都市村庄类型满足了居民、工人和消费者中年轻人群的需求。他们渴望丰富的街道生活、酒吧、餐馆、艺术和音乐的氛围和社会多样性，令人振奋的城市环境——也就是理查德·佛罗里达在《创新阶级》（The Creative Class）里描述的那种场所，在本书第一章摘录了一些片断。同时，他们的上一代人寻找的是他们年老以后能够支撑他们生活的场所，在这里他们可以"在本地养老"，而不是随着逐渐丧失流动能力和独立生活的能力，居住在与公众生活隔绝的郊区。本书的美国籍作者目睹了她父母在人生的暮年中所经历的这种没有尊严的生活恶化，这种悲惨的家庭遭遇是数以百万计的美国人都经历过的。其结果是，很多接近退休的婴儿潮人群正迫切地寻找其他选择和更可持续的城市环境。

在本地养老实际上是一个涉及公共卫生设施的问题，而这种公共卫生设施和城市形态之间的联系，也关乎美国人口中儿童与年轻的成年人群，尤其是针对肥胖者的步行环境的缺乏以及由此产生的健康问题。在美国，享有声望的罗伯特·伍德·约翰逊基金会已经为"设计带来积极生活"的研究项目筹集了1650万美元的资金。这一项目调查了肥胖者与城市和邻里设计之间的关系，关注城市地区的规划布局保证和鼓励居民锻炼身体的方式，并将锻炼身体作为所有市民日常生活轨迹的一个正常部分。对于健康生活方式的推广意味着使儿童有机会走在对行人友好的带有人行道的街道去上学，或者在当地街道上骑自行车，而无需借助一级公路才能到达学校。这意味着在所有邻里的工作和居住场所之间建立平衡，增加居民

---

① NIMBY, Not In My Backyard。称为"邻避"或"事不关己、高高挂起"综合症。指那些声称支持某个项目，却反对在自家附近施工者，或对本地开发持反对态度的人。——译者注

居住地靠近工作场所的机会，因此步行成为理想的选择。它也意味着在所有邻里中为主动和被动的活动建设公园，人们可以方便安全地步行或骑自行车到达。它还意味着混合用地，包括商店和公共建筑，这样所有年龄的人群、包括老年居民都可以方便地步行到达。这为老年人提供了健康锻炼的场所和使其保持参与社区日常生活的方式。

如果这听起来非常像新城市主义，那么它就是。在"设计带来积极生活"的目标与新城市主义和精明增长原则之间有直接相似之处。人口发展的趋势，加上将城市设计与公共卫生设施进行补偿性的结合，保证了前几年规划和发展政策的根本转变。在2003年，在美国满足这种生活方式的新开发的数量只占了居住建设的很少的一部分，但未来市场的巨大需求以及众多规划政策的出台将刺激这种类型的城市邻里产生重大的发展。

由于这些变化中的人口增长和市场的力量，在美国人中会有不断加深的观念，即认为物质环境是值得保护的珍贵资源，或者至少不能完全屈从于城市用地。正如第二章所讨论的，自然景观和开敞空间的丧失，加上美国的空气和水体的日益严重污染，正被越来越多的公众所认识和理解。综合这些众多的趋势和看法，以及可怕的美国以后20年的人口激增（将增加5000～6000万人，到2020年人口总数达到约3.4亿），使我们基于可靠的现实，对美国城市的未来形态做出预测。

一些评论者看到了足够的证据，预测美国城市会发展更集中的城市形态，有更集中的土地利用，周围由受到保护的自然地区所围绕（McIlwain，2002）。我们并不这么乐观。这一形态听起来太像欧洲模式，以至于在美国实现不了。我们预计，在任何根本的改变发生之前，美国城市会持续蔓延，直到机能失调的边缘，到那时，如果没有大量的政府政策和资源的调整，城市会伸展到周边地区，越过有效重构的界线。美国社会会不会参与限制这种行动，这个问题超过了本书的讨论范围，但我们几乎看不到对这些国家目标的重大调整的迹象。尽管如此，在大范围低效率的蔓延、市场驱动的大都市地区的城市主义中，我们确实期望小范围的高效率能够生根发芽——

众多微观的可持续发展的案例，足以形成一个更理性的城市形态的基础，它会在更长的时间背景上显现出来。我们的案例研究展示了这些小案例，期待它们可以在更多的地方一遍又一遍重演，在过程中不断改进，这样一来，足够多的良好实践就建立起来了。以这种方式，高效率的力量产生了，就在美国的大地上，可以撼动那放任无度的恶劣蔓延。

这些小规模案例的成功建立在美国城市规划的四种进步趋势上。第一种，但不是主导性的一种，是城市中心的持续更新，由此中心商务区转变成带有相当居住成分的城市文化和娱乐区。夏洛特是这种趋势的杰出例子，每天有5万人在办公塔楼里上班，接近8千个居民生活在中等或高密度的市中心住宅里。1990年抛弃了步行者的沉闷街道，如今拥有充满活力的街道生活，有博物馆、艺术画廊、艺术表演场所、酒吧、餐馆，甚至偶尔还有政治示威游行，来点缀一下城市生活的图画（见图6.1）。然而，并不是所有的城市都能够实现这种转变，那些失败的城市可能是经济命运上遭受巨大衰退的城市。

这个城市更新的过程，英国和美国都经历过，英国城市中的曼彻斯特、利物浦、伯明翰和

图6.1 夏洛特市中心的公共空间，北卡罗来纳州。在2003年夏天的午餐时间，一个引起争议的宣传素食主义的街道展览占据了城市中心人行道上的地盘，旁边就有一个卖热狗的摊位。很多路人对这幅景象感到不舒服，但是示威者正在公共空间行使其民主权利。

布里斯托尔用公私合作的方式赋予城市新的活力，有的甚至重建城市中心区（见图6.2）。这些更新改造的努力采用了同样的高密度混合用地项目的模式，通常重点强调住宅，呈现出传统城市街区的模式。有时，这些项目还包括拆毁或重建1960年代的城市道路，改造成利于行人使用，曾经失去的市民空间失而复得。

在美国第二种进步趋势是关于把老旧的和过时的购物中心和商业区彻底改造成新的混合用地区，甚至是微型市镇中心（见图6.3）。在这一过程进行中，重点仍然是商店和办公楼，但是这些新的中心还包括了更广泛的用途，有图书馆、警察局等公共建筑，还有很多居住单元。最近，由城市土地协会（ULI）出版了一本书，《郊区商务区的转换》（*Transforming Suburban Business Districts*），列出了这种城市重构的特征和潜力（Booth et al.，2002）。由国会为新城市主义出版的《从"灰地"到"金地"》（*Grayfield into Goldfield*）一书中讨论了类似的问题（2002）。图2.15所示的亚特兰大的林德伯格中心，就是这种越来越普遍的趋势的一个好例子。

第三种，也是在美国四种趋势中影响最广泛的一种趋势，是在所谓的"边缘郊区"，即郊区扩张的最新边界，创建新的中心（McIlwain，2002：p.41）。布鲁金斯学会①的一份报告研究了1990年代边缘郊区的人口是怎样增长了21%以上。相比之下，现有郊区人口扩张大约在14%，而中心城区大约为7%（Lucy and Phillips，2001，in McIlwain：p.43）。翻新老郊区中心以满足居民对生活方式的期望这一趋势正扩大到城市周边新中心的设计中。在大多数大城市的边缘地区都可以

图6.2 中心广场，Brindleyplace，伯明翰，英国。1993年，约翰·查特文（John Chatwin）主持的城市设计总体规划。在综合的城市设计总体规划下，优秀的现代建筑和公共空间的细心设计，使衰落的运河岸边的土地被改造成令人兴奋的、富有成效的多用途场所。

图6.3 One Colorado，帕萨迪纳，加利福尼亚。1992年，由Kaplan McLaughlin Diaz建筑师事务所设计。帕萨迪纳的一个荒废的商业区已经复兴为一个混合利用的综合场所，把人们带到先前衰败的城市场所（照片来源，Kaplan McLaughlin Diaz事务所）。

---

① Brookings Institution，布鲁金斯学会，是美国著名的公众政策研究机构，也是美国规模最大、历史最久的思想库。学会自称是一个"独立的、非党派"的研究机构，信奉"以准确、公正的态度研究问题，并提供不带任何意识形态色彩的思想"。其宗旨是通过研究当前国内外紧迫问题，向公众提供可行的解决方案，以改进美国的研究机构，提高公共外交的质量。它除向政府提供政策建议，也面向企业和公众进行宣传。——译者注

找到这样的例子，我们先前所举的例子，北卡罗来纳州夏洛特以北24km的亨特斯维尔的伯克代尔村就是这方面的一个典型例子。即便是俄勒冈州的波特兰，城市增长边界也已经建立起来，引导填充的增长以及城市中心的位置，大部分的开发在城市周边进行了。

由于"婴儿潮"和"婴儿潮回潮"这两代人口日益增长，他们不断增加的城市需求表现为众多的市场机遇，相当程度地推动了美国都市村庄的经济模式，无论是在循环利用的"灰地"、还是在新的"绿地"用地上。2003年5月，夏洛特的伯克代尔村的开发商宣布他们已经将这一开发的大部分股份卖给国家房地产投资信托公司（National Real Estate Investment Trust, REIT）。这个买卖意义重大，因为REIT包含了开发链尽端的实力雄厚的投资者。在任何开发过程的初始阶段，所有的开发商试图建立他们的退场战略，那就是，谁是他们能够把这个开发转手的下家？直到最近，都市村庄都被认为没有经过市场验证，而且大投资商对于他们作为投资的地产的长期价值也拿不准。这就让最初的开发商忐忑不安，拿不准要不要将原始投资投入这种项目。由谨慎、保守的金融市场的末端所做出的这一决定，即将不断增加的大额投资投入都市村庄的开发，对建立将混合利用中心作为稳定的开发类型的可信性贡献良多。

我们特别留下第四种趋势，即开敞空间的保护作为最后一种，因为我们希望强调美国对这个目标的普遍性的误解。在很多方面，这是这些进步趋势中内容最丰富的一种，当然拥有最广泛的公众支持。在1998年到2002年间，全美国地方选举中共有679项保护开敞空间的提议，通过了565项，拨出21.5亿美元（in US terms）用于购买开敞土地（http://experts.uli.org/Content/PressRoom/press_release/2003/PR_009.htm）。

开敞土地的保护体现了英美实践中的显著不同。在英国，尽管都市化侵蚀到了城市外围的保护绿带的情况时有发生，城市和乡村之间差异明显的大体概念仍然存在。2003年春，本书的两位作者与玛丽·纽森进行了一次谈话。玛丽·纽森是夏洛特市一名拥护精明增长的记者，她曾作过一个演讲，关于在夏洛特乡村郊县保护开敞空间的，充分体现了这两个国家之间的文化鸿沟。

我们借给纽森女士一些德文郡南部（South Devon）的英国小镇阿什伯顿（Ashburton）的幻灯片，用在她的演讲中（见图6.4）。这些图片反映了这个历史小镇在景观上的集中形态，它在城市地区和周围乡村之间有明显的界线。对这些幻灯片有些褪色，我们感到抱歉，因为它们已经有25年历史了，但我们向这位朋友保证，这些图片从反映现状来说仍然是准确的，因为我们经常回访这个小镇（本书的英国籍作者在1970年代末期曾经住在那里）。那些美国同行感到很震惊，原来发展可以以这样的方式组织，保护其自然风光和历史特征达1/4个世纪之久。我们向他们解释说，控制开发的地方规划和区域规划，指导新建筑只能建在填空的用地上，从其他荒废的土地中开垦出新的用地。不允许新的地产开发规划区的扩张，因为这个城市并没有被指定为高度发展的地区。而是由该地区周围的城镇完成了这种高度开发的角色，在所有那些社区中都允许一定量的新的周边开发。阿什伯顿的经济发展依赖旅游业和农业，因此其自然景观和小镇迷人的历史风情成为该镇

图6.4 英国德文郡的阿什伯顿。小镇的物质空间的扩张受到严格的限制，以保护它周边的还在耕作的农场。在照片中部可以看到新建的朴素的城市住宅开发（一面白色山墙和两行长长的平行的屋面），与附近建筑相协调，融入田野的广袤背景中。

重要的经济资源。有一条高速公路从镇中心旁边绕过,将所有的过境交通带离这个中世纪的中心城镇,但是高速公路的入口周围却不允许有任何开发。将所有的商业都集中在小镇中心,以保证繁荣的都市空间,且允许新的零散开发延伸到珍贵的景观中,以及将商店和煤气站沿高速公路散落布局,这对于小镇居民以及商人和城市领导者来说,简直是不可想象的。这样的开发会危及小镇经济的繁荣。保护小镇才会有利于商业的繁荣。

美国的读者们可能还记得,英国规划体系的运作基于这样一个原则,即私人的土地所有权不能自动转化为开发权。只有经过社区同意的开发方案规定下,这些开发权才能赋予特定的地产,民主、公开的规划开发和修改程序使得所有的观点都能够表达,而优先权的通过高于一切。在德文郡南部许多社区的例子中,所有达成一致的优先权全都和保护该地区的自然风光有关,以促进环境和经济的利益。

具有讽刺意味的是,在玛丽·纽森举办讲座的夏洛特市外围的乡村郡县,也有这样风光秀丽、富饶多产的农场,宜人的小城镇镶嵌其中,但是新建的高速公路将这一田园牧歌般的景色圈到夏洛特市的便捷通勤范围之内,而开发商争先恐后地把待开发地区规划为传统郊区。当地政客正在摩拳擦掌,准备为新的带状中心、煤气站和大方盒子的商店而发起竞争,以增加税收,筹集资金,为即将出现的新的居住地块建设新学校、给水排水管线、警署和防火设施。随着开发的脚步踏过田野,这个地区许多令人愉悦的特征正走向消亡,乡村的风光被城市的平庸取而代之。

郡县当局对处理这些棘手问题没有准备,也没有公共政策工具给他们更多权力,除了协助非盈利的土地保护组织购买受到新建建筑威胁最多的小片土地之外,无法控制开发的模式。与阿什伯顿这些地方相反,夏洛特周边乡村里的小城镇几乎没有机会,以任何有意义的方式保留居住的历史特征或保护乡村的自然遗产。除非市内有不可预知的奇迹发生,它们注定要被城市蔓延所窒息。

对这种令人沮丧的未来的自然反应是尽可能多地保护开敞空间,在很多美国人心目中,不管是市民还是当选官员,都有一种错误的设想,认为保护开敞空间是限制蔓延的灵丹妙药。其实这与实际完全不同,因为在很多例子中,受保护的开敞空间是被开发所包围的互不相连的、孤立的小块地区。保留开敞空间经常起到相反的作用,根本无法阻止开发,更不用说制定一系列相关联的乡村意象发展的法律了。开敞空间的保护必须成为为受到保护或准备发展的乡村而制定的全面保护意象的一部分,而且这一乡村意象必须由相应的城市意象来补充。我们不可能仅仅通过保护林地和草地就能创建更好的城市和小镇。我们为市民和他们选举的官员希望保护农场或自然栖息地而感到高兴。但是当同样这些人群对于城市地区缺乏同等的激情时,我们也会感到沮丧。我们的案例研究试图弥补这一疏漏,即展现令人注目的城市图景,作为受到保护的乡村图景的补充。

这些城市的景象通常联结在一起,围绕着某种都市村庄,这种理念在本书不时出现。城市中心的复苏在21世纪的头几年里,是英国和美国城市发展的一个相同点,而都市村庄是第二个共同点。尽管英美城市的物质环境有显著不同,但是除了复兴中心地区,都市村庄的概念在两个国家表现出高度的相似(Darley et al 1991; Aldous, 1992, Sucher, 1995)。这种开发类型满足了欧洲的可持续发展的目标,也符合美国人的生活方式和人口趋势;正如我们已经提到的,这逐渐成为美国的战略选择,把过时的购物中心改造成混合利用的中心,还有在远郊建设新的混合用途"城镇中心"。

类似的与生活方式有关的人口发展趋势在欧洲也存在,1990年代欧洲也在追求积极时髦的城市生活,它们是可持续城市主义的环境目标的强大同盟,这逐渐成为1990年代欧洲的一种公共政策。在美国规划中并不是完全没有可持续指标(彼德·卡尔索普于1980年代末首创的"步行口袋"和随之强调的交通导向性的开发就是证明),但是以城市可持续发展和高效能源为更高目标的运动仍然是专业人士为之献身的主要目标,而非公共政策之事。

追寻可以在实践中应用的可持续城市形态的关键性研究来自于1989年的澳大利亚。两位规划师彼得·纽曼和杰弗里·肯沃斯（Jeffrey Kenworthy）比较了澳大利亚、美国和欧洲城市能源的利用（Hall,2002：p.414）。不出意料，美国消耗的能源最多，澳大利亚次之，欧洲在这三个研究对象中最为节约。研究人员将这种能源消耗与城市的空间特征和公共交通的有效性联系在一起，总结出欧洲城市的紧凑和高水平的公共交通是能源低消耗的原因。从这一结论得出的是老生常谈：最具有可持续性的城市发展形态是把地理扩张限制在一定的区域，然后以良好的公共交通服务于这个地区。其推论是城市和邻里应该增加密度，并且保持步行距离之内的混合用途。瞧，都市村庄由此产生了。

新城市主义的两种类型：卡尔索普的交通导向性开发(TOD)及DPZ的传统邻里开发(TND)，与英国由都市村庄集团（Urban Villages Group）推动的都市村庄十分相似（Aldous,1992,1995）。在美国，从小城镇的传统城市类型到有轨电车郊区，显示了明确的联系，在埃比尼泽·霍华德的田园城市和英美花园郊区之间也存在着这样的联系。在英国，英式市场城镇和建筑代替了美国模式，但是其他来源都还一样。看起来，似乎大西洋两岸的建筑师-规划师们都重新找到了方向（Hall,2002,p.415）。

推动对都市村庄这种"新"的解决方案的需求，是英美人口统计数据的明显改变，最简单地可以将这种改变归类为传统的核心家庭分成更多更小的家庭。特别值得一提的是，这两个国家的单身家庭的增长，各个年龄段都有单身居住的成年人，寄希望于更丰富和更社会化的公共生活作为补偿。在美国，有三种场所，即我们在前文提到的城市中心、在老郊区中复兴的郊区中心、大都市区边缘新兴的郊区中心，按市场驱动来布局的这些新建住宅满足了部分单身家庭的要求。在英国，政府的政策自1990年代末起就明确要求大部分这种新开发都必须在现状的、修整过的"棕地"用地上进行，将都市扩张侵入城市周围绿带的状况减少到最低程度。这对形成可持续发展的城市形态大有裨益，同时该模式还有更多实际的根源。一定程度上，它是英国强大的农村游说团的胜利，该政策有助于缓和在农村社区人们的心中对于新来者侵占他们乡村设施、宜人的环境并剥夺他们生活方式的深深的怨恨。

实际上，英国工党政府在可持续城市增长的目标上有所退让，只是因为没有足够的"棕地"来解决人口爆炸问题，据1996年的估计，25年来，英格兰新增了440万个家庭（Hall,2002：p.418）。因此，城市地区的新扩张在规划中围绕着伦敦，以及在英国东南部地区展开，因为这些地区的情况最为紧急。2003年2月的一份政府声明明确指出了密尔顿·凯恩斯城市的扩张（30万新住宅），这是在伦敦和剑桥之间沿M11快速干道走廊的开发（25～50万新住宅）以及在肯特郡的7万新住宅，包括泰晤士河门户（Thames Gateway）项目，这是一个沿泰晤士河与海峡隧道高速铁路连接线相接的80km长的开发走廊（http://news.bbc.co.uk/2/hi/uk-news/england/2727399.stm）。

除了这些折衷的办法，英国政府对于更可持续的城市形态的总体政策仍然保持了这样的理念，即更高密度、活跃的城市场所，在人口激增的情况下提供更多的住宅类型以适应多数更小规模的无子女家庭。美国读者会提出在他们国家有巨大的不同之处：英国政府的专门机构的行动从战略上考虑了社会整体的长远利益，而相反，美国听任"自由"市场的系统，其行动考虑的是少数人的短期利益，来确定这种新建项目的建设时间和地点。在美国，最大的环境挑战是为可持续增长制定可实施的国家或区域政策时所遭遇的藩篱，这不仅仅是空有理念的如意算盘，而没有任何可以实施这些理念的机制。这样的规章制度是一种公然对抗个人财产权利神圣不可侵犯的文化信仰的概念，而在美国，几乎没有人相信即使在遥远的将来能够实现。在有些州的运动，例如新泽西州和马里兰州，支持在现有城市地区带有公共资源的增长，而不是侵入未开发地去，已经是朝这个方向迈出了可喜的进步，但即使是这些政策也不能阻止对社区长期的环境和文化可持续性带来危害的地区开发。

美国城市地区的设计和开发所面临的第二个最艰难的挑战是找到一种方式，使新建和复兴的都市村庄不会变成与世隔绝的中产阶级的乐园，其所支持的生活方式是社会的更贫困阶层无法支付的。这是市场驱动的开发过程中确实存在的问题，贫困社区较低的经济潜力无法给与大多数开发商期望从对更高密度、混合利用的都市村庄所做的投资中获得的同等的资金回报。这会强力导致这种类型的开发难以进入城市的所有领域，甚至当贫困社区拥有基础设施（尽管已经破旧），而且位于城市中心附近的优势地段，在他们居住其中的邻里的新开发仍有可能赶走低收入的工薪阶层和房东。

这些就是被迫搬迁的人群，因为他们的房产被中产阶级或开发商一间一间地买走了，这些开发商总是赶在市场潮流之前抢先霸占地盘。造成这种成群的迁徙并不需要通过大规模的开发项目。从总体上来说，城市是从这种因改造市区破败地区而导致的中产阶级化中获益不少，但是如果没有社会政策和经济补贴让尽可能多的现有居民留在原地，并从邻里的改造中获益，那么贫困的工人阶级区会转变成明天的时髦的中产阶级的新场所了。这种中产阶级化益处良多，但是不应以城市中的贫穷人群为代价。

这种社会公平问题也体现在新的开发中。很少有当地政府在新住宅的开发中，会依据被称为"包容式区划"（inclusionary zoning）的美国惯例，把一定比例的单元"留出来"提供给较低收入家庭购买。美国保守派反对这个概念，将其作为个人开发领域中的社会工程学和政府干预的又一个例子。这需要一个勇敢而进步的地方政府来制定和实施这样的政策，以保证各个收入阶层的人群都可以享受到增长和设计完善的新邻里带来的益处。北卡罗来纳州有个小镇叫戴维森，区划条例要求所有的新住宅开发中必须有12.5%是可负担的住宅，供给收入为全国中等水平的60%~80%的个人和家庭。

我们在南、北卡罗来纳州的城市和乡镇的工作中，只要有可能，我们都尽力将优秀的设计带给那些社区的所有阶层。并没有任何国家的或州的政策来告诉我们应该如此，这是对每个社区进行的细致的工作的结果，在区划规范中"留出"关于可负担住宅的条款以及建立统一的设计纲要，使较低成本的住宅也可以享有社区中另一部分高级住宅的等同的设计和审美品质。我们为戴维森以及南卡罗来纳州的格林维尔市制定了先进的区划规范，改造升级了市中心南部的破旧贫穷的美国黑人邻里，而没有赶走现有居民。后者的项目就成为第十章中研究的案例。这些是成功的项目，应该被全美所有市镇和城市仿效（并进行改进完善）。

城市设计技术

在这一部分，我们会略述建立在第四章介绍的基本概念之上的城市设计技术的语汇，使非设计专业人士、当选官员和普通市民得以与设计师进行更有效、更深入的对话。我们还致力于加深经过专门训练的设计师对空间围合、尺度、比例以及建筑立面设计这些重要问题的认知。我们城市中的种种迹象表明，在过去的几十年中这些课程并没有被充分地理解。

关于是否要概括并扩展我们在第四章已经讨论过的一些理念，2003年早春的某一天，我们做出了决定。当时，作者之一参加了在夏洛特举行的一个校际讨论会，关于建筑系研究生的设计回顾，一名到访的学生正在介绍自己的期末命题作业。这是一个前途光明的项目，包括了南卡罗来纳州查尔斯顿市的部分改造，这块地由于城市高速路的拆除而被市政府收回。但是除了这位学生想要为城市和居民做些好事的热心肠之外，设计本身糟透了，概念过时，人行道高高地抬到街道之上，分散的单一功能的建筑布置成一年级基本设计训练中的抽象形式。简而言之，一切都对查尔斯顿有百害而无一益，是对1950年代和1960年代城市更新所犯的所有错误的一个重复。

作者最关心的不是一份差劲的学生设计，而是一个事实，即这位不幸的年轻人已经被老师和有经验的专业人士引入歧途，他们本来应该了解更正确的做法。在21世纪初，这种（出

第六章 现实世界中的城市设计

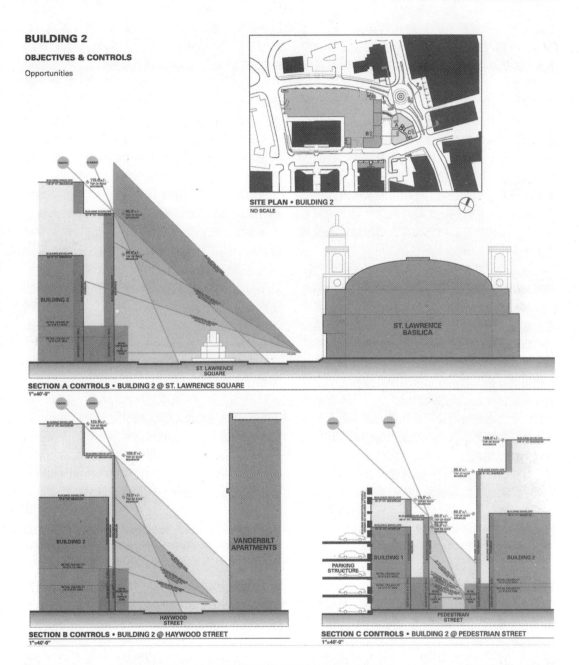

图6.5 城市空间中太阳高度角的图示。这个填充式开发项目位于北卡罗来纳州阿什维尔（Asheville）一座历史悠久的教堂附近，它得益于对公共空间内的太阳照射和阴影的仔细研究（图片蒙舒克·凯利建筑师事务所提供）。

于善意然而后果严重的)恣意破坏城市的行为仍然在美国享有盛誉的建筑学院里被继续教授下去,这个事实向我们证明,建筑专业仍然是多么需要教育。因此我们决定再次重复城市设计的关键要点。

我们还认为,有必要重复城市设计的一些关键问题,澄清它们在读者脑海中的印象,尤其是对非设计专业的读者。作为建筑教育者,我们能够直接获悉,即便是建筑师和规划师,对城市空间虚场所的想象和设计,比物体的实体形式更困难。城市空间常常是建筑物建成之后留下的剩余空间,而不是自身能够影响其周围的建筑的积极的实体。

城市设计师采用直截了当的技术语汇来设计和定义空间,我们在第四章已经讨论过其中的几种技术,这里我们将其中的三种技术语汇扩展详述。首要目的,也是最重要的一点,是要创造空间的围合,将公共空间设计成步行者的一系列"城市房间"——如果条件合适,也可以成为机动车的空间。第二点,与空间围合直接相关的是建筑立面的设计,建筑立面组成了这些城市房间的墙面,无论这些房间是广场还是街道。第三种技术,是一套控制小汽车的理念,这样邻里和行政区既能够方便到达,也不会受到机动车的过度干扰。有些设计师会把这一点列在需要解决的问题的第一个层面,因为如果不能有效而便捷地控制小汽车,那么所有其他将城市场所提供给居民使用的努力都有可能难以获得成功。而我们坚持以人为本,这是原则问题。

空间围合

空间围合取决于两种主要因素,一是空间的比例——建筑高度与空间宽度的比值;二是建筑尺度和建筑立面特征,这些立面形成了城市房间的墙面。我们在第四章列出了关于空间比例简单的、基于经验的方法(2:1和1:1适用于私密的步行空间,1:3适用于更为轻松的围合,到最高1:6适用于人群和汽车空间),但是在英美两国,不同的气候因素会带来城市比例上的不同选择。在英国,通常的做法是户外公共空间选择朝东,以获得尽量多的阳光。而在美国的南方各州,必须创造阴影,以躲避刺目的夏季烈日,那时气温经常高达32℃。夏洛特位于赤道以北35°,与马耳他(Malta)和塞浦路斯(Cyprus)一样处在地中海的纬度上,而伦敦接近于北纬52°,与加拿大的新斯科舍(Nova Scotia)差不多。

通过图示光线研究计算建筑的阴影空间——将一年中不同时间的太阳角度投射在空间里——不失为一个好主意(见图6.5)。更好的方法是利用日影仪在三维模型中研究该空间,其真实的阴影可以以模型的形式观察到或以特制的计算机程序来表现。我们还建议,只要有可能,应对重要的公共空间进行风洞研究。这种风洞研究在实践中更加难以做到,而在专家研讨会议的方式中更是不可能涉及,但是很多暴露在风中的广场使城市设计师期望创建城市活动的努力以失败告终,这是因为建筑与空间的聚合与布局未经风洞试验导致广场上风速加剧。

与所有房间一样,公共广场或街道的线性空间也有出入口点,还有朝向空间内外的视野。出入口的点越多——就像建筑物的入口一样——这个空间就会越活泼。围合城市空间的墙面上由街道形成的重大开口会减弱这种围合感,因此要限制这些大型开口。如果建筑群成为进入这一空间的视线终点,围合的感觉会得到加强,而如果观者的视线直接穿越该空间,结果就会相反(见图6.6和图6.7)。同理,从该空间向外观看城市其他部分的视线使该空间的使用者感觉到与更大的城市区域联系在一起。如果不存在向外的视线(可能入口是通过一条弯曲的街道到达的,因此往回看的视线受到限制),该空间的围合感也会得到加强。但是,另一方面,与之相抗衡的是潜在的、与其他城市景象的隔离以及阻断之感。

任何公共空间里朝向内外的这些视线的特征对于形成场所感和城市特色是十分重要的,但是同样重要的还有必须关注空间内的建筑、景观和艺术元素。许多史上著名的广场都包含公共艺术,通常是国王、公爵、将军和其他男性杰出人物的雕塑,而且所有类型的公共艺术对于建立公共空间的个性都起着重要的作用。城市设计应该在这

图6.6和图6.7　阿什伯顿的"公牛环路"（Bull Ring）。同一个城市空间的这两个视角表明了开敞视野和封闭视野所产生的显著不同的空间特性。左边的开敞视野，把观者引向前方，而右边的封闭视野则提示这是终点所在。"公牛环路"这个名字来源于中世纪，在这个场所举办的市集中进行的残忍的纵犬斗牛（以及熊）的活动。

图6.8　英国伯明翰的维多利亚广场，公共艺术和喷泉是这个重要、迷人且被充分利用的公共广场中不可缺少的元素。

图6.9　佐治亚州萨凡纳市的城市广场，是1735年詹姆士·奥格尔索普（James Oglethorpe）的原始的城镇规划实施以来，幸存的21个广场之一。这令人愉悦的迷你公园成为在炎热潮湿的美国南部以当地常绿植物——存活下来的橡树形成城市阴凉地的缩影。不过，这郁郁葱葱的植被是维多利亚时代形成的。这些广场最初是硬质铺装的，供城市日常使用，包括了小镇的民兵操练。

种公众认同感和场所感方面做出密切的回应。艺术作品可以是独立式的，就像是一尊雕塑或者一个喷泉，或者也可能作为一个建筑元素与其周围环境融为一体。如果在设计阶段就把公共艺术考虑在内，而不是后来再附加进来，城市空间会获益更多（见图6.8）。

在城市环境中使用树木的方式会因为空间所处的位置而不同。总的来说，美国城市会在广场和沿街种植较多树木，而英国或其他欧洲国家则较少。这部分是由于文化差异，总的来说美国人在历史上对城市和城市风格就持怀疑态度（参照第五章对这个问题的讨论），因此比较喜欢用绿色植物来弱化公共广场中的城市气氛。另一部分原因，当然是因为在美国南部，这种对在城市环境中种植大量的树木的偏爱是由于气候因素，树木在提供夏季阴凉方面起着重要的作用(见图6.9)。欧洲人倾向于将广场作为"硬质景观"区与城市公园区分开来，后者被誉为城市绿洲。很难想象在罗马的阿雷佐（Arezzo）或纳沃纳广场（Piazza Navona）的公共广场上种树。在这种场景中，建筑周围有台阶、拱廊或者顶着遮阳伞的户外咖啡馆，充分软化和去除了步行环境中的拘谨和生硬（见图6.10）。

图6.10 大广场（Piazza Grande），阿雷佐，托斯卡纳区；凉廊由乔尔乔·瓦萨里（Giorgio Vasari，1511~1574年）设计，和欧洲很多广场一样，大广场有公共城市客厅的功能，为非正式的集会和古董交易之类的大型公共活动提供场所。

图6.11 伦敦的柯芬园。1631年由伊尼戈·琼斯设计；市场建筑由查尔斯·福勒（Charles Fowler）于1832年设计。这个空间改造之后，现在成为伦敦最具欧洲特点（也是最有活力）的公共广场，建筑带有拱廊，一天中18个小时都有活动，完全没有绿色植物（除了搬运进来的圣诞树）。

威廉·H·怀特在《小城市空间中的社会生活》（The Social Life of Small Urban Space，1980）中的经典分析诠释了优雅简洁的广场设计的基本原则。这个篇幅不长的小册子集中控诉了没有任何表情的墙体、裸露的混凝土铺面和空洞的开敞空间，转而提供了一个优秀细部设计的纲要，涉及私密尺度、可以休憩的多种场所以及作为人们聚会并观赏由过往行人出演的都市剧的居住边界。从根本上来说，空间边界的设计和位置比在这一边界上是否有树木更为重要。

可以预见，英国对于城市中的自然的态度，处在美国和欧洲这两个极端之间。一方面，像柯芬园（Covent Garden，见图6.11）这样的公共空间沿袭了欧洲大陆的传统——这并不奇怪，因为伊尼戈·琼斯（Inigo Jones）在1631年就是按照利伏诺（Livorno）广场的意大利模式来设计。另一方面，伦敦的绿色广场，尽管最初是硬质景观，现在以一种比美国人的鉴赏力要舒适得多的方式将自然融入城市（见图6.12）。

从历史上看，美国城市在规划中几乎没有包含城市广场，只有费城和萨凡纳市（见图6.9）这两个是显著的例外。然而，意大利城市以其公共广场闻名于世，伦敦是种植了树木的城市广场，

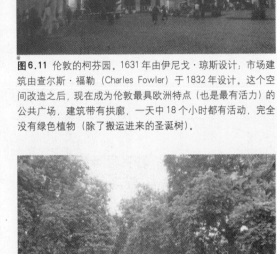

图6.12 伦敦的圣詹姆斯广场，虽然这个迷人的广场如今被现代办公楼和19世纪的住宅围绕，但是仍然可以发现1670年代建在这里的早期居住建筑的痕迹，而且两幢出色的乔治王时代风格（Georgian）的联排住宅仍保持原状。这个广场本身就是典型的伦敦绿洲，属于公众、亲密舒适又绿意盎然。

而符号式的美国的城市空间就是街道，正如前文所述。商业型的街道是经典的"主要商业街道（Main Street）"，沿街有商铺、宽阔的人行道和沿街停车（见图6.13）。相对应的居住型街道是"榆树街"（或类似的树木的名称），几乎在美国所

第六章　现实世界中的城市设计

图6.13　主要商业街道，索尔兹伯市（Salisbury），北卡罗来纳州。自从1950年代起，随着郊区购物中心的发展，主要商业街道这个符号式的美国空间名望和特色日趋衰退，但是自从1990年代重新焕发的居住在城区的兴趣，刺激了市中心的翻新，而北卡罗来纳州的小镇上的这两个建筑（最左边和最右边的），现在自诩拥有人气商铺之上的公寓。

图6.15　波士顿的纽伯里（Newberry）大街，原先在波士顿的这个邻里中成批建设的带有宅前花园的联排住宅如今变成兴旺的娱乐和商业活动场所，成为北美最有活力、最令人愉悦的街道之一（摄影：Adrian Walters）。

图6.14　北卡罗来纳州夏洛特市迪尔沃斯的居住街道。在1960年代和1970年代美国"有轨电车郊区"中的许多街道，由于居民搬往新郊区的新住宅中，衰落成了贫民窟状况，1970年代末的城市先锋回收改造了这些老旧的邻里，到1990年代末，像这个例子中的街道上的住宅售价有几十万美元，因为在市中心的生活又让人们趋之若鹜。像这样对步行友好的步行街成为新城市主义的公共空间设计的典范。

有城镇的老居住区中都能看到这样的街道（见图6.14）。把街道作为公共空间的首要类型予以重视，这一定程度解释了新城市主义对街道的适当设计的强调，因为街道设计如果不能鼓励和加强居住邻里和混合商业区内步行行为，精明增长的目标就难以实现了。图6.13举例说明了一个商业街道的典型设计，在行人优先与车辆的停靠和通行之间取得平衡。

建筑立面

我们的设计词汇中的第二个元素是建筑立面的设计，它围合和定义了城市空间，形成了户外房间的感觉。一层步行的平面是至关重要的。这里，进入建筑的入口应该明显，可以方便地从公共空间中直接进入，可以是沿着街道或广场的人行道。城市空间的边界应该为各种活动创造条件，比如零售、咖啡店和餐馆和高密度住宅，有入口直接离开公共空间进入住宅，正如图6.15所示。这些活动提供了步行交通，为空间增加了活力，表现出安全和吸引力。拱廊和柱廊是对公共空间的边界特别有用的设计方式。它们提供了有庇护的过渡区，可以更好地保护和加强沿公共空间展开的活动（见图6.16）。

对于居住建筑，这个过渡是由门廊或门阶构成的，它们可在街道或广场的公共领域和家庭的私人领域之间形成半公共的空间。这些空间（和提供入口的住宅的首层）应该相对住宅外行人穿行的公共区域，至少被抬高3英尺（见图6.17），

图6.16 大广场的凉廊,阿雷佐。为临时就餐和社会活动提供了舒适、安全的设施。这种半室内、半室外的空间是创造生动城市场所的宝贵的城市设计工具。

图6.18 联排住宅,明特街(Mint Street)夏洛特,北卡罗来纳州。屋脊线的重复产生了戏剧性的效果,其尺度感非常适合联排住宅,又不会太浮华及太装饰化。

图6.17 住宅门阶,教堂北街400号,夏洛特,北卡罗来纳州,1997年FMK建筑师事务所设计。这个台阶从公寓一楼通往街道,联系了公共和私人领域,而高度的不同又可以保持个人生活的必要隔离。门廊和台阶提供了街道景观的视觉兴趣,一楼的墙体遮挡了私家的停车位。

以保护住宅内部的视觉私密性。

我们一直坚持,新建筑的设计应该仔细考虑周围的文脉。这不是说要用历史的手法,把柱式、人字墙等历史元素加入到建筑立面中,试图"融合"到一起,而是要对周围的城市和自然环境中隐含的韵律感十分敏感。实践中,我们发现用10个城市元素来检验城市景观非常有用,它们体现了文脉的和谐搭配。与周围元素的和谐共存,比简单的重复立面细部,可以在新建筑与现有环境之间确立更深层次的视觉联系。新项目并不需要遵循所有的10个准则,但是至少不能打破周围的格局。

城市地区中心项目周围需要考虑文脉的10个设计要素是:

1. 建筑轮廓:屋顶轮廓线的斜率和大小[图6.18,Mint Street住宅]。
2. 建筑立面之间的空隙:基本立面之间的间隙或凹口[图6.19,Dilworth Crescent]。
3. 从用地红线的后退:空间的一致性[图6.20,Dilworth的"维多利亚住宅"]。
4. 窗子、开间和门口的比例:元素在立面穿插的垂直和水平方向的整体感[图6.21,Radcliffe]。

5. 虚与实的比例：窗户和门与实墙的比例形成了立面的渗透[图6.22，阿瑟顿高地]。
6. 入口的位置和处理：韵律、尺度和空间[图6.23, 5th and Poplar]。
7. 外墙材质：与毗邻的建筑材料相一致[图6.24，赫斯特广场]。
8. 建筑尺度：协调的尺度和外观[图6.25，填充住宅，伦敦]。
9. 阴影图案：突出与退后形成的视觉趣味[图6.26，北教堂街400号]。
10. 景观：定义空间并与建筑紧密联系[图6.27, Gateway Village广场]。

大体量的建筑给城市设计师带来很多额外的麻烦，但是如果它们的体量和立面可以妥善加以处理的话，那些比周围环境中的建筑庞大的建筑可以成功地融入城镇景观。关键是要打破新建筑的体量，变成垂直和水平元素的结合。垂直墙线的韵律感在这里尤其有用。建筑立面的设计通常意味着相对于水平韵律，有更多的垂直韵律，清晰的垂直韵律（用凸出或凹进的墙线来设计细部或色彩），创造出我们在街道景观中追求的人性尺度的感觉——尤其是从透视的角度看（见图6.28）。

图6.19 迪尔沃斯伊斯兰教堂（Dilworth Crescent），夏洛特，北卡罗来纳州，1992年。每栋联排住宅之间的退后有效地遮住了看向车库门的视线，在这一排房中为每栋住宅都建立了独特的建筑可识别性。

图6.20 公园大街的住宅，迪尔沃斯，夏洛特，北卡罗来纳州，1980年代末。这些维多利亚式住宅的现代仿制品，通过协调一致地从街道退后，融合到了邻里之中。

图6.21 Radcliffe on the Green，夏洛特，北卡罗来纳州，2002年由FMK建筑师事务所设计。这个街区底层是办公和餐馆，上面是奢华的市中心住宅，它创造了复杂的韵律和关系，使更多的建筑元素可以在立面上得到统一。

图6.22 阿瑟顿高地（Atherton Height），迪尔沃斯，夏洛特，北卡罗来纳州。1998年由大卫·弗曼建筑师事务所设计，这个低成本住宅在设计立面的时候，试图在主要的实墙上运用图案装饰的砖块，将大小不同的开口组织在一起。

图6.23 Fifth and Poplar公寓，夏洛特市中心，2003年由LS3P建筑师事务所设计。这个街区的住宅通往首层的入口是突出的，这与上面楼层凹进的阳台形成强烈对比，在保护居住私密性的同时，创造了活泼的街道景观。

图6.25 填充住宅，维多利亚，伦敦。这个建于1980年代末、1990年代初的填充住宅，试图将一幢新的、大尺度的建筑插入这个文脉中，通过一层的比例和檐口的高度，小心翼翼地取得协调。

图6.24 赫斯特（Hearst）广场，夏洛特市中心，2003年由舒克·凯利建筑师事务所设计。在一个庞大的办公塔楼下面，这个广场作为新的城市公共空间插入了现有的城市肌理。新的底层建筑的墙体围合出了空间，形成了和老建筑戏剧化的对比，却没有压倒现有建筑的尺度。

实际工作让我们学会，在沿街立面上大约每隔18.3m需要出现一些垂直的分隔，这会创造出人们希望的比例和人性化标准。老旧的城镇中，街道景观展现出的城市特征和美感令人们赞不绝口，它们遵循这样的模式：通常是由一系列单个建筑组合而成，建在窄而深的大小相似的地块上，入口和体块建立起了重复的韵律。这些建筑的细

图6.26 城市住宅,教堂北街400号,夏洛特,北卡罗来纳州,1997年,FMK建筑师事务所设计。立面上凸出和凹进的重复韵律产生了不同的阴影图案,成为视觉趣味的来源。

图6.28 盖特韦村/商业街,(Gateway Village/Trade Street),夏洛特,北卡罗来纳州,大卫·弗曼建筑师事务所设计,2001年。街道立面上的控制性的垂直韵律在行人的透视中得到加强,产生了城市密集又充满活力的感觉,远处是西萨·佩里设计的美国银行的塔楼(1992)。

图6.27 盖特韦村,夏洛特,北卡罗来纳州。Duba Paine建筑师事务所,Cole Jenest and Stone景观建筑师事务所,2001~2002年。新颖的喷泉和景观设计丰富并统一了右边办公楼和左边远处的公寓楼之间的主要公共空间。

部方面可以各不相同,但是整体上很协调。这不是说设计师应该把一些不合适的立面强加给大的建筑(绝对不是这样!),而是建筑的墙面应该仔细地接合。秩序和变化之间的平衡感可以通过垂直和水平比例和韵律达到,但是前者更容易一些。当城市地区的建设快速增长的时候,比如伦敦18、19世纪的广场和排屋,标准立面突出的垂直门廊的重复利用会产生交流的尺度和人性化的气质(见图6.29)。

这个伦敦的例子提供了多个建筑入口,但是在入口不这么多的情况下,应该尽可能地让入口之间的距离不超过45.75m。这会让步行者在不同地方都可以方便的进出建筑,产生的活动会使这

139

图6.29 贝尔塔莱维亚区（高级住宅区）19世纪的联排住宅，伦敦。这张图片说明了重复的力量。平坦的立面是典型的19世纪开发商的建筑学，以便降低建设造价，为了降低建造成本导致立面平实，但是让人厌倦的平庸被醒目的入口门廊的突出减轻了。尽管它们一模一样，但是它们形成的垂直韵律满足了视觉要求，把排屋划分成了一个一个可识别的单元。

图6.31 盖特韦村，夏洛特，北卡罗来纳州。Duba Paine 建筑师事务所，2001年。这个庞大的办公楼的立面由于砖块和瓷砖的排列的巧妙细节而备感丰富。细小的凸出和凹进和材质的变化把建筑表面划分为由规则线条织成的复杂格网。

图6.30 第十一街，亚特兰大市，佐治亚州。出于连接现代建设的需要，左边的新公寓用凸出的入口、阳台、飞檐和出挑的屋顶，来协调街道右侧醒目的1920年代的公寓楼。

个地区充满活力，还可以让有点偏长、可能乏味的立面富有人情味。图6.30的例子说明了亚特兰大一个公寓楼的设计是怎样组织入口来协调街对面旧公寓的强烈韵律的。注意，我们建议用巧妙的连接创造垂直韵律，没有必要对平面进行凸出或凹进的改变，形成太多装饰性的几何图形。事实上，平面越简单规整，小尺度的设计措施就越有效。小尺度元素，如壁柱、檐口、束带层（一行垂直摆放的砖块）、门楣、突出的窗台、落水管和雨篷，这些装置对形成必要的连接非常有用（见图6.31）。

控制小汽车

尽管有许多好主意和好技术，如果私人小汽车占据了行人使用的空间，创造空间的所有努力就功亏一篑了。在美国，几乎每个人、在每一方面都依赖小汽车过日子。轻轨交通系统改变了一些人的出行方式，但在市场上，如果开发项目不是为小汽车设计的话，就没有可能成功。这与欧洲城市的情况有很大不同：在那里，除了城市区域不断增长的汽车外，很多人仍然围绕便捷的公共交通安排日常生活，而很大一部分的城市和小镇的个人汽车都受到了有效的限制（见图6.32）。伦敦和奥斯陆这两个城市对使用城市中心街道的汽车收取费用，这个有争议的措施对减少拥挤的效果比想象中要好得多。但

第六章 现实世界中的城市设计

图6.32 城镇中心，泰晤士河上的金斯敦，伦敦。很多欧洲城市都把主要的商业街步行化，收到了良好的效果，但美国作了相同的尝试，却不幸失败了。关键原因是高效的公共交通的便利性，能否得到所有社会-经济团体的使用，这会减少人们用私人小汽车日常出行的需要。

图6.33 停车场，南大街，夏洛特，北卡罗来纳州。标准的美国式巨大停车场，在商店门口为汽车创造空间，但没有一个正常人会感觉到一丝一毫的舒适宜人，一旦零售业衰退，人们就没有其他的理由光顾这里，衰退的循环加快了。

在美国，汽车仍然占据统治地位，所有的城市设计都要考虑私人小汽车的使用、为小汽车提供便利条件，这意味着停车场的设计要便利、但不显眼。

停车的方式有两种——沿街停靠和场地停车。1950年代到1980年代，很多美国设计和规划实践都有两个目标：消除妨碍车辆自由通行的沿街停车，建设大的停车场，使顾客的方便到达最大限度。考虑到一年一度的圣诞节的拥挤，停车场都是超大的，没有考虑到这一大片沥青场地的审美效果，也没有考虑环境后果，比如被污染的地面水流入小溪，或者把对行人来说十分舒适的环境特征完全消除（见图6.33）。

直到1990年代，新城市主义为美国人提供了重新学习的机会，大多数生活在更古老、更集中的城市中的欧洲人从来没有忘记的东西（虽然伦敦和其他健忘的城市有很多例子，其汽车统治的规划压抑了行人的活动）。最好的城市空间是围绕人而不是汽车来构建的，当车辆的通行和停靠占据足够大的面积、足够方便时，美国城市中最具吸引力和最繁荣的地方却是现在汽车从属于行人的地方。不过，停车场仍然是一个基本组成部分。只有在波士顿和纽约这样有良好的公共交通的最密集的美国城市，才有可能产生不带停车场的开发项目。在其他密度较低的城市中，对于每一个特定项目，我们总要在追求城市景观目标和更大的城市设计目标的同时，作出停车场的规划。

在传统郊区，每个独立的用地都要提供停车场地。对驾驶和停车的方式进行分析，数字显示，社区内的每辆车每天要占用5个停车位，家里一个，工作单位一个，另外三个分布在商店、健康俱乐部、医院、公园、学校、教堂等地。这意味着每辆车仅仅停车就需要148.6m^{2}的混凝土或沥青铺面（Schimtz：p.18）。降低这个数字迫在眉睫，可以通过用地之间共享停车场，连接街区中的停车场可以方便到达，或提供沿街停车来达成。

我们试着在每个可能的地方设置沿街停车，但这并不能完全解决停车问题。不过，沿街停靠的车子可以保护行人不受通行车辆的伤害，它们降低了车辆的通行速度，重要的是，它们意味着

141

活动，人们停在那里总是有理由的，进商店购物、去办公室开会或者拜访朋友。在一个项目中能找到沿街停车的可能性，对于沿街零售空间的成功是一个至关重要的心理因素。所有驾驶者都希望他们能够幸运地找到空着的停车位。对调查中大部分失败的项目来说，非街边停车一定从街道上有直接和便捷的通路，但它们被建筑遮挡住了。没有什么比必须穿过巨大的停车场或停车楼对行人的街道生活影响更大了。停车场和停车楼理想的位置应该在街区内部。但是如果停车楼紧靠街道，其首层应该有零售业或办公楼，以刺激步行活动。每幢停车楼的沿街立面都要覆以高质量的材质，赋予一些比例良好的节点——通常是垂直的凹进——以便和街道景观的韵律协调（见图6.34）。

设计足够、方便的停车场几乎是全世界的当务之急，可以毫不夸张地说，在美国，停车场左右着设计。另一个问题是停车楼的成本。以美国为例，2003年地面停车场的成本大约是1000～1500美元／辆，而相同车位的停车楼的成本为10000～15000美元／辆，地下停车更是超过20000美元。停车场的高成本成为减少停车空间、在用地之间共享停车场的一个理由。理想情况是，顾客和职员开小汽车过来，只停靠一次，然后在一个适合步行、混合利用的环境中，步行或者坐公交到达其他目的地。这样，每种不同的用地的独立的停车场就可以被其他一到两种集中的设施代替了。

即使有这样的经济性，对大多数开发项目来说，停车场成本仍然是难以负担的，高密度、混合利用的填充计划的经济情况，通常都是不稳定的，如果没有政府财政可以负担其中一部分的话。在美国政治和公共观点的环境下，要想把公共财政用于开发项目的停车场这样的设施中，一般是很难的。政客和公众通常认为这对于私人公司而言是不必要的津贴，而反面的迹象显示"市场"不会支持"纯粹"是私人形式的这种开发。

市中心的大型项目，如体育场和博物馆的公共基金在美国城市中越来越普遍，但这些声势浩大的项目通常更注重于城市的形象创造方面，而不是真正的精明增长。还有很多的美国城市中，部分人对发起或参与更进步的开发项目心不甘情不愿，比如高密度的混合利用开发——尽管私人开发行业中有远见的企业对这样的合作寄予热望。这种犹豫意味着美国城市并不像欧洲人那么主动，用适合长期投资的方法面对增长，而倾向于让城市形态由市场力量来控制。这个因素和由此引起的特别的蔓延，在美国和欧洲城市化的过程中形成了两个、乃至更多的结构性不同点。

在美国一片混乱和变动的政治环境下，设计和规划专业在社区的形态上能起到的深远影响的可能性已经被大大地限制了。因此，最重要的是对城市设计保持敏锐的感觉，追求精明增长的目标，这可以刺激三维的思考。与这些目标同样重要的还有达成这些目标的方法，在实践中，我们发现到目前为止，专家研讨会是提供有力的民主论坛，制定详细的总体规划和实施战略的最好方法。因此，在介绍案例研究前，我们要详细描述一下城市设计总体规划和专家研讨会的概念。

图6.34 第七街停车楼，夏洛特，北卡罗来纳州。该停车楼位于穿过城市中心的新轻轨线路旁。以下面楼层的一家杂货店和两间餐馆为特色。公共艺术使墙体生动而活泼。

总体规划和总平面图：
专家研讨会的进程

通过创造"城市规划专家"的总体规划，将注意力放在三维的城市形态而不是只标明土地利用的二维平面图纸上，我们之前所述的城市设计和精明增长理念会更容易运用。这是整本书的核心思想之一：三维优于二维。这些规划是公共文件，一定要清晰易懂。对形式和空间的处理应该用清晰而富有吸引力的图纸，对规划成果及其实施也应清晰有效（见图版10和图版11）。此外，形态和空间的三维结构使得用途和实施具有长期的灵活性，它详细描摹了社区未来的物质形态，可以实时有效地掌握变化。

一个有力的城市形态——由清晰有序的建筑体量界定的公共和私人空间，拥有强烈而彼此联系的模式——能提供一个骨架，解决许多社区设计中潜在的矛盾冲突。这些问题包括了科技变化带来的影响、社会结构、经济、利用、建筑风格和开发实践。在图版11中展示的那种城市设计总平面中内含的详细研究，为增长和变化建立了物质空间骨架，为公共政策和投资策略提供了导则。当总体规划及其详细设计以一个控制性的平面、一套基于设计的区划条例、城市设计导则或是总体开发导则的形式编制成规则，它就被强化了。

之所以要把详细的社区设计方案编制成控制性的形式，是为了在建筑形式和空间都清晰、易被社区理解的城市框架内，让社区能够调节可能发生的利用模式的主要改变。特别是，基于设计的区划条例保证了在新建筑和空间与现有城市肌理之间有一种形态的和谐。这就让人居的模式有更多的连续、更少的断裂；新建筑，以及老建筑的用途转变，是符合物质空间标准的，包括了明确描述的尺度和布局。

因此，在相关的市场条件下，总体规划提供了一个详细的规划地区的概念性"建成效果"。在图版21所展示的这种方案中，布局了主要道路、公共广场和公园、地区性街道和绿带；它也规划了公共交通基础设施；通过绘制出全部的住宅地块，它规划了居住用地；并且安排了所有的重要建筑，定义出环境保护或景观保护的区域。在实践中我们用很大的彩图来工作，经常大于2m见方，把透视图、标注尺寸的街道剖面图、对每个地块都适用细部设计图综合到一张图纸上（见图版12）。甚至在大尺度的区域项目中，我们也这样工作，（举个例子，第七章、第一个案例研究描述的15500hm^{2}的地块）。在这么大的尺度里，这种详细的细部是必不可少的，它用来展示重要的开发类型和项目，而不是泛泛言之。

我们知道，在专家研讨会期间制定的总体规划不可能原封不动地建起来，尽管如此，我们也总是在开发现实的基础上进行规划设计。无论如何，我们在细节的层面上的明确努力是基于三个原因：

- 首先，对特定场所清晰、详细的设计建立了明白易懂的规划意向，它们所起的作用比一般的二维彩色土地规划利用图大得多。特殊的额外信息可以使社区明白到底规划了什么，让意向的分享变得更容易。
- 第二，这种细节上的未来设计让社区可以以一种现实而理性的方式，应对未来的选择和改变。新建筑和利用模式的影响可以进行三维的视觉评价，对传统的交通流量和出行数据这些抽象的规划进行补充和修正。
- 第三，我们详细设计总体规划，是为了检验在不同的情况下，哪个方案行得通，大致选择一种方案作为我们最后推荐的适宜方案。对特别重要的或者有争议的地块，我们也经常做出可替代的设计和开发建议，就如第八章的第2个案例中讲的那样。

总而言之，城市设计总体规划制定并且诠释这种深入的细节，不是要为未来发展建立精确的样板，而是要安排新的建筑和空间，确定适当的可能的特征、未来实施的清晰导则、还有由其他东西引起的规划变动。如果有衡量新选择的标准，那么应付变化就容易多了。清晰的规划，三维的图纸和图解的区划条例为比较和判断提供了明白易懂的标准，这比常规的抽象规划和法定的语言有效得多。

和详尽的总体规划一起出台的还有各种控制性文件。大多数情况下它们构成了控制性规划（Regulating Plan）——源自总体规划细节的区划分类图表，以及特别为研究区域制定的区划条例，通过前后呼应和预测，可以让规划内容得到实施。这些条例，在附录三中有例子，在第十章也会详细讨论，并给出一套详细的图表，其中包括具有法律效力的设计和开发标准。英国读者会回忆起第五章的文字，在传统的美国规划中，创建一个新社区的规划而不需改变现有的区划、使之和新规划取得统一，这根本是不可能的。总体规划和从设计理念而来的区划条例的联合，对弥合美国规划规章和开发控制之间的鸿沟特别有效。

因此，我们的专家研讨会的成果总是包含了特定的新区划条例、城市设计导则或开发导则，以保证新的开发服从于规划。这些文件会在专家研讨会结束时形成纲要，在随后的几个星期内逐步发展为完整的详细文件。到目前为止，几年下来，没有一个公共团体拒绝作为整体规划一部分的新分区规定或准则。我们相信这部分是因为可视的总体规划细节使可选官员能够充分理解建设的含义，感觉到比普通的在私人地产上改变区划分类更合适。当地官员还会认出引起争论的土地和复杂位置的土地的所有者，因为他们通常会参加专家研讨会，对他们的土地和社区的未来发展发表意见。

在具有法律效力的控制性规划和区划条例之下是建议性的城市设计导则，它建立了特别的适宜于社区的设计。它们涵盖了广泛的、关于公共领域的功能和审美特征问题，主要可以分为四类：

1. 混合利用中心的标准。在各种尺度上界定了混合利用中心的内容，并与它们的城市环境联系起来。
2. 场地设计问题。包括界定和围合公共空间的建筑的位置和布局；新建筑与环境的关系；机动车通行，停车场的提供和沿街停车；公共交通一体化，步行和自行车设施；环境保护技术；提供公共艺术。
3. 街道设计标准。包括互相联系的步行街道网络的功能性交叉口剖面和适当的空间围合的比例原则。
4. 建筑设计建议。这部分讨论建筑群、尺度、立面处理、建筑与公共街道的关系，建筑入口的位置和特征，和服务功能的组织，如信箱与垃圾收集。有些指导原则——比如环境设计十要素——在前面的章节中已经讨论过，举过例子，可以证明一个重要观点，设计导则不是指定建筑风格，它们着眼于来自良好实践的原则与技术。

这些导则只是建议，但遵守这些导则的优良实施项目证明，它们是非常有用的。像英国一样，美国规划师也利用它们来指导开发商和建筑师、工程师、调查人员遵守一致通过的社区设计标准。

在更普遍的层次，开发导则就像它的名称一样，是为了指引依照精明增长优秀实例标准进行的地产开发。开发导则不如城市设计导则那么具有指定性。但是它们确定了主要类型，包括总体规划的建筑街区，图纸标准和良好可持续城市实践的建议。

这些要素包括：

1. 规划区域内邻里和行政区的不同类型，比如说，传统邻里，工作地区和各种规模的混合利用中心。它们提供了可步行开发的模型，可以在社区内部界定和加强场所感。
2. 开敞空间的类型，从未经打扰的河流缓冲区和流域，到城市公园和广场。这些开敞空间导则的目的是保护自然栖地，用满足社会交往日常需要的空间改善人类的栖居地。
3. 可持续交通网络的标准，这包括保证每个邻里内充分的街道联系的程度，一般街道设计原则和公共交通一体化。同样很重要的还包括区域间的联系和走廊，包括高速公路、林荫大道和航道，公园道路和绿色通道。
4. 场地和建筑设计建议。这一部分涵盖了城市设计导则的一些相同内容，涉及到促进周边场地规划和建筑设计的设计元素。我们的两个基本前提是：所有建筑应加强场所感；历史性的建筑、地区和景观的保护和更新应肯定市民生活的连续和发展。美国实践的第三个主题是建筑应服从现行的美国绿色建筑委员会的 LEED（能源和环境设计引导）标准，以减少能源消耗。

我们的总体开发导则和城市设计导则的典型条例分别摘录在附录的 4 和 5 中，两套导则都建立了明确的框架，协助设计师和开发商理解公共政策的目标和标准，使当选官员和城市雇员可以在不同岗位上共同努力。我们把建议和用语特别组织起来，以影响未来的区划条例；很多导则中的文字都使用了"建议性"的语言，例如"应当"和"可以"，不过这些术语可以很容易的被替代为"要求性"的语言，例如"应该"和"必须"。

我们撰写这些标准和导则，是为了实施总体规划并引导开发，因为它有可能超出规划本身的范围和实践框架。导则是详细的，因为总体规划是详细的，还有一个原因，建筑经常会在使用寿命内改变用途。比如一个旧的工厂建筑，可以改成新的办公楼、商店和餐馆、生活－工作单元或时髦的公寓。而新旧建筑的混合增添了建筑和邻里的个性。建筑比填充它们的暂时性的用途，更能成为稳定的基准和城市品质的催化剂。因此我们更强调建筑和空间的布局，而不是固定利用模式的地理位置。我们认为当时的适当用途可以、也很有可能在以后的 10~20 年内改变。在这种不断变动的情况下，我们要创造一种可以处理变化的物质环境，在 5~10 年的下一轮开发后还能保持其基本质量。

最后，邻里和地区的大部分建筑都会成为"背景"建筑，提供公共生活的舞台背景，而不会自己占据中心舞台。我们从经验中得知，设计"舞台背景"与创造地标性建筑相比，困难程度完全相同，也有同样的满足感，但是建筑师作为塑造形体的英雄之神话，还是很难克服的。在建筑师谦虚设计的启蒙缺席的情况下，城市设计规则是生活中不可或缺的实际。

在这个控制框架内部，细部上的建筑创造是受欢迎的，但总体形态和建筑群体应该服从特定的社区导则（见图 5.10）。这个前提的惟一例外是特殊的市民和社区建筑，比如教堂、市政厅和博物馆。这里，建筑创造可以有一个自由度，如果已经有足够有效的背景建筑可以建立清晰的文脉，那么为了特殊目的，偶尔醒目和创新的建筑也可以成为社区中的地标。丹尼尔·利贝斯金德（Daniel Libeskind）设计的位于柏林的犹太人博物馆就是一个极好的例子。

然而，个性鲜明的建筑仍然应该尊重它所处的公共空间，因为公共空间的品质和统一比任何单一建筑都重要。尽管独特、创新和古怪的建筑可以增强邻里的吸引力，它们却应该只占少数，与城市肌理普遍的连续统一形成对比。从经验中我们发现，通常没有才华的建筑师对于导则给他们设计自由的限制抱怨最多。我们丝毫不怀疑，优秀的建筑师可以创造性地表达这些规定，而我们希望阻止蹩脚的建筑师，不要把他们糟糕的设计强加到公共领域中去。

专家研讨会

总体规划和它们后续的条例及导则通常都是通过专家研讨会的形式高效地制定出来的——专家研讨会是集中的设计工作室，通常持续 4 天、6 天或 8 天。"专家研讨会（charrette）"这个词起源于法语中的"小手推车（little cart）"，它是 19 世纪巴黎美术学院的学生用来装运最终建筑图纸的。学生们散布在城市中的各个角落大用其功，通常都是在导师的工作室，当听到小推车那箍铁车轮的声音回荡在圆石块铺就的街道中时，他们就知道设计时间已快到尽头。那声音和紧跟着出现的小推车带来一阵恐慌，学生们为了完成图纸做着最后一搏。从此，这个词逐渐被用来表示紧张进行的、在规定时间内要得出结论的设计活动。

但是警告一句！"专家研讨会"这个词被很

多规划师误用了，他们把所有的公共会议，即便是持续几个小时的会议也叫作"专家研讨会"。其实，一个真正的专家研讨会至少要持续几天，要得出一个明确的结论，最后制定一套完整的图纸。案例研究中的2个专家研讨会持续了4~8天。在极短的时间内，对明确的详细图纸成图的强调，把专家研讨会的程序和在《社区规划手册》(The Community Planning Handbook, Wates, 2000)中描述的英国行动规划（British Action Planning）区分开来。我们组织专家研讨会的方式和韦茨（Wates）描述的"设计集会（design fest）"有几分相似，但我们对事项的组织包括了其他几种大致的方法，可以在英国模型下进行替代或共同进行。

一个真正的专家研讨会关注的焦点和明确的成果是宝贵的，比起持续几个月，每周一次的社区小会议有用得多。这些会议虽然有一定的价值，但是冗长拖沓，延误了进度，失去了激情，最后成为所有人的负担。相反，8~10人的设计小组，一天工作8~12小时，其工作时间相当于一个规划师不眠不休地工作三个月，而且脑力成就会呈指数增长！

在这种强度下工作，通过在详细设计中解决最尴尬、争议最多的问题，我们竭尽所能地达到了大家对争议问题的普遍认同。但不是每个人都能如愿以偿。我们的目标不是必然要所有人都一致。在每一幕开发和再开发的场景中，总有胜利者和失败者。我们的主要目标是在挖掘城市总体进步的潜在福利的情况下，把对社区内个人和团体的不利减少到最小。因此，专家研讨会主要特点之一——像七至十章即将深入探讨的那样——是争论、设计、说明同时存在的过程。

在这个意义上，专家研讨会还有着重要的教育功能。西方世界很多备受尊敬的城市空间是按照国王、公爵、教皇或其他独裁统治者的命令创造的。在民主政体下创造好的设计要困难得多，因为尽管每个人的意见都有价值，但不是每个市民都拥有广博的常识，或者完全理解相关社区真正的情况。专家研讨会公开的论坛、所有的图纸和规划，给市民提供了很好的浓缩的学习机会，了解影响社区的重要问题。

我们的案例研究展示了利用专家研讨会刺激公共投资，可以达成什么样的成就。我们重申我们的信念：民主的争论在创造各种城市场所的设计过程中都是至关重要的。那些在紧闭的大门后面神神秘秘做设计的所谓专家，对自己的无所不知深信不疑、沾沾自喜，已经试验出了糟糕的城市设计秘诀，从全世界无处不在、面目模糊的城市更新方案，到伦敦狗岛上姿态鲜明的加那利码头（Canary Wharf）（见图5.3）。在我们的过程中，惟一没有公开进行的是为专家研讨会做准备的那部分工作，比如现有开发的经济分析、未来增长的统计预测、景观脆弱地区的环境分析或者人口统计数据的核对。工作开始之前，我们的专家研讨会小组还和每个市政当局合作，制定完整精确的大尺度地区的地图，要表现所有的道路和街道，大小设施，地形地貌，植被和土地边界。

即使进行了彻头彻尾的公众参与，人们也很容易把公众在这个过程中的积极作用传奇化了。在我们的经历中，有的人参与这个公众活动是为了抱怨，而一些极端的情况下有人会阻止整个会议的召开。这些人包括了"邻避"者和"反建"者[①]BANANA（Build Absolutely Nothing Anywhere Near Anything）的队伍；他们是来讲话的，而不是倾听——哪怕是闭上嘴听一下。很多人在混淆事实、传说、完全虚假的流言蜚语中，就对正在讨论的项目抱定了自己的看法。公众的观点经常是和良好的规划与设计感觉完全相反的，我们要努力克服这些无知带来的障碍。

精明增长的一些关键原则几乎是和社区团体和邻里协会对立的。正如前文所述，这些原则通常包括高密度混合利用和把新建筑、新居民

---

① 意为反对在任何建筑附近建新建筑者。

和游客带入现有邻里的填充性开发。市民团体经常在口头上对精明增长总的观点赞不绝口，但却不想真正在他们的土地上实施。在美国的社会观念中有个著名的矛盾，人们一面大声抱怨蔓延和开敞空间的流失，一面也同样激烈反对高密度的开发——解决那个问题的最有效的办法（见图版9）。

不过，称职的专业规划师必须努力收集公众的意见，还有如前所述，这项工作中很多都是有公众教育意义的。教育公众最好的办法就是公开——让他们可以目睹设计进行的过程，学习怎样平衡变量，怎样评估优先和怎样确定不同的标准。我们的工作方法使公众可以监督我们的工作，每天、甚至每个小时都可以对工作想法的发展有反馈意见。最重要的是，公众设计对话的广泛性可以解释很多个人的成见和误解，提供了更真诚、更有建设性的争论的机会。在大多数例子中，一些共识可以达到，但从来没有能使所有的参与者都如愿以偿。

但是我们在努力，在最后，我们对所有的专家研讨会有4个指导原则：

1. 从一开始就让每个人员参与进来；
2. 并肩工作，功能交叉；
3. 以有反馈评价的小循环流程工作；
4. 设计深入细部。

首先，我们把所有的观点都摆在台面上进行热烈的讨论，这样当选官员、规划和设计专业者、关心的市民可以全面地了解问题的各个方面。所有有想法或者被规划影响到的人应该从最开始就参与进来。我们为不同的利益群体安排不同的咨询会，设计活动正是在此背景下持续运作，对所有人来说都容易理解。激发人们的工作热情，让他们与设计小组一起工作，通过观点的分享使得过程中的人们获得主人翁意识和益处。

第二，我们组织多专业合作的设计团队，通常包括建筑师、城市设计师、规划师、景观建筑师、交通规划师和房地产专家。有时，如果工作需要，还会邀请环境专家。我们尤其欢迎当地艺术家的建议，他们经常会有独特的视角，对我们帮助很大。专家研讨会期间，所有这些专家成为通才，吸收其他人的专业知识，突破专业界限，合力研究随着专家研讨会的进程而出现的问题和机会。

第三，我们快速工作，一旦想到可能解决问题的办法，就把它钉在墙上等着尽快讨论，一般就在几个小时之后。老百姓要能够提出建议，并看到建议很快地设计出来、看到其他人的评论。我们每天晚上都会召开巩固会议，把大家的意见集中到首选的方向上，所有的进展都基于白天听到的言论。

第四，深入细节的设计拥有我们之前提到的所有优点。只有设计到一定详细的程度，包含建筑类型、城市街区和公共空间，也包含交通大范围的前景问题、交通用地的利用、景观保护和其他重要公共设施，机会才能够显露出来，而致命的缺陷才能够减少或消除。这种详细的程度在紧凑的时间框架中是有可能达到的，因为我们用了类型学的工作框架。在进程中，我们带入了具有普适性的开发和空间类型。这种信息的广泛基础让我们能够快速进展，深入到场地特殊的细节。在第四章中，我们介绍了这四种类型学的分类：它们是传统邻里、混合利用中心、地区和走廊。

传统邻里

传统邻里类型由紧凑的居住区组成，拥有各种各样的建筑类型和一些服务设施和市政设施，如小商店、图书馆和教堂。它的设计适应步行、公共交通和小汽车。像大多数新城市主义设计师，以及我们的前辈、纽约社会学家克拉伦斯·佩里一样，我们把邻里的大小定在400m范围，因为这个距离之内，一般成年人从中心到边界步行大概5min。以这个半径形成的完整的圆面积大概50hm^2，可以容纳1000户家庭，其平均密度为20户/hm^2（52人/hm^2）。这些数字考虑到了居住类型的范围，从中等地块（1350m^2）上的独立住宅，到绝大多数小地块（500~1000m^2）上的独立住宅，加上联排住宅和公寓，估算下来的平均人口在2600人左右。这种密度与第五章提到的典型欧洲城市的密度相仿，与目前美国的实情差别很大。图3.2和3.3展示了类型相似的邻里设计概念，有克拉伦斯·佩里1920年代的理念，也有DPZ 1990年代的设计，有趣的是，佩里预想在他的邻里中有5000个居民，几乎是现在邻里总人口的2倍。

然而，密度的提高并不应该是最先出现的一种根本性的改变。当21世纪美国的人口统计快速朝着越来越多、越来越小的家庭发展，开发商机构预计更小地块的住宅的需求会上升。美国购房者的调查显示，居民们对于平均15～18户/hm^2（39～45人/hm^2）和7～10户/hm^2（19～26人/hm^2）密度的住宅同样满意，只要小地块还有良好的设施和公共空间与之配套（Ewing, in Schmitz：p.11）。

较小的地块还对住宅一个重要诉求有所帮助，那就是对低收入者和中产阶级都更具可负担性，对中产阶级而言，在美国的某些地方他们越来越不能承受市场的价格。比如，在加利福尼亚的一些地方，新住宅的平均售价为50万美元（！），只有27%的加利福尼亚市民可以负担得起中等价位的住宅（O'Connell and Johnson：p.32）。

对全美住宅可负担性的研究表明，商品住宅是怎样刺激商业和服务部门就业的，如零售业、办公及其他随建造而来的城市服务业，这些新商业企业提供工作岗位，其中一部分职员是低收入家庭中的工人，换句话说，富裕的中产阶级需要工人阶级的服务。在适当的地方保证拥有足够多的工人家庭——以避免家庭与工作之间的长途跋涉——需要特别努力，使社区和专门的开发商之间的合作更密切。完整的社区包含各种不同的家庭类型，包括不同的收入层次，这是我们的基本原则之一。从一开始就对新开发进行规划并加入这些比较便宜的住宅会增强公共和非盈利经销者的能力，通过有规律而必要的步骤来提供这种住宅。而体面的可负担住宅可以加强社区中商品住宅的居住性和收益性（见图6.35）。我们建议按照美国住宅开发和城市发展标准，邻里的所有新住宅的10%～15%应该是可负担的，也就是说，使收入为全国人均中等收入80%的人能够买得起。为了鼓励开发商建这种住宅，我们进一步建议"可负担"单元并不计入项目的密度计算中，这可以有效地为开发商提供可观的利润。

美国常会有来自现有社区的压力，要求降低密度，拥有更大比例的独立住宅家庭，他们错误地认为高密度会带来犯罪和其他问题。然而，如果对这种压力妥协，那么，在可步行的区域里就

图6.35 经济实用住宅，戴维森，北卡罗来纳州，约翰·伯吉斯（John Burgess）所有可负担得起住宅的建筑风格和细部特征应该与同一邻里中的商品住宅相同。

失去了关键的人气，不能支持地方服务业，比如小商业、公共交通等等，而社会公平也成为偏见的牺牲品。基础环境或社会经济问题并没有得到解决。专家研讨会的优点之一就是，关于密度的这些疑虑和担心会通过这种新开发的一些详细设计的例子得到解决。

大于50hm²的开发应该被划分成独立的、可步行的邻里，通过街道网络的互相联系，平衡对汽车、公共交通、自行车和步行的需求。这种联系对于改善通达性是必不可少的，而且邻里应该最终形成互通的开发，而不是独立的封闭团块。这样，设施可以更方便地共享，在相邻邻里间扩展价值，减少主干道的交通，减少频繁的加宽工程。邻里的粘合创造了城镇和乡村的新结构（见图6.36）。自然景观也应该延伸到邻近的开发中，为野生动物创造线型栖地，为人们保护风光秀丽的特征和景观。

最后，每个邻里应包含10%的开敞空间，如果环境允许，50%也不为过。后面一个数据尤其适用于景观胜地或环境敏感区，其开放土地用保护地役权的方式进行永久维护（可能有税收优惠）或建成图2.16中那样的公共开敞空间。有关邻里设计的其他额外细节包括在第七章的案例研究中。

混合利用中心

混合利用中心是集中活动的区域，包含多种用途——生活、工作、学习、娱乐、餐饮、购物等等——设计既适应小汽车，又适应步行和公共交通。中心有不同的规模，从高度城市化的市中心到乡村化的周边地区，不过，城市中心之外最常见的三种规模是：都市村庄中心、邻里中心和乡村村庄中心。（在21世纪的头几个年头，好像所有的开发类型都加上了"村庄"这个名词。在美国，这个词被频繁使用，给城市开发附加了浪漫的假想，缓解了居民对密度以及高密度混合用地开发的疑虑。个别先例用的是更欧洲化的术语"区（quarter）"。"都市村庄"有点矛盾修饰法的感觉，但已经逐渐成为开发用语里承认的词条，因此我们接受它并继续用下去）！

都市村庄中心　都市村庄中心是混合利用的

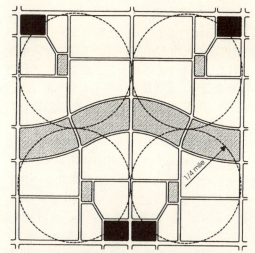

图6.36　传统邻里结合图示。每个邻里可以联合，形成街道和开敞空间的更大结构。在这个统一的结构里，每块用地典型的特征会形成地方的变化性（图纸由DPZ事务所提供）。

活动中心，其规模要支撑一个半径8～24km的商业区，这个地区包含50～75个居住邻里，或4～6万户家庭。这个数字略低于常规郊区的平均数每个邻里800户，更不用说新城市主义传统邻里的1000户了。基本上，它们有一个核心区域，在12～50hm²之间，12hm²大约相当于200m半径的步行区域，而50hm²则是400m半径。这些中心有零售业或其他商业用地，总共13940～27820m²。沿街而建的商店上面是办公楼或公寓，车子可以沿街停靠，或者停在建筑背后，在较大的项目中可能用停车楼。居住密度通常在45～325人/hm²之间，除了在交通导向中心里的最低密度104人/hm²。城市开敞空间应该设计成"城市房间"——广场、绿地或小公园——其边界由建筑来围合。经常被引用的亨特斯维尔的伯克代尔村（见图版4、5、6和7）说明了这种规模的都市村庄的原型。

邻里中心　邻里中心是混合利用的活动中心，其规模支撑不足4.8km半径的商业区，核心区域基本为3～12hm²之间，零售部分面积通常1394～

13940m²。较小的邻里中心基本上提供"便利"型零售商店,没有固定租户,需要至少4～5个邻里(较低密度值大约3200～4000户家庭)才可能生存;较大的邻里中心基本上包括服务完备的超级市场或杂货店,服务范围不少于6个邻里(大约4800户)。汽车可以沿街停靠,或者在建筑背后,通常是地面停车。在较大的中心,居住密度应该是104人/hm²。城市开敞空间也应该被设计成"城市房间"——广场、绿地或小公园——其边界由建筑来围合。既然垂直混合利用(零售业上面是办公或居住)受到鼓励,那么邻里中心的不同用途在水平方向上的混合也是可能的,也就是说,在开发项目中,把不同用途落在相邻的土地上。图6.37所示的正是这种小规模都市村庄的典型例子。

乡村村庄中心 乡村村庄中心在乡村环境下形成了混合利用的活动中心,由零散分布的小建筑组成——每栋基本上都不大于557m²——零售和其他商业组成总量不超过2323m²。这些建筑如图版13所示,以最有用的形式聚集在中心公共空间和重要交叉口周围,创造诸如农贸市场这样的社区事件的焦点。这个空间在布局上应该是不规则的,大小通常不超过0.4hm²。如果合适,应该在乡村村庄中心附近建设人口密度为13～39人/hm²的新建筑。

地区

地区通常包括一个特殊的、单一的用途,如大型工业设施或机场,由于它们的技术要求和影响,必须处于城市肌理之外,但它们应该与其他城市要素网络联系在一起。这个类型还包括大型办公楼和研究型大学校园,它们会随时间进展逐步发展成亲切的步行环境。位于罗利市(Raleigh)的北卡罗来纳州百年校园(见图6.38)显示了它可能的样子。

为了使大型交叉口成为一个可以步行和公交支撑的环境,办公楼和轻工业建筑应该离公共街道近一些,或者至少应该减少主入口前面的停车数。图6.39描绘了公交支撑的大型办公楼的设计。它达到了这一目标,创造了通往建筑的对称的步行广场入口。新建筑的设计应该带有亲切的步行建筑立面(即便是轻工业建筑,仍然有办公区可以达到这个目标)。步行入口应该从街道和未来主要公交站容易看到和进入。此外,建筑应该排成一直线,与拥有人行道和行道树的道路网对齐。现实允许的情况下,其他用途应该规划在街道交叉口,来定义这些空间,成为这些地点的步行终点。

走廊

走廊是邻里、中心和地区的区域性联系:从高速公路、林荫大道和铁路,到小溪和绿色通道。这些走廊的特点和位置是由它们的利用强度决定的。高速公路和繁忙的货运铁路走廊保持与邻里相切;对于当地而言它们是边界而不是联系。轻轨和巴士走廊在邻里边界上可以合并入林荫大道,或者提供从步行友好的站点到达邻里中心的通道。水道和沟渠可以作为城市乡镇的边界,小溪可以通过绿色通道进入和联系邻里。

专家研讨会期间,这四种类型——传统邻里、混合利用中心、地区和走廊——形成了很多

图6.37 罗斯代尔康芒斯(Rosedale Commons),亨特斯维尔,北卡罗来纳州。这个低密度的开发把不同的用途水平地混合在相邻的建筑中,而不是相同结构的垂直方向。尽管有不完美的地方,但这种开发项目容易建成,而且比更复杂的用途垂直混合更经济。为了正常运转,不同的用途——居住、办公和商店——必须通过亲切的步行街道和城市空间联系在一起。

图6.38 北卡罗来纳州大学百年校园，罗利，北卡罗来纳州。舍弃了标准郊区办公园区的模式，这个大学的研究型校园是围绕步行导向的道路和空间网络规划的，通过规律的公共交通服务联系到主校园。

图6.39 公交支撑的办公楼类型，劳伦斯集团，2002年。通过遮挡停车场、创造邻近街道的入口院落，典型大尺度办公建筑的布局可以得到改善。那些街道可以通行机动车及步行（图片由劳伦斯集团提供）。

详细设计决定的基础。利用它们，我们可以很快地评估备选方案。在专家研讨会的最后，我们可以以图件和其他相关类型的案例为参考，解释较好的设计的优点，清楚地与观众交流它的目的、内容和外观。看到一些已经完成的建筑和开发项目里体现的这些观念，是很有说服力的证据，尤其是对当选官员而言，他们的工作就是实施规划建议，有时还会与市民意见不同。出于这个目的，我们建立了一个庞大的数字图像库。

专家研讨会制定的所有图件，都是手绘图，要当场进行数字化处理——通过扫描，对大图要进行数码照相——用在最后的PPT演示中，以后发布到社区网站上。以下章节包含的大部分图是在专家研讨会期间完成的，显示了在适当组织的情形下，设计、研究和制作可能达到的深度。

专家研讨会的视觉力量——制作可以引起公众想像的生动的图片——使它成为新城市主义建筑师和规划师的主要方法。创造二维或三维可视图像是我们所知道的最有效方法，可以在创造公共空间的问题上达到非常重要的结果——在形成公共空间的公共争论中的作用。我们已经花了一些篇幅讨论公共空间对自由和民主的社会的重要性，但是人们对于公共空间的含义，不止是公共地利用，还可以公共地创造。城市设计基本上是民主语言，它将个人联系到他们更大的世界，邻里、城镇和区域中去。

这种与民主行为的联系更进一步加深了公共设计专家研讨会的渊源，它们是激进派思想家们如彼得·克鲁泡特金（Peter Kropotkin，1842~1921年）无政府哲学的直系子孙，这些思想家认为城镇和城市的建成形态应该归功于它们的市民。同样的无政府观念，也存在于现代规划的很多主要运动的根源中，包括霍华德的田园城市，格迪斯的改造战略，美国区域规划协会，赖特的广亩城市和约翰·特纳从1950年代到1960年代在美国的工作。持激进主义观点的人，如英国的布莱恩·安森（Brian Anson）和克林·沃德（Colin Ward）和由英裔美国数学家－建筑师克里斯托夫·亚历山大描述的理性的模式语言及城市设计方法，在1970年代到1990年代持续了这个模式。

公众和媒体全方位的审视——有时带有敌

意——使设计师为了专家研讨会竭尽全力。对个人和利益团体不厌其烦地解释概念是很平常的事,他们不会遵守什么工作室的时间表。不过,决不能对公众的一员感到厌烦;亲切的交谈可以使对方成为同盟。最后我们一直有一位小组成员专门观察新来者,他的工作就是让他们创造性地加入到过程中来。同样,言论也可以使对方成为对手。我们尽力避免冲动的评论和批评。修改图纸很容易,但要想收回说过的话就很难了。

在这些说明中,我们的经验显示,大多数参加专家研讨会的人开始更全面地理解有关问题——而那些专门抱怨的人可以成为合作者,共同讨论复杂的规划、交通、环境或其他各种问题。有这样良好的参与,在4~8天内,设计小组可以分析最主要的问题,为讨论区域创建规划框架,发展带有建筑、街道和开发空间的总体规划,为重点地区描绘特殊的三维详细设计。这些合起来形成文件,建立和说明了整体视角,它包括实施战略,可以作为未来政府行动的基础。这听起来像是个华丽的口号,但却行之有效。我们像英美的很多其他专业人员一样将之运用于实践。以下的章节将举例说明这个过程在5个实施层次的效果——区域、城市、城镇、邻里和城市街区。

第四部分 IV

案例研究导言

案例研究导言

英国的设计专业人员可以识别出包含在这些美国案例研究中的设计和规划理念，即使不是全部，也是大部分。这种共同点突出了两种不同文化之下的工作的矛盾。设计理论近乎相同，但英、美专业者工作的政治体系却大相径庭。

在第五章，我们可以看到美国"增长管理"的区划技术和英国"发展控制"传统做法之间的主要区别。英国读者会因此注意到这些美国规划实施战略和战术上的不同。所有这些项目都已经由美国当地政府启动了，都在第五章介绍的体系内进行，它将未来的规划和当前的发展控制分离开来。随着挫败频繁发生，美国城镇和城市制定的规划——被简单地看作是"视觉文件"或"道路地图"，没有任何规定的效力了。好主意和好目标足够多，但对私人开发提案和公共决策批准规划没有要求。不论有什么样的道路图纸，规划总是屈服于驱动者，他们可以在任何时候自由地更改规划目的或方向。在英国，情况是相反的，政府政策要求所有开发决策都必须遵循已被政府采纳的规划条款，该规划只允许非常有限的例外。

接下来的案例研究与很多常规美国实践都不同，因为它们尝试连接规划与区划之间问题的鸿沟。正如我们在第六章所讨论的，为这些项目编制的详细的、以设计为基础的区划条例，几乎从始至终包含在我们的规划和设计过程中。不论大小，这些区划条例是总体规划的一部分，给规划添上了法律的分量。这非常重要，因为在美国法律中，设计规划本身缺少法律权威，更不用说实施法规性的要求，用成文的社区规划作为其他控制文件的基准。

把以设计为基础的区划条例，和在全方位视角的公共争论和挑剔下进展和通过的总体规划联系起来，意味当规划通过时，这些对地方区划法律的变更也就被接受了，或者采纳得比规划稍晚些。要消除美国在规划和区划之间的分裂，有一条很长的道路要走；在这种体系下，建立未来图景的社区发展规划，与控制日后规划实施的区划条例直接联系到了一起。不过，对美国当选官员务必遵守他们仔细制定的规划和区划方面，仍然没有法律的要求。在特别的基础上，未来只要开发商或者其他利益团体能够劝动政府官员，他们就可以罔顾规划的建议，而对土地地块进行区划调整。市民中坚力量的缺乏，让规划在公众中声名狼藉，但是在我们的项目中只有个别的例子遭遇此不幸的状况。在案例研究中我们介绍了一个案例，在面对开发压力和官僚作风的时候，需要

153

更坚定的行动来强调已采纳社区规划完整性的重要性。

新城市主义宪章的最具吸引力的一个特征是它在各种尺度都能达成良好的城市设计和规划，从区域到一个城市街区。总而言之，我们已努力工作来表现这种层次性和普遍性。像许多设计师一样，我们满怀热情地相信，我们的规划要和特定场所的物质空间品质联系在一起，无论它是覆盖几个行政范围 15500hm² 的地区、还是只有 4hm² 的小镇中心。我们希望我们的工作成为关键的实践，反对美国文化中那些用过即弃的观念——匆匆忙忙，出炉垃圾。无论那是城市还是郊区，我们努力重新影响场地，满怀着一种历史感去创造现在还没有、未来将存在的新记忆。

每个案例研究都以项目和背景概述、关键问题和目标为开始，然后是该项目专家研讨会的概要总结，有对全部总体规划的解释，还包括对它的评论和图片的展示。我们的目的是示范在专家研讨会可以达到详细设计的程度，并展示过程中可能完成的规划的复杂程度。几乎所有出现的图片都是在专家研讨会期间完成的；并没有为了出版而修饰或重新绘制（专家研讨会之后制作和修改的图解通常都是为了项目的汇报，我们已经注明了）。除非特别在规划中注明，图面上的向上表示北。

每个总体规划都以各种实施和开发控制的策略为补充。在较大的项目中，通常表现为开发和设计导则、以及区划建议；典型的小规模的项目包括了经济可行性的研究、公共基金策略的估价、项目日程表，还有对总体规划来说关键的基于设计的区划条例。最后，我们提出了一个简短的、对案例研究评议性的评估，特别强调了它的成功和失望之处。所有的 5 个案例研究都对原来全面而复杂、详细而庞大的项目定位和细节进行了必要的删减，这是为了让一般的读者也容易理解。

最后一点要解释一下：到现在为止，我们一直使用人称代词"我们"来代替两位作者。从这里开始，除了第十一章的案例研究外，"我们"都指代劳伦斯集团（Lawrence Group）的建筑师和城市规划师们，他们为相关的公共权力机关进行这些工作。因此，当我们深入城市设计实践，并讲述一些利用设计来进行社区规划的故事时，"语调"和行文的风格有轻微的变动。这些案例研究的描述包括了对过去实践简单的概括，对现状事物和场所的描摹，对当下持有的价值和信念的讲述，以及对未来实施的计划。这种时态的变化可能会让读者有点糊涂，我们用了简单的标准：听起来清晰明白而不是绝对的学术一致性来越过这个障碍。我们相信，同行们会原谅我们对日常习语的偏爱的。

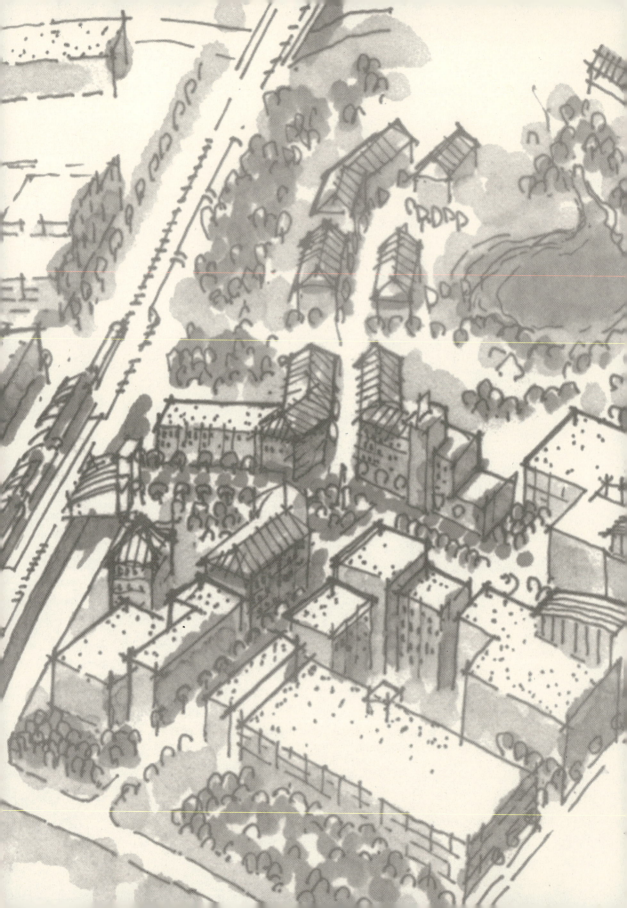

第七章
区域

案例研究1：科尔地区，北卡罗来纳州

项目和背景概述

科尔（CORE）是"区域企业中心"（Center of the Region Enterprise）的缩写，该地区接近北卡罗来纳州的地理中心，面积为15500hm²，这一合作的规划中包括了12个不同的地方政府和私营公用事业当局。该地区接近、或在其辖区内包含了以下几个重点的机构：州政府中心——罗利市（以沃尔特·罗利爵士命名）；一个技术创新中心——研究三角园区RTP（the Research Triangle Park），以及一个国际运输中心——罗利－达勒姆国际机场。

环绕着科尔地区的更大范围的区域通常被称为"研究三角地区"，因为限定其地理区位的三个基本方位分别是北卡罗来纳大学教会山分校、北卡罗来纳州立大学和杜克大学的主要的研究学院。在这一区域里，我们的规划研究的范围被40号州际公路以及规划中的区域铁路系统由东向西分成两块，40号州际公路是一条主要的交通干线，而这一铁路系统目前正由"三角地区交通管理局"（the Triangle Transit Authority）TTA进行设计，并将由北向南穿越该区域。

本案例研究的区域跨越了北卡罗来纳州主要的两条河流——纽斯河与开普菲尔河（Cape Fear）——流域之间的分水岭，这两个流域地区的生态环境已相当脆弱；同时也是该州最著名的绿色空间——州立Umstead公园所在地，这个公园是一个良好的野生动植物保护区和环境资源区。在这样的环境中，科尔区域的边界限定了6个城市边境相互接壤的场所，这6个城市分别是：卡雷（Cary）、达勒姆市（Durham City）、莫里斯维尔（Morrisville）、罗利（Raleigh）、达勒姆县（Durham County）以及威克县（Wake County）（见图版14）。尽管本案位于该区域的中心，并且处于大多数社区的边缘，由于所涉及的这种多重管辖权的关系，这一地区并未获得应有的关注和研究。因而导致了一些严重的规划和环境问题。

在2002年4月召开的专家研讨会上，我们首先要研究的议题是工作、居住和服务设施之间的失谐，以及由于这种不平衡带来的人群流动的相关挑战。这一155km²的地区容纳了超过90000个工作职位，却只有8200个居住单元，这些居住单元中的大部分位于南部的卡雷镇。当地的规划师预测在未来的10～20年后，这一地区将容纳35%以上的工作职位和四倍以上的居住者。我们所研究地区的日间人口在工作时间段膨胀了1000%，导致高峰时段通勤交通的严重拥堵。这其中的大部分车流来自人们从位于规划研究区以外的居住区往返于RTP的工作区，以及其他关键的就业节点，例如机场。

因为大多数的工作人员在一天的工作结束时都离开了这一地区，同时将他们的消费带到了别处，所以真正居住在科尔地区的居民在当地几乎没有适当的服务设施，他们必须驱车到别处。缺乏便利的餐馆和商店意味着白天上班的职工要出门办事、或想在别处用午餐而不是在公司自助餐厅时，必须开车跑得很远，这样增加了挫折感、忍受了交通拥堵以及机动车的尾气排放。

157

尽管目前存在以上这些问题，RTP已经成为该地区巨大的福祉，它带给人们的益处不仅在其园区边界内，而且遍及整个区域。自从1959年RTP成立以来，它已成为一个磁场，吸引着生物科技、信息以及相关领域研究的智囊人员和创新力量。大范围的公司及其后援服务设施，在园区内外对于土地和房产的实质性投资已经使整个区域获益。早期迁址到RTP的公司在当初能感觉到进出园区的便利的交通（驾车或搭乘飞机）、区内像公园一样美丽的园区，以及受过良好教育的高素质的劳动力资源。

但是，这一成功，伴随着区域整体在合作规划上的不足，产生了当初不可预见的交通拥挤和污染问题。在1970年代和1980年代，人们还设想，仅靠建造更多更宽的道路就可以解决未来出现的问题。但是现在，大量的高速公路已经修建起来，而交通拥塞却愈发严重，这一地区的生活质量在降低，人们渐渐明白了过去所取得的成就很快可能变成累赘。显然昨天的发展模式不可能满足今天和明天的所有的需求；我们需要的是一个更加可持续的模式。

尽管如此，解决之道也绝非允许在RTP内开发住宅这么简单。住宅的开发并不会必然地改进整体的可持续性。即使允许在研究办公区内建造住宅（不是现在，因为限制的条件和安全的考虑，住宅仍然不获许可），从公共街道到许多研究建筑的距离太远，加上入口的大门，都成为步行的障碍。为了让居住能够通过可持续性的检验，住宅必须设置在邻里中，以促进步行和替代的交通方式来减少机动车的使用。在RTP区域内的许多场地和建筑的设计有待根本的改变。

就在我们对该项目进行研究时，区域内交通方式只有少得可怜的选择。一个区域范围的铁路系统正进入最后的工程阶段，也有一些公共汽车可以提供交通服务，但是规划师感到难以为蔓延的、分散的郊区办公园区和低密度的居住开发区提供公共交通。原因在于，员工们必须从位于街道上的公共汽车站长距离步行，有时甚至几百码，才能到达办公楼的大门。在许多园区内的研究所和办公楼之间有人行道和多功能小径，但是它们多数仅到员工中心为止，很少有延伸至居住开发区和零售服务网点的。

这一地区的住宅市场和布局也受到许多因素的制约，包括机场的噪声控制线、高速公路的通行权以及不和谐的区划。在对这一居住问题的挑战进行的研究过程中，我们认识到重要的是不仅要关注住宅的数量，也要关注其多样性，来为工作科尔地区的各种人群提供可负担的住宅。

另外，RTP园区以外的大多数的开发项目目前的设计不鼓励步行。甚至现状中附近的旅馆、零售商业中心以及密度较高的居住开发中也只留有最少的人行道，基本的建筑退让红线范围成为昂贵的停车区，建筑物之间相隔甚远。将这些因素综合起来，步行到许多可能的目的地是一件让人添堵、危机重重，甚至根本不可能的事情。这意味着每一次出行都必须开车，日益恶化的地区交通堵塞加重了州际交通系统的负担。但是，从积极方面来看，一条沿着溪流走廊和其他的公共开敞空间的绿色通道（greenway）系统开始建设。设计团队觉得，把这些走廊与员工中心、零售服务区、社区设施以及住宅联系起来是非常重要的，人们可以利用这一道路系统便捷地到达许多场所，而不仅限于休闲娱乐活动。

这一区域除了实质性的改进和新的规划外，还需要一个更好的协作构架来研究这些共同的规划问题以及开发对于科尔地区的影响。这是遍及美国的普遍挑战，但是在这一案例中聚集了六个行政管辖区、两个交通规划机构、一个区域的公共高速交通管理局（TTA）、两个具有实质性决策权的私营公用事业机构（RTP和机场）以及一个针对整个大区的顾问性质的规划团体（三角地区政府顾问班子J——科尔地区研究的委任团体）等，使得应对这一挑战的研究尤为重要。

一些由不同的市政当局做出的发展决策已经对邻里社区造成了问题。例如，对于个别地方当局而言显得敏感的土地利用决策，当以系统的眼光从整体区域的角度来看时不一定具有意义。这其中一个典型的例子，就是在科尔地区有大量的土地被邻近的每一个管辖区分别划分为各自的办公和产业用地。这些大量的区划为单一用途的土地对于每一个管辖区来说似乎成为某种机遇,来建构其税收基础和利用其接近机场和RTP园区的地理位置的优势。但是,这一状况累积的后果是155km²专用于就业用途的土地,完全没有考虑到为员工提供便利的交通和可负担的住宅。

关键问题和目标

在专家研讨会中,设计团队面临的主要议题可以概括如下:

1. 在科尔地区的工作、居住和服务设施之间存在不平衡。
2. 在RTP园区几乎没有建造住宅的可能性。
3. 干道交通系统严重拥塞。
4. 几乎没有小汽车交通的替代方式。
5. 现有的开发模式严重各自为政。
6. 为了满足经济发展带来的未来挑战,科尔地区需要更有力的物质空间可识别性,以及场所感。
7. 针对共同关注的问题和开发影响,该区域需要一个更强大的合作规划构架。

这些议题依次引出了针对整体项目的两个主要目标,陈述如下:

1. 短期目标:论证地方政府、区域机构和私营部门如何协作,以便让新的开发模式更有效地配合公共基础设施和规划的扩展。
2. 长期目标:在地方政府、区域机构和土地开发利益集团之间播下承诺的种子,以产生新的更均衡、更可持续的开发模式。

专家研讨会

科尔地区的规划分为以下三个阶段:

1. 初步阶段,召开居民会议,确定关键议题。
2. 重点集团会谈、市场研究以及为期四天的专家研讨会议。
3. 出台研究成果:《规划和设计专家研讨会报告》(Planning and Design Charrette Report)和《总体开发导则指南》(General Development Guidelines Manual)。

由该区域的规划师主持的专家研讨会预备会议持续了几个星期,强调了上述的关键问题和目标中的一部分,并为整个规划过程的主要活动——于2002年4月召开的、为期四天的专家研讨会奠定了基础。研讨会开幕式的发言包括了从这些背景会谈和会议中发现的问题,以及我们设计团队关于市场条件和趋势的总体看法。其后的四个白天和若干个夜晚,市镇规划师、城市设计师、建筑师、交通规划师和房地产市场分析师与数百位居民、房产业主、当选的和任命的官员、地方和区域机构的职员、开发商和企业领导等共同明确了科尔地区在下一代所面临的机遇(见图7.1)。研讨会通过研究下列的问题解决了关键议题:

1. 在所研究的区域中目前的发展模式是可持续的吗?如果不是,必须做出哪些改变?
2. 是否存在其他的开发模式,例如传统邻里、交通导向性的员工中心、交通导向性的村庄中心和邻里中心,可以合并到未来的规划决策中?
3. 这些其他模式对必须做出的改变是否有足够的影响力?

大多数与会者显然意识到了常规的用地规划战略应对该区域所面临的挑战是无效的。因此,我们摒弃了常规的土地利用范畴,在这一场争论中引入了四种新的开发类型:邻里、混合利用中心、行政区以及走廊。(这四种类型已在第六章中详细说明了)。我们希望将科尔地区参与者的思维从常见的规划模式中跳脱出来,这种模式就是大片的、单一用途的居住小区、办公园区、公寓综合楼以及购物中心等,代之以所有的未来规划都建立在这些相互关联的、将建筑群体组成一个可持续的城市的部分中。在研讨会上,这些场所模式和发展类型形成了规划和设计讨论的基础,最终结果是总体规划方案的出台。

2002年4月	专家研讨会日程		
4月8日，星期一		4月10日，星期三	
6:30 p.m.	主办方招待会	8:30 a.m.	开发商和主要地区所有者的方案和建议
7:00–9:00 p.m.	开幕式发言	10:00 a.m.	所有利益方参与
4月9日，星期二		1:00 p.m.	所有利益方参与
8:30 a.m.	水资源和环境议题	5:30–6:00 p.m.	定案会/最新进展
10:00 a.m.	交通议题——道路	4月11日，星期四	
11:00 a.m.	交通议题——通行	7:00–9:00 p.m.	闭幕式发言
1:00 p.m.	开放空间、小径和公园议题		
2:30 p.m.	社区设施议题	4月12日，星期五	
5:30–6:00 p.m.	定案会/最新进展	8:00 a.m.	闭幕式发言总结
7:00–9:00 p.m.	参与式设计		

图7.1 科尔地区专家研讨会日程。会议由核心人物和组织预先安排，但是设计工作是从第一天上午开始的，并持续一整天，共进行四天，每天下午5:30对当天的设计思路进行公开讨论。

总体规划

科尔地区的专家研讨会，将众多与会者共同磋商产生的规划战略和解决方案以完全数字化的表达方式总结出来。我们提出的总体规划方案以四个主要的图解部分——绿色基础设施、交通基础设施、街道基础设施和混合利用中心——表达了该地区的主要环境模式、人群流动模式和开发模式，此外还有两个部分：邻里和行政区，对城市设计提出了特色的主要开发模式。在下一节中将对此进行论述。

绿色基础设施（见图版15）

我们提出了两个关于环境问题的重要建议，作为"走廊"开发类型的一部分。

建议1：开发一个详细设计的绿色空间网络，以连接并完成整个走廊以及受到保护的开敞空间。

我们强调必须建立一个"绿色"网络以作为区域的道路交通网络和规划中的铁路线的补充和选择性交通方式。这一网络应该包括以下绿色元素的集合：

- 绿道（Greenway Trails）小径：常规的沿着溪流和河滩的多用途的小径。
- 多功能小路(Multi-use paths)：与主干道或铁路线平行并保持安全距离，为行人和自行车而设的小径。
- 绿色街道(Green Streets)：在"混合利用中心"、"行政区"和"邻里"中沿着良好景观设计街道的人行道和自行车道。
- 公共公园(Public parks)：归政府当局所有并由其负责维护的、公众可以到达的、进行消极和积极休闲娱乐活动的区域。
- 环境保护区(Construction areas)：受到保护敏感环境特征的合同、契约或盟约等保护的开敞空间。

连成一体的绿色空间网络会创造一个有价值的、宜人的地方和区域场所，设计应该让许多绿道从主要的新建或扩建的高速公路和铁路线下方穿越。这些交叉口应有足够的宽度和高度使得行人、自行车和野生动物可以通过，由于上述公路或铁路走廊已经在设计和建造中，所以在设计中应把它们包含进去。

建议2：调整跨越辖区界限的河流缓冲区的标准。

在科尔地区的多方管辖区，沿着溪岸的未受人工干扰的植被缓冲区宽度不一，且相差很大，从10.7～30.5m不等。调整后的标准应在这一数值范围的最高值，以保证对当地生态系统进行明确而协调的保护。

交通基础设施（见图版 16）

这一节包含了我们提出的"走廊"类型的第二个元素，因为随着核心地区持续的城市化，公共交通除了为职员提供出行选择，也应为居民出行起到重要的作用。目前的区域通行走廊包括规划中穿过这一研究地区的TTA第一阶段的通勤铁路项目、未来的向西通往教会山大学城的一条联系支线，以及远景中一条沿着与本案研究区西部边界平行的货运铁路线的南北走向的走廊。

我们对这一交通系统还提出一个重要的附加部分，见图版16的紫色部分。在以下"混合利用中心"、"邻里"和"行政区"等节中还有其他关于更支持交通的开发类型的建议。

主要交通建议

为科尔地区创建一个通行的环线，将TTA第一期的走廊与RTP园区和机场连接起来。

我们绘制了一个新的高效循环服务系统来完善通勤铁路线的一期工程，这条环线将覆盖我们研究的科尔的大部分地区，并且将我们规划的多个混合利用中心与RTP办公园区和机场连接起来。这一环线的成功运行不仅取决于中转车站点的便利连接，而且有赖于设计混合利用中心内的高密度开发。

"三角地区"的许多领导人相信，为了使得通勤铁路系统成功运作，必须将其连接到机场，否则商务客人是不会乘坐火车的。但是，全美关于乘坐汽车及火车往来机场的旅程通行研究表明，大多数的通行者并不是将要赴外地的人，而是机场工作人员。尽管在今后几年利用交通系统的商务客人的预期数量会增加，这种混合型的公共交通乘客更强化了我们关于科尔地区的交通环线的想法，即这一环线不仅仅要连接到机场，而且还要连接到所有新建的混合利用中心。通行服务系统的成功必须尽可能为更广泛的消费人群服务，使乘客人数达到最大化。

我们在科尔地区规划方案中，将交通环线与铁路线的交叉点设在规划中的RTP北站/IBM站以及新建的北莫里斯维尔（North Morrisville）

站。我们也建议，为未来通往教会山的通行线路增设一个连接点——位于三角地区地铁中心以西的RTP园区服务中心。从长远来看，我们预想这一环线是作为"一条固定的导轨系统"，如快速公共汽车、有轨电车或轻轨，但是这一系统在运营服务的初期有可能是作为更便捷的公共汽车服务系统，而将来如资金允许，会随需求进行更先进技术的扩建。

街道基础设施

在"走廊"类型的这个第三子集中，我们考虑了街道和道路的所有类型，从高速公路到局部的邻里街道。在图版16中以红色表示这一层次。

我们建议以下四种行为：

1. 删减一部分规划中的高速公路，这些高速公路将大量的交通流量引入莫里斯维尔市的中心区，而并没有明显的理由。
2. 通过延伸三条当地的主干道来改进东西走向的连接，为本案的研究区构成更连贯的网络。
3. 为邻里街道创造更好的连通性。
4. 建立包含人行道和自行车设施的街道设计准则。

对读者来说，最感兴趣要算连通指数和街道设计了。"新城市主义"设计的基本原则之一是所有邻里街道必须是混合利用的，也就是说，不仅为小汽车提供通行，而且对行人和骑自行车的人也是安全而具有吸引力的，并且这些邻里街道连接起来形成带有多种路线选择的网络。这种连通性将交通流量更均匀地疏散开来，减少了拥塞的状况；然而，在科尔地区的大部分新区开发与这一模式有很大的不同：它们在规划设计中只设有很少的进出口节点，常常是单向进口或出口。这不仅是居住邻里、也是办公和工业园区的现实情况。

将街道连接成网络的重要性并不是夸大其辞。尽管机动车、自行车和行人的出行增加了，而由于在区内所有邻里周围有更多方便的路线选择，市民服务（公共交通、校车、警车、消防车和救护车等的服务）的费用因此减少了。这种路线选择的灵活性同样使得这些紧急救助服务更为有效，因为他们能够更快地回应所发生的紧急事件。街道的连通性甚至能够改善水压并且使地下管网更易于维修,因为一个开发区的地下管网连成了环线,而不是产生枝状的尽端。

在较小面积地区的规划项目中,我们通常设计出整个街道网络,但是在这里,我们修正了主干道的更大的区域网络,设立了混合利用中心的街道模式准则,并且确立了所有未来邻里街道的连通性的执行标准。这样一个互相连接的街道网络会随着新的开发规划的脚步而生长成型。

我们将连通指数基于位于卡雷镇旁边案例研究区中已实施的地区。这一指数测定了"链接"的数量(定义为街道交叉口和尽端路的盲端)以及"节点"的数量(链接之间的街道片段以及在某个位置结束的留做未来道路连接点的街道尽端)①(见图7.2)。在这张图形中,以黑色圆形代表链接,星形代表节点。图中共有11个链接和9个节点。将链接数除以节点数即为连通指数,在此为1.22。

一个完美的道路网格的连通指数为2.5。大多数常规的尽端式分块土地所产生的平均连通指数只有1.0。我们建议连通指数至少在1.4~1.5之间,尽管在一些案例中由于苛刻的地形条件制约使得道路连接非常困难而且昂贵,这一要求也允许做出改变。在这些情形下,可以采用尽端道路,但是应严格限制这些死胡同的街道,以保持四通八达的街道系统的完整性和其有效的功能。

街道的连通性在其设计中并不是惟一的重要问题。为行人和自行车提供设施的正确的街道细部设计对于具有吸引力和运行良好的道路网络来说也是非常必要的。尽管RTP园区和该地区的几个市政当局已经铺设了人行道和自行车道,或者在最近已经开始对这些设施有所诉求,但是在该地区的许多局部街道和干道中很显然仍然缺乏这类设施。除了设计中这一遗漏问题,还有一个事实是,即便拥有人行道和自行车设施的地区,街道和街道之间仍有缺陷,严重阻碍了它们的使用(例如主干道、或道路中未设行人安全岛的宽阔的

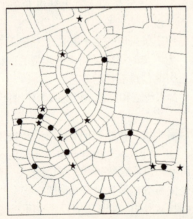

图7.2 连通性指数图。街道连通性对邻里设计的有效性和可持续性非常重要,以"链接"对"节点"的比率来衡量。黑色圆形代表链接,星形代表节点。本案例的连通指数是1.22(11个链接除以9个节点)。这是远远不够的。这一指数的比率在1.4~1.5之间是十分适宜的。例如,如果向"东-北"方向延伸两条尽端路,并连接到附近的街道,尽端路消失了,节点的数量(星形)不会增加,但是在新交叉路口之间会产生两个额外的链接(圆形)。这将可以得到1.44的连通性指数(13个链接除以9个节点)。

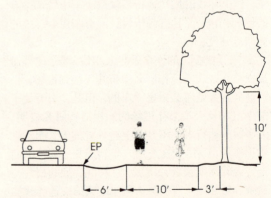

图7.3 人行道EP边缘多功能小径的剖面。在繁忙道路两侧的人行道不是由建筑限定的地段,多功能小径可以为自行车和行人提供有价值的连接。

---

① 原文为This index measures the number of "links"(defined as street intersections and cul-de-sac dead ends) and the number of "nodes"(segments of streets between links, and street stubs that end at property lines for future connections). 疑原文有误,两者括号内的释义反了。"节点"应该是"街道交叉口和尽端路的盲端";而"链接"应该是"节点之间的街道片段以及在某个位置结束的留作未来道路连接点的街道尽端"(参见图7.2)。——译者注

交叉路口），或者有不鼓励步行和骑自行车的、对步行不友好的开发区。

为了弥补以上的不足，我们建议新的街道和对现有街道的改造应该（最少也是）设有双侧1.53m宽的人行道，让两个成年人可以舒适地并肩行走。联络道路和主干道应该进行翻新，在其外侧修建宽敞的自行车道。另一种选择是，在车行道边修建至少3.05m宽的、供行人和自行车安全通行的多功能小径。图7.3示意了较佳的多功能小径的剖面设计。除了沿着街道的人行道和自行车设施以外，我们还建议在选定的绿道走廊中提供自行车通勤的路径。

混合利用中心（见图版17）

针对整个研究范围内混合利用中心的选址和设计，我们提出了几条详细的建议，而我们只建立了一条整体原则：区域中心必须由一系列邻里和村庄来支撑，每一个邻里和村庄都拥有一个明确定义的、有凝聚力、尺度适宜的混合利用核心。

这个建议标志了对目前开发模式——单一用途的办公园区、公寓综合楼以及一大堆独立住宅用地分区——的意义重大的转变，它们曾经是该地区规划的最重要的组成部分之一。通过一系列由交通网络连接起来的邻里和村庄中心来对该地区进行建设，更能发挥内在的可持续性，这种交通网络鼓励步行、骑自行车和公共交通出行方式，取代了无论去哪里都必须驾车的方式。新的开发类型提供了不必长距离出行就可以生活、工作、娱乐及购物的机会，并且支持更多样的生活方式和不同的家庭模式。

这些混合利用中心包含了整个规划中最重要的城市建筑街区，提供了整个案例研究区的活动和邻里构架的重点。图版17标示出10个建议的活动中心的位置，其中的三个——三角地区地铁中心，北莫里斯维尔邻里中心和RTP服务中心——我们将详细阐述，每一个服务中心都有不同的尺度和特点。正如在这一节前文和别的章节强调的，每种典型的中心都包括了一些居住的开发，并且与周围的邻里有直接的步行连接。居住元素是本质性的。举个例子，没有一家好餐厅靠着中午的客流就能维持下去，一定要同时吸引晚上的客群。因此，无论实际情况怎样，居住开发必须与新的零售和办公开发一同进行，占领白天和晚间的市场。每一个中心的办公开发数量、它和居住混合的程度、取决于它特定的位置和特点。

三角地区地铁中心（见图版18和图7.4）

我们为这一RTP园区边缘的、位于未来中转车站周围的关键用地，提出了一个主要的建议：三角地区地铁中心应该进行交通导向性的开发（TOD）。

在RTP园区南端，规划中的中转车站周边地区有着巨大的私人开发的潜力。三角地区高速交通管理局认为，这个地方是火车和本地公交的主要客流换乘点；我们指出了如何修正先前建议的三角地区地铁站紧邻火车站的设计，就是在这些活动的基础上，在一个新的高密度都市村庄中创建一个中心（见图7.4）。按照专家研讨会议召开之前的最初计划，要对办公楼、购物中心和住宅进行大型投资，而我们可以在未完成的项目南部、两个大的地块中建设城市邻里，使之日臻完善（见图版18）。紧邻中心北面的地块是现状大规模的办公园区的一部分，尽管在将来的某一天能在科研建筑中建立通道、连接到中心，但现在还不能开发。

图7.4 地铁中心鸟瞰图。我们可以对已在计划阶段中的项目进行改进和提高，发挥其最大潜能，成为附近交通友好的、可持续开发的催化剂。

在南面的土地上，我们可以创建一个为RTP园区和周围的办公开发区的职员提供多种住宅类型的城市邻里。从图版18中可以看到，我们的设计理念是火车站周边地区的开发向外围延伸大约1.2km，但是开发密度在超过步行5min路程（400m）后就逐渐减小。在距离火车站400m的范围内，我们以3层和4层公寓的形式表示了更高密度的开发。在轨道东侧，我们重新设计了沿着邻近的南北向主要街道的现有的零售中心，使其成为一个3～4层的、包括办公和商店的混合利用开发，并具有改造成某种居家工作室单元和附近的高密度公寓的可能性。我们增加了位于轨道下方的一条新街道的连通性，并且将其导向一个新的市民建筑，该建筑有可能是基督教青年会的健身设施或者一所小型学校，在图版18中表示为紫色。

在距离火车站地区400～800m的范围内，我们将开发密度按比例下降为联排住宅与狭窄地块中的独立住宅的混合用地模式。我们参照类似的开发模式，对于半径超过800m的现有地产进行重新布局，将其后退并掩隐在临街的改造过的小型商业建筑的后面。这种开发模式为一个成功的都市村庄提供了必要的住宅的多样性选择，同时尊重了用地的地形和自然特征，尤其是横穿场地的小河。除了加强沿河必需的环境缓冲区以外，我们也为该邻里和活动中心创建了一个小型的带型公园。重要的是应注意到将住宅面向这一公园以提供视觉的安全感。大多数时候，退后的住宅面向公共的绿色空间都不是个好主意，除非它是由公共维护的绿色通道或是大面积的区域。在这里我们吸取了在第四章中讨论过的住宅面向公共空间的经验和教训。这个公园也带来了一个绝佳的林荫走廊，把RTP的园区小路和火车站地区紧紧地连在一起。

北莫里斯维尔邻里中心（见图版19）

莫里斯维尔市是惟一完全在本案所研究地区之内的城镇。该市除了像三明治一样直接夹在南部富裕的卡雷社区与北部的RTP园区之间，还要忍受从罗利－达勒姆国际机场起降的飞行航线干扰。由于机场的噪音问题，该市的开发受到限制，并且还要应付许多通勤交通。总的来说，莫里斯维尔市还没有把邻近RTP园区主要就业中心的地理位置变成它的优势，而我们则将这个新的区域规划，看作是该市克服困难的前景和手段。

这是个复杂的地区。莫里斯维尔市的辖区内包括未来的区域州际高速公路的延长线、TTA轨道走廊和机场外的65dB（平均昼夜噪声标准）噪声控制线。该市还是一个规模不大、但历史悠久的非裔美国人社区——夏洛（Shiloh）的所在地，它位于火车站西侧，步行5min的半径内，始终未获得开发，见图版19。

这一地区接近主要的就业中心、新建的道路以及铁路中转站，预示着在未来10～20年之内极有可能进行再开发。为了给增长建立良好的结构，我们建议如下：在北莫里斯维尔地区应建设一个新的邻里中心，它包括了一个服务于通勤轨道系统和科尔地区交通环线的新中转火车站。

我们规划的新的交通环线与规划的轨道线交叉的位置是建设另一个TOD的极佳地点，它会创造一个研究区域南部地区的开发中心，并形成开发的层次。这个多模式的新火车站的位置使其能够有效地服务于RTP园区的南部地区，它提供了高质量和安全的通行服务范围，从员工家门口或停车区到达机场，或者到通勤铁路线上的其他目的地，包括罗利商业区和北卡罗来纳州立大学。这需要新建一座立交桥，让新的主干道延伸跨越轨道走廊，作为交通环线上的公共汽车或有轨电车的行车路线。按照惯例，中转车站设于5～10min步行半径的中心。

这一新的都市村庄的东南部处在根据分贝值来限制开发的机场噪声控制线范围内，所以我们将这一地区设计为办公和一些邻里零售的混合商业类型的村庄中心（见图版19中的蓝色和红色建筑）。我们除了将居住开发置于该地区的西侧以外，在北部（在65dB噪声控制线以外）也布置了住宅开发（图中以黄色和橙色示意）。

位于南北向道路和轨道走廊之间的狭窄土地，为靠近中转车站附近更高密度的住宅开发提供了机会。这些住宅的形式为公寓和联排住宅，比商业建筑占地更小，可以更好地发挥狭窄场地的优势。

对于轨道西侧的土地,由于所有权的模式及较大的面积,我们将该区的住宅开发成为以独门独户为主要特征的、中等密度的传统邻里,尽管我们也加入了一些联排住宅和公寓住宅(不超过总单元数的30%),以保持TOD最适宜的密度数值。

TOD设计的一般规则要求在距离火车站月台400m范围内布置最高密度的开发,但是由于该地区不平衡的特性,在此我们的设计有了例外,由于在东部和南部象限内受到机场噪声控制线的限制,这些地区的居住开发大幅度减少。因此我们让较高密度的居住开发向北进一步延伸,到靠近主干道和轨道线,并且利用了西北部新的带型公园的机会,可以通过联排住宅来强化和限定现有的溪流。联排住宅的密度需要加强,以补偿沿着公园边缘的单侧建筑的街道。

RTP园区服务中心(见图7.5和图版20)

这是我们关于混合利用中心的第三个案例,诠释了在本案研究区对于松散的郊区形式较小规模的干预。RTP分散的园区开发模式提供了难得的机会,将混合利用中心的开发紧密地插入大型的办公和研究建筑中。一个类似的机会就是前文所述的三角地区地铁中心。还有一个就是靠近一个大型酒店——摄政旅馆(Governor's Inn)的

RTP园区服务中心,这块场地最初是希望能够为RTP的最早的租房者提供零售以及相关的后援服务。RTP地区自从这部分用地的最初规划以来发展迅猛,给我们提供了机会来将园区服务中心升级,以促进新的建设开发,满足RTP员工不断变化的需求。

因此我们的建议是:将RTP园区服务中心改造成为小规模的混合利用邻里中心,为摄政旅馆提供更好的"前门"。

图版20表达了我们关于改造的简单的概念,图示了提供零售、餐饮和办公功能的多层、混合利用建筑。建筑群将其停车场和沿街立面从主干道向后退进,和新的中规中矩的门前草坪,以及通往摄政旅馆的视觉通道一起,创造了出更美的街景(与图7.5比较)。如果市场条件有利,可以将办公建筑群中的一幢或多幢改造为公寓。我们提议的科尔地区交通环线将会穿越这一地区,并会设立一个站点,服务于摄政旅馆、新建的混合利用中心,以及园区服务中心西侧的一些现有办公建筑。

邻里

在规模较小的项目中,我们通常会规划设计每一个邻里,布置街道和主要建筑物,并且划分地块,参见两个混合利用中心的规划图(图版18和

图7.5 RTP园区服务中心,作为现状。这幅拼接的照片显示了建筑没有差别地混在一起,没有空间凝聚力,也没有场所感。与图版20作比较。

19)，但是在这一15500hm²的区域中，不可能在四天的时间里设计出这些细节。因此，我们就CORE地区的居住开发，遵循在专家研讨会议中介绍的传统邻里设计类型，提出以下7条总体的建议。

1. 新的邻里开发必须应用传统邻里类型。

   在第六章详细描述了该类型。下列的建议为前文提到的主要特征增加了细部。

2. 新建筑群的设计必须回应纵贯三角园区内普遍的地域建筑类型、气候和传统。

   应该鼓励建筑师和营造商依据所在社区的特征来设计和建造建筑物。在使用替代乙烯基材料的场所以及外保温饰面系统（EIFS）中，应该考虑选用耐久性的材料，例如砖、石材、墙板、白垩质的纤维板、杉木的屋面板。对于居住建筑，门廊和露台应该成为立面的主要建筑元素，并且提供良好的气候调节作用，以及从街道的公共领域进入家庭的私密室内空间的有益的过渡空间（见图7.6）。

3. 建筑应该靠近街道，以鼓励社会交往和提供步行尺度。

   像图7.6和图7.8所示那样，将建筑靠近街道布局，鼓励邻居之间的联系，而街道也可以通过住户从门廊和前室观察公共场所而自我维持治安。这种布局也通过将小汽车停车场所最大限度地隐蔽（车库是隐蔽的），以及强调建筑设计而改善街道的整体美学。另外，将住宅更靠近场地的前部，留出了更有用的后院。例如，一幢典型的郊区住宅拥有10.7m的前院退进距离和9.1m的后院退进距离。通过将住宅前移到距离街道3～4.5m之内，就可以获得4.5～6m的私密后院，这个中等的规模用来安置休闲设施——如一个小游泳池，也是绰绰有余了。

4. 多种住宅类型的混合必须整合到所有新建邻里的设计中（见图7.7和图7.8）。

   正如在第六章中提到的，我们的一个核心信念是，一个完整的社区必须包含在不同收入水平的多种家庭类型。图7.7表示了中等密度的联排住宅如何通过设计，来与附近的独立住

图7.6 门廊住宅，戴维森市，北卡罗来纳州。尽管以作者的品位来说，这些新住宅的式样也太传统了一点，但是通过位于步行道交谈距离之内宽敞的前门廊，仍然极佳地展现了丰富的街道景观和半公共的社会空间。

图7.7 联排住宅，巴克斯特，米尔堡（Fort Mill），南卡罗来纳州。这些联排住宅使用了与毗邻的独立住宅相同的设计图样，尽管非常传统，但是能够与其更奢华的邻居不着痕迹地混合，达成某种程度的居住多样化。

宅以及其他用途的房屋优雅地搭配在一起。因此减少了常与低成本住宅相关联的不好的名声。为了达到这个结果，我们保留了关于标准的建议，即依照联邦住宅和城市开发部门（HUD）的标准，所有新建住宅中的大约15%应该是可负担的。除了提供一系列较小规模的、更便宜的住宅外，还必须努力寻找创造性的方法来对这种开发进行投资，以便随时间流逝，仍然可以供应可负担的住宅。我们将在第十章中的下一个案例研究里更详细地讨论达成这一目标的某种机制。

5. 在所有的总体设计中，减少停车场和车库的影响。

如果在最初的设计中未加考虑，车库和相关的停车区域往往会占据街道景观，尤其是在较小面积的地块中。住宅设计应该重视室内和室外的生活空间，而降低对停车的重视。为达到这样的目标，车库不应该延伸超过住宅的沿街一线，并且应该被设计为次要的体量。图7.6和图7.7表现了这一技术在独立住宅和联排住宅中的运用，并且指出是如何通过将车库嵌入住宅，或将其布置在后部的小巷中，来使停车区从街道中隐藏起来，而将不同类型的住宅组合在一起。

多家庭住宅的开发尤其需要仔细地考虑停车区的设计。许多车辆停在建筑前的沥青路面上，导致这种建筑类型无法与其他的居住方式相协调。对单元住宅和公寓住宅来说，应该从街道上看不见远离街道的停车场。停车场应该被图7.8中所示的面朝街道、并限定街道公共空间的建筑所遮蔽。对于商业建筑，停车场应该位于所有建筑群的侧面或后部。虽然应该尽可能地提供路边停车位，但是通常还是不应该鼓励将小汽车停放于远离街道的建筑物前。鼓励共享停车区可以减小停车区的面积，并且将其对环境的影响降至最低。

6. 所有邻里应该提供公共的、可利用的开敞空间。

邻里中应该包括住宅用地内的小型停车场，通常距离任何住宅不超过5分钟步行路程。我们发现通用开敞空间的内容——球类运动

图7.8 北卡罗来纳州的公寓建筑。这些公寓楼将停车空间隐蔽在建筑后部，提供了对街道公共空间的良好限定。重要的是可以从人行道直接进入建筑的入口，这些入口将建筑的私密空间与街道的公共空间从视觉和社会层面上联系了起来。

场、公园、广场、露天集市、社区花园或操场——来取代不明确的术语"开敞空间"是个不错的想法。这样的命名明确了开敞空间的用途，并且提供了设计和使用的概要大纲。"绿色空间"或"开敞空间"是模糊而不确定的术语，通常也导致糟糕的设计。

我们设计的公园、操场、广场和花园供白天使用和娱乐。这种"居民化的"公共开敞空间不同于那些在环境上具有重大意义的、必须保护其原始风貌的地区，而且也完全不同于在常见的蔓延开发中勉强提供的开敞空间，那只是些以数字术语来定义的、作为人口和土地面积的因素。在许多分块用地中，开发商只是简单地将剩余的或者不能作为他用的土地指定为开敞空间，而不考虑其位置。

为了改进这些遗憾的现状，并且使其真正成为公众可利用的开敞空间，公园、广场和其他类型的开敞空间应该由建筑的沿街立面和公共街道来限定（见图2.16和图4.7）。公共开敞空间中的安全性是由居民站在门廊、窗边或是由行人、慢跑者或驱车路过的人们的视觉监督来达成的。

7. 科尔地区的管辖范围内应该采用一套协调一致的标准，进行传统邻里开发（TND）。

为了减少市场中的混乱并鼓励更多的传统邻里开发，我们建议所有科尔成员采用一个普遍适用的 TND 条例。如果设计标准适宜，对 TND 的批准也应该进入简洁高效的流程，由规划官员在行政许可权限内批准。这就可以避免当选官员对于既定政策的冗长而拖沓的争论。另外还应该考虑各种重构的费用和条件（对环境的不良影响费、开发费等等）作为对 TND 的激励。在科尔区域内跨越不同管辖区的街道设计标准应该是普遍适用的。由交通工程师协会提出的《新传统邻里设计中的交通工程》(1994) (*Traffic Engineering for Neo Traditional Design*) 和《TND 导则》，2000 年 8 月由北卡罗来纳大学交通系采纳，是街道设计标准的最佳资源，应该由每一个管辖区在本地加以运用并且将其整合进各自的 TND 条例中 (ITE, 1994; NCDOT, 2000)。

行政区

正如第六章中所述，行政区是相对密度较低的地区，主要用地功能单一，交通设计主要为机动车通行。尽管 RTP 园区目前拥有雇员 42000 名，但是在其园区范围之外、科尔地区之内的其他地方却有 48000 个职位。虽然多租户的办公建筑仍然是流行的形式，大多数这类行政办公建设出现在四处蔓延的曲折大仓库型的建筑物里。园区之外的许多这种行政设施按照传统方式容纳了 RTP 公司的后场办公业务，包括电话中心、配送和销售业务。许多 RTP 公司的服务供应商也在这些接近园区且租金低廉得多的地方找到了一席之地。

在这样的情形下，我们提出三个原则性的建议：

1. 虽然办公和工业行政区总的来说强调特殊的、单一的用途，它们应该尽可能遵循邻里设计的原则。

   在第六章中概述了这些准则。

2. 在目前的办公和工业行政区划开发中鼓励更多的混合用途的开发建设。

根据我们的市场研究，CORE 地区为办公和工业用途划分了过多的土地。有很多机会可以在整个地区内穿插所有形式和类型的住宅，这是应当受到鼓励的。我们在选用了几乎所有专家研讨会议期间详细设计的住宅。

3. 建设支持通行的新的办公开发类型，为员工提供更多的交通选择。

办公开发的常规设计与其他部分较为隔离，而不是有意融为一体。这使得办公区几乎不可能与交通系统进行服务对接。因为每一个成功的交通网络的基础是本地的公共汽车路线，所以如果没有本地的公共汽车路线将乘客往返运送到车站和上千人工作的办公建筑群，不论是通勤铁路还是我们规划的新的交通环线都无法有效地运作。由此，非常重要的是通过使交通系统简单而便捷来鼓励办公人员利用其出行。图 6.39 所示的办公建筑设计类型描述了对通行更友好的布局，即将建筑及其入口移到更接近街道的地方，并且创建一个形式上的步行广场。我们力劝 RTP 管理方以扩大规划来鼓励更有实力的雇主实施这种设计，从而鼓励人们更充分地利用交通系统。

实施

作为针对总体规划的实施建议的一部分，我们推出一个依紧急程度排列优先次序的所有建议的矩阵图，并且明确了负责采取行动的部门。这一矩阵图的完整细节对于这个小型案例研究来说过于仔细了，图表 7.1 表示了其部分典型摘录。

我们通过考虑以下因素来决定优先次序：

- 问题的相对严重程度。
- 实施详细提案所必须的人力资源和财力资源的可行性。
- 不同实施任务之间的互相依存，尤其是执行一个项目对于另一个项目的成功实施的依赖程度。

由于以上这些因素，我们感到无法针对每一

图表 7.1 实施模版（摘要）。如果缺少确定计划内容、优先次序和责任部门的清晰的实施策略，总体规划就是不完善的。

研究和计划			
	提议和实施的任务	优先次序	责任部门
R11	调查研究RTP园区及周边就业地区的交通系统的需求回应／点状偏差（point-deviation）的可行性 推出一个提供科尔地区区域范围交通服务的计划，利用一个高频次循环式公共汽车系统将RTP、TTA通勤轨道系统和机场连接起来	中	TTA、RTP
R12	评估达勒姆高速公路在I-540的终端，以及与戴维斯快车道所有连通的道路 与NCDOT、MPO以及RTP合作探究达勒姆高速公路延伸线的可选择方案	高	CAMPO、DCHC、MPO、NC DOT、莫里斯维尔市
R13	将机场大道延伸至戴维斯快车道 论证和选定机场大道向戴维斯快车道的延伸线的线形和横剖面，在TTA走廊处采用立体交叉	中	CAMPO、DCHC、MPO、NC DOT、卡利市、莫里斯维尔市
R14	将McCrimmon林荫公路延伸跨越轨道线，通往机场 论证和选定与邻里中心相协调的线形和横剖面	中	CAMPO、DCHC、MPO、NC DOT、卡利市、莫里斯维尔市
R15	延伸埃文斯公路平行于NC54号公路，在越过I-540后再与NC54连接 论证和选定埃文斯公路向NC54号公路延伸段的线形和横剖面	中	CAMPO、DCHC、MPO、NC DOT、卡利市、莫里斯维尔市
R17	完成科尔地区联络道路的规划 在科尔地区I-54号公路以南部分地区论证和选定联络道路的规划，在I-54号公路以北地区采用早先提议的联络道路的规划	高	CAMPO、DCHC、MPO、NC DOT、达勒姆、罗利市、卡利市、莫里斯维尔市、TJCOG
R29	研究在北莫里斯维尔／夏洛特地区创建联合运输的中转车站和邻里中心的可行性 为这一地区推出示意性发展规划，包括为城镇综合规划的修订而选用的街道细部、街区、开敞空间以及建筑类型模式。完成这一地区所必须的交通运作和运输改造的初步工程	中	莫里斯维尔市，CAMPO、TTA

个提案列出精确的时间表,而只能列出如下的优先次序的级别:

高:短时框架(6个月~1年)。必须立刻分配资源执行这些任务。

中:当资源许可时,必须在1~5年的时间框架内完成任务。

低:没有紧急的时间需求。当资源许可及时机适当时可以完成任务。

实施战略的另一个主要组成部分包含一份详细的文件,设立了科尔地区所有部门都可以运用的《综合开发导则》,这些部门可以围绕着总体规划的基本议题改写各自的规则。在这种情况下,我们尽可能将这些发展导则描述得像一套完整的城市设计准则一样仔细,以弥补新的区划法规不在本案的合同内这一事实。(在第六章讨论了这两种类型的导则。)这个项目多方管辖的复杂性使得统一的区划法规无法从政治上实现,尽管在第十一章描述了一个更加适度的关于以设计为基础的跨越三个管辖区的基本区划实例。在附录四中阐明了《综合开发导则》中的典型摘要。

结论

到整个项目进程的结论阶段,我们评估了针对在项目开始阶段明确的三个重要问题的专家研讨会议的成果。第一个问题是:在本案研究地区中目前的发展模式是可持续的吗?如果不是,必须做出如何程度的改进?

我们明确的回答是"否",这一模式是不可持续的。尽管RTP园区继续在为这一地区提供经济的发展,在本案所研究的区域中,日常生活的方方面面——家庭、工作、商店、学校、教堂以及公园之间的不平衡将会严重地阻碍社区、经济和环境的长期可持续性的机遇。因此必须改变这一状况,为促成现状的改变,需要转换发展的操作惯例。在本案所研究的地区拥有足够的土地和充足的机遇在战略位置上进行新的开发,而这将导致对规划政策和市场方面进行重大干预,然后我们所期待的改变才会出现。

我们力主改变必须立刻进行,但是这种改变也必须是战略性的,且需精心控制。在英国人眼里,解决方案看似简单。我们对于所需的政策和适当类型的设计标准了如指掌,因此尽管放手去做就是了。例如,一个区域规划当局可能要求所有未来的开发区必须建造在适当的位置,只须遵循包含在英国常规中的已确立的类型,如混合利用中心、传统邻里、行政区和走廊等就可以了。遗憾的是,在美国的背景中,没有一个权力机构在面对私人部门和条块分割的地方政府的阻力时,有权发动和管理这样大胆的变化。被称为三角地区J政府顾问班子的区域规划组织仅仅是一个顾问咨询性质的实体,而6个行政自治区并没有太多有效合作的历史。在真正的美国的方式中,他们之间的关系是竞争的,而非合作的。如果没有某种前无古人后无来者的、动态的、严密的管理关系,这一合作将会姗姗来迟。即使公共实体确实围绕某种个别的政策联合起来,要求更高的标准有可能会适得其反,造成私营开发商之间的对抗状态,而这些开发商将会(这正是规划者所担心的)把注意力转向其他方面,将资金和精力撤离该地区。我们认为这种担心是夸张了,但是在公共官员的心目中就是铁打的事实。

私营部门不太可能仅凭借自身的力量发动这种结构上的改变。开发商和其贷款方天性是保守的,他们基于过去已经出现的结果来评估未来的行动和风险。换句话说,在某种悲观的情境下,市场将有可能重蹈昨天开发的覆辙,直至区域系统崩溃,企业的资源和精力继而转向下一个地方。打破这一循环、并且以动态方式对这种改变施加影响的最佳途径,就是我们将目光投向前文所述的成为范例的开发区,它们也许是由公私合营的合伙企业进行开发的。让我们从位于三角地区地铁中心的都市村庄(见图版18)开始着眼,可以明显看到它以都市村庄为基础,用交通路线和新建住宅将大型办公建筑连接起来。支离破碎的片断都被容纳在这一个项目中,已呈现出良好的势头。转变公共官员和私营开发商的观念最有效的途径是让他们看到这些更加可持续的类型的开发案例的进展,并且看到这些开发案例在区域内正在获得的经济上的成功。

我们的第二个问题是：是否存在其他的开发模式，例如传统邻里、交通导向性的员工中心、交通导向性的村庄中心和邻里中心，可以融合到未来的规划决策中？

这个问题已经自我解开了答案。是的，这些确实是促进可持续社区的最佳模式。尤其是，设计合理的村庄中心和邻里中心天生就是支持交通的，因此应该尽早规划和建设，而不必考虑目前可以为其提供服务的交通模式，或者即便目前没有可利用的交通系统。随着市场日趋成熟和都市化的进程，交通系统一旦落实就可以为这些中心提供有效的服务，几乎不必再更改通行权。促进这些改变的途径已经在对第一个问题的答案中讨论过了。

第三个问题是：假设在现有的公共和私营投资水平下，这些其他模式对必须做出的改变是否有足够的影响力？

毫无疑问，投入的专项用于郊区模式的、大型分散且用途单一的开发区的资金，以及为这一分散模式提供服务的高速公路，代表了对现状的实质性承诺。尽管如此，该区域规划中的通勤轨道线将开始改变人们的认识，而且这一更加可持续的交通选择是新开发模式的重要的催化剂。

仅仅需要建造 3 个或 4 个传统邻里和相应的邻里中心或村庄中心，就可以对这一地区做出意义重大的改变。依据第六章所设立的邻里设计准则，4 个新建邻里可以以更加可持续的模式容纳另外的 10000 个居民。

1 个邻里 = 50hm² × 20 户 /hm² ×
2.6 个居民 / 户 × 4 邻里 = 10400 个居民

在科尔地区这些紧凑类型的邻里模式只需要占用可用土地的一小部分，可以允许数倍于这一数量的居民人口增长，而同时仍然能够为环境目标增进区域绿色空间的框架。

案例研究的评价

这个签订于2002年的合同是我们尝试采用专家研讨会形式的最大的一个项目，它向我们证明了将这种方法运用于大型场地地区与运用于小型项目同样有效。其主要区别在于：这是我们第一次没有对整个规划研究区域进行具体的规划设计，并以图示方式加以阐述。我们采用的方式是：关于可持续开发的概念性战略——混合利用中心周边地区更加紧凑的开发，作为新建邻里、现有邻里和行政区的焦点——使得我们将注意力集中于关键场地，并以此作为对于其余地块的详细的实施细则的例证。

一个次要的不同之处在于缺少权威性的新区划条例来调节未来的开发。在由单个市政当局管辖的、较小规模的项目中，这正是我们通常采用的工作方式，而且我们尽可能地确保根除在常规美国式规划中存在于建设规划和区划控制之间的差距，或者至少将这一差距最小化。下文的三个案例研究说明了这一过程，但是在这里，因为有 6 个不同的市政当局，加上其他私营公用事业机构都不同程度地参与了规划，所以这种文件根本没有机会出台；事实上，从合同的角度来说这也不在我们的服务范围内。对每一个不同的、并且相当强调独立的管辖区来说，接受基本规范的覆盖从政治上是行不通的。

因此，对于科尔地区的这个项目，我们不得不满足于本书介绍的、为支持交通的及可持续的开发所进行的特殊区划类型和案例，而所有参与的城市与乡镇可以以各自的步调分别采纳这些类型。因此，对这些提案的实施有可能是不一致而且是不协调的。正如上文在"实施"标题下提及的、我们在专家研讨会议之后出台的惟一覆盖性文件是一本《综合开发导则》手册，这是为科尔地区所有市政当局采用作为模板来修订其各自的规章的。我们以比通常更多的细节将这些导则打包起来，部分是为了补偿缺乏明确的新区划条例的问题，并且实际上将这些导则全面转变为城市设计导则的"清减的"版本。我们忽略了细部的美学指导，但是强调了场地规划策略、公共空间设计和环境实践。如果在实施中紧随这些导则，开发建设会被导向一条清晰的、走向更长期的可持续性的道路。一个明显的问题是，这些仅仅是我们推荐的导则，而并不是必需的规范。再强调一次，初期开始实施的规划在不同管辖区之间有可能是不调和的。但毕竟我们已经迈出了第一步。

从这次多方管辖的练习中，我们学到的明显而积极的经验教训不过是，这次的实践将所有的区域成员组织在一起，集中精力就社区规划和设计的重要议题进行了讨论。这一形式鼓励了一定程度上的交互作用，这种交互作用超越了为所有成员自身和公众确立的规范。通过详细设计样板开发区，我们能够使参与者看到不同的选择和决策所带来的真实生活的模样，以及行动的激动人心的机遇。大多数参与者将注意力转到了专家研讨会议的进程以及细部设计，并将其作为有效的社区规划工具。我们从这一项目中得到的反馈是，这种专家研讨会的形式已经成为科尔地区未来协作规划努力的典范。在这种工作规模中，围绕一个基本议程的舆论与在详细提案上达成一致是同样重要的。

我们对于这种协作达到的新境界和专家研讨会这种形式的成功感到非常高兴，因为在开始阶段成员中存在一些怀疑。我们曾经被明确地告知禁止使用"专家研讨会"这个名词；也许他们认为这个名词是一个奇怪的、值得怀疑的外来术语。在所有项目文件中无一例外地使用了"工作室"这个名词，只有在这本书中我们才为保持全文的一致性而将"工作室"改为"专家研讨会"。

从我们的观点来看，科尔地区规划方案的缺点是明显的。跨越多方管辖的巨大范围意味着我们不能够像运作较小规模的地块那样对未来开发施加很多影响。在需要进行巨大改变的地区，多少让人有些垂头丧气。我们感觉到，已为其他人的深入规划和设计打好了基础，但是我们完全不能保证，所有参与者会投入等同的精力来迎接这一挑战。

第八章
城市

案例研究2：罗利市，北卡罗来纳州，
竞技场小区域规划

项目和背景概述

为了这个于2000年实施的案例研究，我们驻扎在北卡罗来纳州的中心区域，重点研究州首府罗利市。这一"小区域规划"的场地正好位于上一章所研究的科尔地区的东面几英里，覆盖大约10.36km²的土地，在场地的西、北和东部边界由高速公路环绕，而南边是直接通往6.4km以外的市中心的局部城市干道。该项目区域的南部边缘也包括了我们所规划的三角地区高速交通管理局（TTA）未来的通勤轨道线，就是前一个案例研究中讲的那条轨道线。该轨道线路目前及将来都是为货运以及"美铁"（全国铁路客运公司）提供服务，但是新建的通勤轨道线上的两个客运铁路车站规划设在本案研究区内。场地的西部地块是罗利市与其邻居卡雷镇的分界线（见图8.1）。

本案研究区包括多种用地，从大型休闲设施（竞技场、北卡罗来纳州立大学足球场、马术综合楼、州露天市场）到企业办公园区、大型教育机构（一所地方高中和北卡罗来纳州立兽医学院）以及小型居住邻里加上少数当地企业。在该规划区域内，有大片未开发土地如今时机成熟，正待开发；但是，同样是这些地块中，也包括了已经被先期城市建设破坏的景观和环境系统，急需环境保护。

这两个体育设施和露天市场在每年的不同时段为本地区带来数以万计，甚至十万计的到访者和球迷。这种间歇性场馆使用为交通基础设施带来了压力，也为附近邻里的居民和办公园区的工

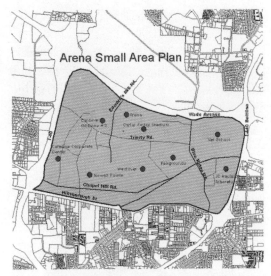

图8.1 西罗利区位图。总体规划设计的地区东西向长4.8km略多，南北向长平均仅仅超过1.6km。

作人员的生活质量造成了压力。另外整个项目地区是从西部很多地方——包括卡雷镇，研究三角园区、达勒姆、教会山以及更远的地方——到达罗利市的门户。该地区通往州际高速公路的引道是极好的，但是目前该场地周边地区的交通运输几乎无一例外地依赖那些重要的、有限的快速通道。这些道路运送了该地区大量往来于罗利市中心和研究三角园区的区域交通。结果，基础设施严重依赖一些新建的连接高速公路，以承载区域交通和局部交通。由于没有完善的本地街道网络，而且规划中的南北向高速公路延伸线穿越了场地，

175

将南边人口稠密的地区与北边购物商场相连，这将会增加环绕和穿越该场地的区域交通。沿着南部边界的规划中的街道改造和延伸将有助于缓解东西向走廊的压力，并为本案研究区创造一个新的南部边界。

这个小区域规划的主要目标是为达成以下三个任务的开发区提供一个一致的框架：

1. 解决大规模用地和小规模用地的二元对立；
2. 避免不协调的零星开发，这是迄今为止所采用的开发类型；
3. 建立发展和环境保护之间的平衡。

还有一个平行的需要，起草一整套的城市设计导则，协调规划设计中提出的、未来混合利用中心的开发，并扩展到罗利市所有类似的村庄中心和邻里中心的开发。

关键问题和目标

在这一跨越性的目标内，我们设立了由规划方案来检验的四个主要议题，它们是：

1. 达到发展和环境保护之间的平衡。
2. 改善穿越场地的交通基础设施，利用新规划的通勤轨道服务系统。
3. 在轨道车站周边地区创建交通导向性开发（TOD）的新类型，展现优秀的城市设计和经济发展的原则。
4. 解决存在于重要州立和市立机构，以及与附近新建和现存邻里之间的棘手的规模关系。

开发和环境保护

概括地说，研究区域已形成了典型的二元对立，一方面是对于水体质量和开敞空间的宜人风光的保护，另一方面是在整个地区蔓延的郊区增长模式。这些问题覆盖了整个场地，不过，最尖锐的问题在场地西北角，这是一块北卡罗来纳州政府所有的、63.6hm² 的地形起伏、林木茂密的地块，成为我们的专家研讨会上列在销售名单上的活跃地块。两条环境系统脆弱的、面临未来衰退危险的小溪横穿这一小片土地，这里需要对环境非常敏感的处理。无论如何，这个地块位于两条高速公路的汇合处，拥有极佳的可视性以及从附近高速公路入口处的良好的通达性，使其成为开发的最佳地点。

交通和运输

这一地区关键的战略性机遇之一是服务于通勤的轨道交通系统的开发。在于2001年12月召开的专家研讨会议期间，在深入规划和初步工程阶段的阵痛中，我们期待该系统于2008年开始投入运行。我们坚信这一交通替代方式的出现将会成为整个地区开发和改造的重要催化剂。

这种交通导向性的开发模式已经在美国其他有着类似经济增长和发展条件的地区被广泛地建立起来，并证实颇有成效。在丹佛、达拉斯、圣路易斯、圣迪亚哥、盐湖城以及其他城市中，对于这种"新起点"（new start）轨道系统已经产生大量反响，在投入运营的第一年中，乘客人数已经超过了预期值。在罗利市周围地区也不例外，而且，我们想通过规划来支持这种轨道运行系统的可信性和吸引力。在第一个案例研究中我们已经提到，在规划中，这一系统将以穿越整个地区的便捷、干净而高效的方式服务于达勒姆、研究三角园区（RTP）、莫里斯维尔市、卡雷镇、罗利市以及其他目的地。

TTA建议沿走廊的技术模式采用内燃动车组（DMUs）方式，在它们特殊的双轨上运行。DMUs是一种轻型、自我推进的列车，将长途承载繁忙的通勤线路的能力——类似美铁服务系统——与更多停靠站点的灵活性结合起来。站点之间的距离在1.6~4.8km，而系统造价只有轻轨的几分之一。这一技术在欧洲已经应用数年，现在也开始在美国运用。只要是适用的地点，我们总是通勤轨道服务系统的强力支持者，而且我们相信在这种情况下，由TTA提议的这一服务系统是合理的且具有成本效益的开端，对北卡罗来纳州中心地区依赖汽车出行的社会提供一个真正的备选方案。我们感觉到通过整合轨道站附近的开发区，就像我们在科尔地区所进行的研究一样，这次罗利市的小区域规划可以将这种开发类型建设成为轨道沿线的其他车站开发的首选模式。

在道路和街道基础设施方面，主要议题集中在解决发生交通拥塞的关键地点，这种拥塞状况有可能由于在一些交叉路口的频繁客车车流而加剧，尤其是在本案例研究区东端与露天市场和兽医学院的连接处。另外，重要的是在该地区创建一个相互连接的街道网络，以满足居民和工作人员内部通行的需要，而不必总是依赖主要的外围高速公路出行。

交通导向性的新开发类型

以火车站为中心，并环绕火车站进行高密度和中等密度的开发是罗利地区出现的新现象，而且我们想利用这次机遇（为这一地区召开的专家研讨会议比第七章中提到的科尔地区的要早16个月）来诠释和阐明TOD的潜力。因此，我们设立了在所有TOD设计中所必需的四个特定的设计准则：

- 一个位于中心位置的中转车站或交通站点；
- 紧靠车站的一条或数条购物街；
- 互相连接的街道网络向周围邻里扩展；以及
- 多样化的住宅类型，包括多家庭住宅。

除了这些相当明确的原则，还需要针对该场地的特征和发展潜力的重要问题做出回答。TOD会是"居住导向性"的，也就是说，主要围绕着不同类型的住宅设计，是包括独立的独立住宅，并且只附带非常少量的零售服务呢，还是"就业导向性"的，设计中主要是由中等密度到较高密度的住宅来支持办公建筑呢？对这些问题的回答将以该场地的位置、文脉和针对该地区的市场研究为基础。当一个TOD以就业机会为基础时，我们采用典型的、在1hm²可开发土地上提供100～200人的工作场所的办公楼类型。这种占地强度对于不是位于城市中心的郊区和零星地块来说运作良好；而在市中心区这一数值还会更高。

这些关于TOD的讨论，与第六章中概述的混合利用中心类型自动形成了前后对照，另外除了在第六章中列举的标准之外，位于中心城市之外的TOD可以分为下面三个标题：

- 专业城市中心——带有一些专业零售或就业集中的高强度开发；
- 都市村庄中心——服务于混合利用行政区和周边地区的中等强度到高强度的开发；
- 邻里中心——服务于特定邻里的中等强度到低强度的开发。

"都市村庄中心"和"邻里中心"与第六章中描述的混合利用中心的范畴相匹配。第六章中的"田园村庄中心"由于所涉及的密度太低，总的来说与交通导向性的开发关系不大，"专业城市中心"就是都市村庄的更高密度版本，另外增加了一些特别具有支持通行特性的功能或场所。

这三种类别产生了居住密度的不同开发强度和"容积率"(FAR)。容积率测算商业空间的密度，好比用"每英亩居住户数"或"每公顷人口"测算居住密度。容积率指一块场地上一幢建筑或建筑群的总建筑面积除以地块的总面积。

例如，如果一块场地面积为3716m²，容积率是0.5，那么开发商可以建造面积为1858m²的建筑物。如果这一建筑为两层楼，每层的建筑面积为929m²，那么场地中就留出了2787m²的面积用于景观和停车场。典型的城市办公楼的停车标准是每92.9m²建筑面积需要4个停车位，大约是每辆（美国式）小汽车32.5m²。（每车为面积数包括需要的平均的车道面积、回车面积、不能利用的空间、景观面积等等；这不是停车空间的实际测量面积。）以此计算，我们这个1858m²的办公建筑需要80个停车位，停车面积需要2601m²。在2787m²的可用场地面积内这一停车面积是合适的，还留出一些空间用于建筑入口前的人行道、垃圾存放位置以及其他杂项。还有一点值得注意：在这一典型的城市建筑的例子中，停车场面积远大与建筑物的面积。如果我们假设的这个建筑设计成单层的,那么建筑与停车场就摆不下了。因此在关键的场所越来越多地运用容积率指标,不仅可以允许更多的开发面积,而且可以将建筑物纳入更加具有城市特点的多层建筑外形。

引导就业的 TOD 中,停车率常常被大幅削减,从每 92.9m² 4 个停车位削减到 3 个,在许多职员乘坐火车上下班或居住在步行距离内的特例中,甚至削减到 2.5。建筑师和规划师,甚至一些开发商都愿意看到这些停车指标一再减少,但是贷款机构的保守主义意味着资金是不会轻易贷给没有容纳常规(也就是郊区适用的)数量的小汽车停车位,或类似设施的开发项目的。

把所有这些综合起来考虑,我们为不同类型的 TOD 分别设计的最低密度列出如下。"核心区"指的是距离火车站 400m 半径的开发地区,而"邻里"是指距离为 400~800m 的范围内的部分。

专业城市中心
 核心区: 居住密度——54 户/hm² (143 人/hm²)
    商业密度——容积率 0.75
 邻里: 居住密度——24 户/hm² (65 人/hm²)
    商业密度——容积率 0.3

村庄中心
 核心区: 居住密度——36 户/hm² (97 人/hm²)
    商业密度——容积率 0.5
 邻里: 居住密度——24 户/hm² (65 人/hm²)
    商业密度——容积率 0.25

邻里中心
 核心区: 居住密度——24 户/hm² (65 人/hm²)
    商业密度——容积率 0.35
 邻里: 居住密度——15 户/hm² (39 人/hm²)
    商业密度——容积率 0.15

(将这些从 0.15~0.75 的容积率指标推广到更大的范围,纽约曼哈顿市中心开发的典型容积率,在 12~15 之间。)

州级主要功能和附近较小规模的开发之间的关系

经过几十年的时间,州露天市场完全建设好了,它需要大片的土地来举办活动,这些集会活动从农业展览会、体育比赛到游乐赛马会和音乐会。(这种集会活动的规模比第四章中描述的尼肖巴县露天市场的规模大许多倍。)在这一地区没有任何永久的居住建筑,但是确实有几个用于商业或教育用途的大型公共建筑。事实上,其中之一是可以追溯到 1950 年代的 Dorton Arena,由于其先进的钢筋混凝土薄壳屋顶的设计而作为历史建筑受到保护。在州露天市场的最初建设时期,这片场地完全是一派乡村风貌,非常适合市场功能。现在环绕露天市场各边界的是各种郊区用途的环境,显得不那么协调。只有在东面——现在仍是田野和北卡罗来纳州立大学兽医学院的校园——才能看到些许残留下来的当初的开阔景观,而这曾经是当地特色。在主要市场西边的其他范围的土地现在提供给使用高峰期间的停车之用,但是却糟糕地毗邻着已建好的低至中等收入人群的居住邻里。

旁边的大型体育设施表达了前精明增长时期的典型郊区规划思路:那就是,在高速公路附近规划一片开阔地,在此建造一个大型建筑物,附带所有必需的停车场,让每个人都驱车前往观看运动赛事或其他盛会。本案例研究中的一个主要议题,就是寻找可公共选择的土地利用模式和通行模式,来减少这种对小汽车的完全依赖。即使在本案研究区周围有众多高速公路网络,在大型运动赛事举行的前后时段内交通拥塞仍然产生了实质性问题。然后,这种状况加重了该地区居民和职员的负担,因为他们不得不困难地往返于住所和工作场所之间。

专家研讨会

本案总体规划是在 2000 年 12 月举行的为期四天的专家研讨会议期间,由深入的公众设计发展而来的(见图 8.2)。这次专家研讨会在一个临时的设计工作室举行,地点在竞技场内部的一个

	12月11日－星期一	12月12日－星期二	12月13日－星期三	12月14日－星期四
8：00		早餐	早餐	早餐
9：00		8：30 露天市场和农业综合楼	9：00 世纪竞技场负责人	设计
10：00				
11：00	11：00设计团队入场，成立工作室	9：30 北卡罗来纳州（剩余资产、Carter-Finley、百年校园）	10：30 北卡罗来纳州运输部	
12：00	12：00 在午餐期间由本地全体职员通览概貌，及乘坐大巴巡查该地区（规划、交通、园区和Rec、TTA）	午餐	午餐	午餐
1：00		1：00 环境利益组织午餐会	设计	设计
2：00		设计		
3：00		3：00 开发商（企业中心午茶会等）		
4：00	4：00 由Karnes研究所陈述市场研究			
5：00	与规划委员会共进晚餐	5：30 定案会和项目最新进展	5：30 定案会和项目最新进展	关闭工作室
6：00		晚餐	晚餐	晚餐
7：00	开幕致词	7：00 邻里协会（韦斯托弗，Nowell Point，Lincion Ville）	设计	闭幕致词

图8.2 专家研讨会日程表。为期4天的专家研讨会，通常是我们所能接受的针对这样一个复杂的社区总体规划所需要的最短时间。5天或者6天会产生更好的结果，但是由于每天费用大约需15000~20000美元，加上前期准备费用和后期出台报告和区划文件所需要的花费，一些市政当局选择时间较短的会议日程。

空间（老百姓不太容易找得到），多学科的设计团队包括规划师、城市设计师、建筑师、景观建筑师、运输规划师、交通工程师和市场分析师等，和感兴趣的利益共享团体一起举行了一系列会议。根据我们的标准惯例，每一天都作出设计方案，直接表达出大家的心声。

这些利益共享团体包括来自于罗利市规划委员会、罗利市容委员会、罗利市运输部、北卡罗来纳州运输部、北卡罗来纳州立大学、北卡罗来纳州富余资产事务所、运营竞技场的中央政府、TTA、环境利益集团、企业所有者和居民的代表。作为结果产生的规划方案真正是一个同心协力的成果，在市场驱动的背景中具有相当的实用性，在参与者多种多样的观点和愿望中取得平衡。总体规划保持了我们的承诺，即用我们的四种类型中的一种创造这些场所。邻里、中心、行政区和走廊由一个连贯的、互相连接的多交通模式的网络组织起来，每一处都有意设计一定程度的混合使用。这种交通网络包括用于轨道交通、机动车、自行车和步行的设施。

在最初的分析中，我们将这一大片地区分为5个片区：

1. 州市场中转车站邻里；
2. 西尔斯伯勒（希尔斯伯勒）街走廊；
3. 西罗利中转车站邻里；
4. 企业行政区，包括企业中心大道和"63.6hm^2"地块，"63.6hm^2"是一处林地，由北卡罗来纳州实施开发；
5. 娱乐、体育和文化（ESC）行政区。

我们对该地区详尽的市场分析研究显示，

有一个非常稳定的居住和办公空间的市场，而对于零售开发来说，市场期待相对较弱。在专家研讨会议期间，我们详细研究了这5个片区，通过对这些各异的片区整体重组，明确了我们的总体规划。

总体规划

读者将会从图版21看到对这个较小规模项目的研究，我们能够作出研究区域内的所有设计，到建成的深度。这个方法是我们的标准程序之一，用于研究每一块土地的最佳利用方式和调查其开发或环境保护的最大潜力。我们以透视图和鸟瞰图来完善这些详细规划，将我们的设计概念解释给各位专家和行外人士听。

州露天市场中转车站邻里（见图版22）

现状

北卡罗来纳州露天市场周围的土地在活动期间使用得很频繁，但在其他时间却远未开发。这里的道路没有道缘、排水边沟或人行道，小型的单层建筑聚集在主要商业街道的交叉路口周围。其中两条街道是东西走向的，分别平行于火车轨道两侧，另一条主要的南北向高速公路穿越这两条街道和轨道线，造成了一片混乱的交叉口。一些高速公路沿线的商业开发和数量众多的"曲折大仓库"（办公楼）建筑蚕食了交叉路口周围的土地。拥有大面积开阔土地的北卡罗来纳州立兽医学院，位于这些重要的交叉路口的东北方位。

这些交叉路口需要好好改进。通行效率被交通工程师细分为"A"到"F"的等级，因为双向交通信号灯实施起来有难度，交通效率大打折扣。由于交通量的增长，这一复杂的交叉路口在未来几年有可能达到"F"等级，而当2008年通勤火车以频繁的间隔开始运行时，这一状况只会变得更糟。

另外，州露天市场全年都在举办各种各样的活动，其中有两个星期是用于州露天市场本身，每天吸引的客流量多达13万人。在这一段时间交通量超出所有街道的负荷，位于露天市场周围1.6km范围以内的停车场全部变成抢手货。

TTA已经在其通勤铁路系统中为州露天市场设置了一个火车站。该方案设计了一个标准的122m的月台，位于希尔斯伯勒街道下方的地下人行通道将人流直接从火车站输送到州露天市场主要售票入口。正好位于通勤轨道线以南的货运铁路线仍旧运行，但是没有规划在该位置上穿越这些货运线的、可以通往轨道南边的可开发土地的人行通道。

规划建议

我们的总体规划，要将希尔斯伯勒街建设成真正的通往罗利市闹市区（位于东边4英里）的通道，并且将其转变成具有多功能小径和种植行道树的景观林荫大道。但是，这条改造过的道路与蓝岭（Blue Ridge）路的交叉口是我们面临的一个难题。在对变通办法（包括建设一条隧道在内）进行了大量考虑和研究之后，我们觉得，要想完美解决这一地区严重的交通拥塞问题，就要建造一个高架桥，让过境车流顺利通过，同时为本地驾车人建造一条新的通行线，以连接铁路北边相邻的街道（见图8.3）。而南部的连接问题可以通过新的街道网络来达成，这一街道网络将建成该场地局部的交通导向性开发的一部分。这种新布局将大大改进整个地区的通行情况。南部地势的跌落对建造这座高架桥很有利，不怎么需要在希尔斯伯勒街以北修建坡道来取齐。这让我们能够建立完美的人行通道，从兽医学院扩建校园通往新通勤铁路车站和附近的开发区。

目前的兽医学校总体规划为兽医院扩建校园的周边地区设计了大约185800m²的高科技、研究和开发空间。我们与校园建筑师、市立和州立高速公路工程师共同努力以达成共识：改变校园规划，但不破坏原设想，同时在北边配置一条专门设计的新通道。为了作出折衷的解决方案，所有部分必须是灵活的，在对公众的最后陈述前几个小时，我们才达成了一致意见。最终的图纸基本完成了，只有这一个象限不包括在内，而在

第八章 城市

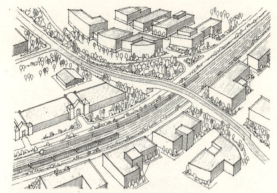

图8.3 市场车站的新高架桥的轴测图。要想让高速公路工程师们和大学的行政管理者们认同新高架桥的修建,在减轻这个繁忙的交叉路口的交通拥堵上取得一致意见,这张三维的草图功不可没。

真正的专家研讨会议惯例上,留给方案绘制和上色的时间就只有几分钟!争论的双方先前出于各自需求采取了不妥协的姿态,而我们可以肯定,专家研讨会高强度的设计压力有助于获得戏剧性的突破。

我们提议修建一座新的步行天桥,跨越希尔斯伯勒街和货运轨道线,并将其作为三角地区高速交通管理局火车站的一部分,将Dorton Arena和罗利市所有的一块场地上的新的特色办公楼连接起来。围绕着火车站和主要的新建筑这一关键地区,利用这次建设TOD的机遇,我们设计了一个中等高度(4~5层)混和使用的都市村庄,并且与罗利市中心有直接联系,与附近的州际高速公路也有良好连接。这个TOD项目介于我们在前文中提到的"专业都市中心"和"都市村庄"两种类型之间,而且我们为充分配合该场地的建筑布局,在适用于两个类型的密度值之间增设了一个密度值。我们将新的步行天桥设计为通往新的都市村庄和露天市场的大门,尤其是针对那些由通勤轨道线路到达露天市场的人群。这个新都市村庄与露天市场的连接以及露天市场全年举办的各类活动,也会有助于支持对于街道生活来说非常重要的餐馆和咖啡馆。

在这种混杂类型内,我们将这一村庄组织为

"就业导向性的TOD",就是说将重点集中在作为主要经济推动力的办公建筑的开发;办公建筑坐落在以三到四层公寓建筑形式的中等到高密度的住宅区中,而场地外围是一些小地块的独立住宅。沿着东部边界,这一住宅区面对着由北卡罗来纳州立大学经营的、由树木和草坪组成的景色优美的植物园。

希尔斯伯勒街道走廊(参见图版23)

现状

第二个片区的东部和北部以州露天市场为边界,且包含归属于州露天市场的开敞土地。这一地区内的韦斯托弗(Westover)社区就是早先该地区的主要的建成区;这个邻里的大部分,是在街道格网上建造的独户平房,这就是一些附近地区的为数不多的居住人口。他们可以享受到位于主要街道上的一个小型商业中心的服务,其中包括服务站、散布的便利商店以及一些小型办公室。一个历史悠久的五金店成为该邻里的地标。尽管缺乏步行休闲设施,这一走廊仍然维持了人性化尺度,其中主要原因是许多建筑物紧挨着街道。

一条规划中且资金落实的南北主干道的延伸线穿过未开发土地,将使这一地区从北部对区域交通开放,加入到目前的东西向交通模式中。这条道路还会创建一条视觉走廊,穿越目前树木丛生、溪流纵横的地域(见图8.4)。

规划建议

这显然是一个处在过渡时期的地区。开发和改造的潜力可能有助于这个地区发展成一个真正的混和使用的都市走廊,周围是蓬勃发展的、互相连接起来的邻里,以及受到保护的以公园和休闲区域形式存在的绿色空间。这一改变的关键在于几块大片土地,其中最重要的是目前归属于北卡罗来纳州露天市场的大片土地,未来的南北走向的道路连接就在这里。场地内,这条道路的北向延伸段已经修建好,却没有设置步行系统,而且小规模簇团的现状建成区从这

181

图8.4 主干道延伸规划。这张图说明了由莫里斯维尔市和北卡罗来纳州规划的、用于改进南北向连接性的新高速公路。我们建议进行重大的设计修订,将这条路变成对行人友好的林荫大道,使其不仅承载来自于其他城市的交通流量,而且服务于附近的邻里。

条道路向后退进,自愿离群索居,这一点也相当可以理解。

重要的是,当这条道路穿过这一片区,进入一条对步行者友好的、两侧都有多功能小径的林荫大道时改变其特性。在中央分隔带以及道缘与多功能小径之间应该种植树冠大的树种。通过这种设计,我们感觉到,有可能在新建邻里与现有邻里之间创造一些强烈而具吸引力的连接。

在场地的这一部分,我们也提议对南北向车行道的长期终点站和线形进行变动。我们没有采用提议的、高速公路形式的高架公路横越现有的东西向公路和铁路,也不打算将它穿过成熟邻里到达本案研究区的南部,进行这种创伤性延伸,我们建议将本案研究的场地向南延伸,只需到达一条邻近的东西向主要高速公路,在这一延伸过程中,用隧道穿越一条街道和轨道走廊。这条东西向主干道直接将车流输送到位于本案研究区西部边缘的高速公路,由

此服务于远期干道规划的交通需求,而不会对现有居住邻里造成重大的危害(见图8.4)。开敞土地位于这种更加谦和的线形布局的适当地点,而且对现状建成区和规划的开发区扰动最小。

图版23中的规划图表示了,位于场地西部边缘毗邻的独立住宅居住邻里经扩展进入州露天市场的地块。我们这种布局使得邻里可以连接到干道,以及我们图示出的、布置在新建林荫大道两侧的新建城市公园和运动场。这些运动场中的有些可以在州露天市场举办的那几周高峰期作为附近停车场爆满时临时停车用。我们规定,这个邻里的扩建应该满足并超过现有社区的当前的建设标准。换句话说,与现有邻里面积相当的住宅地块应该沿狭窄的景观街道布局,街道两侧应设置道缘和人行道设施,街灯照明也应具有人行尺度。另外,小溪流纷纷蜿蜒而过,创造了建设休闲小径和绿色通道的好机会。树木被原样保留,作为林荫大道交通流量的重要缓冲区。我们也建议,应该通过在溪流两侧设置至少30.5m未受扰动的景观缓冲带,来保护这些溪流免受任何类型的开发活动的破坏。

我们将沿着场地南部边缘的、位于现有东西向街道和轨道线之间的土地设计为400～600英尺(122～183m)传统街区尺度的更高密度的居住开发区。这种布局增加了位于沿通行轨道线上两个站点中间地段的居住密度,距离两个站点都比较近,因此很合理。这一新开发项目也使转角建筑的底层有机会改造成为小型零售或办公用途。

这个规划拼盘在这个阶段的最后一个篇章,是经过改造升级的东西向林荫大道之下、州露天市场地块内的沿着溪流伸展的一个带型公园,并且最终延伸到我们将在下一节描述的西罗利中转站。这个由公共街道和三层公寓限定的带型公园,将为我们设计的新都市村庄提供安全而便利的人行道和自行车道设施,这个村庄就以这第二个火车站为中心,在其周边建设。带有小溪的公园场所也可以提供天然下水道,将雨水从这一都市核心区排走。

西罗利中转车站邻里（见图版24~26）

现状

这条穿越第三个片区的东西向道路是一个低等级的带形商业走廊，有办公、零售和服务用途的单层建筑，从公路向后退让。公路北边的地区是一些低密度的居住邻里，混合了小型的可以灵活分隔的办公建筑。TTA的规划将其西罗利通勤火车站定位在目前被北卡罗来纳州立富余资产事务所和仓储院落占据的地块，这是一个面对邻近街道、有着漂亮的沿街立面的地方，很适合于TTA为启动车站开发项目而规划的换乘停车场（park and ride lot）。无论如何，这个片区作为新火车站的一个服务功能，向我们展示了作为更加深入的城市功能的巨大潜力。

还有一条高速公路的入口处直接与该片区西部相连，为小汽车提供了最便利的通道。为了充分利用这些资源，西北部土地已经被建设成办公园区，但是在这一象限里仍然有大量土地处于尚未开发的状态。

规划建议

我们的总体规划建议西罗利中转车站地区发展成为一个居住导向性的混合利用都市村庄，以平衡为州露天市场车站地区而设计的就业导向性的TOD，不过有一点重要的改进。我们规划这个TOD的一个特色是出现一个区域性的、重要的市民建筑，如演艺中心。这个想法不是凭空冒出来的，而是彻底改动了罗利市现在的规划，即将类似的艺术中心安置在附近的郊区，与其他用地完全分开，并且只能驱车前往。我们认为那是目光短浅的提案，并且很有可能导致在高峰时段已经不堪重负的交通系统增加更多的拥塞。

作为一个具有备受争议的备选方案，我们用图解的方式说明了演艺中心是如何能够适应于新都市村庄中心的州立富余资产事务所的庭院场地的（见图版25）。这一场地位于从火车站出来的街道对面，有顺畅的通路通往附近干道和紧挨其西部的州际公路。这个特别的提议遭到否决后，我们强烈建议保留这块场地，用于某些同等重要的市民建筑和公共建筑。这些公共设施应该结合到具有步行尺度的地区中，提供相应的或免费的休闲设施，如餐馆和公共交通。这些公共建筑不应该在高速公路上分隔很远，只能驱车到达。由于附近有办公园区和该场地极好的高速公路通达性，我们比通常这种类型的开发略微增加了办公开发的比重。

这种开发的特殊强度需要一些立体停车库，由公私合营的合资公司出资，服务于混合利用的零售、办公、居住中心，另外还要有一些回车的空间。我们将立体停车库设置于靠近通行车站和穿过场地的主要林荫大道的街区内，这条林荫大道已经从半乡村的道路状况进行了升级改造。其他开发区配备地面停车场，如果这个TOD规模缩减的话，那么就设置更多的地面停车场，不需要立体停车库。

正如设计图纸，我们在都市村庄的主要商业街道旁边布置了三层和四层的混合利用建筑，这是一条将用地分成两块的东西向林荫大道，而且这些建筑的规模逐个街区地减小，直到组合进现有邻里中的两层的居住开发区（见图版26）。图版26中的规划设计，建议将新建的独立住宅退后到现有的独立住宅地块内。当我们将新建开发区向现状建成区靠近时，在任何有可能同类匹配的地方，这都是一个好策略。（我们在南边无法采用这样的方法，是由于可开发土地呈狭窄的带状。在东部，我们将带型公园端部的周边地区改建成公寓建筑，这个带型公园是从我们在前一节描述的片区进入车站地区的。）

在车站，我们建议在货运线和旁边的街道上架设一座人行天桥。天桥的连接为轨道线以南地区开拓了进行对通行友好的开发的机遇。由于这座天桥处于州露天市场车站，它将具有视觉重要性，并且成为进入该地区的门户。这个方案还鼓励将一座会议酒店布置在距离火车站以西两个街区的突出的拐角位置上，并且靠近拥有大量企业职员的现有办公园区（图版24中以粉红色表示）。当人们驱车从州际公路出口向西行进入该地区时，这将是第一批映入眼帘的建筑之一，并且由于该建筑突出的位置，应该通过限定街道边界和提供良好的步行环境,将其设计成为一个吸引眼球的门户标志。在其他位置我们还设计了规模较小的"作坊"式办公建筑,典型的占地面积为557~743m²。惟一的例外是在场地西部边缘、从州际公路上可以看到的一座大型企业建筑,其停车场逐级降低,直到消失这一片土地的斜坡中(见图版21 左下方)。

我们将这条现有街道从办公园区向南延伸,穿过升级改造过的东西向林荫大道,将其与火车站直接连接,这样北部园区的工作人员乘坐小型往返汽车可以很容易到达车站。在我们的方案中,这条连接街道继续向东延伸,与带型公园端部链接,转而由带型公园来提供车站、附近邻里以及上一节提到的运动场之间的自行车和步行设施。

企业行政区和"63.6hm²"地区(见图版27~30)

现状

企业办公园区的现状只容纳了几家大公司,是一个令人惊奇的尚未开发的商务园区。它也是一家大型银行的抵押中心和一家技术公司的培训设施所在地。主要的南北向快车道太过宽阔,还有一个可怕的12.5m宽的十字路口。所有地方都没有设置人行道。

另有一条河流系统的上游在商务园区蜿蜒流过,使该地块西侧的开发困难重重。这条向北而去的河流保持着相对的原生态,尚未受到环境衰退的侵蚀,但是开发已经导致了该地区其他河流环境的衰退。2000年末,该项目规划正在进行的时候,场地北部正在兴建一批新的公寓,是建筑布置在停车区中间的典型郊区式布局。这片开发区毗邻"63.6hm²"州属土地,由于之前大学利用它作为养猪的农业项目,当地人称之为"肥猪训练营"。这块公有的土地有极大的优势,可以开发为企业园区,具有很好的可视性和通达性,在专家研讨会议举行之前,北卡罗来纳州已经在公开的市场上将这块土地标价待售。前文提到的那条原生态的河流划分出西部用地的三分之一,另一条已经由于开发活动而环境衰退的河流穿过其

东北部拐角。在这个地块中,这些河流系统的环境保护地位重要。一片美丽的森林草场坐落在地块的中心地带。

规划建议

企业行政区(见图版27) 这一地区规划的轴线是沿这条原生态溪流的公共绿色通道,这条绿色通道穿越了办公园区,由街道来限定,两侧的新建建筑可以从视觉上俯瞰美景。这种视觉监督可以确保这个景观休闲的安全和使用。人们希望看到其他人也在利用开敞空间;空荡荡的开敞空间比起设计很烂的景观空间来说,更不利于人们的活动。这一段绿色通道将现状和规划的大规模就业用地,包括"63.6hm²"地区,与南部的西罗利火车站连接起来。如果在直接通往北方的州际公路下面修建一个地道,这条绿色通道就可以在该区域段内与现有的广阔的森林保护区连接起来。即使有现状的大规模办公建筑,仍然确实存在着尚未开发的大量土地,或者只进行了停车场和屋前草坪的部分开发。

为了达到城市规划需要的深度,设计河边的地带,我们强烈建议沿着银行抵押办公楼场地的街道边缘建造新的混合利用建筑(底层用作小型零售服务,二层以上是办公用房)。我们用这种布局,替代先前批准而没有实施的郊区模式,即建筑物分散布置在大面积停车场区中间的布局。这种方式并没有损失建筑面积,仅仅是重新改造成为更加城市化的格局。在小河边可以建造一些新办公建筑以完成对空间的限定。这些二至三层建筑的高度,受到可提供的停车位数量的限制。

"63.6hm²" 对于这块"63.6hm²"的地块,我们逐步发展出三个备选方案,因为在专家研讨会期间这是一个强烈争论的焦点。一方面是环境组织,他们希望保护河流系统免遭进一步的破坏,以及拯救一些开放景观,矫正周边地区逐渐扩展的郊区蔓延。另一方面是罗利市和北卡罗来纳州的官员,他们希望充分实现这一地块的全部开发价值,才能拿得出钱来购买该地区其他空地。在起草这些备选方案时,我们遵循了详细的市场分

析结果,即该地区明显具有对居住和办公场所的需求,但是对零售业的需求相对较弱。公布的总体规划图纸展示了成为该地区首选的方案A;我们也已经决定采用最有环境意识的观点。但是,后来受到了市政府官员的压力,要展示一个更加"对开发友好"的方案。我们为最终陈述及时推出了备选方案B和C,但没有来得及在完整的总体规划图纸中表示出来。

备选方案A(见图版28,159英亩方案A) 方案A是三个备选方案中最具有环境敏感性的方案。方案A中,将开发区成群布置在河流西侧,以保护坐落于地块东部的树林和美丽的开放草场。主入口一条长长的单行道引出,这条单行道把绿色通道开发模式直接延伸到了南边,而且没有设置昂贵的河流交叉口。在这个方案中,这块地可以支持大约92900m²的开发面积,其形式是一系列四层高的建筑和与之配套的四层立体停车库,另外还有室外停车场。该方案也避免将任何开发建设布置在场地东部边缘的环境系统已经非常脆弱的河流系统上。尽管这个备选方案保留了该场地近70%的土地,并且给与州际公路在树梢上一定的可见度,我们不得不承认以一个主要的出入口点服务于这样大规模的办公开发是不切实际的。

备选方案B(见图版29,"63.6hm²"方案B) 方案B用图解阐明了相反的观点,即对场地更高密度的开发建设,只保留较少的开敞空间。这个规划方案铺满了整个场地,不过,还是保留了部分草场,作为一个由办公楼、公寓和一座旅馆围合而成的大型邻里公园的末端。主要的河流被保护,作为这个公园里延伸到公园外的一条绿色通道,但是停车场后退,直到东部边缘的另一条河流,和环境问题搅在了一起。仅仅提供地面停车场,但是一层层后退,深入到建筑后面的环境中。这样的布局和小尺度的建筑,通常二到三层的,在用廉价但容量较低的地面停车场替代昂贵的立体停车库时,还是有限制的。

由于在这个方案中街道的布局更加密集(有两个造价高昂的河流交叉口),而且还有一个和附近高速公路入口处的公路的直接连接,所以为混合利用开发区提供了更大的机遇。这个备选方案图示了一个面对公园的300间客房会议旅馆(粉红色所示)、众多餐馆和专业商店(红色所示)最靠近高速公路的入口处,以及沿街成排的公寓和企业办公楼的开发可能性。

备选方案C(见图版29,63.6hm²方案C) 方案C是备选方案A和B的折衷与混合。它与方案B拥有几乎同样多的开发面积,却将开发建设局限在场地南部和东部,将场地的西北部,包括河流的主河道走廊,保留为开敞空间。为了满足这种集群布局类型的停车需求,必须为场地西部的办公楼设置立体停车库,这样才可能建造面积为9290m²的两个四层建筑。在这个组团中余下的五座办公楼规划为两层高,如果附设室内停车场的话,也可以建得更高。

地面停车场可以供给其他所有建筑使用。如果可行的话,在场地东边本该盖立体停车库来取代地面停车场,以将等级差别减小到最小,让开发更密集,保留更多草地面积,在这个备选方案里,草地真的已经所剩无几了。无论如何,主河道都保留了天然的状态,只有在流经场地南部时,修建了一座连接西部办公开发区的桥梁。

我们将东部四座建筑高度设计为4或5层——所以,昂贵的土地上才能建地面停车场,而不是立体停车库,并仍然提供了每92.9m²4个停车位。这些混合利用建筑包括了三个街区的底层商店和餐馆,楼上二至四层是办公和公寓。所有街道都有街面停车,与道缘、排水沟、行道树和人行道组成了步行尺度的街景画面。商店前的人行道至少要4.6m宽,其他地方的人行道也应当有1.8~2.4m宽。对我们来说,同样重要的是保留穿过场地和位于高速公路下方的"绿色连接",提供步行和自行车小径,并且与附近的森林保护区(坐落于前述案例研究的科尔地区边缘)连接在一起。

尽管通过专家研讨会的结论,每一个环节都达成了协定,而且州政府有卖掉这块土地、以挖掘其最大的开发潜力的坚定意愿,我们总的说来支持备选方案C的开发模式，并且希望能够建设更多的立体停车库，让有些办公建筑重新选址，像方案B中所示的那样保护更多的原生草场。

娱乐、运动和文化（ESC）区（见图版31）

现状

显然，这次整体规划研究的最重要的一些元素，是坐落于总体规划平面中心的四个区域性娱乐运动场所。竞技场、附近的北卡罗来纳州立大学足球场、运动场南边的马术赛场综合楼和广阔的州露天市场共同形成一个一年中几乎每天都有举办活动的、影响范围波及整个州的目的地综合体。

规划中的这一片区包括大约184hm²的土地和成千上万的临时停车点和永久性停车场，尽管在专家研讨会举办期间，并没有得到官方统计的关于停车容量的数据。已经有一个关于在活动高峰期，如足球比赛和州露天市场时，分享停车场的非正式协议；另外，竞技场在平常也严重依赖足球场的停车位，而且北卡罗来纳州立大学为满足自身需要，最近购买了靠近运动场的土地作为额外的停车场和训练场。但是对于所有这些设施都没有一个全面的市场策略，仅在运动场和竞技场上悬挂了一些横幅，就再也没有其他标志系统或街景计划了。那一条将该地区由东向西分成两块的局部道路也没有任何步行设施。在许多赛事举办时，成千上万的球迷和观众只能在这条路上或者沿着草地边缘步行，前往比赛场馆。

规划建议

除了在场地东部边缘、靠近现有道路的十字路口处有两个可以用于酒店办公的关键地点外，在为这个小型竞技场地区规划的这第五个也是最后一个片区所举办的专家研讨会上，再也没有发现其他实质性开发机会。其中一座酒店可以作为主要会议设施，而这两个酒店都可以在这个服务市场水平低下的地区内提供很多必需的膳宿。专家研讨会议的团队对在体育场附近建设一个更大规模的商店餐饮综合体的想法津津乐道，并想将其作为影响整个罗利市的目的地，但我们认定那是行不通的。在那个位置进行这种类型的开发建设显得太孤立，既不能从高速公路上看到，也不能乘坐交通轨道线到达，而且会彻底淹没在州露天市场、足球比赛和其他重要赛事导致的交通流量和停车爆棚问题中。另外，我们考虑到它会与位于南部州露天市场火车站周边地区的、潜在的混合利用都市村庄产生不必要的竞争。

然而，我们确实相信在该地区需要大大改善综合的基础设施，包括配套的照明设备和街道景观休闲设施。我们提议拓宽东西向街道成为一条四车道林荫大道，包括中间绿化带、道缘、排水沟、行道树和2.4m宽的人行道。这种类型的街景设计比现有条件所容许的环境更加认可和鼓励安全的步行活动。

除了基础的街道景观的改进，我们还强烈鼓励竞技场、运动场、州露天市场推出一个配套的正式停车策略。我们考虑到没有现成的停车场容量的真实数值，而且在特定情况下停车场已经蔓延到整个地区。这种协调最终要采取停车管理局的形式，由其负责保证所有停车场能够为主要场馆提供服务和建造所有新停车设施。

我们也鼓励所有的场馆能够更好地协调市场营销和赛事。这些场馆功能的相似性会吸引需要这种大型设施的更大规模的国内和国际赛事。如无意外，这种协调会有助于所有场馆合理规划交通和停车，避免每年都会出现的问题，不管召开州露天市场期间，北卡罗来纳州是不是还同时举办主场足球赛。我们也强烈建议改造沿着附近韦斯托弗居住邻里的东部边缘的现有小路，增设道缘、排水沟、行道树和宽阔的人行道，以保证从州露天市场火车站到竞技场和足球运动场的步行和穿梭巴士环线的畅通。在举办大型活动期间，这条街道可禁止机动车通行，只对频繁往来的穿梭巴士开放。这个邻里中，只有少数住宅有顺畅的通道通往现有的这条小路，所以需要修改这条小路，以完善这些配套设施。这就需要沿着用地边缘布置限制通行的后部小路，这样在街道通行权范围内可以充分利用土地。

实施

对我们来说，这个项目非同寻常，因为没人要求我们制定任何实施策略，作为规划内容的一部分，我们只是提出了都市范围内的"城市设计导则"，该导则顺带设计了总体规划中的两个都市交通村庄。这些导则的摘录列于附录V，随后在广泛的争论和几次公示之后，由罗利市采纳，用于指导辖区范围内的所有混合利用中心。

在我们进行规划过程研究之后，北卡罗来纳州将"63.6hm^2"地块出售给来自阿拉巴马州伯明翰市的一个开发商，用于一个经过调整的混合开发，有一点类似我们的备选方案B和C。随后罗利市和开发商之间进行细节谈判，我们的总体规划成为争论的焦点。该市各阶层人士对于总体规划的细部非常满意，因为这使得他们可以与开发商就真正有意义的细节进行磋商，并且他们相信，该总体规划可以提升这个远远超越于标准化的郊区商业中心的新开发的设计。

结论

这一规划的基础推动力是将几种相互冲突的开发模式组织起来，形成一个协调的意向，能够综合考虑市场、发展和环境现状。在所有的这些变量中，我们突出了将城市发展的重点聚焦于该地区的两个火车站周边的重要性。我们感到，不能夸大提前规划通勤铁路通行方案的重要性。这个对市民相当重要的交通选择应该分别引导两个车站周边的交通导向性的开发，也为该地区类似项目提供可借鉴的模型。由于在任何一种精明增长的模式下，交通都能达到最大化的影响，所以必须超越就交通论交通的问题，而对附近的土地利用决策有直接的影响。最初由三角地区高速交通管理局所做的规划方案，即在两个车站简单地设置换乘停车场，仅仅表达了积极推进两个混合利用都市村庄的第一步，有可能通过公私合营的方式来运作，这两个都市村庄推动并丰富了整个规划地区。

我们也关注该地区的主要场馆组织者之间缺乏协调停车策略的问题。我们觉得，这样一个策略是至关重要的，如果没有它，有价值和有吸引力的土地就会被忽视，仅仅成为临时停车场这种低档次的场所，而不能用于其他更有产出效益的用途。这块公共土地就大材小用了。

现有的邻里又对我们提出了另一个棘手问题。最近他们已经小心地将社区投资收回，退出未来的开发，而我们却想鼓励他们更积极地面对未来。我们在专家研讨会期间做了些鼓动，向居民指出，他们的地产价值将从地区的不断升值中受益，并成为整体混合利用的典范。我们的图纸说服了几个关键人物，他们的独立住宅邻里会略微扩大，并与一个生机勃勃、引人入胜的、混合了工作、商店和娱乐的开发机遇联系在一起。不过，这种有选择的加高密度只有在环境良好的条件下才奏效，只有当社区政策规定研究区域中价值重大的地块保留，作为受保护的公共开敞空间，如公园、自然小道及其他能积极享受绿色和充满吸引力的自然环境机会时才可以。其他自然景观的管理需要扩展，超出保护河流缓冲区的范围。良好规划和维持的公共空间如公园和绿色通道，是城市密度的必然结果，为规划的新都市村庄提供了一个鲜明的对比和清晰的边界。

我们认为，对于这一规划地区来说，最重要的战略目标是在开敞空间、自然环境、都市邻里和中心之间规划出控制的梯度，因为通过这种规划，该地区将其从一个无差别的郊区大杂烩，转变成为由都市村庄和公园组成的协调乐章。

案例研究的评价

这个项目的成果是毁誉参半的。其积极一面是，我们能够向一个对专家研讨会程序的潜力不甚了了的规划当局证明，相比常规滴水穿石的"每月一会"的规划进程，专家研讨会以如何能获得更高的成就。另一个实质性成就是，阐明在火车站位置上进行中等密度到高密度的交通村庄开发的机遇，以此来反对先前TTA提出的、作为第一阶段规划的、仅仅是简单的停车换乘设施的小规模的意象。以这样的方式，我们能够在交通局的交通规划师与城市土地利用的规划师之间架起理解和沟通的桥梁。

我们对于这个项目最大的遗憾,是除了"城市设计导则"以外,没有能够出台任何实施这一规划的策略,而"城市设计导则"只是应用于我们规划的交通村庄。有如此众多的参与者以不同尺度来运作,本应该向各方提交一个行动优先列表,来建立针对该规划意象的协作性成果。结果,即使罗利市热情采纳了这一规划,而且还受到代表该地区的两个民选官员的政治支持,它也只起到了一个意象文件的单纯的作用。我们的规划形单影只,没有新的以设计为基础的区划条例作补充,甚至没有提议改变现有区划分类以使其符合我们的规划意图。

尽管如此,这个规划在我们规划的"63.6hm^2"场地的开发中经受住第一次大检验。参与规划的全体设计人员与开发商和社区一起长期努力工作,以达成一个可接受的方案,尽管这个项目没有规划设计师期望的那样好,但是由于有了总体规划,它还是高于常规的水平。我们只能想象,如果有合适的以设计为基础的区划规章,可以达成多么深入的改善。就像美国许多同等规模和类型的城市一样,罗利市拥有才华横溢的本地规划师,但是这套区划法规却是历经多年的点滴累积,非常复杂不实际,我们也感到了对于我们的设计文件中的主要改变的抗拒。毫无疑问,影响全市范围的改变进程是非常复杂且具有政治意义的。然而,采纳一个人人都支持的、直接对一个局部规划起关键作用的区划修正案并不是太困难。但是大城市就像超大型油轮一样,它们有很多要素,不能轻易改变航程驶往一个戏剧性的新地标。规模较小的城镇则是不同的。它们在政治上更加灵活机动,在这第二个案例研究中所表现出的明显的缺点,在第三个案例研究中得以避免,这是由于一个规模较小的地方当局能够承诺对于规划的改变,那就是北卡罗来纳州穆斯维尔市。

第九章
城镇

案例研究3：穆斯维尔市，
北卡罗来纳州

项目和背景概述

穆斯维尔市(Mooresville)位于北卡罗来纳州、夏洛特市周边，人口大约为2万。夏洛特这个名字，来自于英国国王乔治三世的皇后的芳名，该市是卡罗来纳最大的城市区域的中心城市，总人口大约为200万，夏洛特坐落于梅克伦堡(Mecklenburg)县境内，这是为了纪念夏洛特皇后在德国北部的出生地。穆斯维尔市在艾尔德尔(Iredell)县的南部，距夏洛特市中心以北48km，恰好跨越了艾尔德尔县与梅克伦堡县分界线。该市也是我们规划的通勤轨道线路(北部通行走廊)的北部终点站，这条轨道线将穆斯维尔市和梅克伦堡县北部三个城镇与夏洛特市中心连接起来。77号州际公路，是该州一条主要的南北向交通道路，穿过该市协作区，到达市中心西部，并且穿越了本项目地区，因为拥有多个高速公路出入口，为穆斯维尔市和本项目地区提供了良好的高速公路通达性。随着我们规划的通勤轨道线在2008年开始运行，这一交通基础设施会而得到加强。

这个项目地块包括了480hm²主要为"绿地"的用地，位于穆斯维尔市中心以南4.8km处。地形总体平坦，微有起伏，鲜有陡坡和其他的地貌出现。我们的总体规划提出了一个框架，控制新区域医院(诺曼湖区域医疗中心)和使用多年的州际高速公路互通式立交桥(33号出口)。由于这家大型医院的刺激，新的增长令诺曼湖畔的夏洛特郊区加速扩张，而由于未来规划中的交通导向式开发围绕着医院附近的车站展开，这种潜在的压力和前者一起给这个区域带来了相当可观的压力(见图9.1)。

本项目地区的社会中心是莫恩山的小片历史街区，它位于场地东南方，靠近现有的、载货量不大的货运铁路线，在不久的将来这条铁路线将被改造成一条通勤轨道服务系统，该系统将采用与规划用于北卡罗来纳州中心地区相同的内燃动车组（DMUs）方式，在前两个案例研究中曾经提及这一技术的特征。莫恩山有邮局、学校、消防队和几座教堂，和很多小城镇一样有丰富的城市肌理，因而为总体规划提供了坚实的基础。

这一规划成为持续两年的、采纳了大量公众意见并由公众参与的、详细的研究过程的第二和第三个阶段，并且研究了穆斯维尔地区的交通、环境、土地利用和区划问题。在我们介入该项目之前，作为第一阶段的一部分，穆斯维尔市政府已经委托一个专门的交通顾问公司进行了新的道路规划，并且重新设计了场地内高速公路出口(33号出口)的周边环境。

自从2000年我们完成了总体规划的第一版(总体进程的第二阶段)，随着一个重要的企业总部搬迁到该场地，我们和其他顾问于2001年对这一项目再次进行了研究(第三阶段)。Lowes有限公司（一个以"DIY"为主的家庭装饰零售连锁店）被该场地原始规划中所提供的便利的环境和配套的区划条例所吸引，将大型的设施直接搬迁到这里。这个大型的新的综合体对该地区影响如

设计先行——基于设计的社区规划

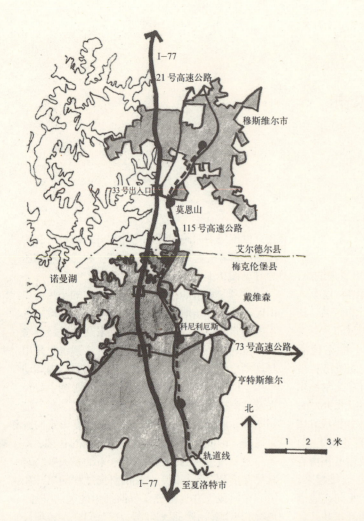

图9.1 区位图。莫恩山（Mount Mourne）位于穆斯维尔市商业区以南，以及属于梅克伦堡县的三个城镇——亨特斯维尔（Huntersville），科尼利厄斯（Cornelius）和戴维森（Davidson）的北面。这些社区在区划条例和土地利用规划中都奉行新城市主义和精明增长的理念（第十一章）。

此之大，以至于对总体规划的二次修订（第四阶段）已经排上了2003年到2004年的日程。新规划瞄准了新一波的配套办公开发，给那些为Lowes提供货物和服务的公司提供空间，而不会推翻2000年总体规划的基本原则。

关键问题和目标

总体规划的整体目标是为这480hm²地区规划一个开发方案，使该地区的经济发展潜力和精明增长的原则平衡，并且在保持适当的城市尺度和环境保护的同时，利用场地的交通优势。因此，规划包含了详细的规定，包括居住、办公以及零售商业建筑、公共公园、受到保护的风景区，以及相互连通的街道网络。

关键议题如下：

1. 为该地区建立独特的可识别性。
2. 创建一个从南面进入穆斯维尔市的门户。
3. 规划一个方案，将火车站周围混合利用的都市村庄可步行性和商业、医疗开发的互通式立交桥的机动车融合在一起。
4. 保证新邻里住宅的可负担性。
5. 维护环境保护和开敞空间的规定。

第九章　城镇

专家研讨会

2000年3月，我们在场地的一个当地教堂里举办了为期三天的专家研讨会，在会上，居民、地产所有者、开发商、不动产代理商、教堂团体和城镇官员在坦率而公开的氛围中表达了各自的观点，提出了一份关于议题和机遇的长长的清单。穆斯维尔市的初衷是瞄准了高速公路33号出口地区的增长，为该市创立一个具吸引力的南大门，而把莫恩山地区置于次要的考虑。在不削弱这一目标重要性的同时，我们迅速了解到莫恩山社区的重要性和它的历史。因此，我们的第一个行动就是将这一研讨过程重新命名为"莫恩山专家研讨会"，因而为这个地区建立了可识别性，而不是简单地叫它"33号出口"。这个重点的转移得到了所有与会者的热烈认可，而且在会场产生了积极的氛围，当地居民感到对这一项目有主人翁的感觉。这有助于将最初的一些怀疑论调转变为协作的态度。

总体规划（见图版32）

对场地的分析和对地方推动力的理解，让我们迅速把总体规划分解为四个主要的地理区域：

1. 交通村庄
2. 医院分区
3. 州际公路和"医院西"
4. 北部邻里

此外，我们基于三个特定的主题制定了策略：

5. 开敞空间设计和环境保护
6. 住区
7. 新的开发法条例

交通村庄（见图版33）

在与夏洛特地区交通系统（CATS）、穆斯维尔市领导和当地居民进行了多轮讨论之后，我们决定火车站最合理的位置，是靠近现状的莫恩山社区，在这个地点轨道线南北向运行，且平行于一条地方的主要道路——115号高速公路，这条高速公路将穆斯维尔市市中心和南部梅克伦堡县的邻镇戴维森连接起来。从这里向西仅800m多，就有一条现状良好的东西向街道，将医院地区和州际公路连接起来。这个地点位于戴维森车站以北4.8km，且位于穆斯维尔市中心的终点站以南4.8km。车站之间4.8km的距离，对于DMU技术来说是一个理想的距离，因为能使火车在到站减速和再启动的合理距离之间达到和有效保持高速。

夏洛特市的交通官员要求这个车站成为一个停车换乘（park-and-ride）设施，为艾</br>尔德尔县（10min的车程，界定了车站周边8km半径的距离）南部的广阔的潜在需求地区提供服务。尽管我们同意这个建议，我们意识到一个典型的带有大面积沥青停车场的换乘停车场站点将会对现有莫恩山社区环境和特征造成相当大的危害。因此，我们将这一车站规划为一个混合体，即与步行导向型TOD相结合的停车换乘设施。

我们相信由于其独一无二的位置，这个换乘停车场可以和一些更有趣的东西同时发展，我们将所需要的1000个车位的停车区设计成矩形街区结构，中心是一个绿色广场，保留了由现状大树形成的小树林。这个广场与佐治亚州的萨凡纳市（Savannah）典型的广场有着同样的尺度（见图6.9）。该停车场起初提供约1000个车位的地面停车位，一段时间后，随着开发压力增加，这些122m × 122m城市尺度的街区可以再开发为2~3层的混合利用的建筑，由街区中间的立体停车库提供停车服务，如果土地增值可以充分支持这个立体停车库的造价的话。这些停车构筑物的尺寸应该足以提供连续的停车换乘服务所需要的空间。

将车站设置于停车区和可以提供给更高密度开发的土地之间的中点，使得我们可以在距离这个规划的中转车站400m处、依据街道网格规划一个小型多功能的都市村庄。因为用于通勤轨道线的DMU技术不如轻轨（机械设备更重而且噪声更大）那样对行人友好，所以都市村庄和轻轨车站之间的"紧靠街道"的关系，不能被复制用

193

于通勤轨道沿线。因此需要一些额外的安全距离，在这个情形中，车站和都市村庄中心区位于分开的街区是相当令人满意的。我们建议，在这种情况下，都市村庄应建设成为"就业导向的TOD"，即办公与居住的结合，而不是与零售的结合；零售应该控制为较小规模的邻里便利商店和餐馆。大型的、完全依靠小汽车往返的购物中心，在计算办公区和居住地的步行总人流的通行效率时，是起相反作用的，我们强烈建议，在这个位置允许建造的零售点不应大于一个邻里食品杂货店。

我们在距离火车站400m半径的范围内的一块50hm²土地上规划了635个住宅单元，提供超过1000个雇员的工作场所和1000个车位的换乘停车场。在距离火车站800m以内的一块160hm²土地上，这些数据增加到了887个住宅单元和将近3000个新雇员的工作场所，不包括现有医院。为了使这种混合开发能够顺利进展，重要的是多种功能之间的连接应该便利而具有吸引力。在这个特别的案例中，需要在车站、都市村庄和医疗中心之间建造高效的为行人和自行车使用的连接体。为了达到这一目标，我们将东西向联系街道（Fairview Road）重新设计为一条城市林荫大道：有四股车行道、两条外侧的平行停车道、道缘和排水沟、行道树和宽阔的人行道。这个规划说明了随着开发扩张，如何将其他街道连接建成一个自由的网格。

轨道线交叉口对服务于这条线路的高速通勤轨道系统是一个重要议题。原则上，平面交叉口的数量必须控制在最低限度，我们将该规划地区平交口限制为三个，加上一个立体交叉口，在这个立交口上，一条重要的东西向街道和一条小河从轨道线及115号高速公路下面穿过。三个平交口中的两个出现在距通行村庄800m的半径范围之内，提供位于新村庄和现状的莫恩山核心区之间的便捷的行人和自行车通路。

将都市村庄开发重点聚焦于其中一个平交口——费尔维尤路（Fairview Road）和115号高速公路的交叉路口——的周边地区，这也是南北向和东西向交通的自然交汇处，使我们能在莫

图9.2　Morehead街，夏洛特，北卡罗来纳州。这条街道可以看作是医院周边地区新建和改造升级街道的样板。办公楼、公寓、教堂、商店和医疗机构所有这些元素都沿街道布局，创造出维持良好平衡的和具有吸引力的公共领域。停车场隐蔽在建筑后部。

恩山历史街区的丰富物质遗产上进行建设。现状的教堂、学校、邮局和消防队等这些显著的地标让这个村庄有所归依，并且为在穆斯维尔南部地区创建一个可行的混合利用中心提供了必要的市政环境。为了支持方案的发展，我们在115号高速公路沿线为当地杂货店找到了一个适当的位置，正好位于距离火车站五分钟步行半径的边缘。

有一个特点使我们的规划独一无二，即用地核心区拥有一个大型的医疗机构，而且我们希望医院能够与社区结合，不再是一个孤岛。为了达到这种结合，关键是要让新建筑占据街道两侧的空间；这些建筑不仅要为医院职工提供便利的服务，也要创造沿街道的空间，使之成为对步行者充满吸引力的场所。我们设计过的这种类型的环境范例，是在夏洛特市靠近一个重要医院的一条街道，其特征是精心设计和种植的行道树、宽阔的人行道以及一幢多功能综合楼，所有这些元素都面对着街道（见图9.2）。

医院区（见图版34）

在2000年的项目报告中，我们写下了下面的两段话：

第九章 城镇

目前，该医院向医生提供了大量可出租的办公场所，而且医院的设计让它有可能加建一层。不过，医院显然还有出诊活动的明确需求，并且还有其他的免费的专业服务需求。简而言之，医院周边地区在大多数市场中，存在着潜力可观的市场，让它可以成为确实可行的A类办公地点。由于医院靠近我们规划的中转车站带来了增值效应，该地区有可能成为北部交通走廊最大的就业中心。

（然而）在这个地区过度建设的趋势必须与其他长远需求相协调，包括便利的零售（银行、餐馆、干洗店、便利店）和更重要的住宅开发。当前的市场上，大多数办公园区的失败，在于他们没有和这些改善生活质量的设施相连。每个职员都需要一辆自己的小汽车，才能赶到上班地点，这只会对员工的吸引形成障碍，特别是在当前低迷的就业市场。郊区办公市场，尤其是在夏洛特区域中，正在行动起来为……建筑物提供通行服务，就是为了吸引或没有汽车、或者对通勤交通大失所望的新员工。

在2001年，Lowes公司意识到该地的区位优势，正值我们的总体规划出台，穆斯维尔市因而能够迅速签订了合同，让该公司的国内总部迁到这里。作为城市这一重大经济推动的结果，我们和别的顾问们于2001年对这一总体规划进行了重新研究，将这个庞大的办公设施（比我们原来的规划中描摹的范围更广泛）整合到该地区中。图版35展示了修订后的总体规划。

尽管新办公楼建筑很有吸引力（见图9.3），新的公司用地布局形式对城市却不是特别友好。不过，我们能够避免出现在互相隔离的园区设计中的一些问题，在第七章科尔地区的研究中，这些问题对我们造成了相当的困扰。我们把火车站的位置从原来规划的地点向南移了一个街区，让在处于新办公综合楼为中心的半英里距离之内，并且，以更加形式化和都市化的布局重新设计了园区和医院之间的街道和街区模式，尤其是提供了将园区与医院以及北部地区连接起来的南北向街道。我们在连接企业总部和医院的新街道上重新设置了一些便利零售店，并

图9.3 建造中的Lowes公司总部，2003年，Calloway Johnson Moore and West建筑师事务所。它清新的当代设计摆脱了其他北卡罗来纳州建筑师特别青睐的、但实际上并无必要的新古典主义装饰。

且减少了火车站的停车位数量。由于有8000名新雇员为Lowes总部工作，我们感到，这个地区不仅是一段旅程的起点，也将越来越成为一个目的地，而为企业园区所做的总体规划也包括了宽阔的小汽车停车场。

在距离火车站800m范围之内的房地产重点主要仍是办公开发，我们在重新设计的村庄中心中也增加了住宅开发的份额，其形式有公寓、联排住宅，以及底层是商店、上部为单元住宅的混合利用建筑。这些地方的住宅开发有助于提高乘坐公共交通工具的人数，而且为员工提供了靠近工作场所的居住空间。我们建议穆斯维尔市积极行动起来，保证提供充足的可负担住宅，而在这个地点，我们建议市政府要求开发商建造一定数量的、可负担的住宅单元，这些居民的收入为穆斯维尔地区平均中等收入（这是相对较低的收入）。我们并不限定具体数量，但是实际上单元住宅总数的10%～15%通常是可操作的最低限度。

在这家医院和就业行政区内，距离火车站800m范围之内的两个教堂，不仅是宁静的圣殿，也是与自然环境的连接点。在总体规划的区域中，这是一片最明显的未经扰动的树林，它环绕着一条从背后北面流经教堂和医院的溪流。我们将这一景观元素纳入一条连续的、从东向西北穿过场地的绿色通道，它把该邻里与北部地区连接起来，同时也作为从交通村庄到场地

北部地区低密度邻里的自然过渡。我们注意到，为了遵循河流流域自然保护的要求，应该大力保护现有植被。

州际公路和"医院西"（见图版36）

在举行专家研讨会之前进行了交通的研究，其中的部分研究提出了创新的想法，即改变33号出口附近现状一团乱麻的交通模式，成为两个转盘的互通式立交桥，这样就为穿越高速公路的东西向车流不断出现的问题提供了一个短期解决办法，这股车流是去往西部诺曼湖附近不断扩大的居住区的。我们相信对于这种道路立体枢纽的最根本补救方法应该是将其完全重新设计为一个"都市钻石"；这对于新的企业总部建成后所带来的交通增长尤其合适。

在早期对于交通的研究中，特别重要的是规划建造一座跨越州际公路的新路桥，这座桥位于费尔维尤路的延伸线上，这是一条主要的东西向街道，在我们的规划设计中将升级改造为一条林荫大道。东西向车流在这个地区已相当饱和，我们支持修建一条简单的、桥式的横越方式（不需要进入高速公路的匝道），这就可以将医院行政区跨越州际公路延伸过去，并且开辟另一处额外的办公用地，这块新用地紧靠高速公路西部，有正对北面的通往医院和33号出入口的通路。这就是我们最初设想用作企业总部的用地。其地势向下跌落，进入一个严格的环境保护地带，但是一个巧妙掩饰成湖泊的蓄洪系统为其增加了迷人的景观效果，就像我们为Lowes公司所做的总体规划中度身定做的一个组成部分。

在这条高速公路出入口西侧的附近地区以低密度混合用地为特色，我们依据一个改进的街道网格把这块地安排成小型办公楼或轻工厂房，同时额外配置了以小部分零售，以补充该地点现有的食品杂货店。这部分在我们对总体规划的修订中没有变化。

北部邻里（见图版37）

我们将医院和交通村庄的北部地区设计为一系列互相连接的传统邻里，包括各种各样的住宅类型、小规模商业用地以及一系列正式和非正式的开敞空间。由于大部分土地已经被农业耕作清理过，几乎没有重要的成排树木需要保留。为了弥补这一状况，我们规划进行有条不紊的植树计划，树木将沿街道栽种，也会成片栽种在新的邻里公园里，以重建该地区的重要植被环境，在这一地区已经有一百多年看不到大树了。

干流分支的"手指"状支流以北的农田主要是平地，没有突兀的地形起伏特征，所以我们将该地区布局设计成一个地块大小不一的紧密的街道网格，将开敞空间设计成正式的公园。较小的住宅地块被安排环绕或靠近这些邻里公园，因为公共开敞空间可以弥补小规模的私家庭院。这个北部地段的平整地形也使其成为一所小规模小学以及附属操场的理想场地，将来也会结合到邻里中。

作为这种新街道格局的一部分，我们组织了若干条东西向街道将两条现有的往返穆斯维尔市中心的南北向街道连接起来，我们沿着这两条道路的最西端，即从33号出入口向北进入市区的21号高速公路，集中布置了商业和较高密度的住宅开发。这就在高速公路和主要的东西向交叉街道的交汇处设立了新邻里混合利用中心的样板，为未来几年中逐渐增长的人口提供服务。

与这一住宅布局最北部地段的严谨的形式和密集的网格形成对比，在界定溪流的地区我们利用了溪流河床不规则的几何形状来创造更多的"有机"公园，面对公园的是公共街道和独户住宅。在其他地方我们自由地布置了绿色通道。通过保护和改善这些溪流走廊，我们能够创建一个重要的替代性交通网络，将北部邻里和村庄中心连接起来。我们尽可能将绿色通道与公共街道连接，至少也与其一边相连，以保证安全，并且鼓励人们经常利用绿色通道设施。

除了上述四个地理性范畴，我们在总体规划中还突出了三个值得拥有各自特定政策的特别议题。正如我们在前文提到的，这些议题是：开敞空间设计和环境保护、住区以及新开发条例。

开敞空间设计和环境保护

一些环境组织例如 Sierra 俱乐部和自然资源保护委员会,长期以来盛赞可利用的开敞空间的益处,而自1990年代晚期以来,甚至还有一些开发商集团也积极鼓吹(Santos, 2003)。在所有城镇,如果有可能甚至在邻里尺度中,我们相信,在受到保护的自然开敞空间和"改造的"开敞空间——如他们称赞和使用的公园之间,应该一直存在一种平衡。

因此,我们向穆斯维尔市政府建议,把绿色通道作为整体交通网络的一个重要部分来考虑,沿着绿色通道展开的步行和自行车小路,不需要借助汽车就可以把居住邻里连接起来。除了绿色通道网络,我们强烈建议尽可能保护现有的大树。该地区大多数自然景观在19世纪末因农业耕作的需要遭到清理,遗留下来的仅是丛生的树木而不是大规模的茂密林地。所以,所有现状树木的保护就变得特别的重要,而且,不仅要在公共领域(街道和广场)也要在私人场所(庭院和停车场)栽种新树。在图5.6中展现了约翰·诺伦于1913年设计的夏洛特市Myers公园实例,说明规律的种植是怎样把公共和私人领域连接起来,将原来的棉花田变成了一个都市森林。

随着连接邻里与村庄中心和医院行政区的绿色通道系统的建立,在邻里中提供主动和被动的娱乐机会,使之成为社区的焦点,成为了重要的问题。因此,我们建议执行新的规则,要求为所有新邻里配备公园和运动场。该市现行的规章只要求改造特定的开敞空间,但是缺乏设计标准,让它们易于利用。我们制定的新区划规则(见下文新开发图则)要求所有住宅应该在距离公园、操场、园林路或运动场的200m 范围内。

在这个总体规划中,开敞空间是作为莫恩山地区的一个"绿色"网络而存在的。在新的区划下,由于房地产是按照总体规划进行开发的,开发商将会被要求提供为满足附近居民需求而设计的开敞空间。尽管在图版32上绘制的开敞空间的比率大约是15%,但我们相信远期能够提供的所有类型的可利用开敞空间最终会超过土地面积的25%。

由于该规划所涉及地区中的大多数是位于一个受到保护的汇水盆地之内,在称为"临界区"地段的地区,每个独立项目的不透水地表面积限制在最高值不超过场地面积的50%,或者在较高危险的"保护区"地段最高值为74%。假如占有这些比率的土地被工程开发所利用,就必须在场地布局规划中设置暴雨雨水蓄留装置。如果没有池塘、沙滤层或其他类似设施,建筑开发项目(不透水地表)将被限制在总项目面积的24%。这些准则不仅给予开敞空间的设计以社会学和美学尺度,更给与其重要的生态学尺度。与该地区供水保护相结合,保护小河和湿地内的动植物生活环境和生态系统也同样重要。因此我们强烈建议穆斯维尔市采取强硬的"溪流缓冲区政策"来保护植物和水生生物的自然环境。

住区

到现在应该很清楚了,我们坚信所有邻里应该是多样化的,能够提供多种住宅建筑的营造机会。因此,即便没有提出要求,我们也应该鼓励新邻里提供多种住宅类型,以避免小地块带来有限的价格指数。我们发现,70%的独立住宅和30%的多户住宅是在大多数市场中都能运作的混合比例,而其中多户住宅的形式有双拼/半独立式住宅、联排住宅、住户自有公寓和普通公寓。在这个特定的案例中,我们建议必须顶住开发商希望建造大型公寓综合楼所带来的压力,除非这些大型综合楼建造在我们规划的中转车站的400m 距离以内,或者与北部邻里地区的潜在混合利用中心有关联。紧靠商业开发项目的较高密度的住宅建筑为零售商业提供了市场,而且确保了一个更加可持续的环境提供给居民,当然还有零售商。从市政当局的观点来看,只有在这些地区,才能以服务业高效支持这种类型的开发,并且减轻开发造成的交通影响。

在所有大型开发项目中要求具备多种住宅建筑类型是一个提供与市场利率相适应的、居民可负担的住宅建筑的有效方法。居民可负担的住宅建筑并不意味着质量降低,但是通常需要政府机构或非营利机构的干涉来确保其长期供应。当开发商在一个好地段提供质量相当好的居民可负担的住宅建筑时，市场趋向于抬高价格，超过当初设定的居民买得起的价格。为了解决这个问题，我们建议组成非营利住宅建设机构与市镇当局和开发商联手，以确保居民可负担住宅的充足供应，就像邻镇戴维森的情况一样（见图6.35）。我们将在第十章进行更深入的讨论。

新开发条例

为实施这一规划，我们提出的首要建议是创建一个以设计为基础的新开发条例，其中以设计为基础的规则直接导出了该规划的设计条文。我们在下一节"实施"里简要讨论了这一条例，并且将在第十章进行详尽论述。

实施

为了实施穆斯维尔市总体规划中的许多规划，重要的是建立一套新的调节型框架，能够进行未来的适度开发。目前的区划条款不足以实施这些建议，因此，我们为该市撰写和起草了一份以设计为基础的、覆盖整个总体规划涉及地区的新区划条例，如果有需要，也可以扩展到该市其他地区。2001年，这份区划条例在总体规划被批准后不久被采纳。

穆斯维尔市的新条例与我们在下一章将要详细介绍的为南卡罗来纳州的格林维尔（Greenville）市创建的邻里尺度的总体规划的条例很相似。穆斯维尔市的版本是我们现在作为标准来使用的、更深入的版本的早期范例。因此，我们将推迟到第十章来详细阐述以设计为基础的区划，这样我们可以最佳方式叙述我们所做的更有进展的努力（参见附录三，从格林维尔市条例中的典型摘录）。在这里要说明的是，为莫恩山创建的全部条例只有19页，其中6页是全版面的图表和图纸。

结论

从最初开始，这个规划就是一个大杂烩，混

图9.4 从"车站视点"看联排住宅。这些根据总体规划选址、建于2003年的新住宅是利用未来的中转车站区位的第一批新居住建筑。

杂了一个交通导向型的都市村庄、一个停车换乘设施、一个高速公路出入口周边的更便利的办公开发方案，以及附近场地大规模居住开发的机遇。莫恩山小型社区的存在又增加了其复杂性。

由于在现有社区旁边有着如此多的潜在开发活动，我们决定从一开始就遵循居民们明确表达的愿望，而缩减在小型聚居地内的任何改造规模。取而代之的是，我们把新建筑集中在火车站周围的其余三个象限内。这就导致了经典的TOD模式的变形，这一经典模式为中转车站位于均匀开发的、圆周布置的邻里的中心。这种不对称布局，加上需要为火车站提供面积庞大的停车场，是决定将都市村庄设计为就业导向性的开发、而不是主要用于居住的重要因素。这一决定强化了医院和高速公路出入口周边地区办公开发的潜在可能，并且为未来的就业市场创造了一个关键的主体。我们具有先见之明的预测，即莫恩山地区有可能成为北部通行走廊的主要工作场所的终点站，被Lowes公司将其选为全国总部场地这一举措轻而易举地兑现了。

自从总体规划被该市采纳以来，尽管在规划区域内大多数开发是办公楼，一些新的居住建筑也已经建造起来。图9.4表明了一幢朴素的城市住宅就正好建造在我们在规划图中定出的位置上，靠近未来的火车站。

第九章 城镇

案例研究的评价

　　这是一个包含几个阶段的项目,更准确地说,是一个在本书撰写的 2003 年 4 月末正在进行中的研究成果。该规划是一个居住有机体,以振奋人心的方式不断适应着变化。我们在 2001 年修订过一次,以适应新的公司总部的特殊要求,我们还期望在 2004 年再进行一次修订。到那时我们将会研究那些数量众多的小型公司——为 Lowes 公司提供设备和产品,以及希望搬迁到距新总部更近的地段的小型公司——如何才能在不危及最初的规划概念的意图下互相调和。

　　这一总体规划的动态特性是我们的主题的有效证明,即详细地进行社区设计可以为控制变化提供最佳的途径。就穆斯维尔市的案例,在我们规划的第一个版本中没有料想到的开发规模已经逐渐发展起来,但是最初的详细设计使我们能够建立起一个有可能吸纳,甚至指导这一变化的空间框架。在总体规划中标示出的细节在平息莫恩山地区居民的担忧和关注方面大有帮助,而常规制作的关于土地利用的彩色泡泡图表可能永远也不能达到这样的效果。总体规划及其新区划的明确也是影响 Lowes 公司决定将其总部迁址此地的重要因素,这将给穆斯维尔市及周边地区带来巨大的经济利益。

　　通常,将促进开发作为经济增长和创造就业的一种方式意味着摆脱设计用来保护美国社区、尽管有些缺憾的区划条文和环境控制的束缚。这些环境和社区的保护措施通常被开发商和企业说客视作经济效率的障碍。的确,常规的规划和区划惯例,以其典型而又普通的形式,确实常常不能促进开发或增进社区的居住适用性。而本项目的总体规划通过其细节设计在这两个方面都获得了成功。它能够清晰而有效地传达地产开发的潜力以及新邻里、活动中心和行政区的设计特征。它能够为缓解外部开发利益与当地社区之间的隔阂架起桥梁,而这两者通常在增长与开发的辩论中处于敌对状态。在 2003 年,也就是我们出台该规划第一版的三年后,我们非常愉快地与当地企业集团——政府规划和区划的一贯反对者——共同坐在会议室里,亲耳听到总体规划因成为穆斯维尔市最有效经济发展的工具而受到赞誉。

　　这是我们最早期、但却是最成功的总体规划案例之一。当时我们还在提高专家研讨会和图解报告的技巧,而它给了我们一个警告:三天的会期对于承担这种规模和复杂程度的项目来说太短了。尽管三天的时间能够使我们迅速发现这一地区的复杂状况,但对解决所有的问题来说时间很不够,从此,作为一个原则,我们现在承办的专家研讨会决不会少于四天。这次时间上的短促导致以图纸的完成品质量降低,除此之外还有其他问题。(比较图版 32 和图版 40 的规划图纸)。由于一些图纸缺少足够的绘图规范,我们为随后的专家研讨会创立了一套逐步严格的关于图纸色彩、图例和技法的标准。

第十章
邻里

案例研究4：Haynie-Sirrine 邻里，格林维尔，南卡罗来纳州

项目和背景概述

对项目和背景最好的解释，就是简要叙述场地的历史，描述其中心、边界和街道关键的物质特征。

历史

2001年8月的格林维尔（Greenville）市，为了给市中心以南仅1.6km的一个低收入美国黑人社区 Haynie-Sirrine 邻里的改造制定总体规划，房地产代理商和开发商们联合当地业主共同投资的合伙企业，举行了一个公共设计的专家研讨会。在六天紧张的会议过程中，居民、业主、商人、政府代表和有兴趣的开发商都发表了意见，这些意见都被收集起来。

Haynie-Sirrine 邻里经历了一些历史转变，最初是农田，1890年代因为场地中的矿物泉可以治愈由"不恰当生活习惯"引起的疾病，而具备了商业价值，最后成为格林维尔城里的第一个黑人社区。1900年左右，这个邻里成为仆役、铁匠、马夫、工人、饭店侍者、厨师、司机和传教士的住所，居民点形成了。

到20世纪下半叶，大多数原始的泉眼变成了新街道和一所当地高中操场下面的管网，这个邻里也渐渐发展成为一个拥有几百人口、活跃的工人阶级黑人社区。然而，在1950年代，教堂街的拓宽工程将社区分割成两个部分，这条主干道从西南到东北贯穿社区，并通向市中心，它被加宽成当时交通工程师所谓的6车道"超级高速路"。南边的中产阶级白人邻里，这条道路仍保持4车道宽，也就是说，它只在穿过黑人社区的时候才拓宽成6车道，然后改回4车道穿过 Reedy 河峡谷之上的大桥，把 Haynie-Sirrine 邻里隔离在格林维尔的市中心以外。差不多50年的时间，这条路阻隔了可达性，成为通向社区生活危险的障碍（见图10.1）。

1960年代，紧挨着社区北部的土地被开发成标准的带状购物中心，同样有加宽的道路。到1990年代，这里被废弃了，然后被县政府改造利用为办公楼。旧的带状商业中心得到了很好的利用，但没有采取任何改善物质环境的措施。宽阔的道路和铺满沥青的停车场仍然控制着城镇景观。

1980和1990年代，这个邻里愈发衰退了，最大的特点就是不合标准的住宅、荒废的土地、不断恶化的基础设施和持续上升的犯罪率（见图10.2）。但还是有很多居民做了许多意义重大的贡献，不只是对这个邻里，对更大范围的格林维尔，社区也同样重要。因为市民激进主义的影响和对社会公正的追求，这批人为 Haynie-Sirrine 邻里的复苏打下了基础。南部和西部的白人邻里保持了与市中心颇为接近的特征和价值尺度，同时，我们和居民都抱有坚定的信念，Haynie-Sirrine 一定能够复兴。

关键的挑战是在邻里的一些地区利用自身区位吸引投资，刺激新市场的开发，同时维持社区

设计先行——基于设计的社区规划

图10.1 设计小组的成员需要当地警方的协助才能横穿教堂街。这是一条6车道的公路,把Haynie-Sirrine社区一分为二。

图10.2 Haynie-Sirrine邻里的城市衰退。尽管部分邻里环境萧条,一些社区的成员对邻里的潜力仍然保持乐观的态度。这张照片说明了缺乏公共和私人两方面的维护和保养。

其他地方现状的可负担住宅。研究区域的大部分由一些住在城市的业主所控制,他们是很多居民的房东,而重要的是,也是专家研讨会议的协办方。这些个人热衷于利用城市中心附近不断增长的高密度居住的需求,意识到他们的地产所在地的潜在开发价值,非常适宜于这种高档次的开发。同时,这些业主向邻里和城市承诺,会努力在社区内维持可负担住宅。

场地分析和社区模式

我们对场地进行了两种主要分析——"中心、街道和边界"、"建筑形式和结构"。

中心,街道和边界

教堂街和两条东西向道路——Haynie街和珍珠街(Pearl)的交叉口形成了邻里的几何中心。几乎所有的建筑都在距这个中心半径为400m的圆之内(见图版39)。但是,从社区的角度看,这里根本不是中心。因为它超常的宽度和高速的交通,教堂街在这里成为步行者的危险的障碍。这个邻里中心不但没有成为一个聚集的场所,反而让人敬而远之。对这个地方来说,积极的一面就是对通勤者具有高度的可识别性,正因为如此,华美达饭店才在这个重要的交叉口一直有生意可做。它的另一个好处是它相对于整个邻里的中心位置,以Haynie街和珍珠街与教堂街的交叉口为半径的1.6km范围内是稳定的邻里、格林维尔生机勃勃的城市中心、美丽的Reedy河和沿河绿道公园。

除此之外,这条高速路在穿过邻里时还有一个交叉点,就在Springer街隧道,它阴暗、狭窄,是一条从教堂街下穿过的分行道路,西接Haynie街,东连Sirrine街。有一道极其狭窄的楼梯从隧道通往教堂街。在这里,有可能设一个便捷的步行连接交叉口穿过邻里,以避免教堂街的车流,但是正如图10.3所示,这个地方让人觉得不安全。隧道里很阴暗,一个车道只能勉强容纳一辆小汽车,更不用说小汽车和行人并行了。此外,附近的街道上几乎没有住户,让人觉得隔绝和危险。这里没有足够的"街道上的目光",可以让人感到舒适和安全。

社区的北边界距离地理中心5min的步行路程,以Ridge大学高速公路作为地标,在有些地方也称为弗尔曼(Furman)大学,在它迁往郊区之前那是一所创建于19世纪晚期的学校,得名于地形的隆起(ridge)形成了邻里的制高点。站在这个有利的位置,北面拥有广阔的视野,可以俯瞰格林维尔市中心和谷地的河流。尽管丑陋的棚屋,巨大的塑料标牌,无边无际的地面的停车场

图10.3 Spring 街隧道，没人愿意独自走过这个地方。

图10.4 邻里街道。只要住宅加以修缮维护，道路加上人行道，一些像 Chicora Drive（如图）一样的当地街道还是有可能展现出宜人的环境的。

把 Ridge 大学（见图10.15）改变成今天毫无吸引力的面貌，这里的地形仍然具有可观的潜力，可以塑造成高密度的混合开发：距离城市中心仅 1.2km，有极好的景观，到 Reedy 河滨公园的道路通畅。研究区域的东北边缘，现状是一个更加步行友好的环境，具有邻里零售的活力。如果商店不是躲在公园后面而是沿着街道布置，再通过适宜的尺度和建筑的亲切特征弥补不足，这个环境会更加引人入胜（见图10.19）。

Haynie-Sirrine 邻里的街道通常都不太宽，美丽、高大的橡树排列成行，把邻里覆盖在一片浓荫之中，即便是酷热难耐的8月也让人感觉到凉爽。生态的优势增加了这些高大树木的审美效果。街道的宽度成为一种积极的设计元素，创造了一种"乡村印象"，并有助于发挥邻里的"前廊特征"。狭窄的街道还成为减缓交通速度的有效手段（见图10.4）。

邻里的西边界，奥古斯塔（Augusta）街，是一条繁华但拥挤的商业街，是市中心最主要的购物街区。东面与城市中最富裕的邻里之一、麦克丹尼尔大街（McDaniel Avenue）邻里毗邻。

建筑形式和结构

正如前文所述，Haynie-Sirrine 较好的地段可以被描述成"前廊社区"（front-porch community）。这个邻里的大部分家庭毗邻而居，而且靠近街道。在我们夏天调研的时候，很多邻居在门廊消遣时光，营造出一种温馨、亲切的气氛（见图10.5）。然而还有另外一些地方，街上的人鬼鬼祟祟，人们必须加以警惕，在很多破败的邻里极易产生对安全的担忧和绝望的情绪。

"舒特冈式住宅"（Shotgun house）①是邻里内常见的住宅形式，通常开间为一间，进深为三间，带有门廊和直接穿过房间之间的通道（见图10.6）。虽然很多人认为这种南方的传统住宅形式已被淘汰了，但它长且窄的结构保证了良好的通风，非常适合于当地炎热潮湿的夏天。在这种气候条件下规划可负担住宅，不能低估这种高效的节能形式。这种本地民居的窄面宽提供了更高密度的可能，增加了可负担性，并有助于形成

---

① Shotgun house，这是美国一种由黑人引进的住宅类型。屋门开在房子一端的山墙处，并有一个小门廊，内部有两个房间，各房间前有一共用的长过道，这是为防猎枪子弹进入房间的设施，有了通道既伤不着人，也碰不到任何东西。这种类型房子先由黑人传播到西印度群岛的海地，而后进入美国南部。

图10.5 坐在前廊的孩子们。当地居民说他们的邻里是一种"前廊"社区。孩子们正在这里做家庭作业,设计小组的到来打扰了他们。

图10.7 传统平房。这种常见的美国住宅遍布全国,是城市中独立住宅的主要形式。研究区域中保留了一些较好的例子。

图10.6 传统的南方"舒冈特式住宅"。虽然其中一些太破旧无法再改造,但还是有一部分能够保留。这些朴实的住宅形式可以为社区内新的可负担住宅提供样板。

建得比"舒冈特式住宅"更牢固,很多符合可负担住宅的要求。大多数是一层结构,屋顶有下水管道,山墙朝向正面,门廊宽敞。同样,对都市村庄而言,相对较窄的面宽也适合于高密度(见图10.7)。

邻里的第三种住宅形式就没什么指望了。1970年代,在邻里东部沿街盖了一系列砖砌的单层双户住宅,其特征与邻里的其他部分格格不入,建筑地基很宽,距街道后退多,直接从地面建起来,而没有升高的台阶;粗糙、裸露的露台与其他住宅的门廊庇护下安心、舒适的感觉形成鲜明的对比。山墙不是朝正面,而是朝着侧面,像郊区一样的砖砌牧场风格不能与附近的传统住宅形式相融合。

这个邻里有两座小型的白色教堂,在图版40总体规划中表示成紫色。这些建筑尺度较小,有传统的木结构尖塔,它紧密融合在城市结构中,成为社区中心,加强了地方特色,使这里感觉像一个小村庄。

还有一个建筑在邻里中很突出——格林维尔高中附近的足球场。除了它的大尺度以外,这个建筑恰如其分的融入了环境之中。专家研讨会进行的时候,翻新的计划正在进行中。有赛事的晚上,停车和拥挤的人群对当地居民有一定影响,

社区氛围。不幸的是,由于严重失修和破坏,邻里内的大多数这种住宅都难逃被拆除的命运。不过,我们仍然建议,未来的设计师们可以参考这种本地住宅,将优点运用到新型可负担住宅的设计中去。

"平房村舍"(bungalow cottage)是研究区域中存在的另一种住宅形式。这些住宅比较宽,

我们希望可以找到解决这些问题的对策，使人们可以在场地中接受更多的社区活动。

关键问题和目标

在专家研讨会的前期，作为讨论会和一系列场地分析的结论，我们总结了5个关键目标：

1. 利用 Ridge 大学附近的可用土地的市场价值，进行主要的新开发（可能要对业主的投资提供高的回报来补偿他们在其他邻里投资可负担住宅开发的较低利润）。
2. 为现有居民增加可负担住宅的供应量。
3. 加强邻里的可识别性和特征。
4. 积极推动 Sirrine 足球场的扩建，但不能破坏邻里的尺度。
5. 识别、保护邻里内的历史性地标。

专家研讨会

2001年8月，在为期6天的专家研讨会上，我们研究了总体规划。我们邀请了很多当地媒体宣传人员投入这个会议，共有超过350的人参加了会议（图10.8）。设计小组在邻里中心的华美达饭店开设了临时设计工作室，这里可以让很多居民和其他感兴趣的人在一周内献计献策。专家研讨会开始的议程是在邻里进行徒步参观：设计小组成员、顾问委员会成员、感兴趣的开发商，城市职员、居民和社区警察局官员，共有超过25人走遍了研究区域的每一条街道，在关键的地方拍照，丈量空间，与路人或门廊里的人交谈。那天晚上，我们的公开讲座举行的时候，来听的人多得只能站在房间里。

整个星期里，我们和多个利益团体进行了会谈，包括交通规划师和工程师、开发商、公共安全官员、洪水工程师、住宅团体和居民。会议从白天开到晚上，给每个人参与公共讨论的机会。每天晚餐之前，我们把白天画的图钉到墙上，邀请所有参与者在讨论白天进展的过程中参与设计。研讨会的日程表是图8.2所示的表格的一个延长版，并且，我们一如既往地遵循着在第六章提到的我们在专家研讨会的关键原则：

- 从一开始就让每个人员参与进来；
- 并肩工作，功能交叉；
- 以有反馈评价的小循环流程工作；
- 设计深入细部。

由于大量的宣传活动，大多数居民了解了专家研讨会，经常在饭店、或者在邻里中和设计师交谈。周日的早晨，一个当地的教会成员甚至费

图10.8 当地报纸头条。积极和当地媒体交流是任何专家研讨会必不可少的。我们和报纸、电视记者作了深入的交谈，并得到了正面而积极的报道（参见图10.10）。

了不少口舌，向设计小组解释她所在教堂的停车问题，这样的情景一再重演，被勾起兴趣的居民们一次次地表达了他们的需要和他们对邻里的展望。市民、政府官员和城市职员的大量参与是专家研讨会得到成功的基础。此外，专家研讨会之后，我们又开了两次会议，让居民、业主和有兴趣的市民有机会了解更多的关于规划的信息，为邻里新的区划图则多提建议。

第一天，我们完成了一系列分析，包括现状区划，对空白的地产和业主居住的住宅进行了调查，并对场地的价值和再开发潜力进行了估算（见图版38，图10.9，图版39）。对城市这个地段现有的区划中，条理分明的邻里结构反映了一种常见的偏见。规划教堂街的西部主要是办公/公共机构，对沿着西部边界的普通商业的集中更有好处，在那些地方，和独立住宅隔街相望的是宽阔无边的地面停车场和巨型垃圾箱。教堂街东部是各种高密度居住类型的大杂烩，布局方式没怎么考虑现状或历史的邻里结构。区划的分区是以街道为界，而不是中型的街区，这导致了一条街两边不同类型的开发，造成难以定义的公共空间。（不论哪里，只要有可能，我们就试着改变区划地块，改由中型街区划分，因此有可能用相似的、面对面的建筑形式定义公共空间，创造出更清晰的街道景观）。

运用市场评价分析，综合了业主自用/租赁住宅的位置和空置用地的地图，专家研讨会小组对邻里每一块土地的再开发潜力进行了一个全面的评估，范围从需要最少帮助的地块到需要完全改造的地块。这些在专家研讨会期间精心绘制的图表，形成了所有开发建议在总体规划中实施的基础。在对所有邻里进行再开发潜力进行的评估中，我们将所有土地分为三类：

主要再开发街区

这就包括了空置用地，普通产权下的多种所有权的用地，或损毁过多的地块。我们还把基础设施较差的街道归到这一类中，任何改进都无法使现状街区改造成一个新的城市格局。如前所述，沿Ridge大学的地块改造潜力令人振

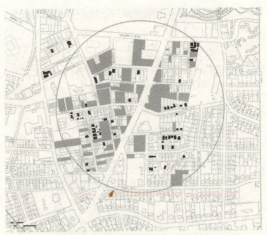

图10.9 空置用地和业主自用住宅地图。通过这个分析，我们可以清楚地看到哪些地方适合重点改造，哪些其他地方（属于业主的地块）应该加以保护和维护。

奋（见图版38的最上端，图10.9和图版39）。然而，因为这块地北部的很多土地属县所有，如果一个由城市发起的专家研讨会"干涉"了一个县的地产，在行政上是不允许的。因此，我们不得不谨慎地对该区域提出建议，将焦点主要放在足球场附近、东北部的地块中。不过，在这个案例研究中，我们把全部的总体规划都绘制成图纸，表现了老购物中心场地主要的再开发项目，揭示其改造成繁荣的混合用地的潜力（见图版40）。

一般再开发街区

在这一类中，有普通产权下的多种租赁地产，零星分布的业主自用和基础设施水平一般的邻里，在那里，利用现有的街区结构，可以实现填入式开发。

最小再开发需求

第三个类别包括业主自用住宅或是妥善维护的租赁房屋，只需对住宅或基础设施进行少量维修。

通过这个分析，我们确定了很多需要重点改

图10.10 报纸对专家研讨会的报道。有非凡的价值。

造的地块,以及某些方面能提供较大机会的地块。另外,我们还确定了完整和紧密的街区,稳固的住宅只需要很少的建筑维修或基础设施的升级。这些地块为最后的总体规划提供了支撑,当我们展示最终成果时,有将近200个人出席了闭幕式并参观了规划,其中大部分是当地居民。这种自始至终的高参与度,部分原因是我们在6天的会期里,坚持用电视和报纸对专家研讨会进行宣传(见图10.10)。

总体规划(见图版40)

我们的主要建议如下:

1. 在教堂街和Haynie街/珍珠大街的交叉口形成一个使用高度密集的邻里中心,创造一个宜人的生活、工作和购物环境。
2. 把教堂街的等级降为4车道、由中央分车带的林荫大道,种植树木,拓宽人行道。改善Haynie街和珍珠街的设计,支持步行行为。
3. 鼓励整个邻里内的各种不同住宅的建设。用各种策略,包括公共投资、土地财产托管会和非盈利投资等,来保证长期有效的可负担住宅。
4. 将关键的政府资金投入到基础设施改造,包括街道整治和公园设施,以此来引导个人投资。
5. 运用自然特征,如古泉眼和为所有邻里所享受的宜人的小溪。创造公共空间,包括公园、绿色通道和所有居民易达的广场。
6. 采用从总体规划中的城市设计细部直接发展而来的新的区划法规。

以这些原则为基础,我们确定了19个再开发机会,有的大有的小,这些单个的工程项目合起来就形成了总体规划。这些项目总共包括了50个新的独立住宅,100个双户住宅(双拼住宅),393个公寓,52个居住/工作单元,16585m²的商业空间和11047m²的零售用地。提供的停车位超过了1900个。我们并不强调每一个项目的美好规划前景,而是希望促进单个项目的汇集,可以由私人业主独立完成,也可以和公共机关以渐进的方式合作(图版41)。

我们作出了概要的开发预算,验证每个项目的经济可行性,并且估算必要的基础设施改善的公共支出。通过这些计算,我们表明了1000万美元的公共资金可以怎样用于街道整治和两个立体停车库(一个与开发商合作,位于邻里中心,另一个与城市学校系统合作,位于足球场边)的建设,可以撬动9000万的个人投资用于再开发。大约有4000万新开发资金投入了后文中的教堂街改造,而即使这些重要举措没能实现,其他可行的价值5000万的私人投资开发项目仍然能在社区内进行。

这个案例研究展示了经济规模大小不一的19个再开发计划机遇。他们是:

1. 教堂街邻里中心,集中在教堂街——Haynie街/珍珠街交叉口的4个象限的4个项目。
2. 位于教堂街和Ridge大学交接点(教堂街北)的混合用地开发。
3. 新住宅的开发,取代劣质的砖砌双拼住宅;开挖通过涵洞的溪流,建设一个邻里公园(比尔特莫尔公园)。

4. 新的联排住宅和一个绿色通道，插入到空置的土地中(Spring街东)。
5. 足球场的改造和附近的混合用途开发（Sirrine邻里中心）。项目群（图版41中的"E"、"G"、"M"、"K"）。

教堂街邻里中心

两个因素刺激了这个规划中心地带的开发。首先，它位于社区中合理的十字路口的中心位置，在这里，当地居民可能会见外地的客人。第二，运营中的华美达饭店的存在，让这个地方与众不同，一个开发商（专家研讨会的协办者）建议用新的会议和健身设施对该饭店进行提升和改造。开发商计划资助这个再开发项目，以及附近混合利用的建筑群和一座立体停车库，和市政府一起进行公私合营的投资。（图版41中的项目"G"）。

规划中，把这个交叉口东南象限的全部建筑拆除，我们设计了一系列三层混合利用建筑，大部分是底层零售、餐馆，上面为住宅，办公散布在其间。

由于斜角切过的教堂街，形成了不规整的街区形状，要创造出一般邻里中心的开发密度、典型的建筑进深、并且给每个地块都预留恰好充足的停车场是很困难的。因此，邻里中心在华美达饭店的改造中，需要集中的立体停车库，以达到最佳的建筑密度。这个车库会增加人们"停车一次然后步行"的机会，给这个地区其他的零售商店和餐厅带来商机。居住公寓和联排住宅形成了视觉的屏障，隔离了小汽车，沿着公共边界形成积极的道路界面。图10.12展示的就是夏洛特市这种布局的典型例子。把停车场按照停车的高峰和非高峰时段错开安排，为不同功能的建筑共享，对中心的成功很有利。我们还建议重新制定当地的公交路线，现在公交车是沿着邻里的西边界运行，改成直接穿过中心，这样人们不开小汽车也可以方便地到达这个新的活动中心。

我们留心地保护沿着Haynie大街北面有60年树龄的槲树，以及它们阔大的树冠。我们将新建筑退后街道一定距离以保护树的根系，建筑上部后退更多，为树冠枝叶的伸展留出空间（见图10.13）。

我们知道，大部分这类的再开发项目，以及邻里中心区域的复苏，都可能随着教堂街的改造而发生，我们要将它从一个危险的通道改造成步行友好的林荫大道；从一个障碍变成连接邻里两边的结合地带，用步行活动使它重新焕发生机。设计小组先前的交通分析表明4个车道已经足够

图10.12 公寓楼挡住了立体停车库，公园大街(Park Avenue)，夏洛特，北卡罗来纳州，2002年。大卫·弗尔曼设计。立体停车库是由附近的办公建筑和临街商铺共享的。这是一个标准的，但也是高效率的城市类型。惟一的缺陷是公寓是单一朝向的，就是说，只有一个方向，从内廊进入。对自然通风的缺乏意味着即使在温和的外部环境下，大部分空调仍然需要开启。

图10.11 教堂街邻里中心的场地现状（与图版42比较）。

承担所有交通量,对此,我们建议对它进行改造。如图10.14所示。

- 景观中央分车带取代了原来的中间两个车道,关键位置的车道得以保留。
- 用大量种植的绿带和几何排列的行道树将宽阔的人行道与路缘分开,改善步行环境。
- 在中央分车带设路灯为机动车照明,在人行道设路灯为行人照明。
- 在邻里中心附近,将架空线路埋地并重新安置。

其余的通道的线路,首先应固定到一侧,并然有序地置入装饰性的沟槽中,或者,如果经济条件允许,把线缆埋到地下的沟槽中和管渠中。所有从干管上连通到建筑物的支线管线必须埋地。

我们知道,让人们接受对城市主要交通干道的改造是十分困难的。这个改造包含了一个范式的转变,即从认为道路是一种移动方式(尽快到达任何地方)到一种可达的框架(给各种各样的

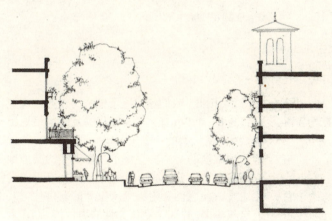

图10.13 Haynie街的剖面。在这个城市中心,邻里街道的空间围合感很强,高宽比接近于1:1.5,茂盛的大树增强了围合感和地段的中心感。

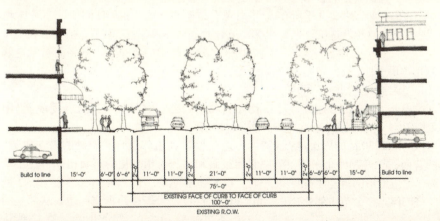

图10.14 教堂街剖面。这个剖面是沿着街道长度在"典型"点上,而不是在邻里中心剖到的,这是为了表现一般的情形。因为街道有39m宽,在这种情况下,建筑物基本上不可能高到创造出理想的空间围合感。控制性的树木种植打破了宽度,在整体空间的里面创造了围合区域。

使用者提供连接）。在讨论中，我们发动了所有参与者在头脑中搜寻这些关键要点：

- 以这样的方式重新设计教堂街，对于非裔美国人社区是一个主动的补偿，它符合了联邦的环境公平政策，保护了邻里，尤其是少数民族邻里，免受大流量交通工程的干扰。
- 规划中的教堂街改造，对于促进和维持一个混合的土地利用、一个步行化的城市环境，以及把居住密度提高到和市中心格林维尔接近的水平，会是十分必要的，是城市自己的精明增长议程的一个条款。
- 假设大流量的通行权继续存在，6车道的道路仍有富余的容量，我们规划的所有改造都可以在教堂街现有的路缘线之内实现，可以节省大量开支。我们估算，这个项目的投资大约在300万美元，但这个公共投资有可能撬动4000万美元的新的私人开发项目。

图10.15　教堂街北段的现状和规划。场地的这个部分地势较高，可以俯瞰市中心的格林维尔，对高档次混合用途开发来说，是最具潜力的地方。

教堂街北：教堂街和Ridge大学交接处的混合利用开发（图版41中的项目"B"）

场地位于Ridge大学和教堂街的交汇处的东南角，可能是整个邻里中最显眼的地方。它地处最繁华的交叉口，而且它高起的地形优势给予它一览无余的视野，可以俯瞰市中心的天际线和Ridge河的绿色通道。这块地还构成了行人和车辆到东面Sirrine足球场和到南面规划的新邻里中心的入口。除了这些明显的优势以外，几乎所有的土地都属于一个业主所有，这给改造工作带来了很多便利条件。

为了最大程度利用这块土地，我们规划了一个中等高度的街区（4～5层高），总共6799m²的临街办公/居住并列或办公/居住混合建筑，大部分都临街而建（见图10.15和图版43）。此外，这些混合用途建筑可以容纳2230m²的底层商店。停车布置在建筑物的背面，是一幢460个车位、两层楼道的停车楼，为了适应地形的落差建在两层平台上。这个相对经济的停车楼会节约部分开发成本。

为了促进底层商铺或办公的兴旺，改善步行的环境，对教堂街和Ridge大学的改造就势在必行了。因此，我们建议这个地方的人行道应规划到3.6～4.9m宽，与交通保持足够的后退距离，为种植大型的行道树留出空间。图10.16就是这种做法的一个典型例子。在街区的其他地方，我们降低了建筑物的规模，为2～3层的居住建筑，使它们和附近地块上新的双拼住宅及公寓相协调。作为一个填充性的项目，我们在木结构的小教堂对面布置了一个小型院落式公寓，这样，一个私密的城市空间就和教堂一起，强调了对现有结构的尊重（图版41的项目"C"）。现在，通过共享立体停车库，而不是把它布置到一个街区以外，教堂的停车需求就轻而易举地解决了。

比尔特莫尔公园：置换双户住宅，开挖溪流（图版41中的项目"F"）

这个项目利用邻里自然资源的潜在优势，它的泉眼和溪流，用大量的可负担联排住宅单元，取代了丑陋的、低标准的双户住宅。场地沿着比尔特莫尔大街横跨街道两边，从邻里的一个经济比较稳定的部分开始，直接到达Sirrine足球场和规划中加强的现有的小型邻里中心。图10.17和图版44展现了这个规划改造

第十章 邻里

图10.16 宽敞的人行道可以提供室外就餐。如果细部设计到位，即使靠着繁忙的街道，在露天用餐也会相当愉快。行道树也为领域的空间定义起到了作用，将它和街道分离开来。

图10.17 比尔特莫尔大街现状的双户住宅。这些设计低劣的建筑建成不过25年，但是已经破烂不堪了。这种惹人讨厌、低矮的设计是这个邻里不受人欢迎的一个主要因素（与图版44比较）。

的地区。

项目拆除了现状的11座双户住宅（共22户），在这块地上再开发了35户联排住宅。利用了场地的地势高差，我们把主要一行建筑布置在较高的坡面，在场地尾端的现状街道上，在较低的层面上建了一个额外的房间，替代挡土墙。服务通道在背面，建筑的正门面对公园，有一条小小的汽车道（见图版45）。前廊和台阶通往主要楼层的主入口。图10.18展现了萨凡纳市随处可见的相似情形，其底层通常用来出租，主入口在二楼（英国叫一楼），从街道上通过楼梯进入。另一种就是简单地把主入口设在底层，直接进入附带房间，楼梯设在内部，这种设计就显得平凡多了。

对这个新住区的另一个改造，是沿着现状泉水形成的溪流兴建一个新的邻里公园，这条小溪已经被困在管沟里有些年头了。从这里开始，溪水流过Sirrine足球场和Ridge大学下方的涵洞，在某个地点重新露出地面，汇入Reedy河中。让溪流不再从管道里流过，就可以建造一个带状公园，因而提高周围土地的价值。小溪和公园将会成为联排住宅和更大的社区共享的一个美妙的环境。

图10.18 佐治亚州，萨凡纳市一建筑的入口楼梯。在正立面上主要的入口层面上，通往前门的楼梯和门廊给街道提供了视觉的趣味，并且，为主要房间建立了视觉的私密性。与图6.17和图6.23比较。

211

显然，公园和复原的小溪将持续提升场地的再开发价值，并激励开发商协助进行溪流的改造，但对这样一个环境工程，预算的开支需要额外的支持才能实现。一条自然溪流的重现带来的公共利益包括了更多地面水的渗透，它改善了水质和水容量，当然，还创造了一个精彩的公共空间。我们估算，让小溪重见天日（不包括周围公园的改造）需花费大约17万美元。如果城市可以承担这个成本，私人开发商就可以把公园作为项目的一部分进行开发，保留高大的树木，增添简单的景观，然后移交给城市来维护和保养。这个项目之所以重要的原因是，它代表了一个再开发机会，不需随着教堂街的改造而进行，而可以独立地开发。

Springer街西：新联排住宅和一个嵌入空置土地的绿色通道（图版41中的项目"Q"）

在大部分总体规划中，一个小角落或者空置土地经常被用作更新的填充式项目。前面提到的隧道西侧、沿Springer街就有这样一块地。街道北面的地块，在韦克菲尔德（Wakefield）街上的主要立面朝向正北，而且通常进深很大。如果要对这些地块进行划分，总体规划建议联排住宅可在这些长而窄的地块上，沿着Springer街一侧建设。由于规划住宅地块进深有最低限，街道上可以停车，同时车库或底层的车棚也可以一并设置（见图版46）。因为在这个剩余的地块上，有最小的土地成本，因此这是建设可负担住宅的一个好机会。

为了改善这些地块的景观，给邻里增加便利设施，我们清除了Springer街南侧的灌木丛和瓦砾堆，并加固了河床，让小溪显露出来。这个小公园把一个重新设计的公园和社区花园直接和西部联系起来，通过一条改造过的Springer街隧道（见"实施"部分）进入绿色通道，通往新的Biltmore公园和Sirrine足球场。这条东西向的绿轴穿越了场地，使所有居民可以到达公园空间。为了使新的Springer街公园完整，我们用联排住宅和公寓构筑了南边界，它们可以俯瞰公园，为附近邻里中心提供后备的停车空间。这个场地提供了另一个新建可负担住宅的机会。

Sirrine邻里中心：足球场的再开发和附近的混合利用开发（图版41中的项目"A"）

紧靠足球场东面，场地的东南角，一个小型的局部邻里中心内有几个繁荣的商业设施，坐落于绿树成荫、人行道通达的区域里（见图10.19）。这个地方缺少的是临街的建筑来吸引路人，形成城市的特征。这些小商店对面是足球场前面现状的停车场，每个星期五晚上，高中足球比赛的时候，这块地和附近邻里中每一块步行距离内的可用空间都摆满了观众的汽车，除此之外，它总是空荡荡无人使用。为了满足足球场的停车需求，同时提供额外的发展机遇来完成这个邻里中心的城市设计，总体规划建议沿着现有街道边界，建2~3层居住-办公建筑。这些建筑不仅可以通过出卖土地为学校管理部门带来可观的收入，还可以形成路人和停车场之间的视觉屏障。通过分析周围邻里的人口统计数据，经验告诉我们除了城市住宅单元之外，可能还会有一个时装屋／办公的未满足的市场（见图版47）。

图版48展现了另一个停车构筑物是如何建造在一个两层平台上的，正好与地形的落差相适应，使得两个层面都不需要使用昂贵的坡道就能进入，并为Sirrine足球场的赛事提供了更多地本地停车位。我们估计，停车场的建设成本约160万美元。额外的地块停车和附近北教堂街的停车楼一起，将邻里从足球比赛的停车中释放出来，也让体育场可以搞更多的活动，而对邻里没有什么不利的影响。

实施

作为专家研讨会后续行为的一部分，制定现实的实施策略是至关重要的。如果没有实施策略，人们就不会严肃的对待总体规划，我们对Haynie-Sirrine的实施战略包括了：

第十章 邻里

图10.19 现存的Sirrine邻里中心和图版47比较。

- 公共财政；
- 可负担住宅策略；
- 详细的实施工程时间表；
- 适应总体规划的、基于设计的区划条例。

公共财政

为了实施这个总体规划，需要许多战略性的公共投资，以改善和扩大邻里的基础设施。这些投资包括：

- *基本街道的改造*：我们估计，修缮和提升现状基础设施到周围邻里的标准需花费大约55.2万美元。
- *教堂街改造*。这个邻里近乎45%的改造都依赖于使这条通道的改造升级，成为一条真正的林荫大道。这项改造不仅直接影响着这个邻里，而且影响了整个城市，作为通往市中心的重要城市大门，它必须在视觉审美方面进行高水平的改善。我们估计这项工程的成本约为300万美元。
- *Haynie街和珍珠大街街景改造*。教堂街的改造完成之后，Haynie街和珍珠大街也会进行相似的街景改造，估计成本为27.5万美元。
- *新的街道建设*。总体规划包括将近609m长的新街道。这将花费大约42万美元。
- *新停车楼*。为教堂街邻里中心服务的大型立体停车楼成本约400万美元，较小的Sirrine足球馆停车楼约160万美元。（第三个停车楼在教堂街北端，是为商业和居住开发服务的，由私人投资）。
- *比尔特莫尔（Biltmore）公园溪流复原*：我们估计这项工程，不包括公园的开发，大约需花费17万美元。

这些投资总共约1000万美元，但是就像前面提到的，它们有潜力可以吸引高达9000万的私人投资。而这里有一个对这些必要的改造来说，融资的关键所在——税金增额融资（TIF）[①]区。TIF用新开发项目未来的税收，来支付支持和促进开发的基础建设费用，大多数用来偿还为这些启动项目而发行的市政公债。作为专家研讨会最终发言的一部分，我们解释了，如果有人估计实现总体规划需要10年，那么，到十年末的这段时间里，支付到新开发中的税收额将达到600万美元。"全面完工"后的年份里，平均每年的税收能达到约150万美元，10年就是1500万美元，加在一起共有2100万美元的税收来偿还最初付出的1000万美元政府投资。

另外用来补偿最初投入的资金可以在TEA-21和TEA-3联邦基金（第五章中介绍的ISTEA立法的后续篇章）中获得，以进行步行友好的交通改造。

---

①税金增额融资：Tax Increment Financing，TIF，是一种地方融资工具。将特定地区未来财产税的增加额，作为发行公债或资本投入的担保，用来支付都市再开发地区发行公债或私人部门资本投入所产生的本金及利息。——译者注

213

可负担住宅

整个专家研讨会期间，现状居民们最关心的问题就是住宅的可负担性，他们担心，中产阶级的新来者和高档次的开发会把他们挤走。这不是总体规划设想的前提。当推倒重建和再开发在某些地方上演时，我们仍然强烈希望可负担住宅能够保留邻里的基本构成。为了达到这个目的，我们提出以下3个观点：

第一，不能为了可负担性牺牲高品质的设计。住宅是我们自己的写照，因此与我们个人的自尊和社区的骄傲联系在一起。我们可以建得便宜一点，但不是以优良的建筑和技术为代价。如果设计得很蹩脚，它永远都是"可负担的"的，因为它会面目可憎，不受欢迎。这就是专家研讨会期间，邻里的一些低质量住宅的情况。这不是培育社区的那一类可负担性，简单地盖一些虽然便宜但是设计蹩脚的新住宅是目光短浅、没有远见的方法。相反，可负担住宅应该遍布整个邻里，并且与商品住宅具有相同的品质。（见图6.35，可负担住区在戴维森，北卡罗来纳州）。

第二，长期的可负担性只有通过政府和非盈利机构在市场上的直接干预才能保证，通常是两者合作的结果。我们力劝格林维尔市作出承诺，高效率地建设住宅，参与维持长期的可负担性。这可以保证城市的服务行业人员、教师和警务工作者有机会在他们工作的邻里居住，年老的市民也可以在此地"终了此生"。利用一些技术手段，包括返税、住宅券（housing Vouchers）[①]和土地财产托管会等，新的中等价位的住宅对迫切需要住宅的人们就可以负担了。社区也可以从联邦或州政府贷款，提供街道、公共设施、树木和人行道等基础设施，以此来降低住房的直接成本，因为这些成本是不会传递给购买者的。

第三，除了可负担住宅的一般资金来源和措施，如社区发展补助方案（Community Development Block Grants）和HOME基金（两者都是美国住房和城市发展部（HUD）制定的），还有志愿者组织如"仁爱之家"（Habitat for Humanity）之外，我们特别推荐城市和合作者研究一下社区土地财产托管会(CLTs-Community Land Trusts)。

土地财产托管会是一种平衡社区公平和个人财产的机制，把土地成本从个人拥有的房产再次出售的价值中分离出来。它是一个单独实体，典型的非盈利住宅机构，拥有住宅下面土地的所有权，与美国的公寓公私共有制度和英国的租赁相类似。在这个例子中，土地不包括在首次出售和再次出售的成本中，所以可以将住宅总体价格下降20%~25%。CLTs帮助社区：

- 获取当地土地的控制权，减少无所有权的土地；
- 鼓励居民对住宅的拥有和控制；
- 保持住宅对未来的居民是可负担的；
- 为了社区的长期利益，抓住在地块上公共投资的价值；
- 建立社区行动建立坚实的基础。

社区土地财产托管会能获取空置的用地，开发住宅或者别的建筑；有的时候，CLTs会一起得到土地和建筑。两种情况下，CLTs对待土地和建筑是有所不同的。土地永远归土地财产托管会所有，这就可以持续为社区利益服务：建筑（或者叫改造）可以归使用者所有。当一个CLT卖房时，把下面的土地通过一个长期的（通常是99年）可

[①] 美国早期的低价（可负担）住宅是由政府独立或者公私合营来建造的，但美国联邦政府从1970年代开始，实施一种由国库专款补助的住宅券(housing voucher)计划，定期提供给合格的受益家庭一张住宅券，它的价值约相当于个别家庭所得的30%与邻近租屋市场平均租金之间的差额。有了这张住宅券，合格的受益家庭可以在民间的租屋市场上自由选择适合的居所，给消费者更多选择的权力，也避免了住区中过大的贫富聚集现象。——译者注

延期的租约，租给住宅所有者，这给了居民和他们的后代以利用这块土地的权力，他们愿意住多久就可以住多久。当CLT的屋主决定搬出去的时候，他／她可以将住宅卖掉。但是，土地租约要求住宅只能卖回给CLT，或者以可负担的价格卖给另一个低收入家庭。因为土地价值不包括在住宅价格中，这意味着住宅对下一个家庭来说仍然是可负担的。图6.35中展示的可负担住宅就是由这种机构开发的。

实施项目时间表

作为专家研讨会报告的一部分，我们考虑10~20年整个邻里可能的建设，为实施项目制定了一份详细的时间表。专家研讨会是在2001年8月举行的，就在"9·11"（世界贸易中心）袭击事件之前的几天，"9·11"事件打断了我们所有的计划。跟美国大多数地方一样，格林维尔市和当地社区都陷入震惊中，在由于世贸中心袭击而引起的经济萧条中，有几个月的时间邻里复兴工程没有什么进展。那段时间，华美达饭店项目的开发商离开了，使得邻里中心的工作一筹莫展，给计划的核心部分以重重一击。即使没有这个刺激，城市官员和高速公路工程师之间关于教堂街重新设计的谈判也进展的很缓慢。

然而，2003年1月，城市议会通过了总体规划，区划条例在一个又一个案例基础上生效了。2003年的春天，城市政府决定大胆实施示范工程来强调他们对邻里和总体规划的承诺。在这个例子中，城市官员们决定重新整修Springer街隧道，图10.3展现了它之前阴暗潮湿的状况。图版49说明我们的改造设计，有新的楼梯和重新组织的交通系统。

我们建议改善穿过隧道的自行车道和步行通道，把一侧改成单向交通，为即将来临的适应于低速邻里街道的车辆服务。把另一侧留给骑脚踏车和步行的人专用。我们建议在教堂街中线上设置采光井，让自然光可以透进隧道，再加上新的隧道内和隧道入口周围的灯光，对弥补这个空间的恐怖的特征大有好处。Springer街两侧通往教堂街的宽阔的楼梯使它变得更好。它提高了可达性，打开了空间，给市民设计和公共艺术提供了机会，可以提升邻里的层次。

适应于总体规划的、基于设计的区划条例

因为总体规划是具有现实性的扩建研究，而不是确定的开发建议，因此制定一套与特定的规划设计原则相联系的新区划条例是十分必要的。我们的邻里图则就像总体规划中写的那样，是为地产的开发提供的，但它具有内在的灵活性，可以适应未来的市场条件和更特殊的场地研究。另外，图则给潜在的投资者提供了预测和保证，任何未来的开发都会和总体规划协调一致。

图则由一个名为"Haynie-Sirrine邻里"的新区划的行政区实施，它包括4个亚区，控制开发的形式和强度。这4个亚区是这样定义的：邻里边界（NE），邻里一般区（NG），邻里中心（NC），Ridge大学村庄中心（URVC）。它们是按照城市特征而不是用途来划分的地理区域，并且直接在城市设计总体规划图上表示出来，形成了设计和功能标准的基本框架（见图版50）。这种区划类型通常被称为"控制规划"（regulating plan），因为它控制开发，使它与城市设计总体规划相一致。我们按城市特征划分的区划区域和城市的"样带"（transect）分区在概念上类似，都是从乡村边缘到城市中心，通过一个理想的景观由纵剖面形成的环境有序的系统。(DPZ.2002：PageA.4.1)。源自于1990年代末，由DPI事务所使用的"样带"，要归功于苏格兰地理学家帕特里克·格迪斯（Patrick Geddes，1854~1932年）经典的河谷剖面的影响，该事务所把各种城市化分区放入区域的地理环境中。

基于设计的区划原则很简单。它的理念以一系列类型学为基础，对城市的可变性进行分类如下：

1. 城市地区类型（例如邻里中心、邻里边界，等等）。这种城市类别涉及全面的特征，作为区划分类的定义。

215

2. 建筑类型（例如独立式住宅、市政建筑，等等）。
3. 开敞空间类型（例如绿带、公园、广场，等等）。
4. 街道类型（例如林荫大道、局部街道，公园车道，等等）。

在这个物质形态的框架中，空间和特征适应于使用的细部、建筑需求、停车布局、环境保护、标志等等。这里，基本的重点是：基于设计的区划始自于城市形态，而不是用途。

因而，图则从把社区划分成地理区域开始，以一个简单的类型学梯度为基础：村庄中心（最高城市化）；邻里中心；邻里一般区；邻里边界（最低城市化）（见图版50）。这4种城市类型覆盖了大部分情况，但是如果有必要，可能会加进包括更乡村的环境和更高密度的城市环境。每一种类型都可以用特定尺度的建筑来表现其特色，就像附录三中简单的剖面图说明的那样。这些图还确定了适宜的用途的范围，在附录三的条目中有详细解释。

下一层管理的标准包括了各种各样的建筑类型，典型的独立式住宅，联排住宅，公寓建筑，商业建筑，办公建筑和市政建筑。每一种建筑类型仅用一页纸，用三维的图解、照片和文字来描述和规定尺寸（见附录三）。注意一下基于传统主要商业街道商店的商业类型，它同样可以容纳大尺度的用途，比如，只消略作修改就是食品杂货店，也可以扩大为"大盒子"商店，只要设计得更有城市外观即可。用途已经暗含在建筑类型的名字里了，但是在图则的主要页码上，还是用1~2页篇幅，以图解和文字的形式进行了详细的说明。

开敞空间类型，对从城市到乡村的情况逐一作了定义和说明——从广场、空地到绿地，从公园、运动场到草地和绿色通道。街道类型在标有尺寸的剖面和平面图中进行了图解，并附上一页关于设计和工程标准的注释。图则的其他部分规定了停车场的布置和标准，还有对商业标志、室外灯光、环境保护和景观设计的需要（见附录三）。

附录三中摘录的区划条例的前两页，可以合起来打印到一张大海报尺寸的悬挂图表上，让人

们可以对所有的区划分区、建筑类型和建筑用途的关键议题一目了然。这张海报是区划图或控制规划的共同成果，这两页纸包含了社区内大多数关于开发机遇的战略问题的答案。更多细节在描述单个建筑类型的那一页上，和那一页关于停车场信息的纸上。完整的文件，比第九章列出的穆斯维尔文件有更多内容和细节，但仍然只有22页长。在允许建设的图表部分有一个注释，独立车库上的附属住屋作为业主的权力是允许建设的，它创造了一种提供可负担租赁公寓的可能。这种小而廉价的租赁单元在提供房主额外收入之余，为解决美国可负担住宅的危机起到了一点贡献。这样的一个公寓也可以作为家庭长者的一个独立居所，既在家庭的范围内，又保持一定的独立性。

结论

这个总体规划由社区内19个不同的再开发机遇组成，从高端的市场价格混合利用开发，到填充零星用地的可负担住宅开发。我们估算，政府在基础设施上的1000万美元投资可以撬动私人的9000万美元投资，其中一半都依托于教堂街的升级改造，而另一半分布在整个邻里的各种项目上。规划核心是要创造一个生机勃勃的混合利用的邻里中心，人们可以从邻里的任何地方以及邻里外部来到这里，在商店和办公室碰面，并把注意力集中在它周围的住区上。

规划的中心组成部分是在这个地区保持可负担住宅。需要制定很多战略来保证住宅长期的可负担性，包括公共投资，土地财产托管会和非盈利住宅机构的参与。尽管规划实施基本上都是市场驱动的结果，但是城市需要为长期的可负担性制定计划和激励措施。最终的总体规划同样包含一套新的全面覆盖的区划图则，针对总体规划特别的规定，制定了建筑设计、街道和开敞空间的设计标准。

案例研究的评价

这是我们最成功的专家研讨会之一，也是最

少由类型学驱动的总体规划之一。除了部分运用周边式街区，让建筑沿着街道和围绕着停车场布置外，大多数的在开发都是建立在细部环境的基础上，回应着特定的基底条件。在一定程度上，这反映了在邻里规模和范围的一个项目中，单个地块的评价可以达到多高的水平。在更大的城市或区域规划中，对类型学的解决方案就会更加依赖，在类型的里面孕育着日后的详细开发。这种细节设计的程度也是较长的会议才能达到的，这次六天的会议替代了我们常召开的4天会议。从很多方面来看，6天的会议颇为理想，但是增加的费用通常会影响会议的安排。在这个案例中，格林维尔市创造性地获得了很多公共和私人部门的支持，为较长的会期提供了资金。

就在2003年春天，我们撰写这本书的时候，城市已经采纳了这个规划，正在实施区划的图则。当人们还在讨论教堂街的改造细节的时候，城市决定了开始着手Springer街隧道的改造，这成为受人欢迎的承诺的象征——对总体规划，也对Haynie-Sirrine邻里。城市职员也利用这个规划，说服学校董事会不要征用体育场周围的土地，兴建新的高中运动场。这会是一个糟糕的决策，对邻里和城市都没有好处。它会让珍贵的土地脱离税收循环，因为学校董事会是一个公共实体，不用支付地产税，还会严重地破坏规划精心构建的不同经济关系之间的平衡。与城市官员之间的交谈中，可以发现，写这本书的时候，他们坚信规划应该保持完整无缺，在设计过程中存在于城市、邻里、私人协作者之间的广泛的共识和约定，仍会持续下去。

在整个过程和结果中，惟一遗憾的地方是饭店开发商的退却。"9.11"袭击事件以后，经济随之衰退，他也随着市场的不景气而离开了。除了这个挫折，邻里拥有好的兆头，当地观察员预料私人的开发会随着经济的缓慢改善，在场地上崭露头角。

第十一章
街区

案例研究5：城镇中心，科尼利厄斯，北卡罗来纳州

项目和背景概述

最后一个案例研究，在很多方面和以前的案例有鲜明的不同。并不只是尺度的不同，人员和程序也有所不同。作者和在前面的案例中重要的专业同事们仍然积极地参与其中，但却扮演了不同的角色。还有，这个项目不是由专家研讨会产生的，而是由建筑学的学生们作为一系列学术课题，开始于1993年，已经进展了十几年之久。由于科尼利厄斯（Cornelius）市中心的地产陷入一场法律纠纷中，作者等人的注意力转向别处，这个项目便搁置了几年，刚好能重新做城市开发规划和新城市主义原则下的区划条例。最后，在城市和私人开发商的合作下，这个项目以一种公私合营的姿态于1997年浮出水面。

科尼利厄斯城市中心这个项目的细节相当有地方特色，但是场地陷入了区域协作规划的大烂摊子中。我们会简略描述一下规划背景，作为街区戏剧性再开发故事的序曲，不过首先，来讲讲场地本身。科尼利厄斯是夏洛特以北8hm²的一个小城，城市的历史中心包含了一个4hm²的城市街区。场地在两条主要街道的交叉口，一条是南北向的区域性道路，115号高速公路，另一条是主要商业街，直到1990年代中期它都是道岔西边的主要连接道路。数十年来，这个街区是一间纺织厂，由凌乱的砖块和铁皮简易搭建而成，毫无建筑品质。这些工业用的房屋利用附近货运道旁久已废弃的铁轨支线，临主要商业街的一面是一道长长的、空白的砖墙。1990年，这里结束了生产，空房子很快成了旧城中心的破败的景象，给周围地区的开发潜力带来不利影响。部分因为这个芜杂环境的影响，广阔的郊区在几英亩之外更宜人的土地上，沿着因发电而形成的人工湖——诺曼湖湖畔蓬勃发展起来。图11.1显示了这个旧工厂破败的情形。

新开发项目被77号州际公路与旧城隔开，它同时也是这个社区两部分之间的屏障。这就是第九章提到的那条州际公路，在穆斯维尔案例中起到了重要的作用，科尼利厄斯的位置距莫恩山地区以南只有8km（图9.1）。它们和下面要提到的

图11.1　科尼利厄斯老厂场地的空中照片。这张摄于1997年的照片记录了这个老工厂房屋早先破败的时期。丑陋的平房毫无建筑品质（Photograph courtesy of Shook Kelley architects）。

设计先行——基于设计的社区规划

2个城镇之间的联系除了州际公路，还有115号高速公路和未来的高速铁路线。这三条交通走廊都是南北方向，平行布置。

这三个相互联系的城镇分别是科尼利厄斯；它南边的亨特斯维尔；它北部毗邻的戴维森。三者共同构成了北卡罗来纳州梅克伦堡郡的北部地区。三个城镇加起来共有近20.7km²的土地。梅克伦堡郡的中心是夏洛特城，这个大都市区大约有200万人，2003年其中的55000人住在北部的上述三个镇里。

这个案例记述了这个破败的城市街区重生为充满活力的混合用地中心的传奇故事——在一个从来没有人居住过的地方创造城市中心的催化剂。它同时也讲述了这三个城镇之间区域合作的长篇故事，在当代美国城镇规划中横空出世，形成了精明增长和新城市主义的开发的独特案例。如果还需要证据的话，这个故事还证明了，新城市主义的城镇规划理念从区域尺度到位于它核心位置的单个的城市街区，都具有适应性和连续性。

构建区域图景

1994年，作者之一接到戴维森镇一位忧心忡忡的市民的电话，他说规划的一条主要道路穿过了城市的边缘，打破了这个社区精致、小巧的城镇特点。这个开头对大西洋两岸的人来说再熟悉不过了——因为市民对于考虑不周、不重视周边土地利用模式和社区特征的交通规划的激进行动正在高涨。接下来是一系列公众的抗议大会，会议中人们发现规划道路只是更大的问题的前兆。戴维森镇，距离主要的区域性城市夏洛特40km的一个优美的社区，没法有效地控制呼啸而来的郊区蔓延。

1994年这个小镇所拥有的，只有一套按照1970年代的规章编制的标准区划条例，如果按照它实施，就必然产生蔓延。无论如何，戴维森镇聘请了一位充满激情的年轻规划师，蒂莫西·基恩(Timothy Keane)，他对这个问题有深入的见解。基恩（几年的努力和升迁之后，他成为南开罗来纳州查尔斯顿市的规划管理者）说服镇管理委员会任命作为建筑师的作者为城镇规划顾问，和他一起来研究传统城镇规划原则（1994年新城市主义还没有成为供选的对象）对该镇发展问题的运用。特别是，我们研究了怎样才能最好地改编像DPZ事务所著名的滨海区规则一样的规则，在全面的、公共的地方自治的背景下，应对控制增长的挑战。一套高强度的、为期12个月的公共程序，使1995年该镇一项新的土地规划和一套以设计为基础的规则一并被采纳，其中的一些页码见图3.4。

作者随后被指定为科尼利厄斯邻里的城镇规划顾问，负责引导该镇类似的增长管理战略。这个新镇规划和区划条例的工作导致了两个新职位的任命，蒂莫西·布朗(Timothy Brown)成为规划主管（现为北卡罗来纳州穆斯维尔邻里的规划主管），克雷格·刘易斯(Craig Lewis)成为城镇管理助理（现在是作者个人事务所的同事）。共同努力的结果是，他们两位最新任命的规划师编写了新的科尼利厄斯新传统区划条例（1996年通过），而作者搬到南部，成为亨特斯维尔镇的规划顾问。这次与规划主管安·哈蒙德(Ann Hammond，现在是田纳西州的那什维尔和戴维森郡的规划主管)合作，作者协助完成了类似的新镇规划和区划条例，而且都在1996年末通过了。

作为多年公共过程的一部分，作者与三个镇的社区团体一起合作，为这三个镇管辖的整个梅克伦堡郡北部，制作了大型手绘的预期建成效果图。最初构想是作为一个公众参与的工具，通过详细设计典型的或有争议的场地，来教育公众和开发商，使之理解新城市主义理念的优点。但是，这张图逐渐成为协助增长管理的综合图。它展现了广阔的地域中互相连接的街道和开敞空间网络，沿着规划中往来于夏洛特的通勤铁路线穿越村庄中心，由协调的以设计为基础的和交通支撑的区划支持，覆盖了全部三个辖区（见图版51）。这种协作的城市地方主义在《夏洛特观察家》(The Charlotte Observer)上被赞叹为"梅克伦堡的奇迹"(Newsom, 1996)，在美国PBS电视台的纪录片和配套书籍中进行了简要的介绍（Hylton，2000）。

作为这三个小镇重点地段的详细设计训练的一部分，北卡罗来纳州大学建筑学院的几个学生和作者一道进行图解方案，一名五年级学生，米克·坎贝尔（Mick Campbell），1996年为科尼利厄斯的老中心设计了详细的城市总体规划方案。这个方案展示了老工业地块复兴为混合用途城镇中心，包括新市政厅，食品杂货店，零售商店和居住-工作单元。依照较早的梅克伦堡郡北部的交通规划，坎贝尔紧挨着镇中心布置了新的通勤火车站，在铁轨另一侧的空白土地上按照新城市主义指导方针布置交通导向的开发（见图11.2）。这个颇有预见性的方案和正在小镇进行的历史中心的再开发是平行的。

镇中心和老厂场地

科尼利厄斯老镇中心最早在1994年通过的夏洛特和梅克伦堡郡2025年土地利用和交通规划中被作为可能通勤铁路站。1993年，UNC夏洛特的建筑学生对镇的要求作出回应，提出老厂场地的再开发方案。在这两个相联系的首创项目的基础上，城镇官员在作者的指导下，自1995年开始，对把老镇中心和附近土地改造成交通导向的都市村庄，进行了更进一步的概念性研究。

为了提高这个意向，阻止重型货车进一步降低老镇中心的品位，小镇在1993年已经对老工厂土地进行重新区划，以避免继续用作制造工厂或成为仓库。这个镇还试图购买4hm²的工业用地，但不幸的是，1995年城市的计划被一个私人商人打断了，他开出更高的价钱，并把一些建筑翻新为仓库，刚好和小镇的愿望截然相反。一场复杂的法律纠纷因而产生了，最初与形势相反，商人靠区划的技术细节上赢得了这场官司。在某段时间里，这个商人甚至在土地上养羊，以获得法律上的优势！尽管受到挫折，科尼利厄斯官员立即宣布上诉，而法律界的舆论一致认为下级法院陪审团的决定与常规不符，这个判决在上诉法庭更深入的审查中不会被维持。

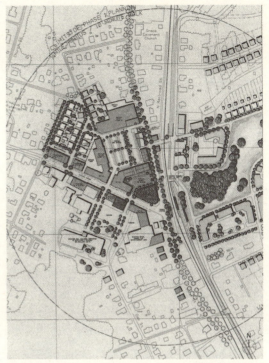

图11.2　1996年学生的主题方案，科尼利厄斯镇中心。作为科尼利厄斯镇与北卡罗来纳州大学夏洛特建筑学院学生之间的持续对话的一部分，这个出自米克·坎贝尔的设计方案指出了这个街区再开发的关键主题：在街区内部停车广场周围组织主要的零售商店；沿街布置小型商店和公寓，在未来的火车站对面的主要街角设置新的市政厅。与图版52比较（图片蒙米克·坎贝尔提供）。

因此，商人与小镇在庭外私下和解，到1997年初，科尼利厄斯最终取得了这块地的所有权（Brown，2002）。

在这场所有权的斗争中，小镇当局和作为规划顾问的本书作者，为新镇中心奠定了规划的基础。随之，1997年6月，新城市主义区划条例被采纳几个月之后，在蒂姆·布朗（Tim Brown，即前文提到的蒂莫西·布朗）和克雷格·刘易斯的指导下，小镇终于和当地开发商形成公-私合作的局面，把场地再开发成了商住混合的用地和一座新市政厅。

关键问题和目标

老厂场地再开发的主要目标，是为10~20年间、围绕通勤铁路车站形成的繁荣新镇中心奠定基础。

该场地和紧邻用地的补充性目标有：

- 建一个新的食品杂货店，为老旧的、被77号州际路隔断的东部社区服务。
- 建设新的市政厅，取代破败不堪、缺门少窗的砖砌工棚——那是自1930年代开始城市工人就在使用的，同时建设新警察局，并在附近独立的地块上兴建新的镇图书馆，来复兴社区的市政中心。
- 通过对城镇中心地块引入商品住宅和可负担住宅，在历史核心地带增加居住人口。
- 再开发场地，促进镇的税收。
- 刺激老镇东部的新开发，平衡州际公路另一侧、小镇西部扩张的郊区蔓延。
- 设计场地的布局，和东边毗邻地块未来的火车站相联系，也与未来铁轨另一侧的交通导向居住开发联系起来。

总体规划（图版52）

这个街区的总体规划是由夏洛特舒克设计集团（Shook Design Group，后来的Shook Kelly）建筑师事务所设计的，他们和镇官员及私人开发商、麦克亚当斯（McAdams）公司一道进行了工作。115号公路从南到北，沿着地块边界而过，与未来穆斯维尔和夏洛特之间通勤服务的铁路线平行。主要商业街在规划区南部由东向西展开。设计过程始于1997年12月，建设文件在1998年5月完成，第一阶段的施工也于同年12月竣工，包括在1.79hm²的土地上建设的3066m²的杂货店和929m²的辅助的零售商店。

从主要商业街上可以看到杂货店，为适应既定的郊区老一套布局，商店入口的正前方是必备的停车场，但这传统的布局不久后就被下一阶段沿街道边界的开发挡住了（见图11.3）。对于杂货店和其他"大盒子"的零售商要求在店前停车的顽固不化的态度，这是简单不过的解决办法（在图11.2中的坎贝尔的规划就有预兆）。设计在需要的地方提供停车场满足他们的期待（还有那些保守的、给这个项目提供资金的贷款方），在常规的解决方案之外，它建立了一个更大规模的步行友好的城市框架（参见图11.5）。

第二阶段包括2508m²的新市政厅的建设，大小是老市政建筑的9倍。虽然有些人想把这个重要的建筑放在两条主要道路交叉口的西南角上——为了视觉和象征意义——镇决策者和设计师们还是决定把它布置在主要商业街，可以和未来的警察局共同形成正式、对称的格局，整体产生市政的尺度感和庄严感。市政厅也是由舒克·凯利（Shook Kelly）设计的，为了纪念老法院和市政建筑，有醒目的垂直比例和厚重的新古典对称美，其目的是使这个很可能流于标准商业开发的建筑呈现出市政建筑的神韵。市政厅的设计开始于1997年10月，1999年8月完工（见图11.4）。

第三阶段是总体规划中最为重要的城市设计

图11.3 从主要商业街上看杂货店，两排三层的居住－工作单元沿着新科尼利厄斯的主要商业街排列，它们创造了一个建筑之间的空间，人们的视线可以穿过这空间清晰地看到杂货店和它的停车场，并且方便进入。用这种方式，大型停车场地并没有统治城镇景观。

部分，包括两排三层的生活－居住单元，沿主要商业街北侧布置（见图11.5）。这些由夏洛特建筑师大卫·弗尔曼设计的25个居住－工作单元揭示了在郊区的环境中设计建筑规则的复杂性，那就是，每一幢建筑都有自己独立的用途，都占据自己的空间。这些成排的房屋都建成了三层的联排住宅，因为在州建筑条例下作出简单的混合布局，把居住安排在店铺之上是有难度的——而这曾是美国主要商业街道风行了近两个世纪的特征。为了使建筑适合它们的真正用途，弗尔曼的建筑平面的占地进深做得比一般联排住宅更深，以适应一层的商业用途。通过允许街道层上的"起居室"以"家庭所有"的方式用作办公或商店，镇的区划条例绕开了州建筑条例的限制。

2000年2月，这些单元以142000到255000美元的价格推向市场，迅速被人们抢购一空，显示了美国飞速增长的商业部门——小企业家在家办公的影响（Brown：p.56）。沿着115号公路设计了类似的朝向东面的建筑，但比起主要商业街道的复兴来说，这些下一阶段的建设对构筑道路对面的未来火车站投入了更大的努力。同时，也对主要商业街道和115号公路这个重要交叉口的保留建筑，进行了时序和定位的规划。

主要商业街被重新设计成允许斜角停车，这给街道上的商业带来了实惠，但是即便这个改进，也让小镇和高一级的州政府机关颇费了一番唇舌。作为由州政府维护的公路，考虑到汽车的停泊和倒车会对机动车流的流畅和速度形成障碍，陈旧的规章中不允许斜角停车。为了塑造一个整体成功的项目，必须达到步行友好的改进，镇政府不得不从州政府那里接管了街道的维护权，在市政预算中添加了一笔开支。一旦街道由镇政府接手，就意味拿到对空间的管理权，可以被重新分级为能布置斜角停车的镇级街道。

城镇中心的第四阶段包括新的 $1672m^2$ 的警察局，2002年末建成，由夏洛特LS3P建筑师事务所设计，该事务所还于1998年设计了附近两个街区之外、位于镇小学对面的图书馆分馆。这两幢建筑证明了优秀的城市设计对公共街道的适应性，但在它们的外观表现出了保守的、砖石的新古典主义，回应着新镇中心所有其他建筑的"怀旧"风格（见图11.6）。

图11.4 科尼利厄斯市政厅，舒克·凯利建筑师事务所，1999年。新市政厅纪念碑式的尺度让很多当地居民感到震惊，几十年来，他们习惯了到一层楼的小破屋里纳税和参加会议。目前这个建筑运转良好，为小镇提供了很棒的设施，作者也别无奢望，只幻想当初它能更带点当代风采，而不是一味地复古。

图11.5 沿科尼利厄斯主要商业街的居住－工作单元，大卫·弗尔曼，2001年。这些建筑揭示了一个普遍的美国困境：用历史的美学构筑先进的城市设计。21世纪的头几年，美国人的品位对和先进的城市主义搭配的、干净利落的现代审美没什么兴趣。与图3.9所示的建筑作比较。

第五阶段包含了至关重要的可负担住宅,在场地的西北部,它们以小型的联排住宅的形式出现,2003年春末,当我们著书立说的时候,工程也竣工了。总体规划还勾画了沿主要商业街南边一侧更多的混合利用排屋的开发,和北侧的开发正相对称。这个不在镇所有的土地上的再开发,在未来几年内都不大可能实现,但在附近的地块上,相当规模的翻新和填充开发正在变为现实,兑现了镇政府的承诺。因而,1996年对镇中心地区估算的80万美元税收值,到了2003年已增加到几百万美元。

实施

为了市中心的复兴,北卡罗来纳州的法律允许公司合营的尝试,不过,镇中心的这个项目成为了第一个吃螃蟹者,探测了法律的底线。镇政府通过和开发商谈判来选择场地,在条款的协议下,把选择权交给开发公司。然后,镇政府花了50万美元拆迁和清理场地,又花了25万美元沿主要商业街道预埋了电力和电话电缆。作为精明的法律合同的一部分,镇政府又花了80万美元把市政厅买了回来,并在新建筑的建设中开始签订了"承租人承建"(build-to-suit)的合同。作为大型的、整体的开发项目中的一部分,拥有更具竞争力的价格,这使镇政府从规模经济中获益,节省了不少资金,而且重要的是,传统的过程中,公共财政的市政建筑把设计和竞标分开,与之相比,私人开发商有更快的设计和更易接受的开发时间表(Brown: p.55)。所有这些创新的尝试都需要负责地方政府的州立委员会和镇政府进行详细的磋商,以批准融资的途径。

之前提到,沃尔特教授在1990年代中期和小镇的合作,已经建立了这块土地及附近地块的交通导向型镇中心的开发原则,在该规划中也将老厂再开发为基础设施。随着该镇中心街区经济上和舆论上的成功(其详细的设计获得了美国建筑师协会和美国规划协会的奖项),2000年1月,科尼利厄斯又迈出了大胆的一步。紧跟着老厂地块前所未有的创新,镇政府签约购入铁路线另一侧、正对着镇中心的一块51hm²的土地,1996年坎贝尔的学生作业在那里研究了交通导向型的居住开发。镇政府把它"作为支持和推动这个地块成功开发的催化剂,(但)既不想自己拥有、也不想自己开发这块土地"(Brown,60)。他们的目的是在有权购买之时,进行TOD的设计,然后连带设计和全部的地区区划一起,把这块地"抛"给一个开发商,开发商才是真正购买土地和进行建设的人。这个策略可以维持低廉的财政义务,却撬动了广泛的私人投资,以完成整个项目。

镇政府委托(DPZ)事务所进行总体规划和开发可行性评估,2000年12月,在一次公众的设计专家研讨会上他们完成了这个任务。有了合适的规划,当选议员和官员对几家开发公司进行面试,然后选出了一家实施单位。DPZ的规划创造了有吸引力的交通导向型开发的蓝图,并建立起了可行的框架,但一些复杂的地形和实施问题仍未得到解决。因为顾问们和镇政府相持不下,夏洛特的景观建筑师科尔·简(Cole Jenest)和斯通(Stone,原设计小组的成员)接受委托修改规划,以满足镇和中标开发商的要求(见图11.7)。通勤铁路线仍会按预定时间于2008年建成并通车,第一批交通导向开发的住宅按照日程表,将于2003年夏天破土动工。

图11.6 部分完工的开发项目鸟瞰图中可以看见警察局,LS3P建筑师事务所,2002年。警察局在照片的左侧,市政厅对面。和市政厅一样,它对优秀的城市设计作出了贡献,但那温吞吞的新古典风格让人有点失望。

科尼利厄斯超前的规划体制在2003年春天转向了巩固镇中心景象的行动,它委托劳伦斯集团为TOD项目周围,以及沿铁路线的剩余的约15.54km²的土地做总体规划,并与附近的戴维斯和亨特斯维尔镇合作开发。劳伦斯集团召集了另一次公众的专家研讨会,产生的总体规划平衡了开发的机会,特别是交通和最近提供的排水系统,还有县内最后一片大面积的开敞农田的保护,促进了开发(见图版53)。

在最后一个困难的研究区域里,紧贴着交通导向开发的东南部,有254hm²的正在运营的农场,从乔治三世统治期开始,它的所有权就归一个家族所有。这块地由英国海军上将和贵族——安森勋爵(Lord Anson),由当时的安森郡转让而来,它从夏洛特地区一直向西延伸了大约960km,直抵密西西比河岸,这个例子证明了殖民时期的美国超大的尺度。这块地位列《国家历史地点名册》(National Register of Historic Place)的条目中,家族条令有规定,未来几代人都不得开发这块土地。虽然这是一块最好的可开发用地(所有的良田都是!),本可以增加科尼利厄斯和戴维森镇之间的连通性,它还是在镇中心密集的开发旁边扮演了一个巨大的"中央公园"的角色,对社区具有重大的环境和历史意义。因此,在最终的研究中,我们让密集的未来开发远远的离开了这块土地,围绕着总体规划地区南部边缘、另一个未来的通勤铁路车站展开,它在科尼利厄斯镇中心车站南边4km。这里,我

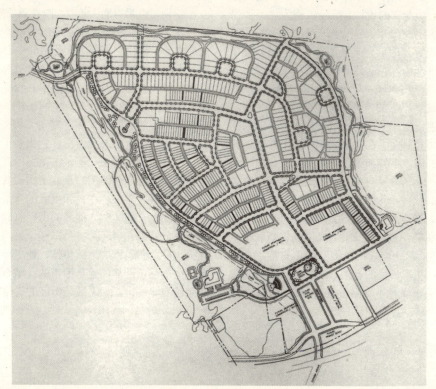

图11.7 修改过的TOD总体规划布局,科尔·简和斯通,景观建筑师事务所,2001年。这个规划保持了原DPZ规划的很多特征,但修改了一部分街道模式以适应具体的地形条件。图的左边界上,通勤铁路形成了浅浅的弧形,火车站将坐落在穿越铁轨、到达旁边镇中心的步行交叉口旁。这一章里,我们讨论到的混合利用开发刚好出了左边的图外(图片蒙科尔·简和斯通事务所提供)。

们创造了一个新的就业导向的TOD，把它和停车换乘设施融合在一起，就像第九章的案例研究，我们非常熟悉的穆斯维尔／莫恩山的情况那样：77号州际公路良好的道路通达性，广阔的可开发用地大片，所有权掌握在少数的地产主手中。该规划刚刚于2003年初夏完成，恰逢我们的书脱稿。我们拭目以待，科尼利厄斯镇中心和莫恩山就业中心这一对开发项目，是否能以同样的水平变为现实！

案例研究的评价

对于这个案例研究，我们有千言万语，难以尽述，前面的部分已经表达了不少了，下面，我们要讲讲依靠他人的才能和天赋发展成熟的理念。不过，我们先作一个说明以防误解。新镇中心大胆的、企业家的设计，已经实施为一系列保守的新古典主义建筑。这些建筑利用过去的一些建筑作为规定死的模型来模仿，而不是作为一个类型，来重新诠释。这种退回到过去的景象，从传统中为新建筑炮制一个风格是美国的通病，在英国也是屡见不鲜的，明智地尊重传统，或深陷于怀旧、创造出一个虚构的过去，这两者之间的界线常常被模糊了。在这个案例中，还有很多其他的案例，包括亨特斯维尔的伯克代尔村，历史建筑成为一个博取欢迎和经济成功的手段。这是对我们的时代一个令人困惑的注解：如果改变了科尼利厄斯镇中心的大胆的规划和城市设计，也用同样大胆的当代建筑来建造（可以和新城市主义完美地协调），当选议员很可能不支持这个项目，也难以获得市民的拥戴。2003年的美国，我们生活在一个保守主义品位盛行的时期，虽然作为艺术家和建筑师，我们渴望得到机会，让当代设计和精明增长规划水乳交融，但作为城市设计师，我们明白这需要另一代人的时间，才能让我们社会的文化需求，从浅薄的怀旧深化为意味深长的审美。

作些更加积极的评论，很明显，这个案例研究达到了比本书任何一个案例都高的实施水平。这很大程度归功于充足的时间，最早的方案可以追溯到1993年，以学生作业的形式进行的讨论。耗费了十年的时光，才达到了今日的情形，虽然没有完全完成，但一步一个脚印地推进着。良好的设计想法之所以能成功实施，要归功于镇领导的高瞻远瞩，无论是当选议员还是其他官员，他们积极找寻公私合作的机会，把私人投资者的能量和高效与公共权力机关长远的眼光结合起来，用适度的公共投资吸引了大量的私人资本。

特别要说明的是从新中心内核到外部的联系。镇领导认识到，那是一个积极的中心，老厂场地已经成为一个比它自身更大范围的中心。因此，通过几个当选议员的转变，大部分官员都抱有了同样的见解，镇官员保证了新镇中心和高密度的交通机会——还有补偿性开放空间保护——联系在一起，顺着铁路线，它们和邻镇分享了这一切。这种观点是我们所有人的榜样，它增强了我们的基本信念，在精明增长和新城市主义中连贯的等级规模。即使我们在街区的尺度工作，我们也要总是超越用地边界来思考，和更大的背景牢牢联系在一起。一个街区和它周围的街区有联系，再联系到整个邻里，然后是整个市镇，最后就像这个例子一样，和附近的市镇协作，建立地域性的观点。这个例子是与邻近自治市的区域合作。街区是区域的熔炉，正如区域是街区的孵化器。

编后记

本书尝试把几种城市思潮编织到一起，围绕着一个核心前提，形成一篇条理分明的故事：规划社区最好的办法就是详细地设计它们。我们想用知情人的眼光来揭示这个设计和规划的过程，相信把我们自己的成功与失望暴露于光天化日之下，就能达到五个目标。首先，对那些对城市设计概念模糊不清的人来说，典型项目的案例研究可以揭掉这门学科的理念和技术上面蒙着的面纱，让非设计人员也不觉得遥远。第二，详细讲述活生生的案例展现了一种可能，即精明增长和新城市主义策略无论对大型还是小型社区来说，都让它们制定了更可持续的居住和建筑策略。第三，我们希望这些案例研究可以展示英国和美国的经验之间，那技术手段上的相似、和政治背景上的不同。第四，通过罗列我们的理念、理论和实际成果，期望我们的工作能够成为两国学生的一部开放的读本，向他们示范了专业的工作是怎样在实际中进行的，并且，工作室和讲堂里由建筑学教授讲授的思想是怎样与岌岌可危的现实情况相关的。第五，它可以支持像我们一样努力工作、把美国拉回正轨的人们。我们并不孤单。

建筑师们作为专业人员，学习的第一件事情就是——除非在专业事务所的讲座中有所耳闻，否则不大可能在学校中学到：他们作为建筑师和城市设计师的工作是建立在合作和妥协的基础之上的。而且，妥协不是一个让建筑学天才降格的词。委托人、承包人、测量员、工程师和规划师都在创造建筑方面发挥着切实而重要的作用，而且建筑学中的真理在城市设计和城镇规划更广阔的世界中被夸大了。人们公平地称赞专家研讨会是一个伟大的方法，它收集了社区错综复杂、头绪繁多的规划问题，但是这个研讨会在融合设计师的才能方面同样是卓有成效的，让他或者她承担了个人无法扛起的专业重任。城市设计师只是设计小组的一部分，同时还有很多其他学科的合作伙伴，还有非专业人员及市民一道工作。

如果能够开放思维，专家研讨会对设计师也好、对普通大众也好，都是很棒的学习媒介。在这本书里，我们通篇都强调了传统城市形态和类型的作用，它可以在过去、现在和未来之间架起桥梁，而且利用历史和理论可以丰富美国城镇发展实际情况中的设计。对传统源泉的影响力保持敏感，并不是说建筑设计不能、或者不可以发展。在以人为中心的公共空间城市骨架中，建筑自然可以试验，发展和适应。与之相应的，利用类型学并不意味着我们的设计就此固定了；在动手之前，我们没有必要知道那个解决方案。

类型学是设计师的起点，一般性的建筑基础会随着地方环境的不同而呈现出特定的形状。只有把当地人当成规划中的伙伴，在创造他们的社区的时候多倾听、多让其参与，这种对地方的理解才能实现。穆斯维尔和格林维尔的专家研讨会之所以成功，就是因为地方的参与很深入。设计小组从当地人那里学到丰富的知识，而总体规划也因为公众参与的过程而大大改进了。

在我们的案例研究中，我们有意展示了成功和失望交织的现实生活。我们不说"失败"，因为没有一个项目是"失败"的。即使是罗利市的例子，我们的合同没有包括任何的实施规定，只剩了一个总体规划，面对未来决策的无常它是那么脆弱，它也没有"失败"，尽管和我们原来希望的东西比起来，它确实不算太成功而已。得知罗利市的规划师和美国其他很多城市的一样，都在竞竞业业地工作，希望改进规划体系，并且我们的规划可以让卡罗来纳州的同事们肩上的担子稍轻一些，我们不由得到些许宽慰。我们的规划还支持了三角区交通局把通勤列车服务带到区域中，而且特别要提的是，我们觉得它帮助社会接受了交通导向式村庄提供的经济和社会优点，而不是在车站场地上建一个光秃秃的换乘停车场。

除了科尼利厄斯镇中心有一个很长的时间跨度外，所有这些项目都是在2000~2002年之间规划的。恰逢美国经济在衰退，受到了国际恐怖主义的威胁和人民信心普遍缺失的压力，这种情况之下，规划当场的效果也是大打折扣——穆尔斯维尔(Mooresville)总体规划是一个例外——但它有助于形成地方大规模的合作平台。规划完成后1~3年内，实施范围不大也不能被判断成一个失败，因为城镇建设是一个长期的过程。一个复杂的建筑工程从开始到结束，耗费5年的时间并不是什么不寻常的事，而对于城市设计和城镇规划项目而言，时间战线一下子就拉长为它的两倍或三倍。在格林维尔的案例研究中，我们拟定了一个可能的实施时间表，共持续20年之久!

对专业人员而言，城市设计的回报姗姗来迟是不可避免的一件事。我们俩作为人到中年的、有点经验的专业人员，相信等到今天的那些规划在这个世界上真正成型的时候，我们差不多也退休了。消耗长期的时间，换来的就是作用和影响的范围：我们开始了一项比设计建筑大得多的工作，尽管设计建筑也是值得尊敬的。我们着手设计的是城镇和城市！城市设计的公共推动力和努力塑造更好未来的社会团体之间持续的互相影响，对建筑师和规划师的努力来说是莫大的满足。为了把我们从戈登·卡伦和卡米罗·西特那里吸取来的相似的东西传递下去，我们这些城市设计师有点像作曲家，创作的音乐需要音乐家听到。我们谱写了一个城市的乐谱，但是除非别的专家和老百姓们演奏他们自己的那一部分，把我们纸上的线条和书页上的文字转变成行政行为、砖头和砂浆，否则什么也发生不了。也许，这是迟到的满意，不过，那作曲的乐趣啊！

我们留意地挑选了案例研究，为了展现城市的尺度是有层次的：在很多市镇之间设计区域性的合作开发框架；在大城市的都市村庄中心附近重构已经失去活力的郊区；在"绿地"的用地上创造新的都市村庄，让郊区增长模式更可持续；复兴贫穷的内城邻里，使衰退的城市中心重新焕发活力。在这些大大小小的项目上投入的努力使我们坚信，新城市主义最重要的一个主张是——设计思想中的延续性和关联性在所有城市规划的尺度中都存在，从区域到街区。

有些专业人员仍然持有这样的观点，精明增长是大尺度上进行"规划"，而新城市主义主要关注于单个项目的小尺度"设计"（Wickersham, 2003）。我们则认为这是一个根本性的误解：它把规划从设计中永远地分离出来了。把设计内容从精明增长中剥离开来，它就变成不过是另一套规划政策，离死期也没多远了。对精明增长来说，最重要的是，它是对我们社区的重新设计，以解决环境和社会问题，并创造新的适当的可持续生活方式，在那些地方既能提供给人们日常所需，又能浸润心灵。精明增长和新城市主义是密不可分的；它们共同形成了各个尺度上的开发、再开发和保护的综合途径。

我们的工作是鲜活的证据，证明新城市主义并不仅仅是为富有的中产阶级创造的可爱的郊区。它还可以，而且应该成为社会变革和进步的媒介。但是对精明增长和新城市主义最严峻的考验之一，就是处于这个社会公平的舞台上。新城市主义已经取得了一定名声，但却有点不公平，人们认为它仅仅是在美国社会中为富裕阶级创造舒适环境的方法。滨海区的遗产在经济上被扭曲，和我们在北卡罗来纳州、亨特斯维尔的伯克代尔村的经历，可以说明这个问题。但是这个定位并不公平，因为不谈别的，它忽视了在HOPE VI计划中，对可负担住宅的巨大贡献实际上是直接建立在新城市主义原则基础上的。但我们的心仍然悬着，就像在第六章里提到的那样，精明增长的反对者们已经开发出了一个潜在的、有力的新策略，把精明增长污蔑成"势利增长"，说它保护了富有的中上层阶级，把低收入的家庭和个人排除在外。击败这个诽谤事关重大，但是美国社会中的一些做法使这场斗争对我们来说非常艰巨。

对于一个自称"无阶级的"文化，21世纪的美国是残缺的，因为金钱和种族的基础上分化出了阶层，这一切在美国城市的形态上绝对是不言而喻的。中低收入的家庭经常聚集在一些城市地区，距离就业中心好几英里，往来于工作地点、学校、健康设施的手段非常有限。富有的市民通过大地块、排外性的区划形成郊区的领土，把穷人隔离在外，这就意味着小点的、更可负担的住宅在这些区域里不允许建设。更猖獗的社会和空间隔离，通过"围墙社区"(gated communities)的方式，越发变得司空见惯。有的时候，我们受到城镇领导的会见，他们正在寻找新的综合规划的顾问，只要发现我们确定的思想是关于在所有社区强调社会公平和可负担住宅的重要性，就立刻把我们打入冷宫，不再考虑了。这些城镇要找的是能将歧视制度化、俯首贴耳的顾问，最后他们找到了。无论如何，我们相信，和这样的议程串通一气，在职业道德里是令人唾弃的背叛。

在整个社区内，可负担住宅的公平分配不仅是新城市主义的一个创立原则，也是最难达到的目标之一。美国蔓延的居住模式意味着，平均下来，美国家庭花在交通上的钱比花在食物上的更多，仅次于住房开支。居所平均的花费是19%，交通18%，而食物，只需13%。对于迫切需要钱来买套像样点的房子的贫苦家庭来说，家庭和工作之间的距离意味着仅交通费用一项就要用去可观的36%收入，剩下的已经不可能住上什么好地方了（Katz, 2003: p. 47）。

尽管美国的联邦计划的确为可负担住宅的立法提案提供了支持，希望更主动的国家政策能够执行，命令可负担住宅在社区中公平分配，这也太过乐观了。这个问题还留待单个的城镇尽其所能来解决。在这种情况下，专家研讨会、总体规划和这些案例研究中描述的、新的基于设计的区划条例可以通过当场投入设计，一个邻里一个邻里地达成社会的公平。

作者并不希望英国的读者们看到美国城镇的问题层出不穷时，太过自鸣得意。在英国城市中心不断增长的种族和阶级冲突，特别是北部地区老城衰败的地区，预示着未来的灾难。即使在曾经繁荣的工业城市，如泰恩河畔的纽卡斯尔，在努力恢复城市健康的外观之前，也经历了几十年的衰退，城市中心和码头区那令人欢呼和称颂的复兴，与仅仅几英里之外、工人阶级邻里痛苦的城市衰败之间形成了鲜明的对照。这并不是一个孤立的问题。

英格兰天空下的岛屿并非充满了明媚和阳光，从BBC和Masterpiece Theater对英国建立印象的美国人，会震惊地了解到英国城市社会中的压力和问题。但是，正如我们在前文中说的，英国在规划和城市设计上有国家的政策和支持，比起美国来可以提供更全面的解决框架，我们对英国城市比对美国城市更乐观一些。在美国，我们只能更努力地投入工作,让设计得到更好的利用。就像我们在这本书中传达的希望，设计不仅仅是审美的问题；它还是一种解决问题的手段，城市设计通过三维的思考，为解决城市问题提供了技术手段。和密斯·凡·德·罗的主张正相反，在这种情况下，少并不是多。第三个维度给设计师和规划师提供了更精密的工具，来解决城市问题，而二维的规划理念只处理了位置和功能的问题。城市设计为生活、工作、购物、礼拜和坠入爱河提供了真实的场所；城市规划却只为城市提供了抽象的模型。

美国城市设计的复兴在很多方面是与英国城镇规划的传统联系在一起的——在英国，社区的布局是按照物质空间标准，以及社会的、经济的和文化的考虑来组织的。这种基于设计的规划是案例研究的前提，它可以通过一种传统的二维技术达不到的方式，满足社区的需求。我们的工作，还有美国大地上很多专业人员的工作，再次肯定了物质空间总体规划的传统。我们创造了一个可以建造的意向，建立了贯彻实施的方法——和只强调分析和政策方针的统计的规划方法正相反。越是接近真实的世界里的场所和人群，我们就能越好地解决城市、城镇和邻里的问题。我们，和其他同道中人一起，正一次一个地方的、努力重新打造美国可持续的未来。

新城市主义大会宪章

附录一

新城市主义大会认为，中心城市缺乏投资，地区蔓延扩张，日益加剧的种族和收入分化，环境的恶化，缺乏农业用地和荒地，以及对现存社会遗产的侵蚀，这些都互相关联，成为社区建设的挑战。

我们支持，恢复现有的城市中心和位于连绵大都市区内的城镇，将蔓延的郊区重新布置为真正的邻里社区和各种各样的区域，保护自然环境，保护也已存在的文化遗产。

我们认为，物质方法本身不能解决社会和经济问题，但是如果没有一个协调连贯的物质空间框架作支撑，同样也不能维持经济活力、社区的稳定和环境的健康。

我们提倡，重新构建公共政策和开发实践，来支持以下的原则：邻里应有多样化的用途和人口；社区的设计不仅要考虑小汽车、还要考虑步行和换乘；城市和城镇的形式由普遍能到达的公共空间以及社区机构的物质环境来界定；城市空间由经过设计的建筑和景观来构成，并表现地方的历史、气候、生态和建筑实践。

我们代表了广大的市民，我们的队伍由公共和私人部门领导、社会活动家和多学科的专业人员组成。我们承诺，通过公众参与的规划和设计，重建建筑艺术和社区建设之间的关系。

我们将让自己致力于改造我们的家园、街区、街道、公园、邻里、地区、城镇、城市、区域和环境。

我们主张，以下列的原则指导公共政策、开发实践、城市规划和设计：

区域：大都市区、城市和城镇

1. 大都市区域是指有明确限定的场所，其地理边界为分水岭、海岸线、农田、区域性公园和江河流域。大都市区域由城市、城镇和乡村多个中心组成，每个地区都有明确的中心和边界。
2. 大都市区域是当今世界的基本经济单位。政府合作、公共政策、物质规划和经济战略都必须反映这个新的事实。
3. 大都市区及其农业的腹地与自然景观之间有必然而脆弱的联系。这个联系是环境的、经济的和文化的。农田和自然对于大都市区的重要性犹如花园对于住宅一样。
4. 开发模式不应该模糊或者消除大都市区的

边界。在现状的城市地区内的填充式开发应该保护环境资源、经济投资和社会肌理，同时开发边缘地区和废弃的地区。大都市区应该制定策略鼓励填充式开发，以取代外围的蔓延。
5. 在适当的地方，和城市边缘相邻的新开发应当组织为邻里和街区，并且融入现状的城市模式之中。不相邻的开发应当组织为城镇和村庄，拥有自己的城市边缘，规划考虑工作／居住的平衡，而不是仅作为一个卧城郊区来考虑。
6. 城镇和城市的开发和再开发应该尊重历史的模式、先例和界限。
7. 城市和城镇应该让广泛的公共和私人用途互相临近以支持区域经济，这会使各种收入的人们都受益。可负担住宅应该遍布该区域，以配合工作机会，避免贫困的聚集。
8. 区域的物质空间组织应该由可选择的交通框架来支撑。交通线、步行和自行车系统在整个区域内应有最大限度的可达性和机动性，并减少对小汽车的依赖。
9. 在区域内的市政当局和中心之中，税收和资源可以更加合作共享，以避免对税基的破坏性竞争，而促进交通、娱乐、公共服务、住宅和社区机构的理性协调发展。

邻里、分区和走廊

1. 邻里、分区和走廊是大都市区开发和再开发的基本元素。它们构成了可识别的区域，鼓励市民承担起维护和发展的责任。
2. 邻里应该是紧凑的、步行友好的和混合利用的。分区通常强调一种特定的用途，在可能的条件下，应该遵照邻里设计的原则。走廊是邻里和分区间区域性的连接体；它们包括林荫大道和铁路线，也包括了河流和公园道路。
3. 很多日常生活的活动应该在步行范围内进行，让那些不能驾驶的人，特别是老人和小孩，拥有独立性。街道相互联系的网络应该设计成鼓励步行的，以减少小汽车出行的频次和距离，

节约能源。
4. 在邻里中，广泛的住宅类型和价格水平可以使不同年龄、种族和收入的人群产生日常交流，加强私人和社会的联系，这是真正的社区必不可少的东西。
5. 交通廊道，如果进行适当的规划与协调，有助于组织大都市区结构，使城市中心得到新生。相反，公路走廊的建设不应该替代对现有中心的投资。
6. 在换乘车站的步行距离之内，应有适当的建筑密度和土地利用，使公共交通成为小汽车之外的一种切实可行的选择。
7. 市政、机构和商业活动的集中，应该融入邻里和分区中，不要形成孤立的、偏僻的单一利用综合体。学校的大小和位置，应使孩子们能够步行或骑自行车到达。
8. 图解的城市设计条例可以为改变提供可预知的导则，通过这些条例，可以促进邻里、分区和走廊的经济健康与和谐发展。
9. 各种各样的公园，从儿童游乐场（tot-lots）到村庄绿地，从球场到社区花园，因在邻里内部合理分布。保护区和开敞土地应该用来划分和连接不同的邻里及分区。

街区、街道和建筑

1. 所有城市建筑和景观设计的首要任务，就是对共享的街道和公共空间进行物质定义。
2. 单个建筑工程应当与周围环境密切地结合。这不只是风格的问题。
3. 城市空间的复兴有赖于安全和保护。街道和建筑的设计应该加强环境的安全，但不能牺牲空间的可达性和开敞性。
4. 在当代的大都市区中，开发必须充分地适应小汽车。在适应小汽车的同时还应该尊重步行者和公共空间的形式。
5. 街道和广场对行人来说应该是安全、舒适和有吸引力的。合理的配置会鼓励步行，促进邻居之间互相了解，保护共同的社区。
6. 建筑和景观设计应该源自于当地的气候、地形、

历史和建筑惯例。
7. 市政建筑和公共聚会场所需要重要的位置，以加强社区认同感和民主文化。它们应该有益于辨别的形式，因为它们与其他组成了城市肌理的建筑和场所有着不同的作用。
8. 所有建筑应能让居住者清晰地感觉到位置、天气和时间。自然的取暖和制冷办法比机械系统的能效更高。
9. 保护和复兴历史建筑、街区以及景观，能够强化城市社会的延续和发展。

附录二

精明增长原则

附录二列出了应对社区的规划和城市设计的精明增长原则,它们前面是一些总体方针。这是第二章①中条目的拓展;对可持续增长范畴内更迫切的要求、以及精明增长原则的深化内容,我们用*斜体字*作了标注。

总体方针

1. 规划要和一个区域内的多个市政府合作。
2. 公共投资的目标是支持关键地区的开发,阻挠其他的开发。*扩张的郊区地区只选在现有的公共设施和服务能够支撑的地点,或者仅仅是对这些服务的一点简单的、经济的扩展即可。*
3. 强化城市、城镇和邻里中心。只要有可能,将地区的吸引力布置在城市中心,而不是郊区。
4. *开发要更具多样性、合作性,加强地方经济中可再生资源的利用*(Porter, 2000: p.25)。
5. 让开发决策可预知、公平、节约成本。让社区的业主和市民参与决策过程。在规划被采纳后,需要区划的决议。
6. 提供鼓励,扫除一些立法的障碍,劝说和促使开发商们作正确的抉择。让建设精明的发展项目更容易,而建设蔓延的地区更困难。

规划策略

7. 一体化的土地使用和交通规划最小限度地减少了汽车的出行和长距离交通的次数。为减轻交通拥塞提供了多种的交通选择。
8. 创造一系列可负担的居住机会和选择。
9. 在社区周围和内部保留开敞空间,作为可以耕作的农田、自然风光地区或者是环境脆弱地区。
10. 通过重新利用废弃的城市土地和填补城市肌理的间隙,最大限度地发挥现有基础设施的能力。保护历史建筑和邻里,在可能的时候转换旧建筑为新用途。
11. 在社区开发的建筑街区中,培育一种与众不同的场所感。

城市设计理念

12. 创造紧凑、适于步行的邻里,包括彼此连接的街道、人行道和行道树,使人们能够步行到达工作地点、到学校、到公共汽车站或火车站,

---

① 原文有误,应为第三章。——译者注

或者仅仅是为了舒缓心情和锻炼身体而步行,它们安全、便捷并充满吸引力。

13. 融为一体的办公和商店,与社区设施如学校、教堂、图书馆、公园和运动场一起,创造出步行可达的场所,减少机动车的出行。密度的设计可以支持活跃的邻里生活［据丹佛地区空气质量委员会估计,遵循这些导则的城市设计可将机动车出行里程(ＶＭＴ)减少１０％(Allen, p. 16)］。

14. 让公共空间积极地朝向建筑的方向和邻里。将大型的停车场从街道旁移走,用建筑物遮挡起来。

15. 使用紧凑的建筑设计和布局,将土地的消耗减至最低,保护自然资源。*维持和恢复开发用地的环境品质*(Porter, 2000:p. 2)。

16. 建筑的设计要减少对能源和不可再生资源的消耗,减少垃圾和污染的制造(Porter, 2000:p. 2)。

让我们再加上一条:

17. 用三维的方式去思考! 让你对社区的想象深入城市设计的细节。

典型的基于设计的区划条例摘录

附录三 III

Haynie—Sirrine 邻里区划覆盖条例

	邻里边界 (NE)	邻里一般区 (NG)	邻里中心 (NC)	大学 RIDGE 村庄中心 (URVC)
混合利用规定				
允许的指定建筑类型	独立住宅——沿街地块；独立住宅——沿小巷地块 公共建筑	独立住宅——沿街地块；独立住宅——沿小巷地块 联排住宅 公寓楼 公共建筑	独立住宅——沿小巷地块；联排住宅 公寓楼 底商建筑 公共建筑	独立住宅——沿小巷地块；联排住宅 公寓楼 底商建筑 工作间 公共建筑
除非地形条件不允许，所有的建筑应面向公共街道或公园				
允许的开敞空间类型	绿色通道；草地；公园；运动场	绿色通道；公园；运动场、绿地；广场；社区花园；封闭空间；操场	绿色通道；广场；空地；社区花园；封闭空间；操场	绿色通道；空地；广场；社区花园；封闭空间；操场
最大高度	2层半	3层	4层（例外——旅馆6层）	6层
标志	只允许 Arm Sign (公共建筑只允许用 Monument Sign)	只允许 Arm Sign (公共建筑只允许用 Monument Sign)	所有标志均允许	

利用规定	邻里边界 (NE)	邻里一般区 (NG)	邻里中心 (NC)	大学 RIDGE 村庄中心 (URVC)
住宅：对长期的人居有效，包括自有和租赁的方式，包括短期的，少于一个月的出租	限制的住宅：住宅的数目受限于主要建筑物和租赁附属建筑物，并受限于每套住宅配套有空间的需求。允许用途：独立住宅，独立住宅和双排住宅（主附属建物中）	限定的住宅：住宅的数量受到限制，每户住宅配置1.5个停车位，这个比率可能会根据共享的停车标准而降低。允许用途：独立住宅，双排住宅，多户住宅	不受限制的住宅：住宅的数量受到限制，每户住宅配置1.5个停车位，这个比率可能会根据共享的停车标准而降低。允许用途：独立住宅，双排住宅，多户住宅	不受限制的住宅：住宅的数量受到限制，每户住宅配置1.5个停车位，这个比率可能会根据共享的停车标准而降低。允许用途：独立住宅，双排住宅，多户住宅
出租屋：对短期的人居有效，包括周租	限制的出租屋：可供出租的卧室数目受到限制，受限于附属建筑物，除了一户两车位的需求之外，还受限于每个出租卧室所需的配套停车空间，还允许用途：出租寮屋和双排住宅（任附属建物中）	限定的出租屋：可供出租的卧室数目受到限制，除了一户两车位的需求之外，可供出租的卧室空间所需的配套停车空间的限制。允许用途：出租寮屋和床早餐旅社	不受限制的出租屋：除了一户两车位的需求之外，可供出租的卧室每目受到限制，所需的配套停车空间的限制。全天提供食饮服务。允许用途：旅馆和旅社，出租寮屋	不受限制的出租屋：除了一户两车位的需求之外，可供出租的卧室每目受到限制，所需的配套停车空间的限制。全天提供食饮服务。允许用途：旅馆和旅社，出租寮屋
办公：对一般生意的业务有效，但不包括零售商业和制造业	限制的办公：一般的家庭办公只将办公用途限制在一层或附属建筑中，除了每户住宅的停车需求之外，每23m²办公需配套一个停车位。允许用途：家庭工作	限制的办公：一般的家庭办公只将办公用途限制在一层或附属建筑中，除了每户住宅的停车需求之外，每23m²办公需配套一个停车位。允许用途：家庭工作	不受限制的办公：办公的可利用面积受到限制，每23m²需配套共享的停车位。这个比率会随着共享的停车标准而降低。允许用途：办公，生活-工作单元	不受限制的办公：办公的可利用面积受到限制，每23m²需配套共享的停车位。这个比率会随着共享的停车标准而降低。允许用途：办公，生活-工作单元
零售：对食品和预加工食品的商业销售有效，但不包括南日的零售	限制的零售：零售禁止在住宅建筑内进行。例外是邻里中每300个住宅单元可以允许一个邻里店面（位于一层转角处）出现。允许用途：日托中心	限制的零售：零售禁止在住宅建筑内进行。例外是邻里中每300个住宅单元可以允许一个邻里店面（位于一层转角处）出现。允许用途：日托中心	不受限制的零售：零售的可利用面积受到限制，每23m²需配套共享的停车位。这个比率会随着共享的停车标准而降低。允许用途：零售，餐饮，娱乐，日托中心，便利商店和对汽车窗口卖销的装备的销售和服务。不允许用途：汽车，道路和重型装备销售设施，成人设施和成人音像店，对汽车窗口卖销	不受限制的零售：零售的可利用面积受到限制，每23m²需配套共享的停车位。这个比率会随着共享的停车标准而降低。允许用途：零售，餐饮，娱乐，日托中心，便利商店。不允许用途：汽车，船只和重型装备销售服务，成人设施和成人音像店
制造业：对产品的制造，装备和修理有效，包括它们的零售，只要这些进行为不产生不明影响	限制的制造业：禁止制造业进行	限制的制造业：禁止制造业进行	限制的制造业：禁止制造业进行	限制的制造业：制造业可进行的限制，停车需要应与特殊制造活动相协调，允许用途：轻工业制造（允许非住宅外储存的）
公建：对非盈利机构，艺术和文化，教育，政府，社会服务，交通和其他类似的功能	公共建不受限制，允许有公共建筑，除非超过2323m²的公建，要依据允许利用条件的条例设置	公共建不受限制，允许有公共建筑，除非超过2323m²的公建，要依据允许利用条件的条例设置	公共建不受限制，允许有公共建筑，除非超过2323m²的公建，要依据允许利用条件的条例设置	公共建筑不受限制，允许有公共建筑，除非超过2323m²的公建，要依据允许利用条件的条例设置

Haynie-Sirrine 邻里区划覆盖条例

公寓建筑

描述： 一栋多单元的建筑，公寓垂直安排，停车在建筑下部或者在建筑后面，单元可供出租或者以公私共有的所有权销售，或者设计为持续保养类的设施。一层可以用作商业用途。

地块要求

后退：
- 正面：最大值：3.05m
- 侧面：0m；转角：-1.22m
- 后面：从小巷中心线至 4.6m
- 停车和车行道：主要车行道可以利用后部车道，或只利用小巷。沿主街距正面不能少于能在后院。在后院，凸出面正面经过边缘的坡道可以许出挑到正面的后退距离内，上层的阳台或升起的入口或者可以侵入地役权（right-of-way）范围 1.53m。

最大高度： 3层（NC 为 4 层）

附属建筑：
- 侧面 / 后面退后：0m
- 最大占地（footprint）：60m²

建筑密度（最大值）：50%。

建筑要求

一般要求：
1. 可用用的门廊和门廊形成建筑设计的主题，且布置在建筑的正面和 / 或侧面，可用门廊至少要 1.83m 深，伸出立面至少 50%。
2. 车库门不允许位于任何一栋公寓建筑的正立面。
3. 露台或地围应设在前面直线至正立线的后方，最大高度不能高于 2.44m，前面退后不能低于 1.22m，围墙不能高于 0.92m。
4. 所有街道面的建筑立面至少有 60%，阳台和 / 或窗户。正立面至少有 30% 必须达到这个标准，立面比例"是从水平面到屋顶（直线长度）来衡量的，包括了门、门廊、阳台、露台或窗户。这个标准适用于每一个不全部或局部沿街的建筑立面。
5. 所有的正面入口至少应在平整的水准面上。
6. 所有多入口城市风格建筑立面特征均设计中的至少要遵循下列其中的一些 (至少三 (3) 项)。正面可能有不同的立面特征:
   a) 老虎窗
   b) 山墙
   c) 凹进的或有顶的门廊
   d) 穹顶或者塔楼
   e) 柱廊
   f) 屋檐（最小凸出 150mm）
   g) 建筑立面或屋层顶的壁阶（至少 400mm）窗饰（至少 100mm 宽）
   h) 凸窗
   i) 阳台
   j) 外饰面的装饰格式（如：胶合板 / 木瓦、护墙嵌板、装饰板等或屋顶形（对平屋顶）

材料：
1. 居住建筑墙面应该覆以木制成形材料、木瓦、木制滴水板壁、木板材和木条、砖、石头、灰泥、安全石材，或类似的材料。建筑面积超过 14m² 的附属石库的外观应该是与主体建筑相符的材料。
2. 花园围栏的材料只能是与主体建筑或者熟铁的所有外观类似材料。侧院和后院墙壁可以用铁丝网、木头、熟铁也都应是木制的或类似的材料。
3. 住宅屋顶应覆盖沥青瓦、陶土瓦，或标准接缝金属（铜、锌，或披锌铁皮板），或单披顶的坡应不能外观类似的材料，而且要耐用。

构造：
1. 住宅建筑的主要屋顶应有对称的山墙或屋脊，坡度在 4:12 - 12:12 之间。单坡顶（披顶）只能在附属于主体建筑端面门廊时才能使用。单坡顶的坡度不能少于 4:12。
2. 同一立面上的两种材料要水平结合在一起，较深的颜色在下面。
3. 外部的烟囱应以砖或石头的形式，或者规划部门采用的其他材料。
4. 建筑的维修空隙应该封闭起来。

技术：
1. 凸出的屋檐要暴露椽子。
2. 齐平的屋檐应在侧边加角或横板装饰起来。
3. 所有用来封闭设备的边的建筑材料之间，这些材料都应该能封闭建筑结构或者从视觉上与结构协调。

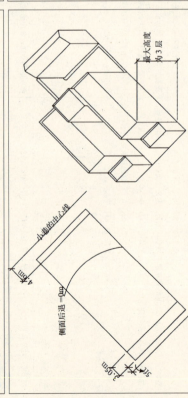

多户建筑

多户建筑

8户住宅

多户建筑

底商建筑

描述：一栋可以容纳多种用途的小尺度建筑。一组底商建筑可以组合成一个混合利用的邻里中心。单独的底商建筑可以提供一些商业服务，如邻里商店，就在住家的旁边。旅馆和旅社可以设置在底商建筑中。

地块要求

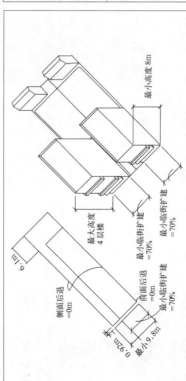

最小高度：8m
最大高度：4层

后退
前面（最大）：0m
侧面（最小）：0m
后面：6.1m
临街扩建（最少）：70%

停车和机动车道：主要机动车道只能从后面或者从小巷进入。远离街道的停车只能停在后院。临街面的路缘不得断开，不允许车道沿街进入。

出挑：上层的阳台在城市的允许下，最多可以出挑到路权范围内0.92m。

附属建筑：侧/后面退后：0m

建筑要求

一般要求
1. 面向街道的店铺在宽度上至少要有70%应该是窗户或门。面向街道的窗应该在视觉上通透的，任何地方都不能用镜面玻璃。至外街立面上，仿真的窗户和展示橱柜不能替代空外窗户。
2. 所有的临街墙都要有通透的窗户或功能正常的进出大门，而且要大于4.9m。
3. 主要的、功能性的临公共入口或直接进入建筑在街和主体建筑应从正面临街进入。
4. 转角地块公共入口或装饰性的檐口，或者、坡面、坡屋顶也应该有入口。
5. 平屋顶的建筑应该提供檐口层檐。建筑应提供类似的防雨天篷，雨篷突出前面1.22～1.53m。

构造
1. 所有可见的暴露立面都应该有可识别的基础层，而且应该用窗台前一线，包括了，但不只限于：较厚的材料，如表面光滑的石材或瓷砖，或较深色的彩色材料，如窗台、凸起、有整体色彩或图案的材料，浅色彩色或色
2. 所有可见的暴露立面都应该有可识别的檐部，包括了，但不只限于：檐口线条、有整体性的理材料，例如石材或砖样的材料。或表面有纹理材料，例如石材或砖的材料。或表面是平的，还有平檐口来收尾，还有/或花槽。
3. 同一立面上的两种材料要水平结合在一起，较深的颜色在下面。
4. 天光照明应该是平的（而不是圆弧）。

材料
1. 商业建筑的墙面应该是砖、灰泥、石头、大理石或耐用、普遍不会朽的、看起来不像临时材料。所有附属建筑的混凝土砌块墙可以为强调特征的耐用材料。其他立面的装饰性和装饰性的混凝土砌块也仅在从公共街道看不到的墙面使用。
2. 坡屋顶可以覆盖石板瓦或陶土瓦、或金属（铜、锌、或镀锡铅板），或和主体建筑类似的材料。
3. 缝金属（铜、锌、或镀锡铅板），或和主体建筑相似的材料。
4. 镶玻璃的入口内侧可以安装霓虹灯标志。

技术
1. 灰泥要抹光滑。
2. 窗户要安装在建筑外墙的内部。
3. 所有的屋顶设备都应该封闭在建筑材料之内，这些材料应该配合建筑结构在视觉上与结构协调。

Gorary 商店

混合利用

混合利用

混合利用

混合利用

混合利用

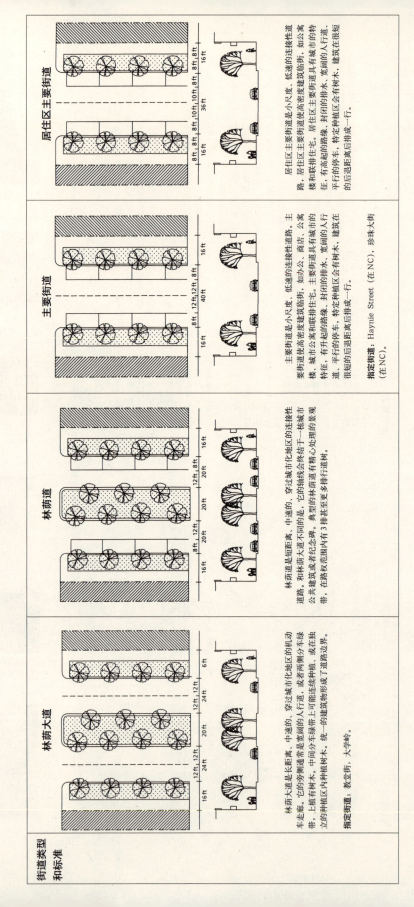

停车标准

一般原则

1. 停车场不应该占用面向步行导向街道的建筑的沿街立面，那样会打断步行者的路线，或者打扰周围的邻里。停车场应该设在建筑后面，或者可能的话设在街区内部。

2. 停车场不能靠近步行导向街道的交叉口，也不能靠近正公共建筑，不能在广场或公园附近，不能占据林荫路尽头的空间。

3. 远离街道的停车场不能设在任何前院里，除非是单身家庭住宅。多户住宅的所有建筑前道的停车位只能设在后院。

4. 远离街道的停车场不能超过附近建筑的 1/3，或者 23m。

5. 所有能从街道上看见的停车场都要视线遮挡的处理。停车楼的从街道上看的主要立面要建筑处理。

6. 远离街道的停车区的设计要给人们提供足够的便利，能安全进入卫生设施、紧急救护和其他公共服务交通，而不会对行人造成危险，或妨碍停车场的功能。

7. 远离街道的停车场设计要做到：所有公共通到人行道、人行道上、不墙上、不墙倒、毁坏任何公共建筑、设施或其他建筑。

8. 大型远离地面的停车场在视觉和功能上分解成几小块。结合了绿色和树木的停车场选择性，不超过 36 辆车的小停车场设计会造出独立的、特别约 1.2m²，或者由街道或建筑进行分隔。

9. 所有停车场都要明确的界线，以最小宽度 450mm 的标准路缘来界定。景观岛可以用相似的面积控制。

停车位尺寸

1. 停车位尺寸（为残疾人设计的除外）应有最大长度（6.10m）和最大宽度（2.75m）。停车位的尺寸应该与路缘和通道结合考虑，它们的构造、面积和尺寸都应满足这张表剖面图的要求。

2. 平行停车位和残疾人停车位的最小长度为 6.10m 长，2.44m 宽。

最小停车位比率

所有的停车场是租用可出租的面积来计算的。可出租面积少于 230m² 的建筑物可不建停车位。停车需求可以通过在建筑前面的沿街停车，或者距主要建筑入口 92m 的公共停车位来解决。

	2 车位
独立住宅	每间睡房 1 车位
多户住宅	（如需要最多两个）
商业	每 23m²1 车位
餐馆	每 4 座 1 车位
轻工业	每 92.9m²0.25 车位或没有
	办公室
住宿及早餐	每间睡房 1 车位
旅社和旅馆	
公共建筑	没有最小值

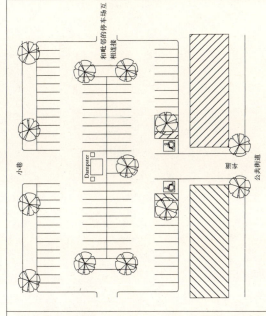

通道和道宽度

1. 停车场通道的宽度应该遵照下表，通道要求的宽度随着停车角度的变化而不同。

通道宽度	0°	30°	45°	60°	90°
单向行驶	3.37	3.37	3.37	5.43	6.10
双向行驶	5.74	5.74	6.10	6.71	7.32

2. 车道单向交通最大宽度为 6.10m，双向交通最大宽度为 7.32m。在任何情况下，车道不能超过 7.32m。除非格林维尔市认为有必要。

共享停车标准

1. 在两种用地之间的共享街道外停车场，共用的业主停车位可以由两个或两个以上邻近土地的业主共同商定。所有毗连邻近的共享停车场都应该尽可能地相互连接。

2. 不同时段运营的项目可以共同使用一个停车场，或者共享一个停车空间——其中最多有一半的停车位可以供两种用途分享，比如一种是一座教堂、剧院、会馆或者星期天、人们到访的高峰叶使是在晚或者是在晚上。周日或晚期近的另一处或几处共用使用。如果附近的正常营运者时段关闭的场所。

附录四

IV

一般开发导则摘录

2.4.4 乡村邻里中心

科尔规划和设计工作室报告为卡彭特历史社区（historic Carpenter Community）的乡村邻里中心确定了用地。

乡村邻里中心在大小上基本等同于前文提到的便利中心，只不过建筑都围绕着一个中心公共空间而散布着，如主要十字路口或开敞空间，建筑占地面积一般不超过 557m²。

下面的建议是专门针对现状的卡彭特历史街区的，不过也提供了一种普遍的处理模式，以应对其他将来可能开发的小规模村庄中心。

导则

1. 新建筑应该与现有历史特征和建筑肌理相协调。
2. 新的商业设施或混合利用的开发应位于独立的建筑中，其尺度应与现有开发和历史建筑相协调，像前文写的一样，占地面积一般不超过557m²的限制。他们在尺度和特征上应该是贴近居住的，比如，有坡屋顶和前门廊。新建筑一般应不超过2层。
3. 重要的公共开敞空间，举例来说，乡村绿地，应该建在现有和新建建筑创造的空间之内。这个空间应该足够大，可以容纳市民庆典和农民集市这样的重大活动。为了这些用途，绿地的大小应该不超过1英亩，而且在平面和植被设计方面要有形式自由的美感。
4. 为了加强这种特殊乡村场所的重要性，新的公共建筑，如图书馆、博物馆或社区中心，应该布置在绿地中或者紧贴绿地布置，而且要与现有历史建筑和其他新建筑相融合。未来的当地公共交通站点也应当和新绿地毗邻。
5. 要保证这个具有历史意义的村庄中心有延续的实用性和公共用途，绿地应该连接到规划的该地区绿色通道系统上。新的中密度（5～15户／hm²）住宅，应该建在历史中心和邻近的卡彭特村开发区之间。新住区开发中的街道应该连接到卡彭特村和历史性的村庄中心地带。通过沿莫里斯维尔－卡彭特路的视线遮挡，把新住宅遮蔽起来，以保护村庄中心的乡村特征。这可以通过仔细的用地规划、把新建筑布置在现有的成排树木和凸起的地带后部来实现。

卡雷的历史街区卡彭特，北卡罗来纳州

附录四　一般开发导则摘录

5.1 可持续发展的实践

历史建筑、街区和景观的保护和更新增强了市民生活的连续和发展。所有的建筑应该给居住者提供清晰的关于场所、气候和时代的感觉。自然的加热和制冷方法比机械系统更能节约资源。

历史建筑的适应性再利用保护了资源，维持了社区的特征。

TJCOG 高性能标准（TJCOG's High Performance Standards）的使用可以带来高效率、低成本、持久性和环境健康的建筑和景观。

导则

1. 建筑设计师应该依照美国绿色建筑委员会（US Green Building Council）的 LEED[①] 标准，或者现行的三角区J政府委员会的高性能导则标准，对规划的建筑进行先期评估。

    这些标准涵盖了资源的利用率和环境影响，包括了我们这份文件中很多与场地相关的条款。先期评估应该包括特定预期的可完成的要点的描述。TJCOG 高性能标准可以在 http://www.tjcog.dst.nc.us/hpgtrpf.htm. 查到。LEED 标准可以在 http://www.usgbc.org. 查到。

2. 有价值的历史建筑遗存的适应性再利用，是有效的可持续实践，应该大力提倡。

3. 现有植被和高大典型树木应该得到保护，并融入到场地设计中，以创造自然景观，给人留下成熟的景观印象。

4. 考虑利用耐旱植物和其他干旱种植技术。包括：改善土壤，覆盖树根，按照对水的需求成群种植植物，利用高效供水的灌溉设备和时间表。

---

① LEED, Leadership In Energy & Environment Design)。是美国绿色建筑委员会在1995年发布的一种绿色建筑评定标准,通过6方面对建筑进行绿色评估。到目前为止已经过了多次修订和补充，2003 年发布了 2.1 版本。——译者注

247

5.2 建筑布局

所有城市建筑和景观设计的首要任务，就是街道和作为共享利用场所的公共空间的物质界定。两边盖有建筑的街道比设置停车位的街道更能激起沿街漫步的兴趣，尤其是对步行者，而且提供了更为安全的环境。

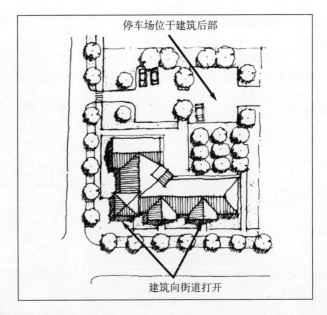

建筑设置在街角，引起步行者注意，减少停车场的视觉影响。

居住建筑布置在贴近人行道的地方，引起步行者沿街行走的兴趣，使后院的功能性使用达到最大。

导则

1. 建筑靠近可步行的街道（和路缘的距离在25英尺之内），在建筑后部或建筑旁边、街道外停车。
2. 在混合利用活动中心外部，填实地块的建筑一般应该退后一定距离，和同侧街道上92m以内的所有建筑后退的平均值相等。
3. 如果建筑位于街道十字路口旁，将主要建筑，或者主要建筑的一部分布置在街角。停车场、装货或服务区不应该设在十字路口。
4. 为了使建筑沿街面尽量大、而停车场沿街面尽量小，建筑应该连贯布置，这样沿街就拥有了长长的立面。
5. 在最初的场地布局中，步行流线就应该是完整的一部分。妥善组织用地，设定建筑并强化步行流线，使得步行者沿着建筑立面、而不是沿着或穿越停车场和车道而行走。同时，建筑布局还要在步行者的目的地之间创造景观通道，目的地通常是场地内部或周围，包括建筑入口、交通站点、城市开敞空间和附近的公共设施如公园和绿色通道。

5.3 街道层面的活动

人行道仍然是步行活动和偶然社会交往的主要场所。设计和使用应该对上述功能进行补充。

人行道应该鼓励偶然的社会交往。

门廊和门阶创造了一个半公共的户外场所,鼓励步行活动的进行。

人行道上的小型展示可以使室内活动室外化,并且增加步行者的兴趣。

导则

1. 混合利用活动中心的一层,除了从街道直接入口的功能外,应该提倡把公共或半公共的使用纳入其中,如零售或娱乐的用途。在居住区,住宅支配性的建筑特征应该是门廊和门阶。这些特征可以提供吸引人的目的地和有趣的行程,以鼓励步行活动。
2. 建筑内部的零售活动应该直接面向街道,从人行道通过店面入口可以直接进入建筑。
3. 建筑应该有至少一个主要入口面向步行导向的街道。或者,一个主要入口能直接从人行道或广场进入,它们到入口的距离不超过6.1m(独立住宅除外)。
4. 街道层面的窗户应该是通透的,可以从室内向外看,通过"街道上的眼睛"提供室外的安全性。
5. 室外步行通道(有顶的或没有顶的)通常比室内走廊更可明显、更引人入胜。它可以成为一个吸引人的、成功的场所,可以是商店入口、橱窗展示,以及/或者餐厅/咖啡厅的座位。
6. 通过室内空间的外溢(如餐饮区、小型商业展示),使"室内"室外化,转移到人行道和广场上,并且通过开敞内部空间(如中庭)将"室外"的景观和阳光引入建筑。

附录五 V

城市设计导则摘录

2.0 混合利用中心概述

混合利用中心鼓励了紧凑的、城市建筑的开发，它们尊重周围的邻居，由现有及规划的交通网络支撑，该交通网络的建设，是为了满足机动车和行人共同的交通需要。混合利用中心应该设计在空地、广场的周边，或邻近其他开敞空间，这样才能形成社区活动的焦点。

混合利用中心是历史上形成的，靠近大型、连贯的邻里聚会场所，靠近主要城市街道的交叉口。

这与现行的综合计划（Comprehensive Plan）相反，它是将最重要的区域设计在交通干道的交叉口出。除非有实际的投资来重新设计这些街道，以适应混合利用中心产生的步行交通，核心的位置才会从交叉口移到街区中间。中心地区位置的微调会使混合利用中心转变成真正的亲切步行的环境，还可以保持交叉口的效率。

典型的混合利用中心有三个基本组成元素：核心(the Core)、过渡(Transition)和边界(Edge)。

混合利用中心的核心面积是有限的，从"干道－干道"交叉口或一个主要的中心焦点，如重要城市开敞空间（比如，摩尔广场公园〔Moore Square Park〕）开始，典型的半径在400～800m的范围内（或成年人平均步行5min的路程）。核心包括最密集的城市建筑，无论是在体量方面，还是在使用方面都是步行活动的中心。核心内的建筑通常在垂直方向上是混合利用的，一层是零售，上面是住宅和办公。和美国很多成功的主要商业街道一样，零售和餐饮功能在物质空间上应集中于核心，提供重要的购物和步行活动场地，并形成了一个目的地。典型的主要的混合利用建筑的通道是从入口进入到规整的核心。

过渡区，因为它在物质空间上贴近核心区，所以是布局中-高密度（在适当的地方）住宅的理想场所。住宅就依托于核心区，反之亦可，沿

步行尺度的邻里中心的意向。

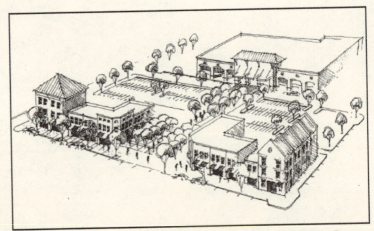

一个典型的邻里中心。

着良好连通的交通网络，布置在步行尺度的街道上。此外，如果中转交通站点布置在核心区内，在步行距离内就会有大量的使用人群。过渡区，顾名思义，提供了从高密度的核心区到它周围依托的邻里区域的一种过渡。过渡区的范围很大程度上要看它距离核心的步行距离。对于邻里和村庄中心来说，这个距离分别是200m和400m，不过，在轨道中转站点附近可能会增加到800m。

由舒克提供的渲染图。

典型的边界不是混合利用中心的一部分，因为它通常主要由独立住宅组成。既然这些地区通过步行导向的街道和中心区无缝对接，从"邻里"到"中心"的过渡就应当通过对街道公共领域的妥善设计而达成（包括现状街道上交通安宁平稳特征的利用），也通过适当的体量、尺度、建筑的设计来达成。

为了形成这些导则，两种混合利用的中心确定下来：邻里中心和村庄中心。它们有共同的城市设计基本原则，核心区的大小（面积）和建筑限高有所不同。

总的来说，邻里中心从核心区中心到边界的最大距离是400m，或成年人平均5min的步行路程。Five Points和Glenwood South地区是历史性邻里中心的范例。邻里中心大部分都是由相似的利用组成，典型的是依托杂货店的购物中心，不过它们面对的是步行友好的街道格网，而不是大型的停车场。

新村庄中心的意向（北卡罗来纳州，亨特斯维尔的伯克代尔村）。

典型村庄中心从核心区中心到边界为800m（10min的步行路程）。村庄中心的例子包括Hillsborough街和卡梅伦（Cameron）村。新的村庄中心的杰出范例是位于北卡罗来纳州，亨特斯维尔的伯克代尔村。

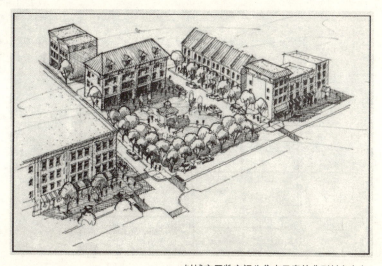

以城市开敞空间为焦点元素的典型村庄中心。

4.1 普通街道设计原则

主要元素

设置这些导则的目的,是使建设街道成为社区设计中一个完整的组成部分。街道应该设计为城市中主要的公共空间,应该有适宜的步行尺度。

导则鼓励相互连通的街道网络的开发,它们疏散交通的同时,把邻里联系和整合到城市现有的肌理中去。同样重要的,导则鼓励在路权内的人行道和自行车道网络的开发,它们为骑自行车者和步行者提供了一个有吸引力而安全的交通模式。

步行导向的街道有活跃的公共领域,有规整的景观,且建筑正面都面向人行道开敞。

这些导则对于所有街道都适用,上限包括主干道,特别是那些进入混合利用中心的街道。混合利用中心内部的街道应该设计和定位于低速(时速32~56km)的连接性道路。对于这些街道的"街道设计推荐标准"(Recommended Street Design Standards)包含在附录三中。

导则

主要元素

1. 人行道应有 1.53~2.44m 宽,布置在街道的两侧。商业区的人行道至少应有 3.66~4.88m 宽,满足人行道的活动,如摊贩、商业和户外就座的需求。

主要元素

2. 街道应和行道树一同设计,种植方式适应它们的功能。商业街道应种植配合建筑立面以及遮蔽人行道的树木。居住区街道应该提供宜人的树荫,既遮蔽街道也遮蔽人行道,并且形成街道和住家之间的视觉缓冲带。行道树景观带的典型宽度为 1.83~2.44m。这个宽度保证了行道树的健康成长,防止树根拱起人行道,并提供了适宜的步行缓冲。行道树的胸径至少为 159mm,并应和城市景观、照明和街道视距要求协调一致。

3. 核心区内,树木可以栽植在树坑里,上面覆盖格栅以保护根系。应该提供灌溉。更提倡块状铺装而不是混凝土。

4. 鼓励在多车道的道路上,在中央分车带上种植树木,这样可以提供更多的树荫,减少整个街道景观在视觉上的高宽比。它们同时在交叉口提供了安全、方便的步行保护。

5. 只要可能,街道的布局应该考虑到复杂的地形条件,避免过多的挖填,避免对路权范围之外、邻近地块上高大树木和植被的毁坏。

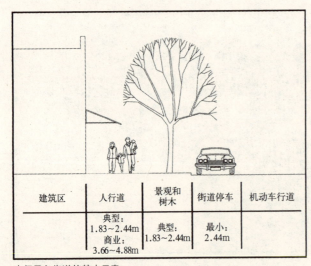

步行导向街道的基本元素。

附录五　城市设计导则摘录

步行导向的街道设计了丰富的细部,有引人注意的店面、景观、设施完备的宽阔的人行道和沿街停车。

步行路标和其他广告亭使步行的好处大于机动车。

斜向停车比平行停车更方便,在同样长度上停得更多,鼓励在繁华的商业区使用。

导则

6. 不提倡封闭或有门的街道。
7. 如有沿街停车,应平行布置。路缘或转角停车只在体量小、速度低的街道上允许设置。
8. 在提供沿街停车的地方,景观带应该在同一水平面上种植草坪。让人们可以直接从汽车走到人行道上。灌木、地面铺装、树木和抬高的花圃的设置,不应与汽车门的开启冲突,也不应阻碍步行入口到街边停车之间的联系。
9. 街道应设计得非常利于步行,穿越街道有方便而安全的途径。可行的方法包括了,但不仅限于环岛、架高的步行横道、多通道的车站、"bulb-outs"、可选择的人行道处理、以及经批准的人行横道交通灯。
10. 街道景观的设计应该包含步行路标、广告亭等其他环境图示的系统,为步行者提供方向导则。这应该在混合利用中心统一全面实施。
11. 景观和步行特征,如bump outs[①]和树木的种植只需要布置在街区的尽端和街区中段交叉口。而且只在街区长度超过61m时,才需要在街区中段设置交叉口。
12. 在商业区鼓励设置成角度的停车方式,为商店和餐馆提供额外的、方便的停车位。

[①]人行道向马路中心突出的图形部分,用来保证过路行人的安全。1与2同义。

255

参考文献

INTRODUCTION

Blake, P., 1974. *Form Follows Fiasco: Why Modernism Hasn't Worked*, Boston: Little, Brown.
Booker, C., 1980. *The Seventies*, London: Allen Lane.
Campbell, B. 'The Queenies that Betrayed the Gorbals', *The Independent*, (London): 15 September, 1993.
Coleman, A., 1985. *Utopia on Trial*, London: Hillary Shipman.
Congress for the New Urbanism, Leccese, Michael, and Kathleen McCormick, editors, 1999. *Charter of the New Urbanism*, New York: McGraw-Hill.
Dutton, J.A., 2000. *New American Urbanism: Reforming the Suburban Metropolis*, Milan: Skira.
G.B. Deputy Prime Minister and Secretary of State for the Environment, Transport and the Regions, 2000: *Our Towns and Cities: The Future: Delivering an Urban Renaissance* (Cm 4911). London: Stationery Office.
Gold, J.R., 1997. *The Experience of Modernism: Modern architects and the future city*, London: E & FN Spon.
Hall, P., 2002. *Cities of Tomorrow: an Intellectual History of Urban Planning and Design in the Twentieth Century*, 3rd Edition, Oxford: Basil Blackwell.
Hughes, R., 1980. *The Shock of the New*, London: BBC Publications.
Katz, P., 1994. *The New Urbanism: Toward an Architecture of Community*, New York: McGraw-Hill.
Kunstler, J.H., 1993. *The Geography of Nowhere: the Rise and Decline of America's Man-Made Landscape*, New York: Simon & Schuster.
Lubbock, J., 1995. *The Tyranny of Taste: the Politics of Architecture and Design in Britain, 1550–1960*, New Haven, CN: Yale University Press.
Pocock, D., and Hudson, R., 1978. *Images of the Urban Environment*, London, MacMillan.
Ravetz, A., 1980. *Remaking Cities*, London: Croom Helm.
Rogers, R. G., 1999. *Towards and Urban Renaissance*, London: E & FN Spon.

CHAPTER 1

Alexander, C., and others, 1977. *Pattern Language: Towns, Buildings, Construction*, New York: Oxford University Press.
Alexander, C., and others, 1987. *A New Theory of Urban Design*, New York: Oxford University Press.
Banham, R., 1963. 'CIAM,' in Hatjie, G., editor, 1963. *Encyclopedia of Modern Architecture*, London: Thames and Hudson.
Benfield, F.K., Raimi, M.D., and Chen, D.D.T., 1999. *Once There Were Greenfields: How Urban Sprawl is Undermining America's Environment, Economy and Social Fabric*. Washington, D.C.: National Resources Defense Council.
Broadbent, G., 1990. *Emerging Concepts of Urban Space Design*, Van Nostrand Reinhold.
Brooke, S., 1995. *Seaside*, Gretna, Louisiana: Pelican Publishing Company, Inc.
Castells, M., 1989. *The Informational City: Information technology, Economic Restructuring and the Urban-Regional Process*. Oxford: Blackwell.
Castells, M., 1997. *The Information Age: Economy, Society, and Culture, 1: The Rise of the Network Society*. Oxford: Blackwell.
Castells, M., 1977. *The Power of Identity: The Information Age: Economy, Society and Culture, Volume I*. Oxford: Blackwell.
Chase, J., Crawford, M., and Kaliski, J., 1999. *Everyday Urbanism*, New York: The Monacelli Press.

Coleman, A., 1985. *Utopia on Trial: Vision and Reality in Planned Housing*, London: Hilary Shipman.

Cullen, G., 1961. *Townscape*, London: The Architectural Press.

Dear, M., 1995. 'Prologomena to a post modern urbanism,' in Healey, P. et al., (eds) *Managing Cities: The New Urban Context*, London: Wiley, 27–44.

Dennis, M., 1981. 'Architecture and the Postmodern City,' in the *Cornell Journal of Architecture*, I, p.48–67.

Duffy, F., 1997. *The New Office*, London: Conran Octopus Ltd.

Florida, R., 2002. *The Rise of the Creative Class: And How It's Transforming Work, Leisure, Community and Everyday Life*. New York: Basic Books.

Garreau, J., 1991. *Edge City: Life on the New Frontier*, New York: Doubleday.

Garreau, J., 2001. 'Face to Face in the Information Age,' Unpublished conference paper, *City Edge 2: Centre vs. Periphery*, Melbourne, Australia.

Gastil, R., 2000. Preface to *New American Urbanism: Re-forming the Suburban Metropolis*, by John A. Dutton. Skira Architectural Library.

Giedion, S., 1941. *Space, Time and Architecture: the Growth of a New Tradition*, Cambridge, MA: Harvard University Press, 5th edition, 1967.

Gilder, G., 2000. *Telecosm: How Infinite Bandwidth Will Revolutionize Our World*. New York: Free Press.

Gold, J.R., 1997. *The Experience of Modernism: Modern architects and the future city*, London: E & FN Spon.

Graham S., and Marvin, S., 1996. *Telecommunications and the city: electronic spaces, urban places*, London: Routledge.

Hall, P., 1998. *Cities in Civilisation*, New York: Pantheon Books.

Hall, P., 2002. *Cities of Tomorrow: An Intellectual History of Urban Planning and Design in the Twentieth Century* (3rd Edition), Oxford: Blackwell Publishing.

Hanchett, T.W., 1998. *Sorting Out the New South City: Race, Class and Urban Development in Charlotte, 1875–1975*, Chapel Hill: University of North Carolina Press.

Harvey, D., 1989. *The Condition of Postmodernity: An Enquiry into the Origins of Cultural Change*. Oxford: Basil Blackwell.

Hitchcock, H.R., and Johnson, P., 1932. *The International Style*, New York: Museum of Modern Art.

Holyoak, J., 1993. 'The Suburbanisation and Re-urbanisation of the Residential Inner City,' in Hayward, R., and McGlynn, S., editors, *Making Better Places: Urban Design Now*, Oxford: Butterworth Architecture.

Howell, P., 1993. 'Public Space and the Public Sphere: Political Theory and the Historical Geography of Modernity,' in *Environment and Planning D: Society and Space*, 11: 303–22.

Jacobs, Jane, 1962. *The Death and Life of Great American Cities*, London: Jonathan Cape. Previously published 1961, New York: Vintage Books.

Jameson, F., 1991. *Postmodernism, or, The Cultural Logic of Late Capitalism*. Durham, NC: Duke University Press.

Jencks, C., 1977. *The Language of Postmodern Architecture*, London: Academy Editions.

Kaliski, J., 1999. 'The Present City and the practice of City Design,' in Chase, J., Crawford, M., and Kaliski, J., 1999. *Everyday Urbanism*, New York: The Monacelli Press.

Kelly, K., 1998. *New Rules for the New Economy: 10 Radical Strategies for a Connected World*. New York: Viking.

Kotkin, J., 2001. 'The New Geography of Wealth.' Reis.com, Techscapes, December; available online at www.reis.com/learning/insights_techscapesart.cfm?art=1.

Le Corbusier, 1929. *The City of Tomorrow and its Planning*, London: John Rodker. Translated from the 8th French Edition of *Urbanisme* with an introduction by Frederick Etchells (reprinted 1947 by The Architectural Press). In: *Essential Le Corbusier: L'Esprit Nouveau Articles*, 1998. Oxford: The Architectural Press.

Le Corbusier, 1925. 'La Rue' (The Street), reprinted in Le Corbusier and Jeanneret, P., 1964. *Le Corbusier and Pierre Jeanneret: The Complete Architectural Works*, Vol.1, 1919–1929, Zurich: Editions d'Architecture, London: Thames and Hudson.

Le Corbusier, 1942. *Charte Athènes*, Paris. Reprinted 1973, trans. by Anthony Eardley, New York: Grossman Publishers.

Lloyd, R., and Clark, T.N., 2001. 'The City as Entertainment Machine,' in Kevin Fox Gotham, (ed), *Critical Perspectives on Urban Redevelopment. Research in Urban Sociology*, Vol. 6 Oxford: JAI Press/Elsevier, 375–378.

Kreiger, A., and Lennertz, W., editors, 1991. *Towns and Town-Making Principles*, New York: Rizzoli.

Malpass, P., 1979. 'A re-appraisal of Byker, Parts 1 & 2: Magic, myth and the architect,' *The Architects' Journal*, 19/1979 and 20/1979.

MacCormac, R., 1973. 'Housing form and land use: new research.' *RIBA Journal*, Nov. 549–51.

McDougall, I., 1999. 'The New Urban Space,' *City Edge Transcripts*, the Proceedings of the City Edge Conference: Private Development vs Public Realm, City of Melbourne, Australia, 29–35.

Mitchell, W.J., 1995. *City of Bits: Space, Place, and the Infobahn.* Cambridge, Mass.: MIT Press.

Mitchell, W.J., 1999. *e-topia:'Urban Life, Jim – but not as we know it.'* Cambridge, Mass.: MIT press.

Mohney, D., and Easterling, K., 1991. *Seaside: Making a Town in America*, New York: Princeton Architectural Press.

Mumford, L., 1962. 'The Sky Line: Mother Jacobs' Home Remedies,' *New Yorker*, 1st December, 1962. Republished in Mumford, 1968. *The Urban Prospect*, New York: Harcourt, Brace and World, 194.

Nairn, I., 1955. *Outrage*, London: The Architectural Press

Nairn, I., 1957. *Counter-attack against Subtopia*, London: The Architectural Press

Oldenburg, R., *The Great Good Place: Cafés, Coffee Shops, Community Centers, Beauty parlors, General Stores, Bars, Hangouts, and how they get you through the day*, New York: Marlowe and Co.

Pawley, M., 1971. *Architecture versus Housing*, London: Studio Vista Ltd.

Pevsner, N., 1936. *Pioneers of the Modern Movement: from William Morris to Walter Gropius*, London: Faber and Faber.

Power, N.S., 1965. *The Forgotten People*, Evesham: Arthur James Limited.

Richards, J.M., 1940. *An Introduction to Modern Architecture*, Harmondsworth: Penguin.

Rogers, J.R., and Rogers, A.T., 1996. *Charlotte: Its Historic Neighborhoods*, Dover, New Hampshire: Arcadia Publishing.

Rowe, C., and Koetter, F., 1978. *Collage City*, Cambridge, Mass.: MIT Press.

Santayana, G., 1905. *Life of Reason, Reason in Common Sense*, New York: Scribner's.

Sennett, R., 1971. *The Uses of Disorder: Personal Identity and Community Life*. London: Allen Lane.

Sennett, R., 1974. The Fall of Public Man, New York: Alfred A. Knopf.

Sexton, R., 1995. *Parallel Utopias: Sea Ranch and Seaside: the Quest for Community*, San Fransisco: Chronicle Books.

Sitte, Camillo., 1889. *City Planning according to Artistic Principles*, Vienna: Verlag von Carl Graeser. Text reissued with detailed commentary by Collins, George R., and Christiane Crasemann Collins, 1965. *Camillo Sitte and the Birth of Modern City Planning*, New York: Random House: revised edition, 1986. New York: Rizzoli.

Soja, E., 1989. *Postmodern Geographies*, London: Verso.

Van Eyck, A., 1962. *Team10 Primer*, in Jencks, C., and Kropf, K., editors. 1977. *Theories and Manifestoes of Contemporary Architecture*, Chichester, Sussex: Academy Editions.

Watson, S., and Gibson, K., editors, 1995. *Postmodern Cities and Spaces*, Oxford: Blackwell.

Webber, M.M., 1964a. 'The Urban Place and the Nonplace Urban Realm, in: Webber, M.M., Dyckman, J.W., Foley, D.L., Gutenberg, A.Z., Wheaton, W.L.C. and Wurster, C.B., *Explorations in Urban Structure*, 79–153. Philadelphia: University of Pennsylvania Press.

Webber, M.M., 1964b. 'Order in Diversity: Community without Propinquity,' in Wingo, L., Jr., editor, *Cities and Space: the Future Use of Urban Land*, 23–153. Philadelphia: University of Pennsylvania Press.

Wofle, Ivor de, (ed.), 1971. *Civilia: the End of Sub Urban Man*, London: The Architectural Press.

Young, M., and Wilmott, P., 1992. *Family And Kinship In East London*, Berkeley: University of California Press. (First published by Routledge & Kegan Paul, 1957).

CHAPTER 2

Adler, J., 1995. 'Bye-Bye, Suburban Dream,' *Newsweek*, May 15th, pp. 41–53.

Alofsin, A., 1989. 'Broadacre City: The Reception of a Modernist Vision, 1932–1988,' in Alofsin, A., and Speck, L., editors, 1989. 'Modernist Visions and the Contemporary American City.' *Center: A Journal for Architecture in America*, Volume 5. Austin, TX.: The Center for the Study of American Architecture, University of Texas at Austin.

Archer, J., 1983. 'City and Country in the American Romantic Suburb,' *Journal of the Society of Architectural Historians*. XLII: 2, May.

Baldassare, M., 1986. *Trouble in Paradise: The Suburban Transformation of America*, New York: Columbia University Press.

Barnett, J., 1986. *The Elusive City: Five Centuries of Design, Ambition and Miscalculation*, New York: Harper and Row.

Benfield, F.K., Raimi, M.D., and Chen, D., 1999. *Once There Were Greenfields: How Urban Sprawl Is Undermining America's Environment, Economy and Social Fabric*, New York: National Resources Defense Council/Surface Transportation Policy Project.

Benfield, F.K., Terris, J., and Vorsanger, N., 2001. *Solving Sprawl: Models of smart growth in communities across America*, New York: National Resources Defense Council.

Bohl, C.C., 2002. *Place Making: Developing Town Centers, Main Streets, and Urban Villages*, Washington, D.C.: Urban Land Institute.

Booth, G., Leonard, B., and Pawlukiewicz, M., 2002. *Ten Principles for Reinventing America's Suburban Business Districts*, Washington, D.C.: Urban Land Institute.

Brookings Institution Center on Urban and Metropolitan Policy, Bruce Katz, Director. 2002. *Adding It Up: Growth Trends and Policies in North Carolina*. 17. Washington, D.C.: The Brookings Institution.

Buchanan, C., 1963. *Traffic in Towns: a study of the long term problems of traffic in urban areas*, London: Ministry of Transport.

Burchell, R., et al., 1997. *Costs of Sprawl Revisited: The Evidence of Sprawl's Negative and Positive Impacts*,' Transportation Research Board and National research Council. Washingtron DC: National Academy Press.

Burchell, R.W., and Listokin, D., 1995. *Land, Infrastructure Housing Costs and Fiscal Impacts Associated with Growth: The Literature on the Impacts of Sprawl versus Managed Growth*, Cambridge, Mass.:Lincoln Institute of Land Policy Study Working Paper.

Calthorpe, P., and Fulton, W., 2001. *The Regional City*, Washington DC: Island Press.

Cervero, R., 1986. *Suburban Gridlock*, New Brunswick, New Jersey: Center for Urban Policy Research.

Cervero, R., 1989. *America's Suburban Centers – The Land Use-Transportation Link*. Boston, MA.: Unwin Hayman.

Clawson, M., 1971. *Suburban Land Conversion in the United States: An Economic and Governmental Process*, Baltimore: John Hopkins University Press.

Clawson, M., and Hall, P., 1973. *Planning and Urban Growth: An Anglo-American Comparison*, Baltimore: John Hopkins University Press.

Duany, A., Plater-Zyberk, E., and Speck, J., 2000. *Suburban Nation: The Rise of Sprawl and the Decline of the American Dream*. New York: North Point Press.

Ewing, R., Pendall, R., and Chen, D., 2002. *Measuring Sprawl and its Impact: the Character & Consequences of Metropolitan Expansion*, (Smart Growth America, accessed 17th November 2002); available from http://www.smartgrowthamerica.org; Internet.

Fishman, R., 1987. *Bourgeoise Utopia: The Rise and Fall of Suburbia*, New York: Basic Books, Inc.

Gans, H.J., 1976. *The Levittowners; ways of life and politics in a new suburban community*, New York: Pantheon Books.

Gruen, V., 1973. *Centers for the Urban Environment: Survival of the Cities*, New York: Van Nostrand Reinhold.

Hall, P., 1998. *Cities in Civilisation*, New York: Pantheon Books.

Hall, P., 2002. *Cities of Tomorrow: An Intellectual History of Urban Planning and Design in the Twentieth Century* (3rd Edition), Oxford: Blackwell Publishing.

Hegemann, W., and Peets, E., 1922. *The American Vitruvius: An Architect's Handbook of Civic Art*, New York: The Architectural Book Publishing Company. Reprinted 1990 with an Introduction by Alan J. Plattus, preface by Leon Krier and an Introductory Essay by Christiane Crasemann Collins. New York: Princeton Architectural Press.

Howard, E., 1898. *Tomorrow: A Peaceful Path to Real Reform*. London: Swan Sonnenschein.

Institute of Transportation Engineers. 1994. *Traffic Engineering for Neo-Traditional Neighborhood Design*. Washinton, D.C.: ITE.

Jackson, K.T., 1985. *Crabgrass Frontier: the Suburbanization of the United States*, New York: Oxford University Press.

Kay, J.H., 1997. *Asphalt nation: how the automobile took over America and how we can take it back*. New York: Crown Publishers Inc.

Kelbaugh, D. editor, 1989. *The Pedestrian Pocket Book*. New York: Princeton Architectural Press.

Killingworth, R., Earp, J., and Moore, R., 2003. 'Health Promoting Community Design.' Special issue of the *American Journal of Health Promotion*, Sept/Oct. 2003.

Krier, L., 1984. *Houses, Palaces, Cities*. London: AD Editions.

Kunstler, J.H., 1993. *The Geography of Nowhere: The Rise and Decline of America's Manmade Landscape*, New York: Simon and Schuster.

Kunstler, J.H., 1996a. 'Home from Nowhere,' *Atlantic Monthly*, Volume 278, No. 3, September, pp. 43–66.

Kunstler, J.H., 1996b. *Home from Nowhere: Remaking Our Everyday World for the Twenty-first Century*, New York: Simon and Schuster.

Lancaster, O., 1959. *Here, of All Places: The Pocket Lamp of Architecture*, London: John Murray.

Langdon, P., 1994. *A Better Place to Live: Reshaping the American Suburb*, Amherst, Mass.: University of Massachusetts Press.

McHarg, I., 1969. *Design with Nature*, Garden City, New York: Doubleday, Natural History Press.

O'Neill, D.J., 2002. *The Smart Growth Tool Kit: Community Profiles and Case Studies to Advance Smart Growth Practices*, Washington, D.C.: Urban Land Institute.

Putnam, R., 2000. *Bowling Alone: The Collapse and Revival of American Community*, New York: Simon and Schuster.

Riesman, D., 1950. *The Lonely Crowd: A Study of the Changing American Character*, New Haven: Yale University Press.

Rowe, P.G., 1991. *Making a Middle Landscape*, Cambridge, Mass.: MIT Press.

Solomon, D., 1989. 'Fixing Suburbia,' in Kelbaugh, D., editor. *The Pedestrian Pocket Book: a New Suburban Design Strategy*, New York: Princeton Architectural Press in association with the University of Washington.

Southworth, M., and Ben-Joseph, E., 1997. *Streets and the Shaping of Towns and Cities*, New York: McGraw-Hill.

Spirn, A.W., 1984. *The Granite Garden: Urban Nature and Human Design*, New York: Basic Books.

Srikameswaram, A., 2003. 'Studies find walkable communities are healthier,' in the Pittsburgh Post-Gazette, Aug. 29th, 2003.

Stern, R., 1981. 'La Ville Bourgeoise,' in Stern, R. and Massengale, J., 'The Anglo-American Suburb,' *Architectural Design*, 51.

Stilgoe, J.R., 1988. *Borderland: Origins of the American Suburb, 1820–1939*, New Haven, Conn.: Yale University Press.

Unwin, R., 1909. *Town Planning in Practice: an Introduction to the art of designing Cities and Suburbs*, London: T. Fisher Unwin. Reprinted 1994, with a new preface by Andres Duany and a new introduction by Walter L. Creese. New York: Princeton Architectural Press.

U.S. Department of Health and Human Services, 2001. *Healthy People in Healthy Communities*, Washington, D.C.: U.S. Government Printing Office.

Venturi, R., Scott-Brown, D., Izenour, S., 1972. *Learning from Las Vegas*, Cambridge, Mass.: MIT Press.

Ward, S., editor, 1992. *The Garden City: Past, Present and Future*, London: E & FN Spon.

Whyte, W.H., 1956. *The Organization Man*, New York: Simon and Schuster.

Whyte, W.H., 1988. *City*, New York: Doubleday.

CHAPTER 3

Allen, E., 1999. 'Measuring the environmental footprint of the New Urbanism,' *New Urban News*, Volume 4, Number 3, May/June 1999, pp.16–18.

Arendt, R.G., 1994. *Rural by Design: Maintaining Small Town Character*. Chicago: APA Planners Press.

Arendt, R.G., 1996. *Conservation Design for Subdivisions: A Practical Guide to Creating Open Space Networks*, Washington, D.C.: Island Press.

Baker, B., 2003. 'Manufacturing Success,' in ULI – the Urban Land Institute, 2003. *Urban Land: Europe*, Winter 2003, Vol. 5., No. 1. Washington, D.C.: the Urban Land Institiute.

Bohl, Charles C., 2002. *Place Making: Developing Town Centers, Main Streets, and Urban Villages*, Washington, D.C.: Urban Land Institute.

Bohl, C., 2003. 'The Return of the Town Center,' in Lineman, P., and Rybczynski, W., 2003, *Wharton Real Estate Review*, Spring 2003.

Booth, Geoffrey, Leonard, Bruce, and Pawlukiewicz, Michael, 2002. *Ten Principles for Reinventing America's Suburban Business Districts*, Washington, D.C.: Urban Land Institute.

Broadbent, G., 1990. *Emerging Concepts in Urban Space Design*, London: Van Nostrand Reinhold.

Brookings Institute Center on Urban and Metropolitan Policy and the Fannie Mae Foundation. 1998. *A Rise in Downtown Living*. Washington D.C.: The Brookings Institute and the Fannie Mae Foundation.

Calthorpe Associates, 1992. *Transit-Oriented Development Design Guidelines*, San Diego, CA: City of San Diego.

Calthorpe, P., 1993. *The Next American Metropolis: Ecology, Community and the American Dream*, New York: Princeton Architectural Press.

City of Toronto, Various authors, 1995. *Making Choices: Alternative Development Standards*, Toronto: Ontario Ministry of Housing and Ministry of Municipal Affairs.

Congress for the New Urbanism, 1998. *Charter of the New Urbanism*, available at: http://www.cnu.org/charter.html.

Congress for the New Urbanism, 2000. *Charter of the New Urbanism*. New York: McGraw-Hill.

Congress for the New Urbanism, 2002. *Greyfields into Goldfields: Dead Malls Become Living Neighborhoods*, San Francisco: Congress of the New Urbanism.

County Council of Essex, 1973. *A Design Guide for Residential Areas*. Essex: County Council of Essex.

Cullen, G., 1961. *Townscape*, London: The Architectural Press.

Davidson, Town of, 2000. *Zoning Regulations*, Davidson, NC: Town of Davidson.

Department of the Environment, Transport and the Regions, 2000. *Planning Policy Guidance Note 3: Housing*. London: DETR.

Duany, A., and Plater-Zyberk, E. with Kreiger, Alex, and William Lennertz, editors, 1991. *Towns and Town-making Principles*, New York: Rizzoli.

Duany, A., and Plater-Zyberk, E., 2002. *The Lexicon of New Urbanism, Version 3.2*, Miami, FL.: DPZ & Co..

Ellis, C., 2002. 'The New Urbanism: Critiques and Rebuttals,' *Journal of Urban Design*, Volume 7, Number 3, 261–291.

Emerging Trends in Real Estate, 1999. New York: Pricewaterhouse-Coopers and Lend Lease Real Estate Investments.

Eppli, Mark J., and Tu, Charles C., 1999. *Valuing The New Urbanism: The Impact of the new Urbansim on prices of Single-Family Homes*, Washington, D.C.: Urban Land Institute.

Forty, A., and Moss, H., 1980. 'A Housing Style for Troubled Consumers: the success of the Pseudo-Vernacular,' *Architectural Review*, February, pp. 72–8.

Hall, P., 2002. *Cities of Tomorrow: An Intellectual History of Urban Planning and Design in the Twentieth Century* (3rd Edition), Oxford: Blackwell Publishing.

Hammond, A., and Walters, D., 1996. *Town of Huntersville Zoning Ordinance*, Huntersville, NC: Town of Huntersville.

Hegemann, W., and Peets, E., 1922. *The American Virtuvius: an Architect's Handbook of Civic Art*. Reprinted 1990. New York: Princeton Architectural Press.

Jacobs, J., 1962. *The Death and Life of Great American Cities*, London: Jonathan Cape, 1962

Huxtable, A.L., 1997. *The Unreal America: Architecture and Illusion*, New York: New Press.

Ingersoll, R., 1989. 'Postmodrn urbanism: forward into the past,' *Design Book Review*, 17, pp. 21–25.

Jacobs, Jane, 1962. *The Death and Life of Great American Cities*, London: Jonathan Cape. Previously published 1961, New York: Vintage Books.

Kaliski, J., 1999. 'The Present City and the Practice of City Design,' in Chase, J., Crawford, M., and Kaliski, J., 1999. *Everyday Urbanism*, New York: The Monacelli Press.

Keane, T., and Walters, D., 1995. *The Davidson Land Plan*, Davidson, NC: Town of Davidson.

Kelbaugh, D., editor, 1989. *The Pedestrian Pocket Book: A New Suburban Design Strategy*, New York: Princeton Architectural Press.

Koolhas, R., and Mau, B., 1995. *S,M,L,XL*. New York: The Monacelli Press Inc.

Krier, R., 2003. *Town Spaces: contemporary interpretations of traditional urbanism*, Basel: Birkhauser.

Landecker, H., 'Is new urbanism good for America?' *Architecture*, 84(4), pp. 68–70.

Langdon, P., 2003a. 'Zoning reform advances against sprawl and inertia,' *New Urban News*, Volume 8, Number 1, Jan/Feb. 2003, pp.1–3.

Langdon, P., 2003b. 'The right attacks smart growth and New Urbanism,' *New Urban News*, Volume 8, Number 3, April/May 2003, pp. 1, 7–8.

Lynch, K., 1960. *The Image of the City*, Cambridge, MA.: MIT Press.

O'Neill, D.J., 1999. *Smart Growth: Myth and Fact*, Washington, D.C.: Urban Land Institute.

O'Neill, D.J., 2002. *The Smart Growth Tool Kit: Community Profiles and Case Studies to Advance Smart Growth Practices*, Washington, D.C.: Urban Land Institute.

Perry, C.A., 1929. *The Neighborhood Unit: A Scheme for Arrangement for Family Life Community*. (Regional Study of New York and its Environs, VII, Neighborhood and Community Planning, Monograph One, 2–140). New York: Regional Plan of New York and its Environs.

Porter, Douglas R., et al., 2000. *The Practice of Sustainable Development*, Washington, D.C.: Urban Land Institute.

Rybczynski, W., 1995. 'This old house: the rise of family values in architecture,' *New Republic*, May, pp. 14–16.

Rybczynski, W., 2003. 'The Changing Design of Shopping Places,' in Lineman, P., and Rybczynski, W., 2003, *Wharton Real Estate Review*, Spring 2003.

Safdie, M., 1997. *The City After the Automobile*, New York: Basic Books.

Schmitz, A., et al., 2003. *The New Shape of Suburbia: Trends in Residential Development*, Washington, D.C.: Urban Land Institute.

Steuteville, R., editor, 2001. 'Consistent market found for NU,' *New Urban News*, Volume 6, Number 1, Jan./Feb. 2001.

Sitte, C., 1889. *City Planning according to Artistic Principles*, Vienna: Verlag von Carl Graeser. Text reissued with detailed commentary by Collins, G.R., and Collins, Christiane C.C. 1965. *Camillo Sitte and the Birth of Modern City Planning*, New York: Random House. Revised edition, 1986. New York: Rizzoli.

Sudjic, D., 1992. *The 100 Mile City*, San Diego: Harcourt Brace & Company.

Taylor, N., 1973. *The Village in the City: Towards a New Society*, London: Temple Smith.

Unwin, R., 1909. *Town Planning in Practice*. Reprinted 1994, New York: Princeton Architectural Press.

ULI-the Urban Land Institute, 1998. *ULI on the Future of Smart Growth*. Washington, D.C.: ULI.

Venturi, R., Scott-Brown, D., and Izenour, S., 1972. *Learning from Las Vegas: The Forgotten Symbolism of Architectural Form*. Cambridge, Mass.: MIT Press.

Venturi, R., and Scott-Brown, D., 1968. 'A Significance for A&P Parking Lots, or Learning from Las Vegas,' Architectural Forum, March 1968, pp. 37–43.

Warrick, B., and Alexander, T., 1998. *Changing Consumer Preferences*, Washington, D.C.: Urban Land Institute.

CHAPTER 4

Alexander, C., Ishikawa, S., and Silverstein, M., 1977. *A Pattern Language: Towns, Buildings, Construction*, Oxford: Oxford University Press.

Alexander, C., Neis, H., Anninou, A., and King, I., 1987. *A New Theory of Urban Design*, Oxford: Oxford University Press.

Argan, G.C., 1963. 'On the typology of architecture,' trans. Joseph Rykwert, in Nesbit, K. editor, 1996. *Theorizing a New Agenda for Architecture: An Anthology of Architectural Theory 1965–1995*. New York: Princeton Architectural Press. First published in *Architectural Design* no. 33, December.

Bohl, C.C., 2002. *Place Making: Developing Town Centers, Main Streets, and Urban Villages*, Washington, D.C.: Urban Land Institute.

Broadbent, G., 1990. *Emerging Concepts in Urban Space Design*, London: Van Nostrand Reinhold.

Calthorpe, P., 1993. *The Next American Metropolis: : Ecology, Community and the American Dream*, New York: Princeton Architectural Press.

Colquhoun, A., 1967. 'Typology and Design Method,' in Nesbit, K. editor, 1996. *Theorizing a New Agenda for Architecture: An Anthology of Architectural Theory 1965–1995*. New York: Princeton Architectural Press. First published in *Arena 83*, June 1967.

Craycroft, R., 1989. *The Neshoba County Fair: Place and Paradox in Mississippi*. Starkville: Center for Small Town Research and Design, Mississippi State University.

Cullen, G., 1961. *Townscape*. London: The Architectural Press.

De Quincy, Quatremere, 1832. *Dictionnaire Historique de l'Architecture*. Paris.

Dovey, K., 1999. 'Democracy and Public Space?' *City Edge Transcripts*, the Proceedings of the City Edge Conference: Private Development vs Public Realm, City of Melbourne, Australia, 45–51.

Durand, J.N.L., 1805. *Precis des Leçons d'Architecture*, XIII. Paris.

Gosling, D., 1996. *Gordon Cullen: Visions of Urban Design*, London, Academy Editions.

Hudnutt, W.H. III., 2002. 'Thoughts on Civic Leadership and the Future of Cities,' in ULI – the Urban Land Institute. *ULI on the Future: Cities Post-9/11*. Washington, D.C., the Urban Land Institute.

Krier, R., 1979. 'Typological and Morphological Elements of the Concept of Urban Space,' *Architectural Design*, 49 (1).

Krier, R., 1979. *Urban Space*. London: Academy Editions.

Locke, J., 1687. *An Essay Concerning Human Understanding* (ed. A.D. Woozley), 1964, London: Collins Fontana Library.

Marshall, A., 2000. *How Cities Work: Suburbs, Sprawl and the Roads Not Taken*. Austin, Texas: Austin University Press.

McDougall, I., 1999. 'The New Urban Space,' *City Edge Transcripts*, the Proceedings of the City Edge Conference: Private Development vs Public Realm, City of Melbourne, Australia, 29–35.

Moneo, R., 1978. 'On Typology,' *Oppositions 13*, Cambridge, Mass: MIT Press.

Pocock, D., and Hudson, R., 1978. *Images of the Urban Environment*, London: MacMillan.

Rossi, A., 1966. *L'Architettura della citta*, ed. Marsilio, Padua; trans. Ghirado, D. and Ockman, J. 1982 as *The Architecture of the City*, Cambridge, Mass: MIT Press.

Rybczynski, W., 1995. 'This old house: the rise of family values architecture,' New Republic, May, 14–16.

Rybczynski, W., 1995. *City Life: Urban Expectations in a New World*. New York: Scribner.

Safdie, M., 1997. *The City After the Automobile*. New York: Basic Books,

Sorkin, M., 2001. *Some Assembly Required*, Minneapolis: University of Minnesota Press.

Sandercock, L., 1999. 'Café Society or Active Society?' *City Edge Transcripts*, the Proceedings of the City Edge Conference: Private Development vs Public Realm, City of Melbourne, Australia, viii–xi.

Sudjic, D., 1992. *The 100 Mile City*. New York: Harcourt Brace.

Tibbalds, F., 1992. *Making People Friendly Towns: Improving the public environment in towns and cities*. Harlow: Longmans.

Trancik, R., 1986. *Finding Lost Space: Theories of Urban Design*. New York: Van Nostrand Reinhold.

Vidler, A., 1978. 'The Third Typology,' in Nesbit, K., editor., 1996. *Theorizing an New Agenda for Architecture: An Anthology of Architectural Theory 1965–1995.* New York: Princeton Architectural Press.

CHAPTER 5

Atlanta Regional Commission (ARC) 2000. *Smart Growth Toolkit*, Atlanta: ARC. Available at www.atlantaregional.com/qualitygrowth/planning/toolkits.html

Barnett, J., 1974. *Urban Design as Public Policy: Practical methods for Improving Cities*, New York: McGraw-Hill.

Beatley, T., 2000. *Green Urbanism: Learning from European Cities*, Washington D.C.: Island Press.

Beatley, T., and Manning, K., 1997. The Ecology of Place: *Planning for Environment, Economy and Community*, Washington, D.C.: Island Press.

Broadbent, G., 1990. *Emerging Concepts in Urban Space Design*, London: Van Nostrand Reinhold.

Brown, T.D., and Lewis, C.S., 1996. *The Town of Cornelius Land Development Code*, Cornelius, NC: Town of Cornelius.

Burke, M., 1997. 'Environmental Taxes gaining Ground in Europe.' *Environmental Science and Technology News*. Vol. 31, No. 2, pp. 84–88.

Calthorpe Associates, 1992. *Transit-Oriented Development Design Guidelines*, San Diego, CA: City of San Diego.

County Council of Essex planning staff, 1973. *A Design Guide for Residential Areas*, Essex: County Council of Essex.

Cullen, G., 1967. 'Notation 1–4,' *The Architects Journal (Supplements)*, May 31, 1967, July 12 1967, August 23 1967, September 27 1967.

Department of the Environment, Transport and the Regions, 1994. *Sustainable Development: The UK Strategy*. London: DETR.

Department of the Environment, Transport and the Regions, 1995. *Planning Policy Guidance Note 1' General Policy and Principles*. London: DETR.

Department of the Environment, Transport and the Regions, 2000. *Planning Policy Guidance Note 3: Housing*. London: DETR.

Department of the Environment, Transport and the Regions/Commission for Architecture & the Built Environment, 2000. *By Design: Urban Design in the Planning System: Towards Better Practice*. London: DETR.

Department of the Environment, Transport and the Regions/Commission for Architecture & the Built Environment, 2001. *By Design: Better Places to Live: A Design Companion to PPG 3*. London: DETR.

Duany, A., and Plater-Zyberk, E., 1991. 'Urban Code: The Town of Seaside,' in Mohney, D and Easterling, K. editors, 1991. *Seaside*, New York: Princeton Architectural Press.

Duany, A., and Plater-Zyberk, E., 1991. 'Codes,' in *Towns and Town-Making Principles*, Kreiger, A., and Lennertz, W., editors, 1991, New York: Rizzoli.

Dutton, J.A., 2000. *New American Urbanism: Reforming the Suburban Metropolis*, Milan: Skira.

Ellin, N., 1999. *Postmodern Urbanism*, rev. ed., New York: Princeton Architectural Press.

Ferris, H., 1922. 'The New Architecture,' *New York Times Book Review and Magazine*, March 19, 1922.

Hall, P., 1998. *Cities in Civilisation*, New York: Pantheon Books.

Hall, P., 2002. *Cities of Tomorrow: An Intellectual History of Urban Planning and Design in the Twentieth Century* (3rd Edition), Oxford: Blackwell Publishing.

Hall, R., 2003. 'Why the sprawl lobby has clout'. *The Charlotte Observer*, 19 May, 2003.

Hammond, A., and Walters, D., 1996. *Town of Huntersville Zoning Ordinance*, Huntersville, NC: Town of Huntersville.

HUD (U.S. Department of Housing and Urban Development) (2000) *HOPE VI: Building Communities, Transforming Lives*, Washington, D.C.: HUD.

HUD (U.S. Department of Housing and Urban Development) (2000) *Strategies for Providing Accessibility & Visitability for HOPE VI and Mixed Finance Homeownership*, by Urban Design Associates, Washington, D.C.: HUD.

Hudnutt, W.H. III., 2002. 'Thoughts on Civic Leadership and the Future of Cities,' in ULI – the Urban Land Institute. *ULI on the Future: Cities*

Post-9/11. Washington, D.C., the Urban Land Institute.

Katz, B., 2003. 'The Permanent Campaign,' *Urban Land*, 62, 5. May, 45–52.

Keane, T., and Walters, D., 1995. *The Davidson Land Plan*, Davidson, NC: Town of Davidson.

Leach, J.F., 1980. *Architectural Visions: The Drawings of Hugh Ferris*, New York: Whitney Library of Design.

McDougall, I., 1999. 'The New Urban Space,' *City Edge Transcripts*, the Proceedings of the City Edge Conference: Private Development vs Public Realm, City of Melbourne, Australia, 29–35.

National Association of Homebuilders (NAHB), no date. *The Truth About Property Rights*, Washington, D.C.: NAHB.

Sandercock, L., 1999. 'Café Society or Active Society?' *City Edge Transcripts*, the Proceedings of the City Edge Conference: Private Development vs Public Realm, City of Melbourne, Australia, viii–xi.

Sitte, C., 1889. *City Planning according to Artistic Principles*, Vienna: Verlag von Carl Graeser. Text reissued with detailed commentary by Collins, G.R., and Collins, Christiane C.C. 1965. *Camillo Sitte and the Birth of Modern City Planning*, New York: Random House. Revised edition, 1986. New York: Rizzoli.

Tiesdell, S., 2002. 'The New Urbanism and English Residential Design Guidance: A Review,' in *Journal of Urban Design*, Volume 7, No. 3, October 2002.

Various authors, 1995. *Celebration Pattern Book*, Orlando, Florida: The Walt Disney Company.

World Commission on Environment and Development, 1987. *Our Common Future*, Oxford: Oxford University Press.

CHAPTER 6

Aldous, T., 1992. *Urban Villages: A concept for creating mixed-use urban developments on a sustainable scale*, London: Urban Villages Group.

Aldous, T., editor, 1995. *Economics of Urban Villages: A report by the Economics Working Party of the Urban Villages Forum*, London: Urban Villages Forum.

Baker, B., 2003. 'Manufacturing Success,' in ULI – the Urban Land Institute, 2003. *Urban Land: Europe*, Winter 2003, Vol. 5., No. 1. Washington, D.C.: the Urban Land Institiute.

Booth, Geoffrey, Leonard, Bruce, and Pawlukiewicz, Michael, 2002. *Ten Principles for Reinventing America's Suburban Business Districts*, Washington, D.C.: Urban Land Institute.

Calthorpe, P., and Fulton, W., 2001. *The Regional City*, Washington DC: Island Press.

Congress for the New Urbanism, 2002. *Greyfields into Goldfields: Dead Malls Become Living Neighborhoods*, San Francisco: Congress of the New Urbanism.

Darley G., Hall, P., and Lock, D., 1991. *Tomorrow's New Communities*, York: Joseph Rowntree Foundation.

Ewing, R., 1996. *Best Development Practices*, Chicago: American Planning Association.

Hirschhorn, J., 2003. 'Behind Enemy Lines at the Anti-Smart Growth Conference.' Viewed at http://www.planetizen.com/oped/item.php?id=82, March 2003.

Lang, J., 2000. 'Learning from Twentieth Century Urban Design Paradigms:Lessons for the Early Twenty-first Century,' in Freestone, R., editor, 2000. *Urban Planning in a Changing World: The Twentieth Century Experience*. London: E & FN Spon.

Lucy, W.H., and Phillips, D.L., 2001. *Suburbs and the Census: Patterns of Growth and Decline*, Washington, D.C.: Brookings Institution Center on Urban & Metropolitan Policy, available at www.brook.edu/dybdocroot/es/urban/census/lucy.pdf

McIlwain, J.K., 2002. 'A New Century – a New Urban Form: Location and Affordability of Housing in a Postmodern World,' in the Urban Land Institute, 2002. ULI on the Future: Cities Post 9/11. Washington, D.C.: the Urban Land Institute.

O'Connell,T., and Johnson, H.L., 2003. 'Financing Affordable Housing,' *Urban Land*, 62, 5. 32.

Schmitz, A., 2003. *The New Shape of Suburbia: Trends in Residential Development*, Washington, D.C.: Urban Land Institute.

Sucher, D., 1995. *City Comforts: How to Build an Urban Village*, Seattle: City Comforts Press.

The Charlotte Observer, 2003. 'Boomtown Burdens,' Charlotte, N.C.: March 24–27, 2003.

Wates, N., 2000. *The Community Planning Handbook: How people can shape their cities, towns and villages in any part of the world*, London: Earthscan Publications Ltd.

Whyte, W.H., 1980. *The Social Life of Small Urban Spaces*, Washington, D.C.: The Conservation Foundation.

CHAPTER 7

ITE Technical Council Committee 5P-8, chaired by Spielberg, F.L., 1994. *Traffic Engineering for Neo-traditional Neighborhood Design*, Washington, D.C.: Institute of Transportation Engineers.

North Carolina Department of Transportation, Division of Highways, 2000. *Traditional Neighborhood Development (TND) Guidelines*, Raleigh, N.C.: NCDOT

The Lawrence Group Architects of North Carolina Inc., 2003. *Centre of the Region Enterprise: General Development Guidelines*, Davidson, N.C.: The Lawrence Group.

Triangle J Council of Governments and The Lawrence Group Architects of North Carolina Inc., 2003. *Centre of the Region Enterprise: Planning and Design Workshop Report*, Davidson, N.C.: The Lawrence Group.

CHAPTER 8

The Lawrence Group Architects of North Carolina Inc., 2002. *City of Raleigh, NC, Urban Design Guidelines*, Davidson, N.C.: The Lawrence Group.

CHAPTER 9

Santos, R., 2003. 'Open Space as an Amenity,' in Schmitz, A (2003). *The New Shape of Suburbia: Trends in Residential Development*, Washington, D.C.: Urban Land Institute.

CHAPTER 10

The Lawrence Group Architects of North Carolina Inc., 2003. *Haynie-Sirrine Neighborhood Master Plan, Greenville, SC*, Davidson, N.C.: The Lawrence Group.

Duany Plater-Zyberk & Company, 2002. *The Lexicon of the New Urbanism, Version 3.2*, Miami, FL.: DPZ & Co.

CHAPTER 11

Brown, T.D., and Lewis, C.S. eds., 1996. The Town of Corneliues Land Development Code, Cornelius, NC: Town of Cornelius.

Brown, T.D., 2002. *Planning for a Transit-Oriented Future: The Town of Cornelius Land Development Code and Planning Initiatives*, unpublished Masters Thesis, University of North Carolina at Charlotte.

Hylton, T., 2000. *Save Our Land: Save Our Towns*, Harrisburg, PA: Rb Books and Preservation Pennsylvania.

Newsom, M., 1996. 'A Mecklenburg Miracle: How regional citizens are having a say on growth,' *The Charlotte Observer*, June 1, p.14.

AFTERWORD

Katz, B., 2003. 'The Permanent Campaign,' *Urban Land*, 62, 5. May, 45–52.

Wickersham, J., 2003. 'EIR and Smart Growth,' *Urban Land*, 62, 5. May, 24–7.

APPENDICES

Appendix I

Congress for the New Urbanism, Leccese, Michael, and Kathleen McCormick, editors, 1999. *Charter of the New Urbanism*, New York: McGraw-Hill.

Appendix II

Porter, Douglas R. et al., 2000. *The Practice of Sustainable Development*, Washington, D.C.: Urban Land Institute.

Appendix III

The Lawrence Group Architects of North Carolina Inc., 2003. *Haynie-Sirrine Neighborhood Master Plan, Greenville, SC*, Davidson, NC.: The Lawrence Group.

Appendix IV

The Lawrence Group Architects of North Carolina Inc., 2003. *Centre of the Region Enterprise: General Development Guidelines*, Davidson, NC.: The Lawrence Group.

Appendix V

The Lawrence Group Architects of North Carolina Inc., 2002. *City of Raleigh, NC, Urban Design Guidelines*, Davidson, NC.: The Lawrence Group.